电力电子新技术系列图书
电力电子应用技术丛书

电力电子装置中的典型信号处理与通信网络技术

李维波　编著

机 械 工 业 出 版 社

本书系统地讲述了从事电力电子装置研发过程中涉及的传感器技术、信号处理技术、通信网络技术以及电磁兼容性设计技术，并将它们整合起来，按照刚刚从事这方面研发工作的硬件工程师视角，进行素材遴选、内容编排。本书将涉及强电知识［如主拓扑中的电力电子器部件（整流桥、逆变桥）、DC－Link器部件、熔断器等］、弱电理论（如主回路中的获取关键性参变量的传感器的信号处理与变换、电力电子器部件状态反馈单元、主控单元等）、接口部分（如强电与弱电之间的触发及其控制单元），以及完成信息交互的通信网络（如RS－232、RS－422、RS－485、CAN和以太网等），综合起来，根据入门基础、经验技巧、设计案例和心得体会等不同层面，进行归类、凝练和拓展。本书理论与实践相结合，既有理论设计、分析与计算（含仿真验证），又有实践与实战的拔高。

本书适合刚刚从事电力电子装置研发的工作者及相关专业的本科生和研究生阅读。

图书在版编目（CIP）数据

电力电子装置中的典型信号处理与通信网络技术/李维波编著．—北京：机械工业出版社，2019.8
（电力电子新技术系列图书　电力电子应用技术丛书）
ISBN 978-7-111-63190-3

Ⅰ.①电…　Ⅱ.①李…　Ⅲ.①电力装置-信号处理-研究 ②电力装置-通信网-研究　Ⅳ.①TN911.7 ②TN915

中国版本图书馆CIP数据核字（2019）第140702号

机械工业出版社（北京市百万庄大街22号　邮政编码100037）
策划编辑：罗　莉　责任编辑：罗　莉　李小平
责任校对：肖　琳　封面设计：马精明
责任印制：孙　炜
河北宝昌佳彩印刷有限公司印刷
2019年9月第1版第1次印刷
169mm×239mm · 19.5印张 · 402千字
0001—3000册
标准书号：ISBN 978-7-111-63190-3
定价：79.00元

电话服务	网络服务
客服电话：010-88361066	机　工　官　网：www.cmpbook.com
010-88379833	机　工　官　博：weibo.com/cmp1952
010-68326294	金　书　网：www.golden-book.com
封底无防伪标均为盗版	机工教育服务网：www.cmpedu.com

第3届
电力电子新技术系列图书
编 辑 委 员 会

电力电子新技术系列图书
序言

1974 年美国学者 W. Newell 提出了电力电子技术学科的定义，电力电子技术是由电气工程、电子科学与技术和控制理论三个学科交叉而形成的。电力电子技术是依靠电力半导体器件实现电能的高效率利用，以及对电机运动进行控制的一门学科。电力电子技术是现代社会的支撑科学技术，几乎应用于科技、生产、生活各个领域：电气化、汽车、飞机、自来水供水系统、电子技术、无线电与电视、农业机械化、计算机、电话、空调与制冷、高速公路、航天、互联网、成像技术、家电、保健科技、石化、激光与光纤、核能利用、新材料制造等。电力电子技术在推动科学技术和经济的发展中发挥着越来越重要的作用。进入 21 世纪，电力电子技术在节能减排方面发挥着重要的作用，它在新能源和智能电网、直流输电、电动汽车、高速铁路中发挥核心的作用。电力电子技术的应用从用电，已扩展至发电、输电、配电等领域。电力电子技术诞生近半个世纪以来，也给人们的生活带来了巨大的影响。

目前，电力电子技术仍以迅猛的速度发展着，电力半导体器件性能不断提高，并出现了碳化硅、氮化镓等宽禁带电力半导体器件，新的技术和应用不断涌现，其应用范围也在不断扩展。不论在全世界还是在我国，电力电子技术都已造就了一个很大的产业群。与之相应，从事电力电子技术领域的工程技术和科研人员的数量与日俱增。因此，组织出版有关电力电子新技术及其应用的系列图书，以供广大从事电力电子技术的工程师和高等学校教师和研究生在工程实践中使用和参考，促进电力电子技术及应用知识的普及。

在 20 世纪 80 年代，电力电子学会曾和机械工业出版社合作，出版过一套“电力电子技术丛书”，那套丛书对推动电力电子技术的发展起过积极的作用。最近，电力电子学会经过认真考虑，认为有必要以“电力电子新技术系列图书”的名义出版一系列著作。为此，成立了专门的编辑委员会，负责确定书目、组稿和审稿，向机械工业出版社推荐，仍由机械工业出版社出版。

本系列图书有如下特色：

本系列图书属专题论著性质，选题新颖，力求反映电力电子技术的新成就和新经验，以适应我国经济迅速发展的需要。

理论联系实际，以应用技术为主。

本系列图书组稿和评审过程严格，作者都是在电力电子技术第一线工作的专家，且有丰富的写作经验。内容力求深入浅出，条理清晰，语言通俗，文笔流畅，便于阅读学习。

本系列图书编委会中，既有一大批国内资深的电力电子专家，也有不少已崭露头角的青年学者，其组成人员在国内具有较强的代表性。

希望广大读者对本系列图书的编辑、出版和发行给予支持和帮助，并欢迎对其中的问题和错误给予批评指正。

电力电子新技术系列图书
编辑委员会

前　言

电力电子技术，是建立在电子学、电工原理、电路理论和自动控制多学科之上的新兴交叉学科。电力电子技术的内容主要包括电力电子器件、电力电子电路和电力电子装置及其系统。电力电子器件以半导体为基本材料，最常用的材料为单晶硅，它的理论基础为半导体物理学，它的工艺技术为半导体器件工艺。近代新型电力电子器件中大量应用了微电子学的技术。电力电子电路吸收了电子学的理论基础，根据器件的特点和电能转换的要求，又开发出许多电能转换电路。这些电路中还包括各种控制、触发、保护、显示、信息交互、继电操控等二次回路及其外围电路。利用这些电路，根据应用对象的不同，组成了各种用途的整机，称为电力电子装置。这些装置常与负载、控制设备（主控制器）、通信设备（如上位监控设备）等组成一个系统。电子学、电工学、自动控制、信号检测处理等技术常在这些装置及其系统中大量应用。

由此可见，由于电力电子装置涉及的学科门类太多，对设计工程师的要求势必增加，必须具备广泛的知识架构，特别是与电力电子装置密切相关的信号处理技术、通信网络技术以及电磁兼容设计技术等，既要开展理论研究与设计计算，还要结合工程背景与应用实践的历练，这对于刚刚从事这方面研发工作的硬件工程师来讲，难度还是非常大的。虽然市面上也有单独介绍这些知识的书籍，不过与电力电子装置的设计紧密结合起来的还鲜有出版。因此，迫切希望有这样一本书：它将电力电子装置中的信号处理与通信网络技术以及电磁兼容性设计技术综合起来，有针对性地对刚刚从事电力电子装置研发工作的读者，进行专门的培训与指导，避免因读不懂而影响他们的学习兴趣，因此本书不进行过多的理论分析，而是尽量“弱化理论论述，强调分析设计”，采用设计实例电路，引导和启发读者朋友，学到专业知识和科研方法，提高工作能力。

作者正是出于这方面的考虑，特编写《电力电子装置中的典型信号处理与通信网络技术（*Typical Signal Processing and Communication Network Technology in Power Electronic Equipment*）》，旨在帮助我们的工程师，学习常规电力电子装置的强电知识［如主拓扑中的电力电子器部件（整流桥、逆变桥）、DC－Link 器部件、熔断器等］，掌握弱电理论（如主回路中的获取关键性参变量的传感器的信号处理与变换、电力电子器部件状态反馈单元、主控单元等），当然还需了解弱电的接口部分（如触发及其控制单元）。引导读者朋友在熟悉电力电子器部件及其变换与控制技术的同时，理解传感器技术（如电压传感器、电流传感器和温度传感器等）、通信技术（如 RS－232、RS－422、RS－485、CAN 和以太网等），掌握处理这些传感器输出信号的典型电路设计、分析与计算方法，以便借助主控单元经由通信网络，传送到上位机或者集控中心。

本书作为一个大胆尝试地产物，由于水平有限，未必达到预期效果，敬请读者朋友不吝赐教！恳请同行批评指正！

本书能够较顺利地成稿，得到康兴、徐聪、李巍、余万祥、何凯彦、詹平、方钊焕、吴墨非、李齐、孙万峰和卢月等许多同志的帮助，也得到了审稿专家的指导与帮助，还得到了机械工业出版社的鼎力帮助，在此，一并对大家的辛勤付出，表示最诚挚的谢意！

作　者

2019 年 4 月于馨香园

目　录

第 2 篇 典型传感及其信号处理技术篇

第 3 篇 典型通信及其信号处理技术篇

第1篇

电力电子技术篇

第1章　典型电力电子器件与应用

在电力电子装置中，各种电力电子器件（例如电力二极管、晶闸管、电力晶体管、MOSFET 和 IGBT 等），都被利用来充当变换装置中的开关器件，连同它们的驱动模块（不控型器件除外）、吸收模块、输出与输入滤波模块等必要的辅助元件，以便按照设计者的控制预期实现电力变换，从而构成了电力电子变换装置，也被称为变流装置。因此，本书开篇介绍典型电力半导体器件的基本原理，包含它们的通、断控制原理和处于通态、断态的条件，为后续章节做些技术性铺垫。

1.1　电力电子器件概述

1.1.1　发展历程

电力电子器件（Power Electronic Device，PED）又称为功率半导体器件，主要用于电力设备的电能变换和控制电路方面大功率的电子器件（通常指电流为数十至数千安，电压为数十至百伏以上），其不断发展引导着各种电力电子拓扑电路的不断完善。为此，本书带着读者朋友一起回顾下电力电子器件的发展史，一起领略人类智慧是如何一步一步进入这个全新行业的。

追溯电力电子器件的发展，还得从爱迪生在研究电灯泡时说起。爱迪生做了管壁的防尘防烟实验，1880 年无意间发现在灯泡管内插入独立电极的地方与灯丝之间，在某种条件下会产生电流。这个现象被称为“爱迪生效应”，爱迪生本人没有继续探讨，直到 1904 年英国的弗莱明在横越大西洋无线电通信发报机中，才首次利用“爱迪生效应”研制出一种能够充当交流电整流和无线电检波的特殊灯泡——“热离子阀”，从而催生了世界上第一只电子管，称为弗莱明管（二极检波管），也就是人们所说的真空二极管，如图 1-1 所示。世界从此进入电子时代，真空二极管主要应用在通信和无线电领域，当时的弗莱明管只有检波与整流的功用，而且并不稳定。

图 1-1　第一只真空二极管

1906 年，为了提高真空二极管检波灵敏度，德·福雷斯特在弗莱明的玻璃管内添加了栅栏式的金属网，形成第三个极，即三极真空管被发明了，让真空管具有放大与振荡的功能，通常认定1906年是真空管元年，如图1-2所示。

图1-2　德·福雷斯特与真空三极管

20世纪30~50年代，汞弧整流器迅速发展，广泛应用于电化学工业、电气铁道直流变电、直流电动机的传动，此时，整流、逆变、周波变流电路都已成熟并被广泛应用。1947年，美国著名的贝尔实验室发明了晶体管，如图1-3所示。这个晶体管是点触式器件，用多晶锗做成，继而硅材料器件同样实现，一场电子技术的革命开始了。

1957年，美国通用电气公司发明了第一个晶闸管（Thyristor），标志着电力电子技术的诞生，即正式进入了电力电子技术阶段，也就是第一代电力电子器件稳步发展的开始。第一代电力电子器件就是以晶闸管为代表的半控型器件，只能控制其导通，不能控制其关断，所以被称作半控型器件。这些电路十分广泛地用在电解、电镀、直流电机传动、发电机励磁等整流装置中，与传统的汞弧整流装置相比，不仅体积小、工作可靠，而且取得了十分明显的节能效果，因此电力电子技术的发展也越来越受到人们的重视，已普遍应用于变频调速、开关电源、静止变频等电力电子装置中。但是，半控型器件在直流供电场合，要实现关断必须另加电感、电容和其他辅助开关器件等组成强迫换流电路，这样造成的缺点是变流装置整机体积增大、重量增加、效率降低，并且工作频率一般低于400Hz。

图1-3　第一个晶体管

20世纪70年代后期，门极关断（Gate Turn-Off，GTO）晶闸管、电力双极型晶体管（Bipolar Junction Transistor，BJT）、电力场效应晶体管（即功率MOSFET）为代表的全控型器件迅速发展，第二代电力电子器件应运而生，其工作频率达到兆赫级。集成电路技术促进了器件的小型化和功能化，这些新成就为发展高频电力电子技术提供了条件，推动电力电子装置朝着智能化、高频化的方向发展。第二代电力电子器件就实现了既能被控制导通，也能被控制关断的全控型器件，使得各类电力电子变换电路及控制系统开始不断涌现，如直流高频斩波电路、软开关谐振电路、脉宽调制电路等，一直沿用于今天的各种常见电源上，跨入全控型器件的快速发展阶段。

20 世纪 80 年代后期，绝缘栅双极型晶体管（Insulated Gate Bipolar Transistor，IGBT）集合了 MOSFET 的驱动功率小、开关速度快和 BJT 通态压降小、载流能力大的优点，成为现代电力电子技术的主要器件，在中低频大功率电源中占重要地位。目前，已研制出的高功率沟槽栅结构 IGBT（Trench IGBT，T- IGBT），是高耐压大电流 IGBT 器件通常采用的结构，避免了模块内部大量的电极引线，减小了引线电感，提高了可靠性；其缺点是芯片面积利用率下降。这种平板压接结构的高压大电流 IGBT 模块，在高压、大功率变流器中获得了广泛应用。

图 1-4 即为电力电子器件发展历程简图。

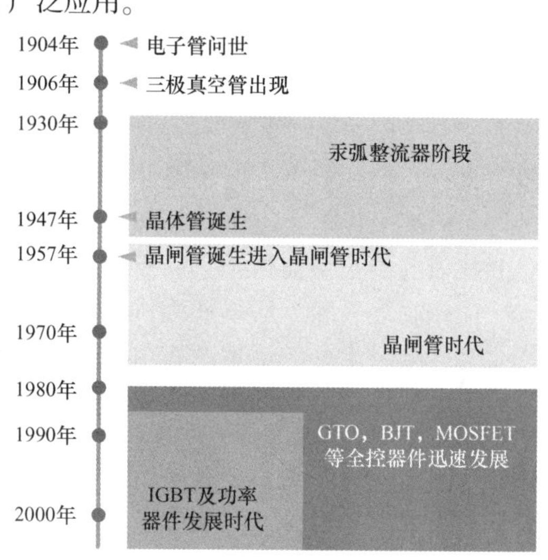

图 1-4　电力电子器件发展历程简图

当然，静电感应晶体管（Static Induction Transistor，SIT）、静电感应晶闸管（Static Induction Thyristor，SITH）、MOS 控制晶闸管（Mos Controlled Thyristor，MCT）、集成门极换流晶闸管（Integrated Gate Commutated Thyristors，IGCT）、电子注入增强栅晶体管（Injection Enhanced Gate Transistor，IEGT）、智能功率模块（Intelligent Power Module，IPM）、集成电力电子模块（Integrated Power Electronics Modules，IPEM）、电力电子积木（Power Electric Building Block，PEBB）等，均使功率器件朝着大功率、高频化、高效率方向发展。

1.1.2　典型特点

鉴于功率器件在不同的领域发挥着各自重要的作用。按照导通、关断的受控情况可分为不可控、半控和全控型器件；按照载流子导电情况可分为双极型、单极型和复合型器件；按照控制信号情况可以分为电流驱动型和电压驱动型器件。因此，根据它们的结构特点与应用领域的不同，将它们绘制于图 1-5 中。

目前，以晶闸管、大功率晶体管（Giant Transistor，GTR）、功率 MOSFET 和 IGBT 等为代表的主流功率器件在各自的频率段和电源功率段均占有一席之地。功率 MOSFET 的问世打开了高频应用的大门，这种电压控制型单极型器件，主要是

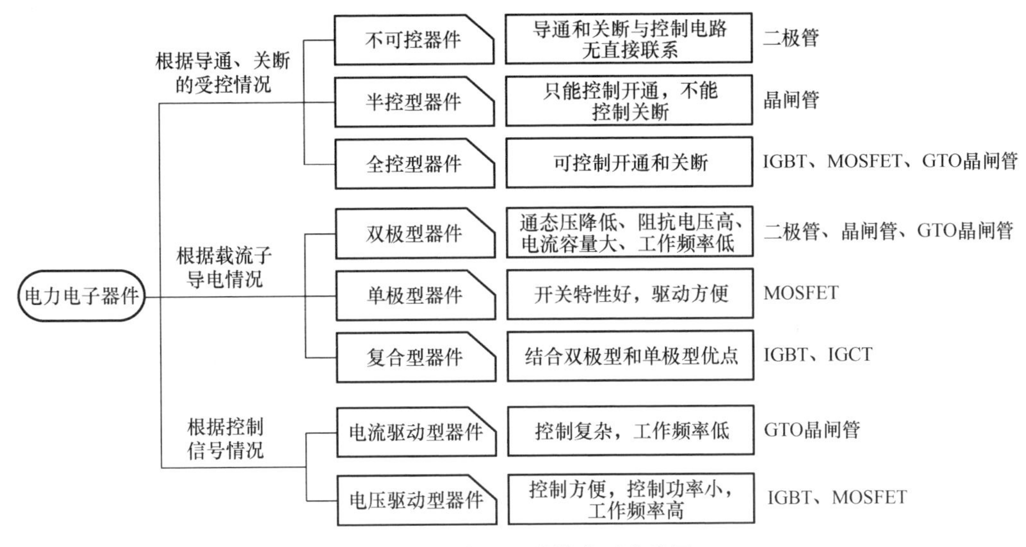

图1-5　电力电子器件典型分类图

通过栅极电压来控制漏极电流，因而它有一个显著特点就是驱动电路简单、驱动功率小，开关速度快，高频特性好，最高工作频率可达1MHz以上，适用于开关电源和高频感应加热等高频场合，且安全工作区广，没有二次击穿问题，耐破坏性强。其缺点是电流容量小，耐压低，通态压降大，不适宜大功率装置。目前MOSFET主要应用于电压低于1kV，功率从几瓦到数千瓦的场合，广泛应用于充电器、适配器、电机控制、PC电源、通信电源、新能源发电、不间断电源（Uninterrupted Power Supply，UPS）、充电桩等场合。

IGBT综合了MOSFET和双极型晶体管的优势，有输入阻抗高、开关速度快、驱动电路简单、安全工作区宽、饱和压降低（甚至接近GTR的饱和压降）、耐压高、电流大等优点，电压一般从600V～6.5kV，可以用于直流电压为1500V的高压变流系统中。IGBT优势通过施加正向栅极电压形成沟道，提供晶体管基极电流使IGBT导通；反之，若提供反向栅极电压则可消除沟道，使IGBT因流过反向栅极电流而关断。比较而言，IGBT开关速度低于MOSFET，却明显高于GTR；IGBT的通态压降同GTR接近，但比功率MOSFET低很多；IGBT的电流、电压等级与GTR接近，而比功率MOSFET高。

图1-6a表示IGBT模块（FF450R17ME4）的内部细节图。由于IGBT的综合优良性能，它已经取代GTR，成为逆变器、UPS、变频器、电机驱动、大功率开关电源，尤其是现在炙手可热的电动汽车、高铁等电力电子装置中主流的器件。不过，正式商用的高压大电流IGBT器件至今尚未出现，其电压和电流容量还很有限，远远不能满足电力电子应用技术发展的需求。特别是在高压领域的许多应用中，要求器件的电压等级达到10kV以上，目前只能通过IGBT高压串联等技术来实现高压

应用。国外的一些厂家如瑞士 ABB 公司采用软穿通原则研制出了 8kV 的 IGBT 器件，德国的英飞凌公司、日本的三菱公司生产的高压大功率 IGBT 器件 6500V/600A（见图 1-6b），已经获得实际应用，东芝公司也已涉足该领域。

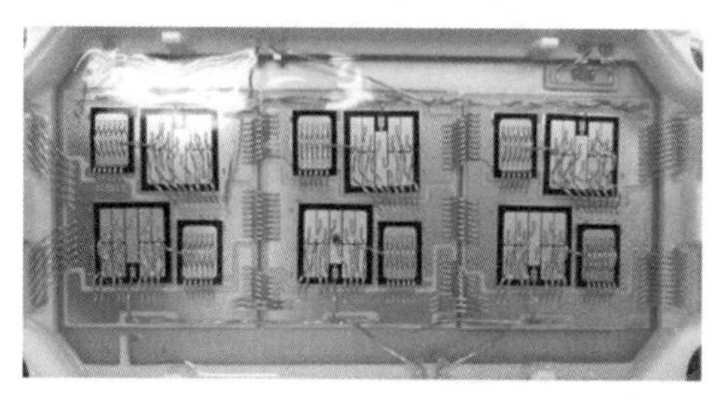

a) FF450R17ME4内部细节图

b) 6500V/600A的IGBT实物图

图 1-6　IGBT 模块的内部与外形图

静态感应晶体管 SIT 诞生于 1970 年，实际上是一种结型场效应晶体管。将用于信息处理的小功率 SIT 器件的横向导电结构改为垂直导电结构，即可制成大功率的 SIT 器件。SIT 是一种多子导电的器件，其工作频率与电力 MOSFET 相当，甚至超过电力 MOSFET，而功率容量也比电力 MOSFET 大，因而适用于高频大功率场合，目前已在雷达通信设备、超声波功率放大、脉冲功率放大和高频感应加热等专业领域获得了较多的应用。

静电感应晶闸管（SITH）诞生于 1972 年，它是在 SIT 的结构基础上又增加了一个 PN 结，而在内部多形成了 1 个三极管，由 2 个三极管构成一个晶闸管而成为双极静电感应晶闸管（Bipolar Electrostatic Induction Thyristor，BSITH），它是在 SIT 的漏极层上附加一层与漏极层导电类型不同的发射极层而得到的。因为它有通态电阻小、通态压降低、开关速度快、损耗小以及开通的电流增益大等优点，其工作原理也与 SIT 类似，门极和阳极电压均能通过电场控制阳极电流，因此 SITH 又被称为场控晶闸管（Field Controlled Thyristor，FCT）。由于比 SIT 多了一个具有少子注入功能的 PN 结，因而 SITH 是两种载流子导电的双极型器件，具有电导调制效应，通态压降低、通流能力强。其很多特性与 GTO 晶闸管类似，但开关速度比 GTO 晶闸管高得多，是大容量的快速器件。

MOS 控制晶闸管是一种新型 MOS 与双极复合型器件。它采用集成电路工艺，在普通晶闸管结构中制作大量 MOS 器件，通过 MOS 器件的通断来控制晶闸管的导通与关断。MCT 将 MOSFET 的高阻抗、低驱动功率、快开关速度的特性与晶闸管的高压、大电流特型结合在一起，形成大功率、高压、快速全控型器件。实质上 MCT 是一个 MOS 栅极控制的晶闸管，可在栅极上加一窄脉冲使其导通或关断，由无数单胞并联而成。MCT 与 GTR、MOSFET、IGBT、GTO 晶闸管等器件相比，有如下优点：

（1）电压高、电流容量大，阻断电压已达3000V，峰值电流达1000A，最大可关断电流密度为6000kA/m^2。

（2）通态压降小、损耗小，通态压降约为11V。

（3）极高的du/dt和di/(dt)耐量，du/dt已达20kV/s，di/dt为2kA/s。

（4）开关速度快，开关损耗小，开通时间约200ns，1000V器件可在2s内关断。

由于MCT既具有晶闸管良好的关断和导通特性，又具备MOS场效应晶体管输入阻抗高、驱动功率低和开关速度快的优点，克服了晶闸管速度慢、不能自关断和高压MOS场效应晶体管导通压降大的不足，所以MCT被认为是很有发展前途的新型功率器件。MCT器件的最大可关断电流已达到300A，最高阻断电压为3kV，可关断电流密度为325A/cm^2，且已试制出由12个MCT并联组成的模块。美国西屋公司采用MCT开发的10kW高频串并联谐振DC－DC变流器，功率密度已达到6.1W/cm^3。美国正计划采用MCT组成功率变流设备，建设高达500kV的高压直流输电HVDC设备。国内的东南大学采用SDB键合特殊工艺在实验室制成了100mA/100V的MCT样品；西安电力电子技术研究所利用国外进口厚外延硅片也试制出了9A/300V MCT样品。

IGCT（即门极换流晶闸管+门极单元）1997年由ABB公司提出，它是一种中压变频器开发的用于巨型电力电子成套装置中的新型电力半导体开关器件，如图1-7a所示。IGCT是将GTO晶闸管芯片与反并联二极管和门极驱动电路集成在一起，再与其门极驱动器在外围以低电感方式连接，结合了晶体管的稳定关断能力和晶闸管低通态损耗的优点，在导通阶段发挥晶闸管的性能，关断阶段呈现晶体管的特性。IGCT具有电流大、阻断电压高、开关频率高、可靠性高、结构紧凑、低导通损耗等特点，而且成本低，成品率高，有很好的应用前景。在功率、可靠性、开关速度、效率、成本、重量和体积等方面都取得了巨大进展，给电力电子成套装置带来了新的飞跃。

相比而言，采用晶闸管技术的GTO晶闸管是常用的大功率开关器件，它相对于采用晶体管技术的IGBT而言，在截止电压上有更高的性能，但广泛应用的标准GTO晶闸管驱动技术造成不均匀的开通和关断过程，需要高成本的du/dt和di/dt吸收电路和较大功率的门极驱动单元,因而造成可靠性下降，价格较高，也不利于串联。但是，在大功率MCT技术尚未成熟以前，IGCT已经成为高压大功率低频交流器的优选方案，如图1-7b所示，它为基于IGCT的二极管钳位式6kV/550～1250kW三电平变频调速系统。IGCT芯片在不串联且不并联的情况下，二电平逆变器功率0.5～3MW，三电平逆变器1～6MW；若反向二极管分离，不与IGCT集成在一起，二电平逆变器功率可扩至4～5MW，三电平扩至9MW。目前，IGCT已经商品化，ABB公司制造的IGCT产品的最高性能参数为5kV/4kA，最高研制水平为6kV/4kA；1998年，日本三菱公司也开发了直径为88mm的GCT晶闸管。IGCT损耗低、开关快速等优点保证了它能可靠、高效率地用于300kW～10MW变流器，而

a) IGCT实物图

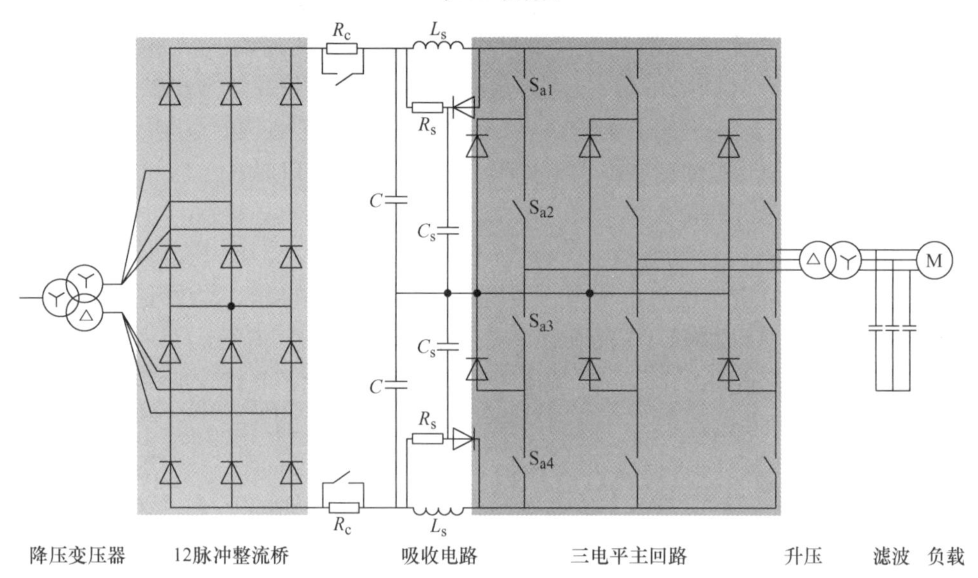

b) 基于IGCT的三电平变频调速系统拓扑

图 1-7　IGCT 及其典型应用拓扑

不需要功率器件的串并联处理。

正是由于 IGCT 是在晶闸管基础上结合 IGBT 和 GTO 晶闸管等技术开发的新型器件，适用于高压大容量变频系统中，是一种用于巨型电力电子成套装置中的新型电力半导体器件，它已用于电力系统电网装置（100MVA）和中功率工业驱动装置(5MW)。IGCT 在中压变频器领域内成功地应用了 21 年的时间（到 2019 年为止），由于 IGCT 的高速开关能力无需缓冲电路，因而所需的功率器件数目更少，运行的可靠性大大增高。

IEGT 采用适当的 MOS 栅结构，在促进电子注入效应增大时，从沟道注入 N 层的电子电流也相应增加。如果采用槽形结构，则沟道的迁移率增大，该槽栅越深，促进电子注入的效果越显著。IEGT 是耐压达 4kV 以上的 IGBT 电力电子器件，通过采取增强注入的结构实现了低通态电压，使大容量电力电子器件取得了飞跃性的发展。IEGT具有作为MOS系列电力电子器件的潜在发展前景，具有低损耗、高速动作、高耐压、有源栅驱动智能化等特点，以及采用沟槽结构和多芯片并联而自均流的特性，使其在进一步扩大电流容量方面颇具潜力。对于一般IGBT，电子电流占总电流比率小于0.75；而对于P-IEGT，由于有促进电子的注入效应，可使这一比率超过0.75；对于T-IEGT，其电流比率为0.8以上，性能有较大改进。其结果使IECT的通态电压呈现较低值，可与普通晶闸管相当。IECT具有高速导通晶闸管同样微细的MOS栅结构，又有IGBT同样的导通能力，作为脉冲功率用器件受到重视。日本东芝开发的IECT，如图1-8所示。

图1-8　IECT实物图

IEGT利用了电子注入增强效应，使之兼有IGBT和GTO晶闸管两者的优点：低饱和压降，安全工作区（吸收回路容量仅为GTO晶闸管的1/10左右），低栅极驱动功率（比GTO晶闸管低两个数量级）和较高的工作频率。器件采用平板压接式电机引出结构，可靠性高，性能已经达到4.5kV/1500A的水平。目前IEGT应用于35kV的SVG、柔性输电、机车牵引等领域。

集成电力电子模块（IPEM）是在智能功率模块（IPM）基础上发展起来的，如图1-9a所示；IPEM也是将电力电子装置的诸多器件集成在一起的模块，如图1-9b所示。IPEM首先是将半导体器件MOSFET、IGBT或MCT与二极管的芯片封装在一起组成一个积木单元，然后将这些积木单元叠装到开孔的高电导率的绝缘陶瓷衬底上，在它的下面依次是铜基板、氧化铍瓷片和散热片。在积木单元的上部，则通过表面贴装将控制电路、门极驱动、电流和温度传感器以及保护电路集成在一个薄绝缘层上。IPEM实现了电力电子技术的智能化和模块化，大大降低了电路接线电感、系统噪声和寄生振荡，提高了系统效率及可靠性。

a) IPM(PM150CVA120)

b) IPEM

图1-9　集成功率模块实物图

电力电子积木 PEBB 是在 IPEM 的基础上发展起来的可处理电能集成的器件或模块。PEBB 并不是一种特定的半导体器件，它是依照最优的电路结构和系统结构设计的不同器件和技术的集成。虽然它看起来很像功率半导体模块，但 PEBB 除了包括功率半导体器件外，还包括门极驱动电路、电平转换、传感器、保护电路、电源和无源器件，如图 1-10a 所示。PEBB 有能量接口和通信接口，通过这两种接口，几个 PEBB 可以组成电力电子系统。这些系统可以像小型的 DC - DC 转换器一样简单，也可以像大型的分布式电力系统那样复杂。一个系统中，PEBB 的数量可以从一个到任意多个，多个 PEBB 模块一起工作可以完成电压转换、能量的储存和转换、阴抗匹配等系统级功能。PEBB 最重要的特点就是其通用性，图 1-10b 表示 PEBB 的组成部件。

a) 典型结构　　b) 重要组成部件

图 1-10　PEBB 典型结构与重要组成部件

PEBB 模块可以根据具体应用需求，定制出一系列标准和非标低电感模块（包括 IGBT、续流二极管 FRD 和整流二极管），利用混合封装的手段，与半导体芯片一体化集成，把电力电子装置中的驱动、保护电路和数字控制电路小型化，大幅度提高了集成度和功率密度，从而简化了电力电子装置的设计和制造过程，降低其成本，因此可以广泛用于变频器和逆变焊机等行业。

典型电力电子器件的重要用途见表 1-1。单管输出功率与工作频率的关系曲线如图 1-11 所示。各器件的电压等级和功率水平，如图 1-12 所示。

表 1-1　典型电力电子器件的重要用途

器件	英文名	用途
二极管	Diode	整流、能量回馈、续流
功率晶体管	GTR	已被 IGBT 替代
普通晶闸管	Thyristor，SCR	整流、逆变

（续）

器件	英文名	用途
门极关断晶闸管	GTO	大容量逆变
功率场效应晶体管	MOSFET	DC - DC、逆变
绝缘栅双极型晶体管	IGBT	逆变、DC - DC、整流
集成门极换向晶闸管	IGCT	SVG，机车牵引等大容量逆变

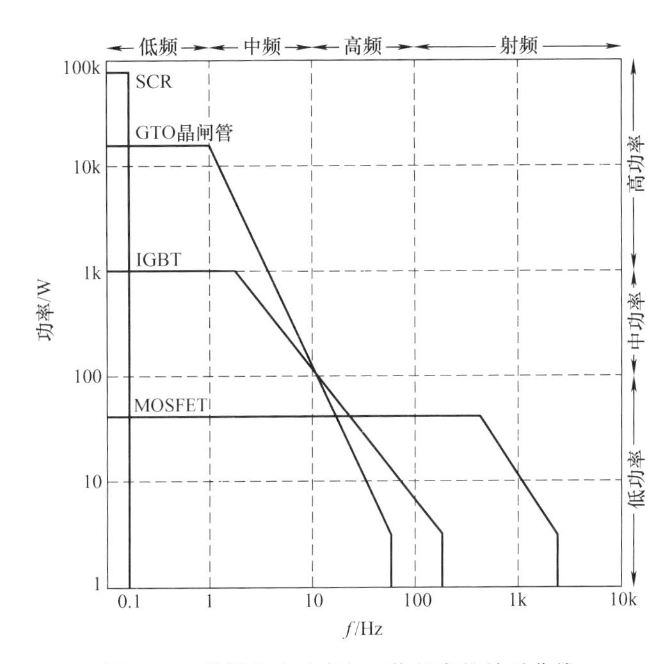

图1-11　单管输出功率与工作频率的关系曲线

现代电力电子器件仍在往大功率、易驱动和高频化方向发展，模块化是向高功率密度发展的重要一步。现将现代电力电子器件发展趋势小结如下：

（1）IGBT（绝缘栅双极型晶体管）：N沟道增强型场控复合器件，兼具MOSFET和双极型器件的优点。

（2）MCT（MOS门控晶闸管）：新型MOS与双极复合型器件，采用集成电路工艺，在普通晶闸管结构中制作大量MOS器件，通过MOS器件的通断来控制晶闸管的通断。

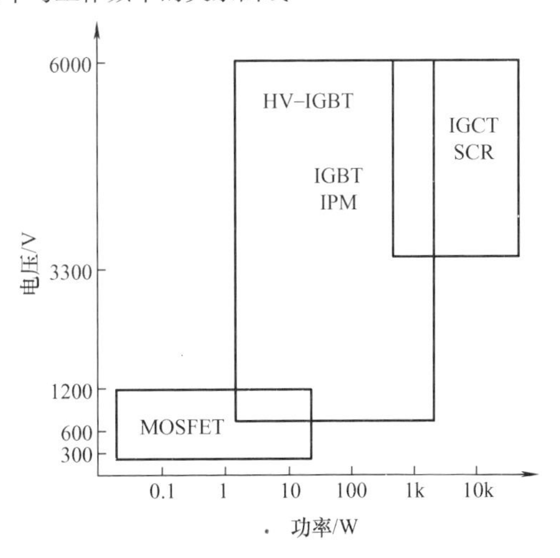

图1-12　各器件电压和输出功率水平

（3）IGCT（集成门极换流晶闸管）：用于巨型电力电子成套装置中的新型电力半导体器件。

（4）IEGT（电子注入增强栅晶体管）：耐压达4kV以上的IGBT系列电力电子器件，通过采取增强注入的结构实现了低通态电压，使大容量电力电子器件取得飞跃性发展。

（5）IPEM（集成电力电子模块）：将电力电子装置的诸多器件集成在一起的模块，实现了电力电子技术的智能化和模块化。

（6）PEBB（电力电子模块）：在IPEM基础上发展起来的可处理电能集成的器件或模块。

现将功率器件的主要应用市场情况小结于表1-2中。

表1-2 功率器件的主要应用市场情况

应用领域	主要应用产品
消费电子	传统黑白家电及数码相机等各种数码产品
计算机	笔记本、PC、服务器、显示器等各种外设
网络通信	手机电话及其他各种终端和局端设备
电力系统	高压直流输电、柔性交流输电、无功补偿等
工业控制	工业PC、各类仪器仪表和各类控制设备
汽车电子	车用电池、车用音响等车载电子设备
其他	军用设备、航天设备等特殊应用

1.1.3 新型半导体材料

传统的电力电子器件一般都是以硅（Si）半导体材料制成的。随着Si材料电力电子器件逐渐接近其理论极限值，近年来，出现了很多以碳化硅（SiC）、砷化镓（GaAs）、磷化铟（InP）及锗化硅（SiGe）等性能优良的新型化合物半导体材料为基础制成的电力电子器件。尤其是SiC，显示出比Si更优异的特性，给电力电子产业的发展带来了新的生机。

图1-13将对Si、4H－SiC以及GaN的几个重要参数性能进行对比。其中禁带宽度E_g增加表示反向漏电减小，工作温度高，抗辐射能力强；更高的临界电场表示导通电阻减小，阻断电压增大；高的热导率，代表热阻小，热扩散能力好，功率密度高；更快的饱和漂移速率表示开关速度快、工作效率高。

SiC（碳化硅）是目前发展最成熟的宽禁带半导体材料，被称为第三代半导体，可制作出性能更加优异的高温（300～500℃）、高频、高功率、高速度、抗辐射器件。Silicon（硅）基器件在今后的发展空间已经相对窄小，目前研究的方向是SiC等下一代半导体材料。用这种材料制成的功率器件，性能指标比砷化镓器件还要高一个数量级。SiC高功率、高压器件对于公电输运和电动汽车等设备的节能具

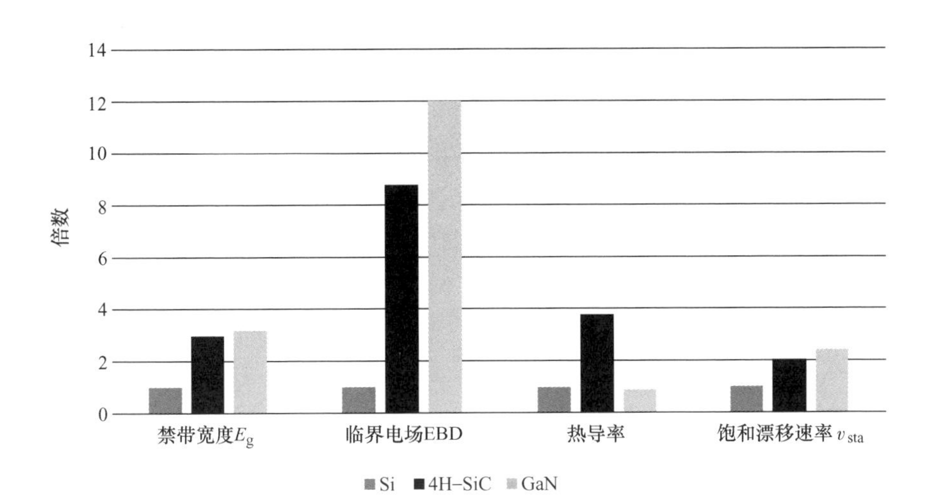

图1-13 不同半导体材料的参数对比

有重要意义。采用SiC的新器件将在今后5~10年内出现，并将对半导体材料产生革命性的影响。

SiC与其他半导体材料相比，具有下列优异的物理特点：高禁带宽度、高饱和电子漂移速度、高击穿强度、低介电常数和高热导率，这些特性决定了碳化硅在高温、高频率、高功率的应用场合是极为理想的材料。在同样的耐压和电流条件下，SiC器件的漂移区电阻要比硅低200倍，即使高耐压的SiC场效应晶体管的导通压降，也比单极型、双极型硅器件低得多。另外SiC器件的开关时间可达10ns级。

SiC可以用来制造射频和微波功率器件、高频整流器、金属-半导体场效应晶体管（Metal Epitaxial-Semiconductor Field Effect Transistor，MESFET）、MOSFET和JFET等。SiC高频功率器件已在摩托罗拉公司研发成功，并应用于微波和射频装置；美国通用电气公司正在开发SiC功率器件和高温器件；西屋公司已经制造出了在26GHz频率下工作的甚高频MESFET；ABB公司正在研制用于工业和电力系统的高压、大功率SiC整流器和其他SiC低频功率器件。理论分析表明，SiC功率器件非常接近于理想的功率器件，SiC器件的研发将成为未来的一个主要趋势。但在SiC材料和功率器件的机理、理论和制造工艺等方面，还有大量问题有待解决，SiC要真正引领电力电子技术领域的又一次革命，估计至少还要十几年的时间。

现将其他新型半导体材料简述如下：

（1）砷化镓（GaAs）：继硅之后最成熟的半导体材料。具有很好的耐高温特性，有利于模块小型化，从而减小寄生电容提高开关频率。

（2）磷化铟（InP）：继Si与GaAs后的新一代功能材料，具有高耐压、更高的热导率、高场下更高的电子迁移速度，可作为高速、高频微波器件的材料。

（3）锗化硅（SiGe）：一种高频半导体材料，既有Si工艺的集成度和成本优势，又有GaAs和InP速度方面的优点。

（4）氮化镓（GaN）：第三代半导体材料，具有禁带宽度大、热导率高、耐高温、抗辐射、耐酸碱、高强度和高硬度等特性，是现在世界上人们最感兴趣的半导体材料之一。

综上所述，相对于 Si 材料，使用新型半导体材料制造新一代的电力电子器件，可以变得更小、更快、更可靠和更高效。这将减少电力电子器件的质量、体积以及生命周期成本，允许设备在更高的温度、电压和频率下工作，使得电子电子器件使用更少的能量却可以实现更高的性能。基于这些优势，新型（如宽禁带）半导体将在家用电器、电力电子设备、新能源汽车、工业生产设备、高压直流输电设备、移动基站等系统中都具有广泛的应用前景。

1.2 功率二极管

1.2.1 概述

功率半导体器件作为电力电子系统的核心部件，从 20 世纪 70 年代出现以来，一直是现代生活中不可缺少的重要电子器件。特别是近年来全球面临能源短缺、环境恶化等考验，为满足节能与开发新能源的需求，进行电能变换和处理的电力电子系统得到了越来越广泛应用，各类电力电子装置也向着大容量、高可靠及模块化方向发展。

功率二极管是不控型器件，它作为重要器件，被广泛运用于家用电子设备及工业电子系统、汽车和动力机车电子系统、智能电网、船舶及航天等领域。随着功率半导体器件设计水平和制造工艺的不断进步，功率二极管的耐电压等级、导通电流、开关损耗和动态特性等各项性能都得到了很大提高。

1.2.2 动态特性

图 1-14 所示是 PIN 型功率二极管内部结构和载流子浓度分布原理图。PIN 二极管主要包括 P 区和 N 区和掺杂浓度较低的 I 区（N 区）。由于 I 区的加入，PIN 二极管能承受较高的阻断电压，在基区大注入时，通过电导调制效应，大大降低了二极管的通态电阻。功率二极管的动态特性包括开通特性和关断特性，是由 I 区中的载流子分布及其变化过程所决定的，具体表现为功率二极管的正向和反向恢复特性。

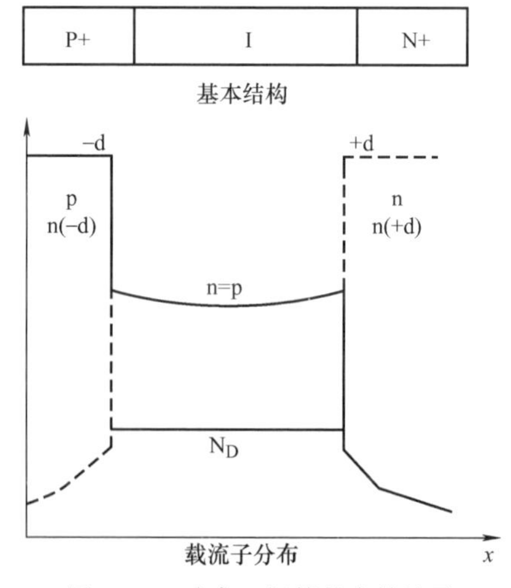

图 1-14 功率二极管基本结构及载流子分布示意图

二极管的导通有一个暂态过程，导通初期会伴随着一个阳极电压的尖峰过冲，经过一段时间后才能趋于稳定，并且具有很小的通态压降，如图1-15所示。二极管正向恢复过程主要受其引线长度、器件封装以及内部N区电导调制效应的影响。

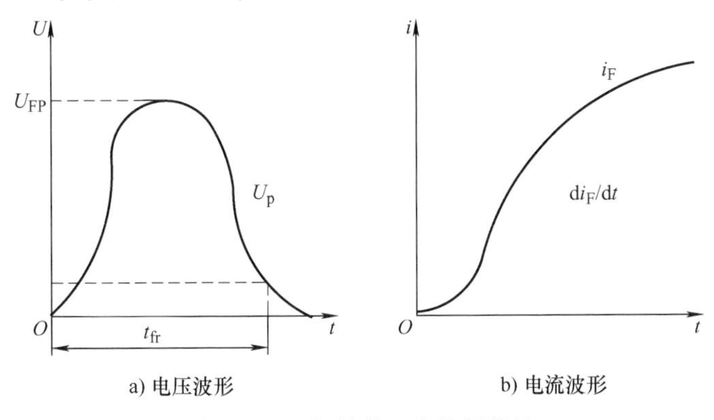

图1-15 二极管的正向恢复特性

对处于导通状态的二极管突然施加一反向电压时，二极管的反向阻断能力需要经过一段时间才能够恢复，这个过程就是反向恢复过程。在未恢复阻断能力之前，二极管相当于短路状态，如图1-16所示，从 $t=t_f$ 开始，在外加反向电压的作用下二极管的正向导通电流 I_F 以 $di_F/(dt)$ 的速率减小。I_F 的变化率由外加反向电压 E 和回路中的电感 L 决定，即

$$\frac{di_F}{dt}=\frac{E}{L} \tag{1-1}$$

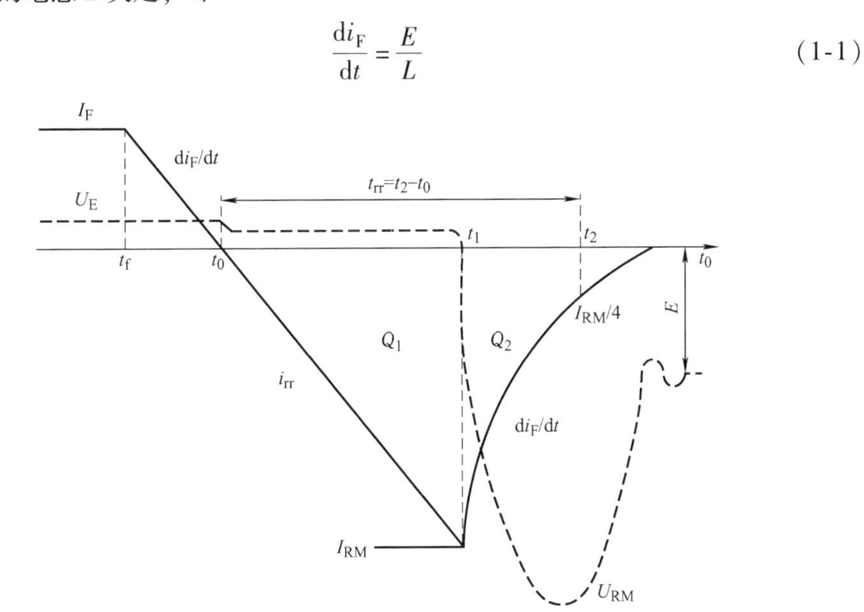

图1-16 二极管反向恢复特性曲线

分析图1-16得知：

（1）当 $t=t_0$ 时，二极管中的电流等于零。在这之前二极管处于正向偏置，电

流为正向电流。在 t_0时刻后，正向压降稍有下降，但是仍为正偏置，电流开始反向流通，形成反向恢复电流 i_{rr}。

（2）在 $t = t_1$时刻，漂移区的电荷 Q_1被抽走，反向电流达到最大值 I_{RM}，二极管开始恢复阻断能力。在 t_1时刻之后，对于 PIN 二极管，在恢复阶段 PN 结处的载流子浓度高于其他区域。一旦空间电荷层开始建立，即迅速在 N 区域内扩散，将残存载流子迅速扫出，导致反向电流突然下降。由于电流下降速率 di_{rr}/dt 较大，线路电感中会产生较高的感应电压，该感应电压与外加反向电压 E 叠加到二极管上，从而使得二极管会承受很高的反向电压 V_{RM}。

（3）在 $t = t_2$之后，电流下降速率 di_{rr}/dt 逐渐减小为零，电感电压下降至零，二极管恢复反向阻断并进入承受静态反向电压的阶段。影响反向恢复过程的主要因素是反向恢复电荷，即在反向恢复过程中抽走的总电荷量 Q_{rr}的表达式为

$$Q_{rr} = Q_1 + Q_2 = \int_{t_0}^{t_2} i_{rr} dt \tag{1-2}$$

1.2.3 典型参数

功率二极管的典型参数包括：

（1）正向电流 I_F：指在规定 +40℃的环境温度和标准散热条件下，器件结温达额定且稳定时，容许长时间连续流过工频正弦半波电流的平均值。将此电流整化到等于或小于规定的电流等级，则为该二极管的额定电流。在选用大功率二极管时，应按器件允许通过的电流有效值来选取。对应额定电流 I_F的有效值 $I_{F\_RMS} = 1.57I_F$。

（2）反向重复峰值电压（额定电压）U_{RRM}：在额定结温条件下，器件反向伏安特性曲线（第Ⅲ象限）急剧拐弯处于所对应的反向峰值电压，称为反向不重复峰值电压 U_{RSM}，反向不重复峰值电压值的 80% 称为反向重复峰值电压 U_{RRM}。再将 U_{RRM}整化到等于或小于该值的电压等级，即为器件的额定电压。

（3）反向漏电流 I_{RR}：对应于反向重复峰值电压 U_{RRM}下的平均漏电流，称为反向重复平均电流 I_{RR}。

（4）正向平均电压 U_F：在规定的 +40℃环境温度和标准的散热条件下，器件通以工频正弦半波额定正向平均电流时，器件阳、阴极间电压的平均值，有时亦称为管压降。元件发热与损耗与 U_F有关，一般应选用管压降小的元件以降低元件的导通损耗。

（5）结电容 C：电容包括电容和扩散电容，在高频场合下使用时，要求结电容小于某一规定数值。

（6）最高工作频率 F_M：二极管具有单向导电性的最高交流信号的频率。

（7）反向恢复时间 t_{rr}：二极管正向导电电流为零后，它并不能立即具有阻断反向电压的能力，必须再经历 t_{rr}时间后，才能恢复其阻断反向电压的能力。二极管从导通到截止（阻断反向电压）过渡过程期间的反向恢复时间 t_{rr}、反向漏电流

值 I_{RR} 与二极管 PN 结结电容 C 的大小、导通时正向电流 I_F 所对应的存储电荷 Q、电路参数以及反向电流变化率等都有关。普通二极管 t_{rr} 为 2 ~ 10μs，快速恢复二极管 t_{rr} 为几十至几百纳秒，超快恢复二极管的 t_{rr} 仅几个纳秒。t_{rr} 值愈小则二极管工作频率的上限愈高。

普通型大功率二极管型号用 ZP 表示，其中 Z 代表整流特性，P 为普通型。普通型大功率二极管型号可表示为如下格式：

ZP［电流等级］－［电压等级/100］［通态平均电压组别］

举例说明：型号为 ZP50－16 的大功率二极管，表示普通型大功率二极管，额定电流 $I_F = 50A$，额定电压 $V_{RRM} = 1600V$。

1.2.4　典型应用示例

1. 不控整流

将交流电源整流成为直流的二极管叫作整流二极管，它是面结合型的功率器件，因结电容大，故工作频率较低。图 1-17a 和图 1-17b 分别表示单相和三相不控整流桥拓扑。

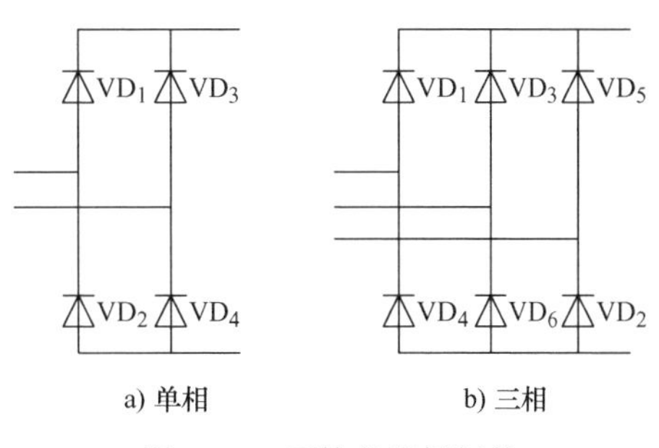

图 1-17　不控整流桥拓扑

2. 续流回路

图 1-18 示意了基于触发变压器的晶闸管触发电路拓扑，图中电阻 R_1 和二极管 VD_1 主要起续流作用。二极管 VD_1 一般可选 1N4007，电阻 R_1 可选 1 ~ 2kΩ。另外，二极管 VD_2 和 VD_3 以及电阻 R_2 主要起整形作用，其中二极管 VD_2 和 VD_3 可选 1N4007，电阻 R_2 可选几十 ~ 几百欧姆（视情况而定）。

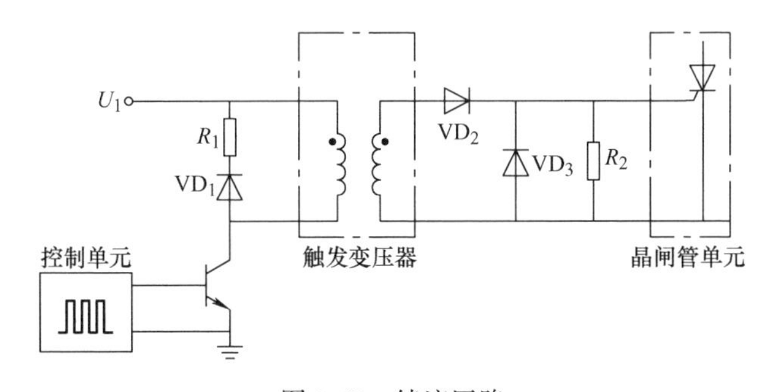

图 1-18　续流回路

3. 电源冗余

当然，大功率二极管应用在低频整流电路时可不考虑其动态过程，但在高频逆变器、高频整流器、缓冲电路等频率较高的电力电子电路中就要考虑大功率二极管的开通、关断等动态过程，如肖特基二极管（Schottky Barrier Diode，SBD）和快恢复二极管（Fast Recovery Diode，FRD）。

肖特基二极管是肖特基势垒二极管的简称，它不是PN结，而是利用金属与半导体接触形成的金属-半导体结原理制作的，因此，肖特基二极管也称为金属-半导体（接触）二极管或表面势垒二极管。由于肖特基二极管的开关速度非常快，开关损耗也特别小，反向恢复时间极短（可以小到几纳秒），尤其适合于高频应用。其正向压降低，仅0.4V左右，比PN结二极管低（约低0.2V），而整流电流却可达到几千毫安。这些优良特性是快恢复二极管所无法比拟的。目前英飞凌出品了第5代的基于CoolSiC™的肖特基二极管，其反向电压高达1200V。

4. 逻辑处理

在强电回路中，肖特基二极管应用于双电源供电，如图1-19所示，图中二极管VD_1和VD_2即为肖特基二极管。当然，在弱信号处理电路中，肖特基二极管还用作逻辑门电路，如图1-20所示，图1-20a表示与门电路，图1-20b表示或门电路。

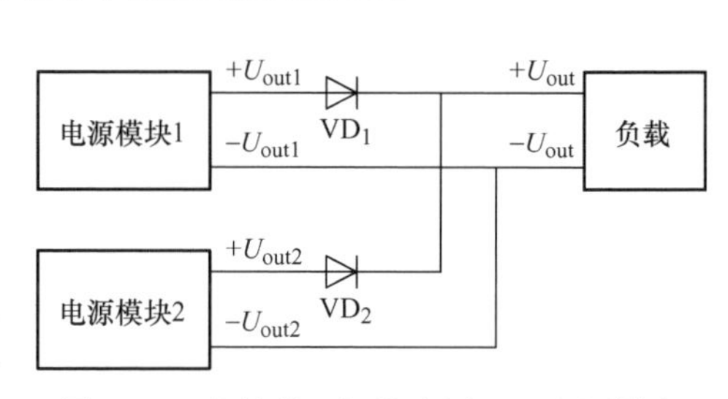

图1-19　肖特基二极管应用于双电源供电

如图1-20a所示，n个肖特基二极管组成n输入的与门，只要$+U_{SIG_1}$ ~ $+U_{SIG_n}$中有一个信号输出逻辑0，则输出逻辑$+U_O=0$，只有$+U_{SIG_1}$ ~ $+U_{SIG_n}$中所有信号输出逻辑1，才能输出逻辑$+U_O=1$，即实现了信号$+U_{SIG_1}$ ~ $+U_{SIG_n}$的相与。由于在数字电路中，芯片信号输入级基本都是高阻的，因此，用肖特基二极管组成的与门电路总体电流都是μA级别的，肖特基二极管压降都是极其小的，电平仍能满足设计要求。

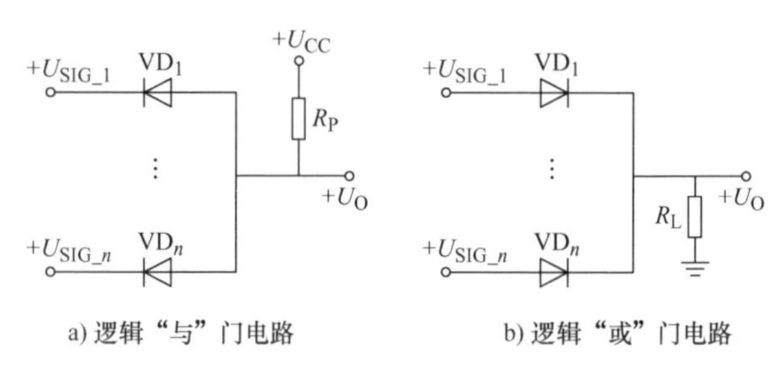

图1-20　肖特基二极管用作逻辑门电路

如图1-20b所示，N个肖特基二极管组成N输入的或门，只要$+U_{SIG_1}$ ~ $+U_{SIG_n}$中有一个信号输出逻辑1，则输出逻辑$+U_O=1$，只有$+U_{SIG_1}$ ~ $+U_{SIG_n}$中所有信号输出逻辑0，才能输出逻辑$+U_O=0$，即实现了信号$+U_{SIG_1}$ ~ $+U_{SIG_n}$的相“或”处理。

5. 反并联

快恢复二极管，是一种具有开关特性好、反向恢复时间短特点的半导体二极管，主要应用于开关电源、PWM脉宽调制器、变频器等电子电路中，作为高频整流二极管、续流二极管或阻尼二极管使用。快恢复二极管的内部结构与普通

PN 结二极管不同，它属于 PIN 结型二极管，即在 P 型硅材料与 N 型硅材料中间增加了基区 I，构成 PIN 硅片。因基区很薄，反向恢复电荷很小，所以快恢复二极管的反向恢复时间较短，正向压降较低，反向击穿电压（耐压值）较高。快恢复二极管必须具有快速开通和高速关断能力，即具有短的反向恢复时间 t_{rr} 和较小的反向恢复电流 I_{RRM}。国际上快恢复二极管已达到 2500A/3000V、300ns 的水平。

目前对于 MOSFET、IGBT（绝缘栅双极型晶体管）等，如图 1-21 所示，都需要一个与之并联的快恢复二极管，以通过负载中的无功电流，减小电容的充电时间，同时抑制因负载电流瞬时反向而感应的高电压。图 1-21a 和图 1-21b 所示的是 N 沟道和 P 沟道 MOSFET，图 1-21c 中二极管 VD_1 ~ VD_4 均为反并联二极管；二极管 VD_5 和 VD_6 均为整流二极管，视情况它们就可以选择肖特基二极管或快速二极管或整流二极管。

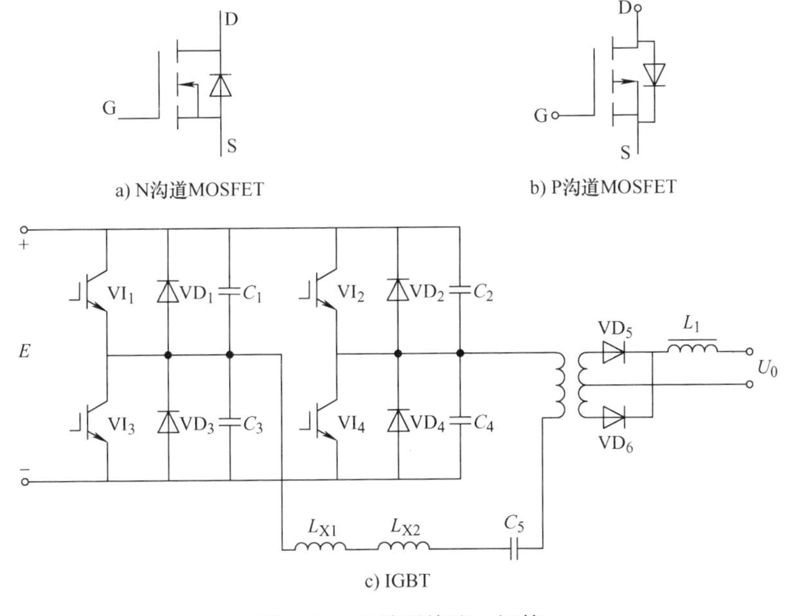

图 1-21　反并联快速二极管

1.3　晶闸管

1.3.1　工作原理

晶闸管（Thyristor）是晶体闸流管的简称，旧称可控硅整流器（Silicon Controlled Rectifier，SCR），以前被简称为可控硅。1957 年美国通用电气公司开发出世界上第一款晶闸管产品，并于 1958 年将其商业化；晶闸管是 PNPN 四层半导体结构，它有三个极，即阳极（A），阴极（K）和门极（G），如图 1-22 所示。为了说明晶闸管的工作原理，可将晶闸管等效地看成由 PNP 和 NPN 型两个三极管连接而成，每个三极管基极与另一个三极管的集电极相连。阳极 A 相当于 PNP 型三极管 V_2的发射极，阴极 K 相当于 NPN 型 V_1三极管的发射极。

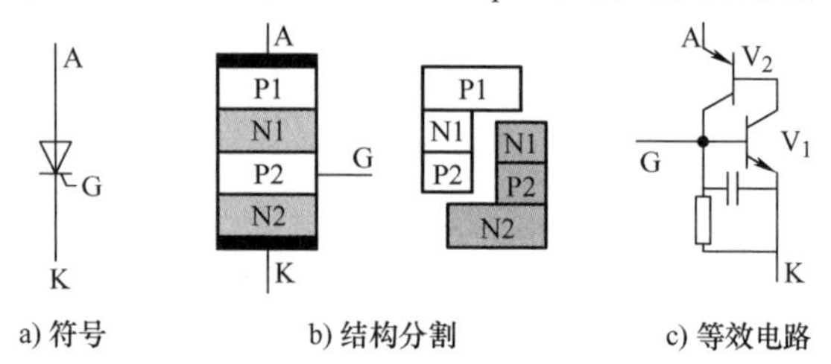

图 1-22 晶闸管的 PNPN 四层结构示意图

如图 1-23 所示，晶闸管在工作过程中，它的阳极 A 和阴极 K 与电源和负载连接，组成晶闸管的主电路，晶闸管的门极 G 和阴极 K 与控制晶闸管的装置连接，组成晶闸管的控制电路。在晶闸管阳极 A 和阴极 K 之间加正向电压，同时在门极 G 和阴极 K 之间也加正向电压时，则可使晶闸管导通。

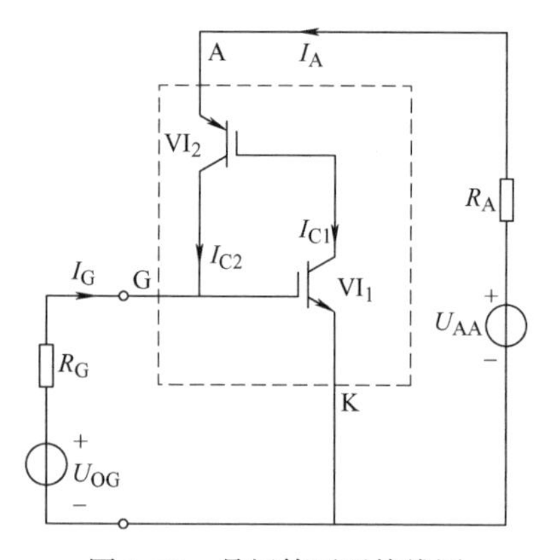

图 1-23 晶闸管开通接线图

晶闸管作为半控型电力电子器件，它的工作条件如下：

（1）晶闸管承受反向阳极电压时，不管门极承受何种电压，晶闸管都处于反向阻断状态。

（2）晶闸管承受正向阳极电压时，仅在门极承受正向电压的情况下晶闸管才导通。这时晶闸管处于正向导通状态，这就是晶闸管的闸流特性，即可控特性。

（3）晶闸管在导通情况下，只要有一定的正向阳极电压，不论门极电压如何，晶闸管都会保持导通，即晶闸管导通后，门极失去作用，也即门极只起触发作用。

（4）晶闸管在导通情况下，当主回路电压（或电流）减小到接近于零时，晶闸管关断。

因此，晶闸管一旦导通，门极就失去控制作用，不论门极触发信号是否还存在，晶闸管都保持导通，只需保持阳极电流在维持电流以上；但若利用外加电压和外电路的作用使流过晶闸管的电流降到接近于零的某一数值以下，则晶闸管关断。所以，晶闸管只有导通和关断两种工作状态，现将其开断条件小结于表 1-3 中。

表 1-3　晶闸管的开断条件

状态	条件	说明
从关断到导通	(1) 阳极电位高于阴极电位 (2) 控制极有足够的正向电压和电流	两者缺一不可
维持导通	(1) 阳极电位高于阴极电位 (2) 阳极电流大于维持电流	两者缺一不可
从导通到关断	(1) 阳极电位低于阴极电位 (2) 阳极电流小于维持电流	任一条件即可

需要提醒的是，当出现下面的情况，极易导致晶闸管误导通，必须采取措施尽量避免：

(1) 阳极电压升至相当高导致雪崩效应，避免的方法就是预留管子的电压额定参数。

(2) 阳极电压的上升率 $\mathrm{d}u/\mathrm{d}t$ 过高，解决的方法就是在晶闸管两端并联 RC 阻容吸收，利用电容两端电压不能突变的特性来抑制电压上升率。

(3) 晶闸管结温过高，最可行的措施就是设置较大面积的散热器，或者增加冷却风扇或设置水冷装置。

(4) 光直接照射硅片，即光触发，将晶闸管模块安装在密闭空间（冷却设施良好）的场合。

1.3.2　工作过程

(1) 开通过程：

1) 延迟时间 t_d：如图 1-24 所示，从门极电流阶跃时刻开始，到阳极电流上升到稳态值的 10% 的时间。

2) 上升时间 t_r：如图 1-24 所示，阳极电流从 10% 上升到稳态值的 90% 的时间。

3) 开通时间 t_{gt}：为延迟时间 t_d 与上升时间 t_r 之和。普通晶闸管的延迟时间一般为 0.5～1.5μs，上升时间一般为 0.5～3.0μs。

(2) 关断过程：

1) 反向阻断恢复时间 t_{rr}：如图 1-24 所示，正向电流降为零到反向恢复电流衰减至接近于零的时间。

2) 正向阻断恢复时间 t_{gr}：如图 1-24 所示，晶闸管要恢复其对正向电压的阻断能力还需要一段时间。

(a) 在正向阻断恢复时间内，如果重新对晶闸管施加正向电压，晶闸管会重新正向导通。

(b) 在实际应用中，应对晶闸管施加足够长时间的反向电压，确保晶闸管充分恢复其对正向的阻断能力，电路才能可靠工作。

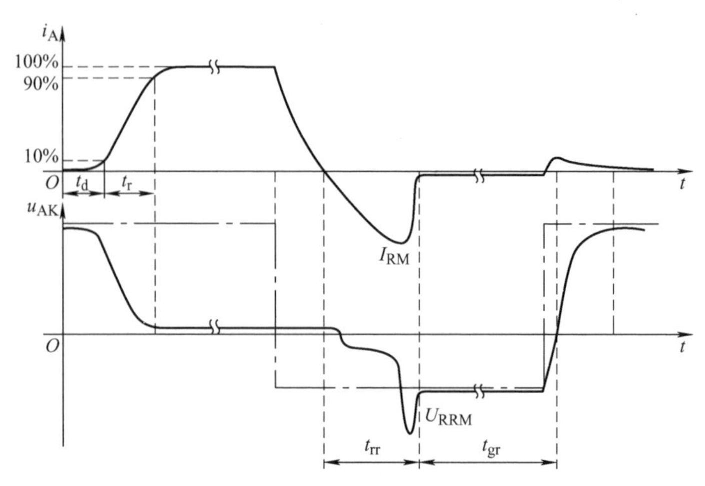

图 1-24　晶闸管的开断过程波形

3）关断时间 t_q：如图 1-24 所示，即为反向阻断恢复时间 t_{rr}与正向阻断恢复时间 t_{gr}之和。

普通晶闸管的关断时间约为几百 μs。图 1-24 中 U_{RRM}表示反向重复峰值电压，I_{RM}表示反向峰值电流，u_{AK}表示晶闸管的 A、K 之间的电压差，i_A表示流过晶闸管的 A、K 之间的电流。

1.3.3　典型参数

1. 正向重复峰值电压 U_{DRM}

在控制极开路的条件下，允许重复作用在晶闸管上的最大正向电压。一般 U_{DRM}与正向转折电压 U_{BO}之间的关系为

$$U_{DRM} = 80\% U_{BO} \tag{1-3}$$

2. 反向重复峰值电压 U_{RRM}

在控制极开路的条件下，允许重复作用在晶闸管上的反向电压。一般 U_{DRM}与反向转折电压 U_{BR}之间的关系为

$$U_{RRM} = 80\% U_{BR} \tag{1-4}$$

需要提醒的是，通常取晶闸管的 U_{DRM}和 U_{RRM}中较小的标准值作为该器件的额定电压。选用时，额定电压要留有一定的阈量，一般取额定电压为正常工作时晶闸管所承受的实际重复峰值电压的 2 ~ 3 倍。

3. 额定正向通态平均电流 $I_{T(AV)}$

在规定环境温度（不高于 40℃）和标准散热条件下，允许连续通过晶闸管的工频正弦波电流的通态平均值，作为晶闸管的额定电流。

需要提醒的是，使用时，应按照实际电流与通态平均电流有效值相等的原则来

选择晶闸管，且留有一定的阈量，一般取额定电流为正常工作时晶闸管所承受的实际通态平均电流的1.5～2倍。

波形系数定义为有效值与平均值之比，波峰系数定义为峰值与有效值之比。正弦半波电流的平均值$I_{T(AV)}$的表达式为

$$I_{T(AV)} = \frac{1}{2\pi}\int_0^{\pi} I_m \sin(\omega t)\,\mathrm{d}(\omega t) = \frac{I_m}{\pi} \tag{1-5}$$

式中，I_m为正弦半波电流的峰值。

正弦半波电流的有效值I_{rms}的表达式为

$$I_{rms} = \sqrt{\frac{1}{2\pi}\int_0^{\pi} [I_m \sin(\omega t)]^2 \mathrm{d}(\omega t)} = \frac{I_m}{2} \tag{1-6}$$

正弦半波电流的波形系数k_f定义为

$$k_f = \frac{I_{rms}}{I_{T(AV)}} = \frac{\frac{I_m}{2}}{\frac{I_m}{\pi}} = \frac{\pi}{2} \approx 1.57 \tag{1-7}$$

正弦半波电流的有效值I_{rms}可以表示为

$$I_{rms} = k_f I_{T(AV)} = 1.57 I_{TAV} \tag{1-8}$$

因此，一般按照下面的表达式选择晶闸管的电流额定参数：

$$I_{T(AV)\_N} = (1.5 \sim 2)\frac{I'_{rms}}{1.57} \tag{1-9}$$

式中，I'_{rms}表示流过晶闸管的实际电流有效值。

现将典型波形的波形系数k_f、波峰系数k_p、有效值和平均值等小结于表1-4中。

表1-4　典型波形的相关参数汇集

序号	名称	波形图	波形系数k_f	波峰系数k_p	有效值	平均值
1	正弦波	U_p　π　2π　t	1.11	1.414	$U_p/\sqrt{2}$	$2U_p/\pi$
2	半波整流	U_p　π　2π　t	1.57	2	$U_p/\sqrt{2}$	U_p/π
3	全波整流	U_p　π　2π　t	1.11	1.414	$U_p/\sqrt{2}$	$2U_p/\pi$
4	三角波	U_p　U_p　t	1.15	1.73	$U_p/\sqrt{3}$	$U_p/2$

（续）

序号	名称	波形图	波形系数 k_f	波峰系数 k_p	有效值	平均值
5	锯齿波	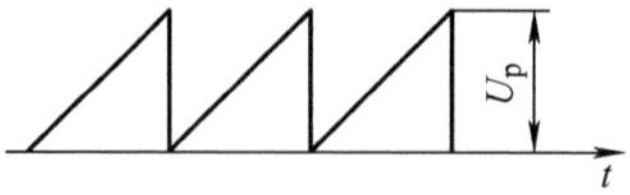	1.15	1.73	$U_p/\sqrt{3}$	$U_p/\sqrt{2}$
6	方波	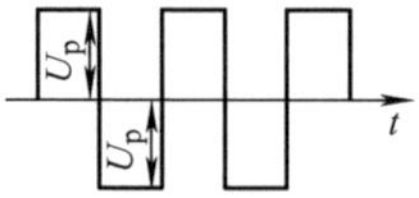	1	1	U_p	U_p
7	梯形波	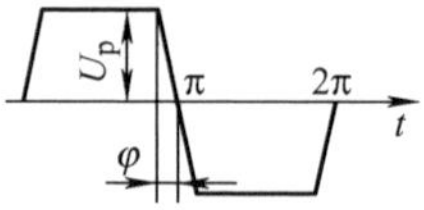	$\dfrac{\sqrt{1-\frac{4\varphi}{3\pi}}}{1-\frac{\varphi}{\pi}}$	$\dfrac{1}{\sqrt{1-\frac{4\varphi}{3\pi}}}$	$\sqrt{1-\frac{4\varphi}{3\pi}}U_p$	$\left(1-\frac{\varphi}{\pi}\right)U_p$
8	脉冲波	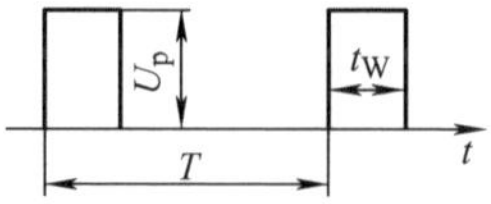	$\sqrt{\frac{T}{t_w}}$	$\sqrt{\frac{T}{t_w}}$	$\sqrt{\frac{T}{t_w}}U_p$	$\frac{t_w}{T}U_p$
9	隔直脉冲波	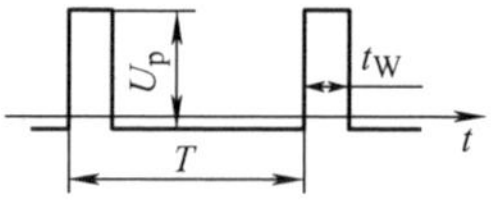	$\sqrt{\frac{T-t_w}{t_w}}$	$\sqrt{\frac{T-t_w}{t_w}}$	$\sqrt{\frac{t_w}{T-t_w}}U_p$	$\frac{t_w}{T-t_w}U_p$
10	白噪声	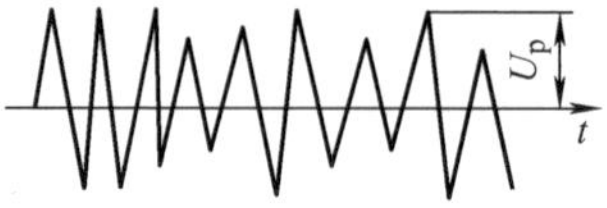	1.25	3	$U_p/3$	$U_p/3.75$

4. 通态（峰值）电压 U_{TM}

晶闸管通以某一规定倍数的额定通态平均电流 I_F 时的瞬态峰值电压，一般为1V 左右，视具体晶闸管型号情况。

5. 维持电流 I_H

在控制极开路和规定环境温度下，维持晶闸管导通的最小电流。当晶闸管正向电流小于维持电流 I_H 时，会自行关断。一般情况下，I_H 为几十 mA 至几百 mA，它与晶闸管的结温密切相关，结温越高，I_H 越小，晶闸管越容易误导通。

6. 擎住电流 I_L

晶闸管刚从断态转入到通态并移除触发脉冲后，能够维持其导通所需的最小电流。对同一晶闸管而言，通常 I_L 约为 I_H 的 2～4 倍。因此，为了防止晶闸管在高温时误导通，建议选择较大 I_L 的晶闸管。

7. 浪涌电流 I_{TSM}

指由于电路异常情况下，引起的并使结温超过额定结温的不重复性最大正向过载电流。

8. 触发电压 U_{GT} 和触发电流 I_G

在室温和晶闸管上加 $U=6V$ 直流电压的条件下，使晶闸管从关断到完全导通所需的最小控制极直流电压和电流。一般 U_{GT} 为 1～5V，I_G 为几十 mA 至几百 mA。需要提醒的是，同型号的晶闸管，门极特性存在差异，其触发电流、触发电压相差较大。如果触发电流、电压过小，容易受到干扰，造成误触发；器件触发电流、触发电压过大，会造成触发困难。所以，对于不同系列的器件都规定了最大与最小的触发电流、触发电压。

举例：对于100A 的晶闸管，一般标明了它的触发电流不超过250mA，触发电压不超过4V。当然，触发电流也不应该小于1mA，触发电压也不应该小于0.15V。

通常为了确保晶闸管可靠触发，外加门极电压的幅值要比晶闸管参数手册所给定的 U_{GT} 大好几倍。另外，触发电流、触发电压受温度影响较大。当它们工作时，随着温度的不断升高，触发电压 U_{GT} 和触发电流 I_G 会随之显著降低；反之，在冬天使用时，触发电压 U_{GT} 和触发电流 I_G 会增大。

9. 断态电压临界上升率 du/dt

指在额定结温和门极开路情况下，不会导致晶闸管从断态到通态转换的外加电压的最大上升率。在实际使用时，如果电压上升率过大，超过了晶闸管的电压上升率的值，极易使门极充电电流过大，即使此时加于晶闸管的正向电压低于其阳极峰值电压，也有可能会导致晶闸管误导通。

10. 通态电流临界上升率 di/dt

指在规定条件下，晶闸管能够承受而无有害影响的最大通态电流上升率。在实际使用时，如果电流上升太快，则晶闸管刚开通瞬间，便会有极大的电流集中在门极附近的较小区域内，从而造成局部过热而使得晶闸管损坏。

其他参数，详见晶闸管的参数手册。晶闸管的外形有螺栓形、平板形和金属外壳、塑料外壳等不同形式，如图1-25a～d 所示。晶闸管钼片的实物如图1-26 所示。

1.3.4　选型示例

目前我国生产的晶闸管的型号有两种表示方法，即 KP 系列和3CT 系列。额定正向通态平均电流（$I_{T(AV)}$）系列为1A、5A、10A、20A、30A、50A、100A、200A、300A、400A、500A、600A、900A、1000A 等14种规格。额定电压（U_{DRM}、U_{RRM}）在1000V 以下的，每100V 为一级；1000～3000V 的每200V 为一级，用百位数字或千位数字组合表示级数，见表1-5。其通态平均电压分为9级，用 A～I 各字母表示0.4～1.2V 的范围，每隔0.1V 为一级，见表1-6。

KP 系列表示参数的方式如图1-27 所示。3CT 晶闸管系列的参数的表示方式，如图1-28 所示。

a) 塑料外壳

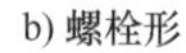

b) 螺栓形

c) 平板形

d) 金属外壳

图 1-25 晶闸管的不同形式

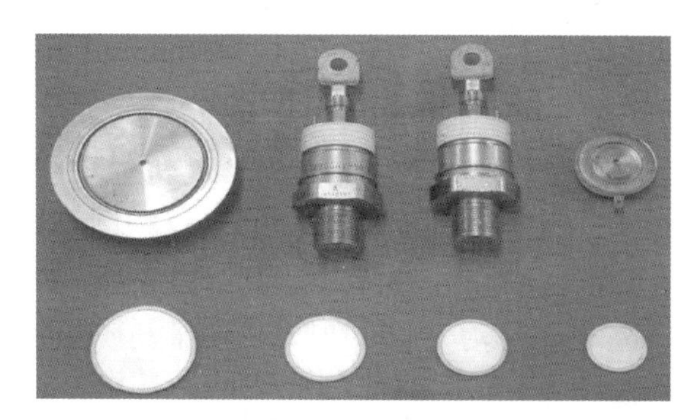

图 1-26 晶闸管钼片实物图

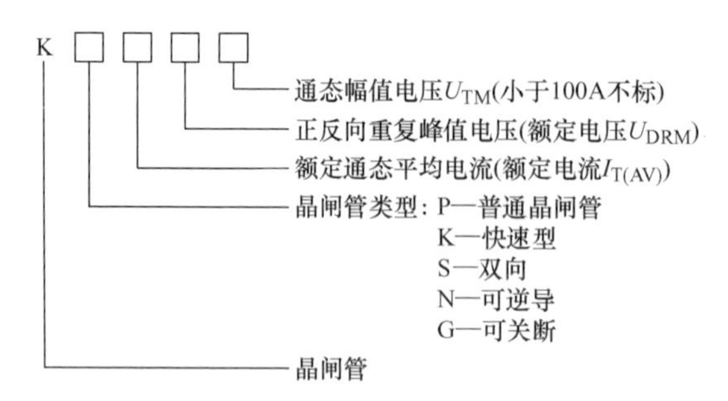

图 1-27 晶闸管 KP 系列的参数表示方式

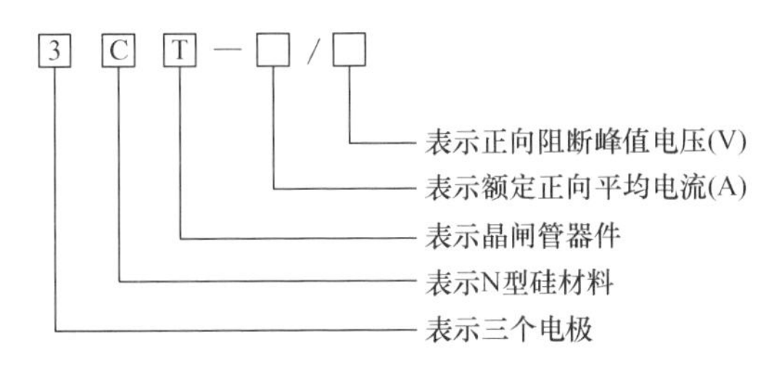

图1-28　晶闸管CT系列的参数表示方式

表1-5　晶闸管正反向重复峰值电压等级

级别	正反向重复负电压/V	级别	正反向重复负电压/V	级别	正反向重复负电压/V
1	100	8	800	20	2000
2	200	9	900	22	2200
3	300	10	1000	24	2400
4	400	12	1200	26	2600
5	500	14	1400	28	2800
6	600	16	1600	30	3000
7	700	18	1800		

表1-6　晶闸管通态平均电压分级（单位：V）

	组别				
	A	B	C	D	E
通态峰值电压 U_{TM}	$U_{TM} \leq 0.4$	$0.4 < U_{TM} \leq 0.5$	$0.5 < U_{TM} \leq 0.6$	$0.6 < U_{TM} \leq 0.7$	$0.7 < U_{TM} \leq 0.8$
	组别				
	F	G	H	T	—
通态峰值电压 U_{TM}	$0.8 < U_{TM} \leq 0.9$	$0.9 < U_{TM} \leq 1.0$	$1.0 < U_{TM} \leq 1.1$	$1.1 < U_{TM} \leq 1.2$	

举例：晶闸管KP500－XX，它表示$I_{T(AV)}$=500A，额定电压为从1800～3400V不等，用户可以酌情选择。如晶闸管KP100－12G表示额定电流$I_{T(AV)}$为100A、额定电压U_{DRM}和U_{RRM}为1200V（两者相同就取相同值，不同则取较大者作为额定值）、管压降U_{TM}=1V的普通晶闸管。再比如：3CT50/500表示额定电流$I_{T(AV)}$=50A，额定电压U_{DRM}和U_{RRM}为500V（两者相同就取相同值，不同则取较大者作为额定值）。

现将KP型晶闸管关键性参数小结于表1-7中。

晶闸管具有体积小、重量轻、效率高、使用维护方便等优点，能在高电压、大电流条件下工作，且其工作过程可以控制、被广泛应用于整流电路（交流变直流）、逆变电路（直流变交流）、交频电路（交流变交流）、斩波电路（直流变直流），此外，还可用作无触点开关、电机控制、电磁阀控制、灯光控制和稳压控制等系统中。

表 1-7 KP 型晶闸管关键性参数

参数 系列	通态平均电流	断态重复峰值电压 反向重复峰值电压	断态不重复峰值电压的漏电流 反向不重复峰值电压的漏电流	额定结温	门级触发电流	门级触发电压
	$I_{T(AV)}$/A	U_{DRM}，U_{RRM}/V	I_{DSM}，I_{RSM}/mA	T_{JM}/℃	I_{GT}/mA	U_{GT}/V
序号	1	2	3	4	5	6
KP1	1	100～3000	≤1	100	3～30	≤2.5
KP5	5	100～3000	≤1	100	5～70	≤3.5
KP10	10	100～3000	≤1	100	5～100	≤3.5
KP20	20	100～3000	≤1	100	5～100	≤3.5
KP30	30	100～3000	≤2	100	8～150	≤3.5
KP50	50	100～3000	≤2	100	8～150	≤3.5
KP100	100	100～3000	≤4	115	10～250	≤4
KP200	200	100～3000	≤4	115	10～250	≤4
KP300	300	100～3000	≤8	115	20～300	≤5
KP400	400	100～3000	≤8	115	20～300	≤5
KP500	500	100～3000	≤8	115	20～300	≤5
KP600	600	100～3000	≤9	115	30～350	≤5
KP800	800	100～3000	≤9	115	30～350	≤5
KP1000	1000	100～3000	≤10	115	40～400	≤5

如图 1-29 所示，为了控制输出电压的幅值，可利用晶闸管作为整流器件并构成晶闸管整流桥。由于图 1-29 中晶闸管整流桥的电流只能朝一个方向流动时，故又称其为单向型晶闸管整流器。

如图 1-29b 所示，已知装置为大电感负载，负载电压 $U_D=220V$、负载电阻 $R_D=5\Omega$，试分析：

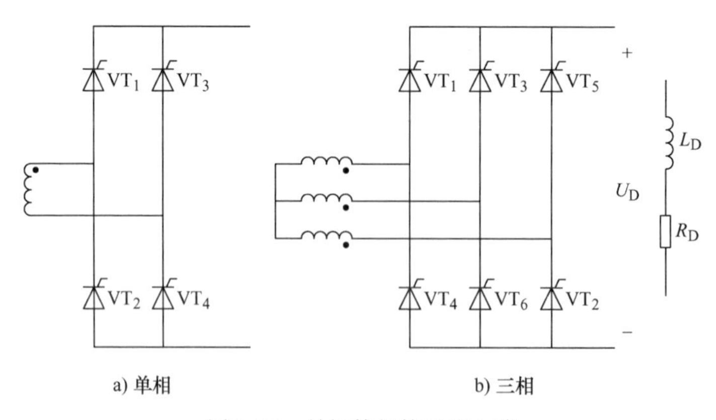

图 1-29 晶闸管相控整流电路

（1）变压器次级线电压 U_{2L}和变压器容量 S。

（2）选择合适型号的晶闸管。

分析：

（1）变压器次级线电压 U_{2L}以及变压器容量 S 为

负载电压 U_D的表达式为

$$U_D = 1.35U_{2L}\cos\alpha \tag{1-10}$$

式中，α 为触发角。当 $\alpha = 0$ 时，变压器次级线电压 U_{2L}的表达式为

$$U_{2L}\big|_{\cos\alpha=1} = \frac{U_D}{1.35\cos\alpha} = \frac{220\text{V}}{1.35\times1} \approx 163\text{V} \tag{1-11}$$

当整流器采用星形联结，带阻抗负载且 $\alpha = 30°$时，变压器二次侧电流有效值的表达式为

$$I_2 = \sqrt{\frac{1}{2\pi}\left[I_D^2\times\frac{2}{3}\pi + (-I_D)^2\times\frac{2}{3}\pi\right]} = \sqrt{\frac{2}{3}}I_D \approx 0.816I_D \tag{1-12}$$

$$I_D = \frac{U_D}{R_D} = \frac{220\text{V}}{5\Omega} = 44\text{A} \tag{1-13}$$

因此，变压器二次侧电流有效值为

$$I_2 \approx 0.816I_D = 0.816\times44\text{A} \approx 36\text{A} \tag{1-14}$$

变压器容量 S 的表达式为

$$S = \sqrt{3}U_{2L}I_2 = \sqrt{3}\times163\text{V}\times36\text{A} \approx 10.164\text{kVA} \tag{1-15}$$

（2）选择晶闸管型号：

流过晶闸管的电流有效值的表达式为

$$I_{rms} = \frac{I_2}{\sqrt{2}} = \sqrt{\frac{1}{3}}I_D \approx 0.577I_D \tag{1-16}$$

按照 2 倍阈量来选择晶闸管，那么，它的通态平均电流的表达式为

$$I_{TAV\_N} = 2\times\frac{I'_{rms}}{1.57} = 2\times\frac{0.577I_D}{1.57} = 2\times\frac{0.577\times44}{1.57}\text{A} \approx 32.4\text{A} \tag{1-17}$$

加载在晶闸管的峰值电压的表达式为

$$U_{T\_PEAK} = \sqrt{2}U_{2L} = \sqrt{2}\times163\text{V} \approx 231\text{V} \tag{1-18}$$

按照 2 倍阈量来选择晶闸管，那么，晶闸管的额定电压为

$$U_{DRM} = U_{RRM} = 2U_{T\_PEAK} \approx 462\text{V} \tag{1-19}$$

因此，选择晶闸管 KP50 - 5 型号即可，普通晶闸管的额定电流 $I_{T(AV)} = 50\text{A}$，额定电压 U_{DRM}和 U_{RRM}为 500V（两参数相同，就取相同值；如不同则取两者较大者作为额定值）。

当然，图 1-29 所示电路，在有些场合可以通过斩波器带二极管整流器加以替代，也用于确保输出电压可调，如图 1-30 所示，它充分将二极管不控整流的简单、斩波器调压的灵活性统一起来。

图 1-30 给出了带斩波器的二极管整流电路的基本拓扑。通过控制斩波电路晶体管的开通时间即可控制输出电压的幅值。图中的斩波电路可以为降压型的直流变换电路，还可以为升压型的直流变换电路。目前，变频器中的整流器多采用不可控二极管桥式整流电路。这种方案控制简单，成本较低，但整流器从电网吸收畸变的电流，给电网侧带来大量的谐波，造成电网的谐波污染。在运行过程中，直流侧能量无法回馈电网，尤其当电动机处于频繁起、制动运行方式时会带来大量的能量浪费。

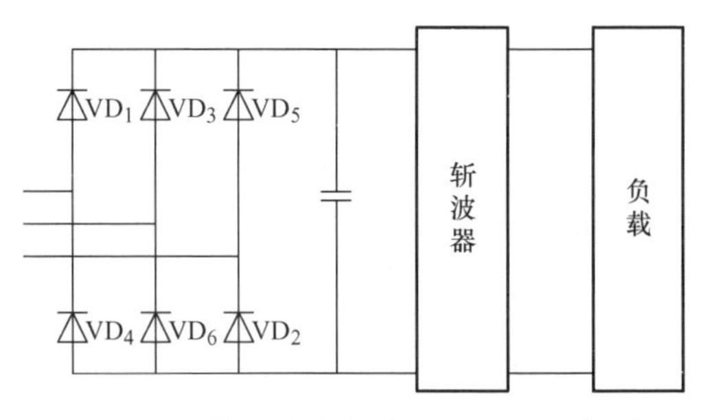

图 1-30 不控整流与斩波器的调压电路拓扑

1.4 功率 MOSFET

1.4.1 工作原理

功率 MOS 场效应晶体管，即 MOSFET，其原意是 MOS（Metal Oxide Semiconductor）为金属氧化物半导体，FET（Field Effect Transistor）为场效应晶体管，即以金属层（M）的栅极隔着氧化层（O）利用电场的效应来控制半导体（S）的场效应晶体管。

功率 MOSFET 也分为结型和绝缘栅型，但通常主要指绝缘栅型中的 MOS 型，即 Metal Oxide Semiconductor FET，简称功率 MOSFET（Power MOSFET）；结型功率场效应晶体管一般称作静电感应晶体管（Static Induction Transistor，SIT）。其特点是用栅极电压来控制漏极电流，驱动电路简单，需要的驱动功率小，开关速度快，工作频率高，热稳定性优于电力晶体管（Giant Transistors，GTR），但其电流容量小、耐压低，一般只适用于功率不大于 10kW 的电力电子装置。

功率 MOSFET 可分成 N 沟道和 P 沟道两类，其电路符号如图 1-31 所示。中间箭头向里的是 N 沟道，而箭头向外的是 P 沟道。功率 MOSFET 有三个极：漏极（D）、源极（S）及

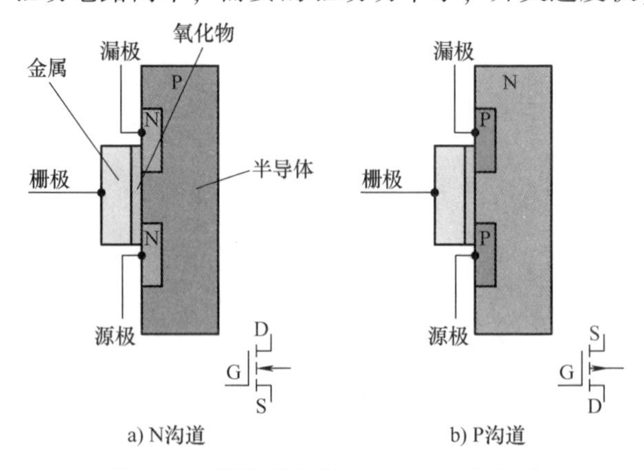

图 1-31 增强型功率 MOSFET 电路符号

栅极（G）。有一些功率 MOSFET 内部在漏、源极之间并接了一个二极管或肖特基二极管，这是在接电感负载时，防止反电动势损坏 MOSFET，如图 1-32 所示。这两类 MOSFET 的工作原理相同，仅电源电压控制电压的极性相反而已。

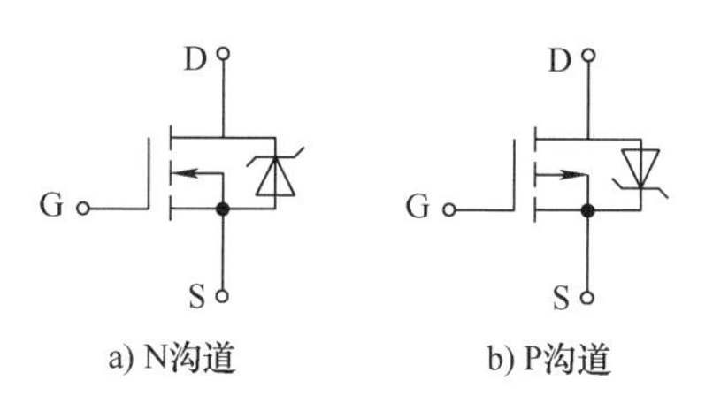

a) N沟道　　b) P沟道

图 1-32　并接二极管的功率 MOSFET 的电路符号

对于 N 沟道增强型功率 MOSFET 而言，其内部基本结构如图 1-31a 所示。其中源极 S 和漏极 D 与 P 型衬底材料之间用扩散杂质而形成一个 N 区，这样各形成一个 PN 结。栅极 G 是做在 SiO_2绝缘层上，与 P 型硅衬底、源极及漏极都是绝缘的。

当漏极 D、源极 S 之间加了一个 U_{DS}电压（而栅极 G 及源极 S 之间未加电压，则漏极 D 与源极 S 通道是由两个背靠背的 PN 结和 P 型硅本体电阻串联组成。由于其 PN 结反向电流极小，在常温 25℃下，其最大值为 1μA（该电流称为 I_{DSS}），相当于漏极源极关断。

当栅极 G 与 P 型硅衬底之间加 U_{GS}电压，则可把栅极 G 与 P 型硅衬底看作电容器的极板，而 SiO_2为绝缘介质，它们之间形成一个电容器。当加上 U_{GS}后在 SiO_2和栅极的界面上感应出正电荷，而 SiO_2与 P 型硅衬底界面上感应出负电荷。在 P 型硅衬底上感应的负电荷与 P 型硅衬底中的多数载流子（空穴）的极性相反，所以称为“反型层”，这使半导体漏极源极之间的类型由 P 型转变成 N 型而形成允许漏极源极的 N 区连接而形成导电沟道。如果这时在漏、源极之间加上了 U_{DS}电压，它由漏极 D 经 N 区、导电沟道及源极的 N 区形成通路电阻较小，可产生较小的电流 I_D。

但是如果 U_{GS}电压较低的话，感应出来的少量负电荷被 P 型衬底中的空穴所俘获，因而形不成导电沟道，仍然没有电流。当 U_{GS}增加到某一临界值（$U_{GS(TH)}$）后，在电场作用下产生足够的负电荷把两个分离的 N 区沟通，这个电压称为开启电压或称栅极阈值电压（用符号 $U_{GS(TH)}$表示），常用 $I_D = 250\mu A$ 时的 U_{GS}作为 $U_{GS(TH)}$。当 $U_{GS} > U_{GS(TH)}$，而且 $U_{DS} > U_{GS} - U_{GS(TH)}$，$I_D$与$(U_{GS} - U_{GS(TH)})^2$成正比。所以不大的 U_{GS}就可以控制很大的 I_D，足以使它饱和导通。当 $U_{GS} > U_{GS(TH)}$后才有电流，且 U_{GS}越大，在 P 型衬底感应的负电荷越多，形成的导电沟道越深，漏、源之间的电流也越大。此为增强型 N 沟道 MOSFET 的工作原理，P 沟道增强型 MOSFET 的工作原理与 N 沟道的相同，不再赘述。

功率 MOSFET 是电压控制型器件，由输入栅极电压 U_{GS}控制着漏极电流 I_D，即一定条件下，漏极电流 I_D取决于栅极电压 U_{GS}。增强型功率 MOSFET 具有如下显著特点：

（1）输入阻抗极高：最高可达 $10^{15}\Omega$。

（2）噪声低。

(3) 没有少数载流子存储效应，因而用作开关时不会因存储效应而引起开关时间的延迟，开关速度高。

(4) 没有偏置残余电压，在作斩波器时可提高斩波电路的性能。

(5) 可用作双向开关电路：$U_{GS}=0$ 时，当 $U_{DS}=0$，在导通时其导通电阻很小（目前可做到几个 mΩ），因而损耗小，是较理想的开关。由于损耗小，可在小尺寸封装时输出较大的开关电流，而无需加散热片。

1.4.2 典型参数

功率 MOSFET 的参数很多，一般参数手册都包含如下关键参数：

1. 极限参数

1) $I_{D(DC)}$：最大漏、源电流（作为选择功率 MOSFET 的额定电流参数），是指功率 MOSFET 正常工作时，漏、源极间所允许通过的最大电流，工作电流不应超过 I_D（此参数会随结温度的上升而有所减额）。需要提醒的是，使用时，在选择功率 MOSFET 的额定电流时，一般取额定电流为正常工作时实际电流的1.5～2 倍。

2) $I_{D(Pulse)}$：最大脉冲漏源电流。此参数会随结温度的上升而有所减额。

3) U_{DSS}：漏源击穿电压（作为选择功率 MOSFET 的额定电压参数），是指栅源电压 $U_{GS}=0$ 时，功率 MOSFET 正常工作所能承受的最大漏源电压。这是一项极限参数，加在功率 MOSFET 上的工作电压必须小于 $U_{(BR)DSS}$。它具有正温度特性，故应以此参数在低温条件下的值作为安全考虑。需要提醒的是，在选取功率 MOSFET 的额定电压 U_{DSS}值时，要留有一定的阈量，一般取额定电压为正常工作时它所承受的实际重复峰值电压的 1.5～3 倍不等。例如在笔记本电脑适配器、手机充电器中，输入为 90～265V 的交流，初级通常选用 600V 或 650V 的功率 MOSFET；笔记本电脑主板输入电压 19V，通常选用 30V 的功率 MOSFET；便携式设备选用 20V 的功率 MOSFET。

4) P_D：最大耗散功率（作为选择功率 MOSFET 的额定功耗参数），是指功率 MOSFET 性能不变坏时所允许的最大漏源耗散功率。使用时，功率 MOSFET 实际功耗应小于 P_D并留有一定余量。此参数一般会随结温度的上升而有所减额。

5) U_{GS}：栅源电压，一般为 ±20V 范围内。

6) T_j：最大工作结温。通常为 150℃或 175℃，器件设计的工作条件下须避免超过这个温度，并留有一定的阈量。

7) T_{STG}：存储温度范围。

在选择功率 MOSFET 时，必须重点关注它的极限参数，如最大漏源电压 U_{DS}、最大栅源电压 U_{GS}、最大漏极电流 I_D，最大功耗 P_D。在使用中不能超过极限值，否则会损坏器件。

2. 静态参数

1) $\Delta U_{(BR)DSS}/\Delta T_j$：漏源击穿电压的温度系数，一般为 0.1V/℃。

2）$R_{DS(on)}$：在特定的 U_{GS}（一般为 10V）、结温及漏极电流的条件下，功率 MOSFET 导通时漏、源间的最大阻抗。它是一个非常重要的参数，决定了功率 MOSFET 导通时的消耗功率。此参数一般会随结温度的上升而有所增大，故应以此参数在最高工作结温条件下的值作为损耗及压降计算依据。

3）$U_{GS(th)}$：开启电压（阈值电压）。当外加栅极控制电压 $U_{GS} > U_{GS(th)}$ 时，漏区和源区的表面反型层形成了连接的沟道。应用中，常将漏极短接条件下 I_D 等于 1mA 时的栅极电压称为开启电压。此参数一般会随结温度的上升而有所降低。

4）I_{DSS}：饱和漏源电流，栅极电压 $U_{GS}=0$、U_{DS} 为一定值时的漏源电流。一般在 μA 级。

5）I_{GSS}：栅源驱动电流或反向电流。由于功率 MOSFET 输入阻抗很大，I_{GSS} 一般在 nA 级。

3. 动态参数

1）g_{fS}：跨导，是指漏极输出电流的变化量与栅源电压变化量之比，是栅源电压对漏极电流控制能力大小的量度。

2）Q_g：栅极总充电电量。功率 MOSFET 是电压型驱动器件，驱动的过程就是栅极电压的建立过程，这是通过对栅源及栅漏之间的电容充电来实现的。

3）Q_{gs}：栅源充电电量。

4）Q_{gd}：栅漏充电（考虑到 Miller 效应）电量。

5）$t_{d(on)}$：导通延迟时间。从有输入电压上升到 10% 开始到 U_{DS} 下降到其幅值 90% 的时间，如图 1-33 所示。

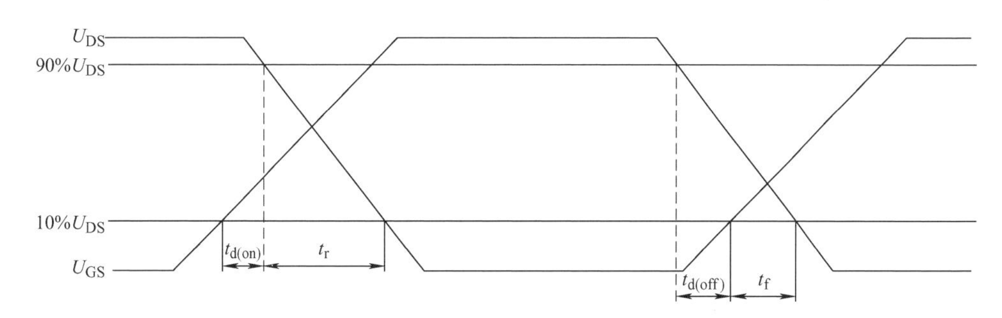

图 1-33 功率 MOSFET 的开通时间和关断时间定义

6）t_r：上升时间。输出电压 U_{DS} 从 90% 下降到其幅值 10% 的时间（参考图 1-33）。

7）$t_{d(off)}$：关断延迟时间。输入电压下降到 90% 开始到 U_{DS} 上升到其关断电压时 10% 的时间（参考图 1-33）。

8）t_f：下降时间。输出电压 U_{DS} 从 10% 上升到其幅值 90% 的时间（参考图 1-33）。

9）C_{iss}：输入电容。将漏源短接，用交流信号测得的栅极和源极之间的电容就是输入电容。C_{iss}是由栅漏电容C_{GD}和栅源电容C_{GS}并联而成，即$C_{iss}=C_{GD}+C_{GS}$（C_{DS}短路）。图1-34表示功率MOSFET的极间电容。当输入电容充电至阈值电压时器件才能开启，放电至一定值时器件才可以关断，因此驱动电路和C_{iss}对器件的开启和关断延时有着直接的影响。

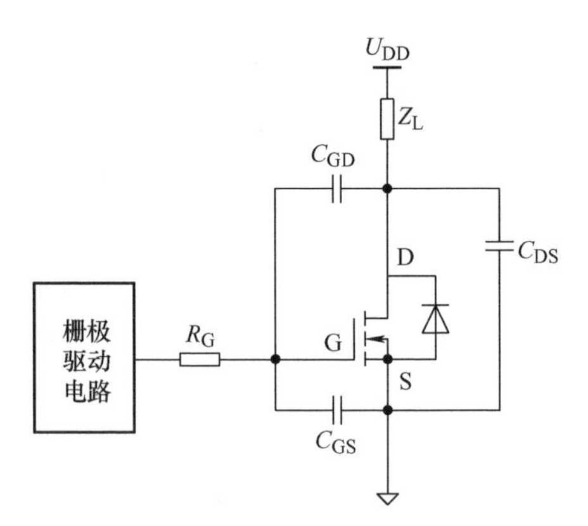

图1-34 功率MOSFET的极间电容

10）C_{oss}：输出电容。将栅源短接，用交流信号测得的漏极和源极之间的电容就是输出电容。C_{oss}是由漏源电容C_{DS}和栅漏电容C_{GD}并联而成，即C_{GD}。对于软开关的应用，C_{oss}非常重要，因为它可能引起电路的谐振。

11）C_{rss}：反向传输电容。在源极接地的情况下，测得的漏极和栅极之间的电容为反向传输电容。反向传输电容等同于栅漏电容，即$C_{rss}=C_{GD}$。反向传输电容也常叫做米勒电容，对于开关的上升和下降时间来说是一个重要的参数，它还影响着关断延时时间。电容随着漏源电压的增加而减小，尤其是输出电容和反向传输电容。

4. 体内二极管参数

1）$I_{S(DC)}$：连续最大续流电流（从源极）。

2）$I_{S(Pulse)}$：脉冲最大续流电流（从源极）。

3）U_{SD}：正向导通压降。

4）T_{rr}：反向恢复时间。

5）Q_{rr}：反向恢复充电电量。

6）T_{ON}：正向导通时间（基本可以忽略不计）。

5. 热阻

1）$R_{\theta JC}$：结点到外壳的热阻。它表明当耗散一个给定的功率时，结温与外壳温度之间的差值大小。

2）$R_{\theta CS}$：外壳到散热器的热阻，意义同上。

3）$R_{\theta JA}$：结点到周围环境的热阻，意义同上。

例如型号为Si9400DY的P沟道增强型MOSFET的极限参数：U_{DS}为$-20V$；$U_{GS}=\pm 20V$；连续漏极电流$I_D=\pm 2.5A$；$P_D=2.5W$；工作结温为$-55\sim 150℃$。其电特性是：

（1）$U_{GS(TH)}$最小值为$-1V$（$I_D=250\mu A$）；

（2）I_{DSS}最大值为$-2\mu A$；

（3）在$U_{GS}=-10V$时，$R_{DS(ON)}=0.2\Omega$；在$V_{GS}=-4.5V$时，$R_{DS(ON)}=0.4\Omega$。

以上的参数都是在$T_A=25℃$时的值。在$T_A>25℃$时，I_D、P_D的极限值将有所下降。例如Si9400DY在70℃时，I_D降为2A，P_D降为1.6W。这一点在实际使用时是要注意的。

IXYS公司（Littelfuse子公司）推出的IXFN90N170SK，它是碳化硅（SiC）系列功率MOSFET如图1-35所示，具有开关速度快、传输电容低的特点。其漏源击穿电压最小值1700V（$U_{GS}=0V$，$I_D=200\mu A$），在$T_C=25℃$的标准下，漏极电流为90A，静态漏源导通电阻R_{DSon}最大值为35mΩ（$T_{VJ}=25℃$时）。栅极总电荷为376nC，使得MOSFET对驱动电流的要求低，可以更加显著地降低开关损耗，提升电源效率，使其非常适合高可靠性的系统设计。IXFN90N170SK采用SOT-227B封装，隔离电压高达3000V（$t=1s$时），具有更高的电源效率，采用氮化铝基板，符合RoHS、阻燃等级符合UL 94V-0标准。操作温度和储存温度范围均是-40~150℃，结温范围为-40~175℃，结壳热阻为0.55K/W，具有较好的热性能。碳化硅IXFN90N170SK主要应用于太阳能逆变器、不间断电源（UPS）、高电压DC/DC转换器、电机驱动器、电池充电器、开关电源、感应加热等领域。

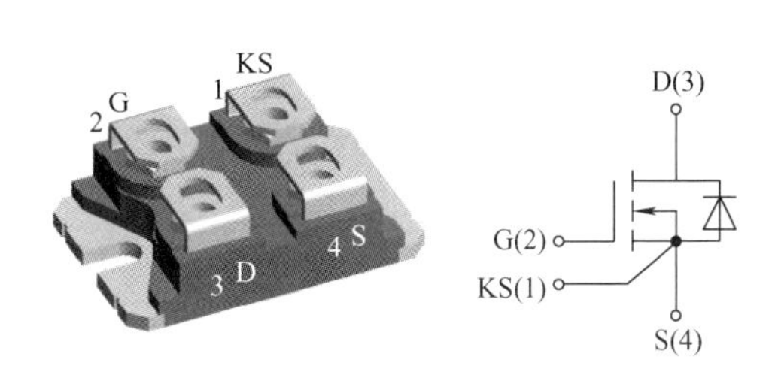

图1-35　碳化硅IXFN90N170SK的功率MOSFET

1.4.3　选型示例

正确选择功率MOSFET是设计相应电力电子装置中很重要的一个环节。功率MOSFET选择不好有可能影响到整个装置的效率和成本，了解不同的功率MOSFET部件的细微差别及不同开关电路中的应力，能够帮助科研工作者或工程师避免诸多问题，下面讨论功率MOSFET的正确选择步骤和方法。

1. 选用N沟道还是P沟道

为设计选择正确器件的第一步是决定采用N沟道还是P沟道功率MOSFET。N沟道功率MOSFET的连接方式是：电源输入正极连接到漏极D，由源极S输出，驱动电压的正极加在栅极G，驱动电压的负极加在源极S上。P沟道的功率MOSFET连接方式是：电源输入正极连接到源极S，由漏极D输出，驱动电压的正极加在源极S，驱动电压的负极加在栅极G。这样的连接方式导致两种沟道的功率MOSFET的驱动方式不同：N沟道的G极电压必须大于S极才能导通工作，如果S极连接到地电位，可以直接驱动，如图1-36a所示桥式电路桥臂的下管。如果S极的电压不是连接到地，如图1-36a所示桥式电路桥臂的上管，S极的电压是变动的，如果要驱动 MOSFET 正常地工作，必须保证在使用的过程中，G 极驱动信号的供电电源的负端连接在 S 极上。相对于系统的电源地，G 极驱动信号的供电电源的负端相当于浮在 S 极上，就是常说的浮驱、浮地或自举电源。P 沟道的 S 极连接的是电源的正极，这个电压总是大于地电位，因此，相对于 S 极，只要将 G 极拉低到低于电源的电压一定的值，就可以导通，如图 1-36b 所示，电阻 R_1、R_2将输入的电压分压，保证稳定时加在 G、S 上的最大电压不超过其额定值。

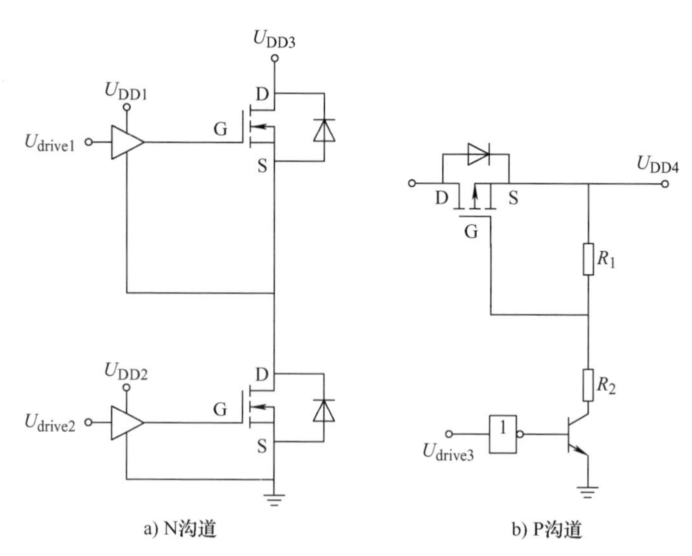

图 1-36　功率 MOSFET 的驱动电路接线方法

从上面的分析可以看到，如果功率 MOSFET 的 S 极连接的是输入电源的地，而负载连接到输入电源的正端时，该功率 MOSFET 就构成了低压侧开关，那么选用 N 沟道的功率 MOSFET，可以直接驱动，这是出于对关闭或导通器件所需电压的考虑。如果功率 MOSFET 的 S 极连接的是输入电源正端，就要用高压侧开关，通常会在这个拓扑中采用 P 沟道功率 MOSFET，也可以直接驱动，这也是出于对电压驱动的考虑。

对于一个桥式电路的上下桥臂，上管使用 P 沟道的功率 MOSFET，可以直接驱动，驱动电路设计简单。如果上管选用 N 沟道的功率 MOSFET，那么必须采用浮驱或自举电路，驱动电路比较复杂。对于下管，使用 N 沟道的功率 MOSFET，可以直接驱动。

比如笔记本电脑、台式机和服务器等，通常使用风扇给 CPU 和系统散热，打印机进纸系统使用电机驱动，吸尘器、空气净化器、电风扇等白家电的电机控制电路，都使用图 1-37 所示的全桥拓扑结构。每个 H 桥臂的上管使用 P 管、下管使用 N 管，而且将 P 管和 N 管封装在一起，这样系统驱动简单，器件数量少，体积小，结构简洁，得到广泛使用，如互补功率 MOSFET AO4618，额定电压 −40V、额定电流 −7A（T_A = 25℃），就是典型代表。器件 AO4618 的封装与电路符号如图 1-38 所示。

在图 1-39a 所示拓扑中，每个桥臂的上管使用 P 管、下管使用 N 管，而且是将 P 管和 N 管封装在一起，如 AON3611，其额定电压 30V，N 沟道额定电流 5A（T_A =

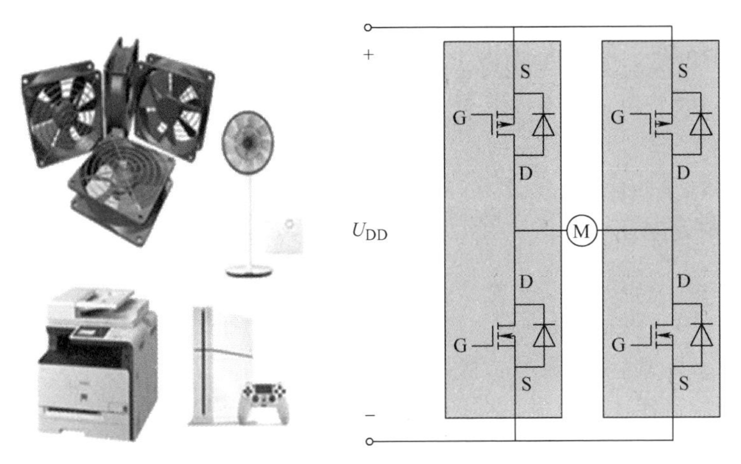

图1-37　基于H桥的电机控制系统拓扑

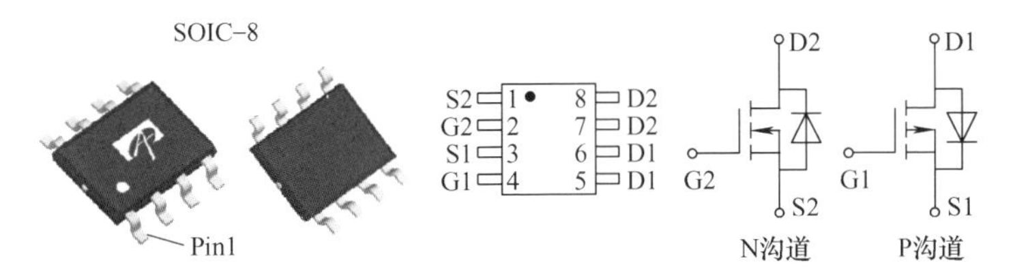

图1-38　40V互补功率MOSFET AO4618

25℃)、P沟道额定电流 -6A（T_A =25℃)。图1-39a中单独的P管，可以选择单管AON3419［额定电压 -30V、额定电流 -10A（T_A =25℃)］。

在图1-39b所示拓扑中，N管既可以选择6只单管如AON224（额定电压40V、额定电流8A（T_A =25℃)），还可以选择3只双管如AO4840，其额定电压40V、额定电流6A（T_A =25℃)。图1-39b中单独的P管可以选择单管AO7403，其额定

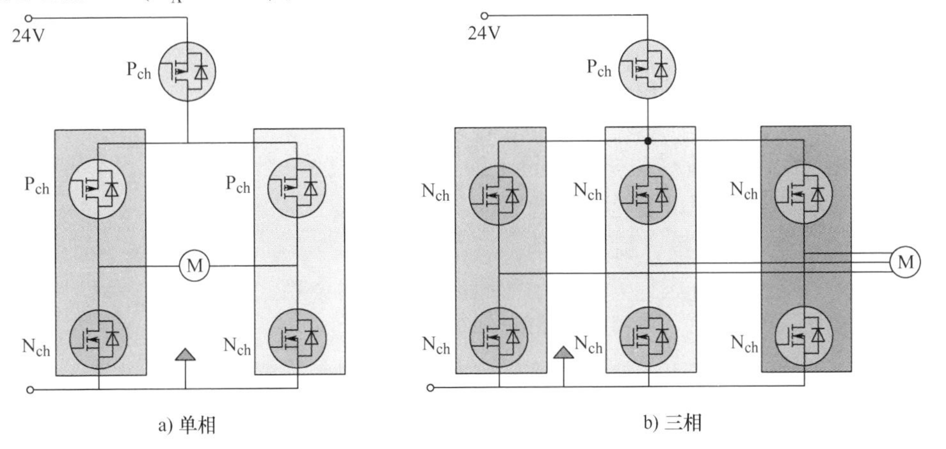

图1-39　电机控制系统拓扑

电压 -30V、额定电流 -8A（$T_A=25℃$）。

需要提醒的是，N 沟道 MOSFET 选择的型号多，成本低；P 沟道 MOSFET 选择的型号较少，成本高。如果功率 MOSFET 的 S 极连接端的电压不是系统的参考地，N 沟道就需要浮地供电电源驱动、变压器驱动或自举驱动，驱动电路复杂；P 沟道可以直接驱动，驱动简单。

2. 确定额定电压 U_{DS}

要选择适合应用的器件，必须确定驱动器件所需的电压，以及在设计中最简易执行的方法。第 2 步是确定所需的额定电压，或者器件所能承受的最大电压。额定电压越大，器件的成本就越高，根据实践经验，额定电压应当大于干线电压或总线电压 2~3 倍，这样才能提供足够的保护，使功率 MOSFET 不会失效。就选择功率 MOSFET 本身而言，必须确定漏极至源极间可能承受的最大电压，即最大 U_{DS}，且功率 MOSFET 能承受的最大电压会随温度而变化这点十分重要。设计人员必须在整个工作温度范围内测试电压的变化范围。额定电压必须有足够的阈量覆盖这个变化范围，确保电路不会失效。设计工程师还需要考虑的其他安全因素包括由开关电子设备（如电机或变压器）诱发的电压瞬变、不同应用的额定电压也有所不同等。

3. 确定额定电流 I_D

I_D视电路结构而定，该额定电流应是负载在所有情况下能够承受的最大电流。与电压的情况相似，设计人员必须确保所选的功率 MOSFET 即使在系统产生尖峰电流时，也能承受这个额定电流。电流情况有连续模式和脉冲尖峰两种：在连续导通模式下，功率 MOSFET 处于稳态，此时电流连续通过器件；脉冲尖峰是指有大量电涌（或尖峰电流）流过器件。一旦确定了这些条件下的最大电流，只需直接选择能承受这个最大电流的器件便可，一般留有 1.5~2 倍的阈量。

选好额定电流后，还必须计算导通损耗。在实际情况下，功率 MOSFET 并不是理想的器件，因为在导电过程中会有电能损耗，这称之为导通损耗。功率 MOSFET 在“导通”时就像一个可变电阻，由器件的 $R_{DS(ON)}$ 所确定，并随温度而显著变化。器件的功率耗损可由下面的表达式计算得到

$$E_D=(I_{LOAD})^2R_{DS(ON)}D \tag{1-20}$$

式中，I_{LOAD}表示实际流过功率 MOSFET 的电流；D 表示占空比。

由于导通电阻随温度变化，因此功率耗损也会随之按比例变化，对功率 MOSFET 施加的电压 U_{GS}越高，就会越小；反之 $R_{DS(ON)}$ 就会越高。对系统设计人员来说，这是取决于系统电压且需要折中权衡的因素，对便携式设计来说，采用较低的电压比较容易；而对于工业设计，可采用较高的电压。注意 $R_{DS(ON)}$ 电阻会随着电流轻微上升，关于其电阻的变化曲线，可在参数手册中查到。

4. 确定热设计

选择功率 MOSFET 时，还需要计算系统的散热是否满足要求。设计人员必须

考虑两种不同的情况，即最坏情况和真实情况。建议采用针对最坏情况的计算结果，因为该结果提供更大的安全阈量，能确保系统不会失效。在功率 MOSFET 的参数手册中还有一些需要注意的测量数据，比如封装器件的半导体结与环境之间的热阻、最大结温等。

器件的结温等于最大环境温度 T_A 加上热阻 $R_{\theta JC}$ 与功率耗散 E_D 的乘积，即

$$T_J = T_A + E_D R_{\theta JC} \tag{1-21}$$

联立式（1-21）和式（1-22），确定将要通过器件的最大电流的表达式为

$$I_{LOAD} \leqslant \sqrt{\frac{E_D}{R_{DS(ON)}}} = \sqrt{\frac{T_J - T_A}{R_{DS(ON)} R_{\theta JC}}} \tag{1-22}$$

值得注意的是，在处理简单热模型时，设计人员还必须考虑半导体结-器件外壳及外壳-环境的热容量，即要求印制电路板和封装不会立即升温。雪崩击穿是指半导体器件上的反向电压超过最大值，并形成强电场使器件内电流增加。该电流将耗散功率使器件的温度升高，而且有可能损坏器件。半导体公司都会对器件进行雪崩测试，计算其雪崩电压，或对器件的稳健性进行测试。计算额定雪崩电压有两种方法：统计法和热计算，由于热计算较为实用，而得到广泛应用。

5. 决定开关性能

选择 MOSFET 的最后一步是确定其开关性能。影响 MOSFET 开关性能的参数有很多，但最重要的是栅极-漏极、栅极-源极及漏极-源极电容。因为在每次开关时都要对这些电容充电，会在器件中产生开关损耗；MOSFET 的开关速度也因此被降低，器件效率随之下降。其中，栅极电荷 Q_{gd} 对开关性能的影响最大。图 1-40 表示 N 沟道 MOSFET 构成的开关电路。

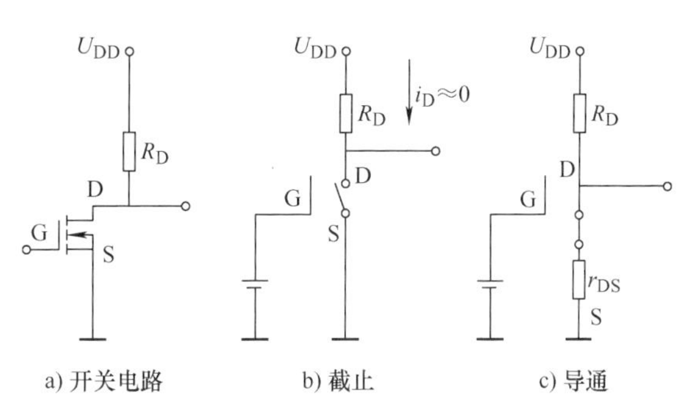

图 1-40　N 沟道 MOSFET 构成的开关电路

为计算开关过程中器件的总损耗，设计人员必须计算开通过程中的损耗 E_{on} 和关闭过程中的损耗 E_{off}，它们分别表示为

$$\begin{cases} E_{on} = \dfrac{I_{LOAD}^2 R_{DS(ON)} t_r f_{SW}}{2} \\ E_{off} = \dfrac{I_{LOAD}^2 R_{DS(ON)} t_f f_{SW}}{2} \end{cases} \tag{1-23}$$

式中，f_{SW} 表示开关频率；t_r 表示功率 MOSFET 的上升时间；t_f 表示功率 MOSFET 的下降时间。

功率 MOSFET 的总损耗可用如下方程表达：

$$E_{SW}=E_{on}+E_{off}+E_{D} \tag{1-24}$$

由此可见需要关注的参数主要有：额定电压 U_{DSS}、额定电流 I_D、导通电阻 $R_{DS(on)}$、上升时间 t_r、下降时间 t_f、开关频率 f_{SW}、热阻 $R_{θJA}$、热阻 $R_{θJC}$。

6. 考量封装因素

不同的封装尺寸对功率 MOSFET 具有不同的热阻和耗散功率，需要考虑系统的散热条件和环境温度（如是否有风冷、散热器的形状和大小限制、环境是否封闭等因素），基本原则就是在保证功率 MOSFET 的温升和系统效率的前提下，选取参数和封装更通用的功率 MOSFET。如图 1-41 所示，常见的功率 MOSFET 封装形式有

（1）插入式封装：TO－3P、TO－247、TO－220、TO－220F、TO－251、TO－92。

（2）表面贴装式：TO－263、TO－252、SOP－8、SOT－23、DFN。

a) TO–247　b) TO–220　c) super TO–220/247　d) TO–252　e) TO–263

图 1-41　常见的功率 MOSFET 封装形式

不同的封装形式，MOSFET 对应的极限电流、电压和散热效果都会不一样，简单介绍如下：

（1）TO－247/3P：是中高压、大电流 MOS 管常用的封装形式，产品具有耐压高、抗击穿能力强等特点，适于中压大电流（电流 120A 以上、耐压值在 200V 以上）在 120A 以上、耐压值 200V 以上的场所中使用。

（2）TO－220/220F：这两种封装样式的 MOS 管外观差不多，可以互换使用，不过 TO－220 背部有散热片，其散热效果比 TO－220F 要好些，价格相对也要贵些。这两个封装产品适于中压大电流 120A 以下、高压大电流 20A 以下的场合应用。

（3）TO－252：是目前主流封装之一，适用于中高压且电流在 70A 以下环境中。

（4）TO－263：是 TO－220 的一个变种，主要是为了提高生产效率和散热而设计，支持极高的电流和电压（在 150A 以下、30V 以上）的中压大电流 MOS 管中较为多见。

（5）TO－251：该封装产品主要是为了降低成本和缩小产品体积，主要应用于中压大电流 60A 以下、高压电流 70A 以下环境中。

（6）TO－92：该封装只有低压 MOSFET（电流 10A 以下、耐压值 60V 以下）和高压 1N60/65 在采用，主要是为了降低成本。

（7）SOP－8：该封装同样是为降低成本而设计，一般在 50A 以下的中压、60V 左右的低压 MOSFET 中较为多见。

（8）SOT－23：适于几安电流、60V 及以下电压环境中采用，又分有大体积和小体积两种，主要区别在于电流值不同。

（9）DFN：体积较 SOT－23 大，但小于 TO－252，一般在低压和 30A 以下中压 MOSFET 中有采用，得益于产品体积小，主要应用于 DC 小功率电流环境中。

7. 选好品牌

MOSFET 的生产企业很多，大致说来，主要有欧美系、日系、韩系、台系、国产几大系列，具体品牌如下：

（1）欧美系代表企业：IR、ST、仙童、安森美、TI、PI、英飞凌等。

（2）日系代表企业：东芝、瑞萨、新电元等。

（3）韩系代表企业：KEC、AUK、美格纳、森名浩、威士顿、信安、KIA 等。

（4）国产代表企业：吉林华微、士兰微、华润华晶、东光微、深爱半导体等。中国台湾代表企业：APEC、CET。

在这些品牌中，以欧美系企业的产品种类最全、技术及性能最优，从性能效果考虑，是功率 MOSFET 的首选；以瑞萨、东芝为代表的日系企业，也是功率 MOSFET 的高端品牌，同样具有很强的竞争优势；这些品牌也是市面上被仿冒最多的。另外，由于品牌价值、技术优势等原因，欧美系和日系品牌企业的产品价格也往往较高。

韩国和中国台湾的功率 MOSFET 企业也是行业的重要产品供应商，不过在技术上，要稍弱于欧美及日系企业，但在价格方面，较欧美及日系企业更具优势，性价比相对高很多。而在国内，同样活跃着一批本土企业，他们借助更低的成本优势和更快的客户服务响应速度，在中低端及细分领域具有很强的竞争力，部分实现了国产替代，目前也在不断进军高端产品。

1.5　IGBT

1.5.1　工作原理

绝缘栅双极型晶体管（Insulated Gate Bipolar Transistor，IGBT），是由双极型三极管（Bipolar Junction Transistor，BJT）和绝缘栅型场效应晶体管组成的复合全控型电压驱动式功率半导体器件，具有功率 MOSFET 的高速性能与双极的低电阻性能两方面的优点。IGBT 驱动功率小而饱和压降低，非常适合应用于直流电压为 600V 及以上的变流系统，如交流电机、逆变器、开关电源、照明电路、牵引传动等领域。IGBT 属于典型的三端器件，即栅极 G、集电极 C 和发射极 E，如图 1-42 所示，IGBT 具有三个 PN 结（J1、J2 和 J3）、四个层（P、N－、N＋和 P＋）。

在图 1-42a 中，N 沟道 VDMOSFET 与 BJT 组合，形成 N 沟道（N－IGBT）。相比而言，IGBT 比 VDMOSFET 多一层 P＋注入区，形成了一个大面积的 P＋N 结 J_1，而 J_1 结使 IGBT 模块导通时，由 P＋注入区向 N 基区发射少子，对漂移区进行电导调制，使得 IGBT 具有极强导电性。

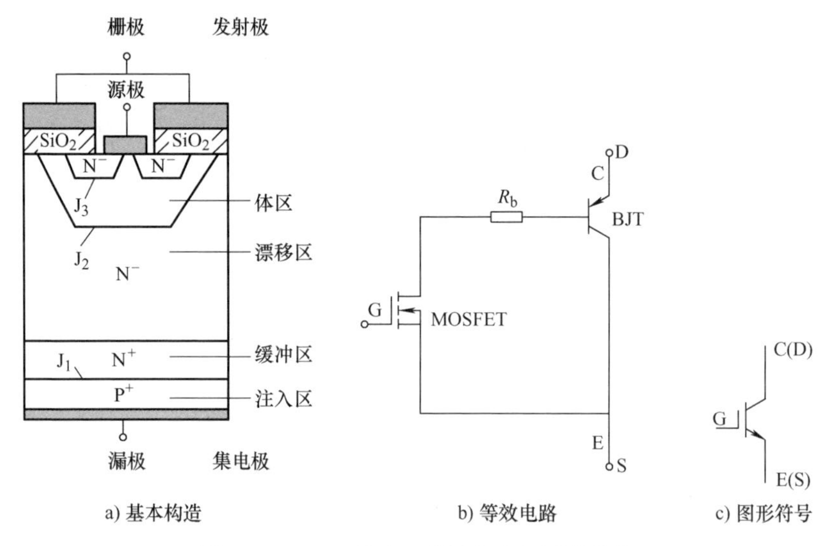

图 1-42　IGBT 构造、等效电路与图形符号

图 1-43 对比示意了 IGBT 和功率 MOSFET 的构造情况，特别地，IGBT 是通过在功率 MOSFET 的漏极上追加 P＋层而构成的，从而具有以下种种特征：

1. 电压控制型器件

IGBT 的理想等效电路，正如图 1-42b 所示，是对 PNP 双极型晶体管和功率 MOSFET 进行达林顿连接后形成的单片型 Bi－MOS 晶体管。因此，在栅极-发射极之间外加正电压使功率 MOSFET 导通时，PNP 晶体管的基极-集电极间就连接上了低电阻，从而使 PNP 晶体管处于导通状态。此后，使栅极-发射

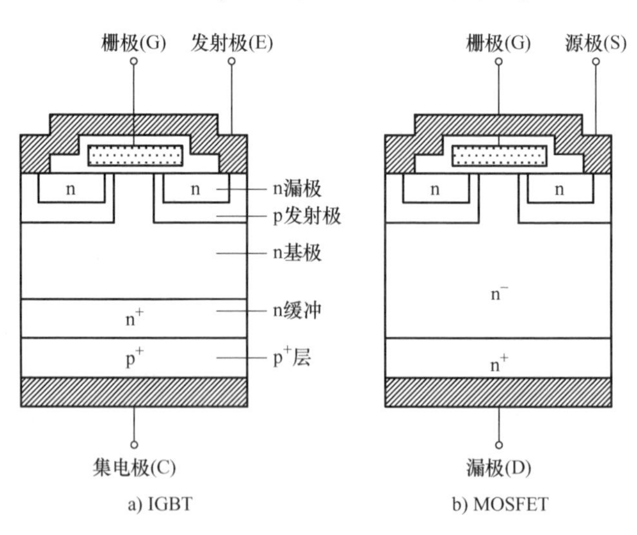

图 1-43　IGBT 与功率 MOSFET 的构造对比

极之间的电压为 0V 时，首先功率 MOSFET 处于断路状态，PNP 晶体管的基极电流被切断，从而处于断路状态。如上所述，IGBT 和功率 MOSFET 一样，通过电压信号可以控制开通和关断动作。

2. 耐高压、大容量

IGBT 和功率 MOSFET 同样，虽然在栅极上外加正电压即可导通，但是由于通过在漏极上追加 P + 层，在导通状态下从 P + 层向 N 基极注入空穴，从而引发传导性能的转变，因此它与功率 MOSFET 相比，可以得到极低的通态电阻。功率 MOS-FET 是通过在栅极上外加正电压，使 P 基极层形成沟道，从而进入导通状态的。此时，由于 N 发射极（源极）层和 N 基极层以沟道为媒介而导通，MOSFET 的集电极–发射极之间形成了单一的半导体（见图 1-43 中的 N 型）。其电特性也就成了单纯的电阻，该电阻越低，通态电压也就变得越低。但是，在 MOSFET 进行耐高压化的同时，N 基极层需要加厚（N 基极层的作用是在阻断状态下，维持集电极–发射极之间所外加的电压，因此，需要维持的电压越高，该层就越厚），器件的耐压性能越高，集电极–发射极之间的电阻也就增加。正因为如此，高耐压的功率 MOSFET 的通态电阻变大，无法使大量的电流顺利通过，因此实现大容量化非常困难。针对这一点，IGBT 中由于追加了 P + 层，所以从漏极方面来看，它与 N 基极层之间构成了 PN 二极管。因为这个二极管的作用，N 基极得到电导率调制，从而使通态电阻减小到几乎可以忽略。因此，IGBT 与 MOSFET 相比，能更容易地实现大容量化，正如图 1-42b 所表示的理想的等效电路那样，IGBT 是 PNP 双极型晶体管和功率 MOSFET 进行达林顿连接后形成的单片级联型 Bi – MOS 晶体管。此外，IGBT 与双极型晶体管的芯片和功率 MOSFET 的芯片共同组合成的混合级联型 Bi – MOS 晶体管的区别就在于功率 MOSFET 部的通态电阻。在 IG-BT 中功率 MOSFET 部的通态电阻变得极其微小，再考虑到芯片间需要布线点，IGBT 比混合级联型 Bi – MOS 晶体管优越。为加深读者理解，现将 BJT、MOSFET 和 IGBT 的特性小结于表 1-8 中。

表 1-8　BJT、MOSFET 和 IGBT 的特性对比

特点	BJT	MOSFET	IGBT
驱动方法	电流	电压	电压
驱动电路	复杂	简单	简单
输入阻抗	低	高	高
驱动功率	高	低	低
开关速度	慢（μs 级别）	快（ns 级别）	中等
工作频率	低	快（低于 1MHz）	中等
安全工作区	窄	宽	宽
饱和电压	低	高	低

IGBT 模块是由 IGBT 芯片与续流二极管芯片（Free Wheeling Diode，FWD），通过特定的电路桥接封装而成的模块化半导体产品。封装后的 IGBT 模块直接应用于逆变器、不间断电源（UPS）等设备上，如图 1-44 所示。

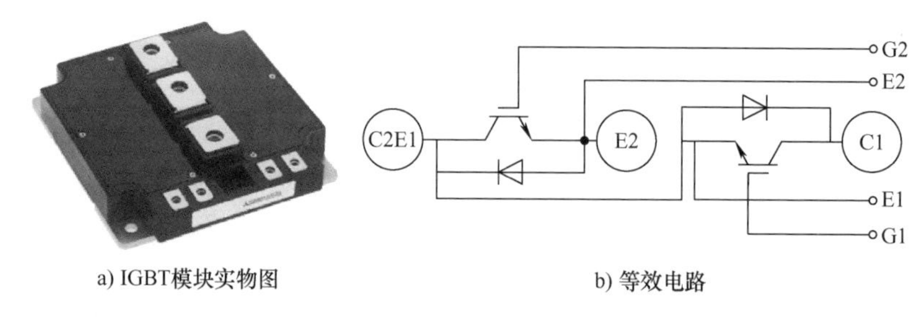

a) IGBT模块实物图　　b) 等效电路

图 1-44　三菱公司 CM600DU－24NF 的模块（600A/1200V）

IGBT 模块的封装，如图 1-45 所示，它包括以下几种典型类型：

（1）单独的 IGBT 模块，电流为 15～400A，电压为 400～1200V；

（2）单相半桥 IGBT 模块，电流为 15～75A，电压为 500～1000V；

（3）单相全桥 IGBT 模块，电流为 18～32A，电压为 400～500V；

（4）三相全桥 IGBT 模块，电流为 15～100A，电压为 400～1200V。

在图 1-45 所示的 IGBT 模块的典型封装形式中，图 1-45a～e 为单一的封装模块，有些同类产品内带温度传感器；图 1-45f 和 g 为两单元封装模块，有些同类产品内带温度传感器；图 1-45h 为四单元封装模块，有些同类产品内带温度传感器；图 1-45i 为六单元封装模块，有些同类产品内带温度传感器；图 1-45j 为带单相整流桥的六单元封装模块，有些同类产品内带温度传感器；图 1-45k 为带温度传感器、直流侧电流传感器及独立三相整流桥的六单元封装模块。

图 1-46 表示 IGBT 的输出特性与转移特性。其中图 1-46a 表示其输出特性（伏安特性），以栅极电压 U_{GE}为参考变量时，集电极电流 I_C与栅极电压 U_{CE}间的关系，分为四个区域：正向阻断区、有源区、饱和区和击穿区。当 $U_{CE}<0$ 时，IGBT 为反向阻断工作状态。其中图 1-46b 表示 IGBT 的转移特性，集电极电流 I_C与栅极电压 U_{GE}间的关系，与功率 MOSFET 转移特性类似。图 1-46b 中 $U_{GE(th)}$表示开启电压，即 IGBT 能实现电导调制而导通的最低栅极-发射极电压，$U_{GE(th)}$随温度升高而略有下降，在 +25℃时，$U_{GE(th)}$的值一般为 2～6V。

图 1-47 表示 IGBT 的开断过程，其中 IGBT 的开通过程与功率 MOSFET 相似，因为在开通过程中 IGBT 大部分时间作为 MOSFET 运行。涉及到几个关键性参数的介绍如下：

1）开通延迟时间 $t_{d(on)}$，表示从栅极电压 U_{GE}上升至其幅值 10% 的时刻，到集电极电流 i_C上升至最大值 I_{CM}的 10% 的时间。

2）电流上升时间 t_r，表示从 10% 的 I_{CM}上升至 90% 的 I_{CM}所需的时间。

3）开通时间 t_{on}，表示开通延迟时间和电流上升时间之和，即 $t_{on}=t_{d(on)}+t_r$。

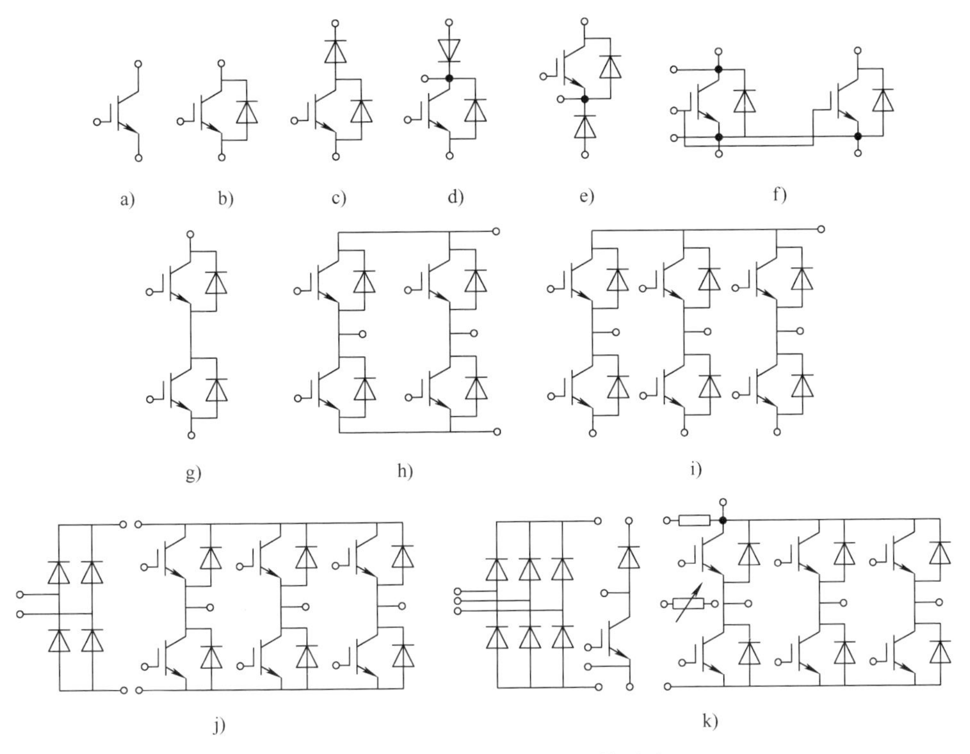

图1-45　IGBT模块的典型封装形式

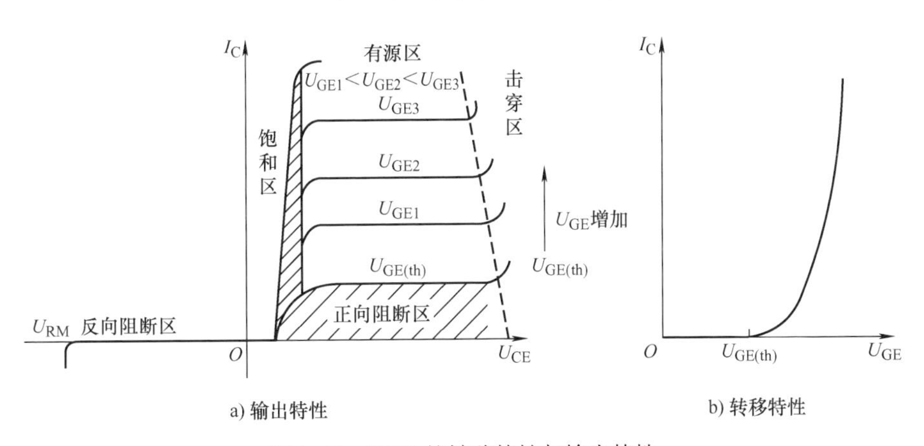

图1-46　IGBT的转移特性与输出特性

电压U_{CE}的下降过程分为t_{fv1}和t_{fv2}两个过程，其中t_{fv1}表示IGBT中功率MOSFET单独工作的电压下降过程；t_{fv2}表示MOSFET和PNP晶体管同时工作的电压下降过程。

IGBT的关断过程，也涉及几个关键性参数的介绍：

1）关断延迟时间$t_{d(off)}$，表示从U_{GE}后沿下降到其幅值90%的时刻起，到i_C

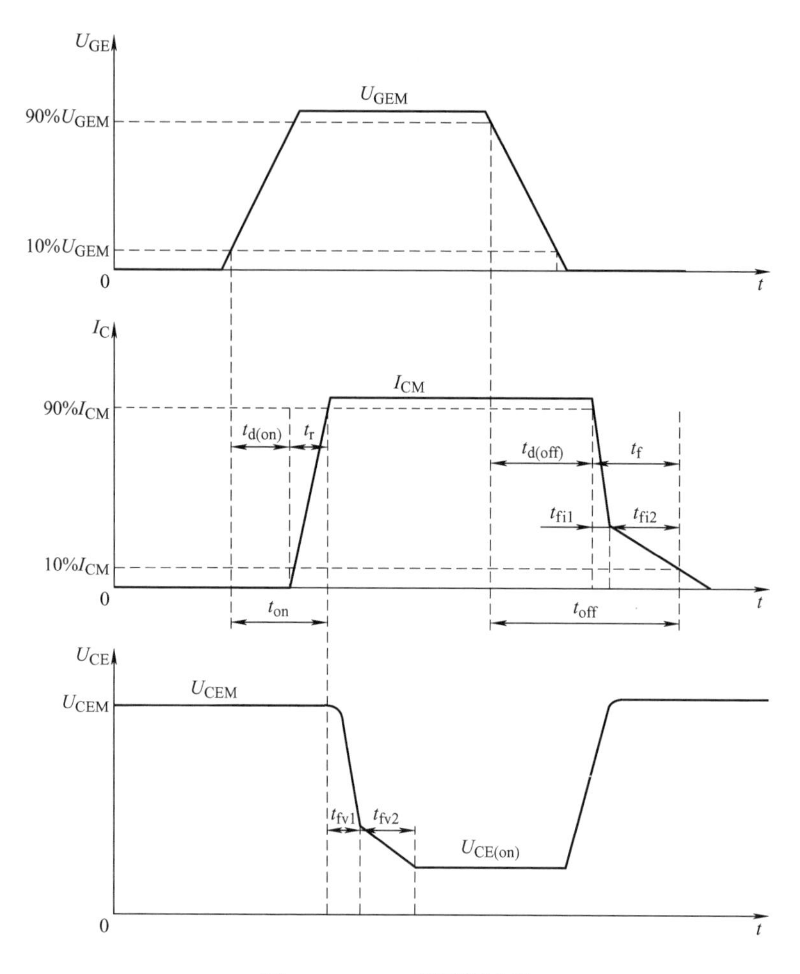

图 1-47 IGBT 的开断过程

下降至最大值 I_{CM} 的 90% 的时间。

2）电流下降时间 t_f，表示从 90% 的 I_{CM} 下降至 10% 的 I_{CM} 所需的时间。

3）关断时间 t_{off}，表示关断延迟时间和电流下降时间之和，即 $t_{off}=t_{d(off)}+t_f$。

电流 I_C 的下降过程分为 t_{fi1} 和 t_{fi2} 两个过程，其中 t_{fi1} 表示 IGBT 内部的功率 MOSFET 的关断过程，i_C 下降较快；t_{fi2} 表示 IGBT 内部的 PNP 晶体管的关断过程，i_C 下降较慢。正是由于 IGBT 中双极型 PNP 晶体管的存在，虽然带来了电导调制效应的好处，但也引入了少子储存现象，因为 IGBT 的开关速度低于功率 MOSFET。

1.5.2 典型参数

现将 IGBT 模块的主要参数小结于表 1-9 中。

表1-9　IGBT模块的主要参数

术语		符号	定义与说明
极限参数	集电极-发射极间的电压（Collector-Emitter Voltage）	U_{CES}	在栅极（下称G）-发射极（下称E）之间处于短路状态时，集电极（下称C）-发射极间能够外加的最大电压
	集电极-发射极间断路电流（Zero Gate Voltage Collector Current）	I_{CES}	门极G-发射极E间处于短路的状态时，在集电极C-E间外加指定的电压时C-E间的漏电流
	栅极-发射极间的漏电流（Gate-Emitter Leakage Current）	I_{GES}	C-E间处于短路状态时，在G-E间外加指定的电压时G-E间的漏电流
	栅极-发射极间的电压（Gate-Emitter Voltage）	U_{GES}	在集电极-发射极间处于短路状态时，栅极-发射极间能够外加的最大电压（通常±20Vmax.）
	栅极-发射极间的阈值电压（Gate-Emitter Threshold Voltage）	$U_{GE(TH)}$	处于指定C-E间的电流（下称集电极电流）和C-E间的电压（下称U_{CE}）之间的G-E间的电压（下称U_{GE}）（C-E间有微小电流开始流过时的U_{GE}值用于作为衡量IGBT开始导通时的U_{GE}值的尺度）
	集电极电流（Collector Current）	I_C	集电极的电极上容许的最大直流电流
	集电极-发射极间的饱和电压（Collector-Emitter Saturation Voltage）	$U_{GE(SAT)}$	在指定的U_{GE}下，额定集电极电流流过时的U_{GE}值（通常，$U_{GE}=15V$，计算损耗时重要值）
	最大损耗（Collector Power Dissipation）	P_C	每个器件上的IGBT所容许的最大功率损耗
	结温（Junction Temperature）	T_j	使器件能够连续性工作的最大芯片温度（需要设计成即使在装置中最坏的状态下，也不超出这个值）
	保存温度（Storage Temperature）	T_{stg}	在电极上不附加电负荷的状态下可以保存或输运的温度范围
	FWD-电流二次方时间积（FWD-I^2t）	I^2t	在不破坏器件的范围内所允许的过电流焦耳积分值。过电流用商用正弦半波（50Hz、60Hz）一周期来规定
	FWD-正向浪涌峰值浪涌电流（FWD-I_{FSM}）	I_{FSM}	在不破坏器件的范围内所允许的一周期以上正弦半波（50Hz、60Hz）的电流最大值
	绝缘强度（Isolation Voltage）	U_{iso}	在电极全部处于短路状态时，电极与冷却体的安装面间所容许的正弦波电压的最大有效值

（续）

术语		符号	定义与说明
静态参数	输入电容（Input Capacitance）	C_{ies}	C－E 间交流性短路状态下，G－E 间和 C－E 间外加指定电压时 G－E 间的电容
	输出电容（Output Capacitance）	C_{oes}	G－E 间交流性短路状态下，G－E 间和 C－E 间外加指定电压时 C－E 间的电容
	反向传输电容（Reverse Transfer Capacitance）	C_{res}	在 E 接地的情况下，G－E 间外加指定电压时 C－G 间的电容
	二极管正向电压（Forward on Voltage）	U_F	在内置二极管中流过指定的正方向电流（通常为额定电流）时的正方向电压（与 $U_{CE(SAT)}$ 相同，也是计算损耗时的重要值）
动态参数	开通时间（Turn-on Time）	t_{on}	IGBT 开通时，U_{GE} 上升到 0V 后，U_{CE} 下降到最大值的 10% 时为止的时间
	上升时间（Raise Time）	t_r	定义同前
	关断时间（Turn-off Time）	t_{off}	IGBT 关断时，从 U_{GE} 下降到最大值的 90% 开始，到集电极电流在下降电流的切线上下降到 10% 为止的时间
	下降时间（Fall Time）	t_f	定义同前
	反向恢复时间（Reverse Recovery Time）	t_{rr}	到内置二极管中的反向恢复电流消失为止所需要的时间
	反向恢复电流（Reverse Recovery Current）	I_{rr}（I_{rp}）	到内置二极管中正方向电流断路时反方向流动的电流的峰值
栅极电阻（Gate-Resistance）		R_G	栅极串联电阻值（标准值记载在交换时间测定条件中）
栅极充电电量（Gate Charge Capacity）		Q_g	为了使 IGBT 开通，G－E 间充电的电荷量
热特性参数	热阻（Thermal Resistance）	$R_{th(j-c)}$	IGBT 或内置二极管的芯片与外壳间的热阻
		$R_{th(c-f)}$	运用散热绝缘混合剂，在推荐力矩的条件下，将器件安装到冷却体上时，外壳与冷却体间的热阻
	外壳温度（Case Temperature）	T_c	IGBT 的外壳温度（通常情况指 IGBT 或内置二极管正下方的铜基下的温度）
热敏电阻参数	热敏电阻（Resistance）	$R_{esistance}$	指定温度下热敏电阻端子之间的电阻值
	B 值（B Value）	B	表示在电阻-温度特性上任意两个温度间的电阻变化大小的常数

需要提醒的是：

（1）对于给定的开关速度，非穿通型（Non Punch Through，NPT）技术通常比穿通型（Punch Through，PT）技术具有较高的饱和电压 $U_{CE(SAT)}$。NPT 技术通常比 PT 这种差异被进一步放大，因为 NPT 的 $U_{CE(SAT)}$ 随着温度的升高而升高（正温度系数），而 PT 的 $U_{CE(SAT)}$ 随温度的升高而降低（负温度系数）。然而，对于任何 IGBT，无论是 PT 或 NPT，开关损耗都是以 $U_{CE(SAT)}$ 作为代价的。更高速度的 IGBT 具有较高的 $U_{CE(SAT)}$，较低速度的 IGBT 具有较低的 $U_{CE(SAT)}$。对于给定的 $U_{CE(SAT)}$，PT 型 IGBT 具有较高的高速开关功能与更低的总开关能量。这是由于较高的增益和少子寿命减少，少子寿命减少结束了长尾电流。

（2）取 $U_{CES}=(2\sim3)U_{DC}$，其中 U_{DC} 为直流母线电压。

（3）集电极-发射极间的饱和电压 $U_{CE(SAT)}$：一般为 2～5V 左右。

（4）栅极-发射极间的电压 U_{GES}：一般为 $-20\sim+20$V 左右。

（5）栅极-发射极间的阈值电压 $U_{GE(TH)}$：一般为 2～6V 左右。

（6）集电极电流 I_C：结温 25℃时，所允许的集电极最大直流电流，在选择器件时，取 $I_C=(2\sim3)I'_C$，其中 I'_C 为器件实际流过的峰值电流。

1.5.3　选型示例

伴随科学技术的发展和低碳经济的要求，逆变器在各行各业中应用飞速发展，而 IGBT 是目前逆变器中使用的主流开关器件，在逆变结构中起核心作用，采用 IGBT 进行功率变换，能够提高用电效率，改善用电质量。逆变技术对 IGBT 的参数要求并不是一成不变的，逆变技术已从硬开关技术，移相软开关技术发展到双零软开关技术，各个技术之间存在相辅相成的纽带关系，同时具有各自的应用电路要求特点，因而，对开关器件 IGBT 的要求各不相同，而 IGBT 正确选择与使用尤为重要。IGBT 模块选型时需要考虑具体拓扑结构中 IGBT 的如下关键性参数如：耐压（直流母线电压 I_{DC}）、通态电流 I_C、开关频率 f_{SW}、热阻 $R_{\theta JC}$ 等。而这些参数的计算需要结合 IGBT 模块运用场合来计算。比如变压器中的逆变器对 IGBT 模块的要求有个理想的静态特性，即 IGBT 模块须具有在阻断状态时，能承受高电压；在导通状态时，能大电流通过且导通压降低、损耗小、发热量小；在开关状态转换时，具有短的开、关时间，即开关频率高，而且能承受高的 $\mathrm{d}u/\mathrm{d}t$；全控功能，寿命长、结构紧凑、体积小等特点，当然还要求成本低。

图 1-48 示意了一种典型的逆变器电路拓扑。设计目标：三相 AC 380V 输入、15kW 逆变器、负载电流 50A 左右，进行 IGBT 模块参数选型需经过如下步骤：

1. 确定 IGBT 模块的额定电压

在没有考虑三相交流输入电压的波动时，经过整流和滤波后，直流母线电压的最大值为

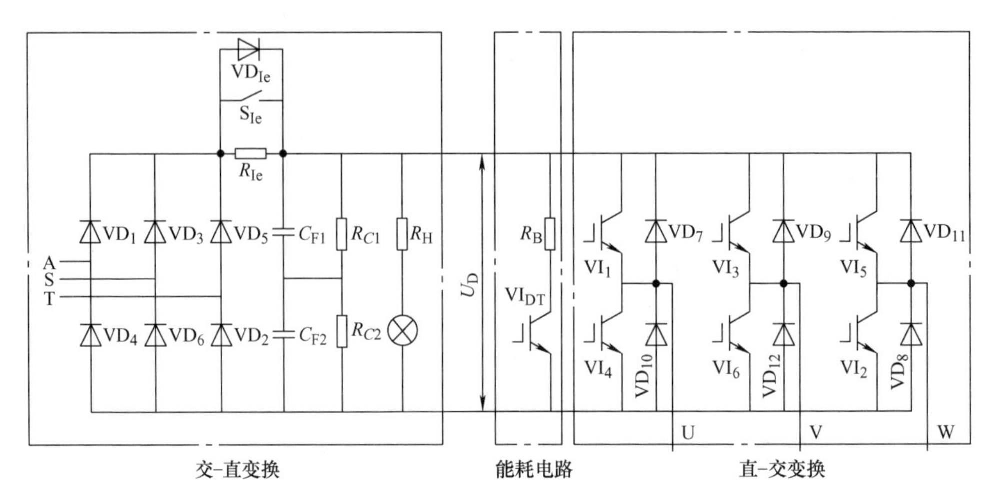

图 1-48　一种典型的逆变器电路拓扑

$$U_{DC\_max} = 380\sqrt{2}\,V \approx 537V \tag{1-25}$$

一般设计时，按照下面的表达式选择 IGBT 的额定电压为

$$U_{CES} = (2 \sim 3)\,U_{DC} \tag{1-26}$$

式中，U_{DC}为直流母线电压。

因此，选择 1200V 电压等级的 IGBT 模块。

2. 选择 IGBT 模块的额定电流

容量为 15kW，负载电流约为 30A。由于负载电气启动或加速时，电流过载，一般要求 1min 的时间内，承受 1.5 倍的过电流，因此，选择最大负载电流约为 45A，建议选择 100A 电流等级的 IGBT 模块。

3. 决定 IGBT 模块的开关参数

逆变器的开关频率一般小于 10kHz，而在实际工作的过程中，IGBT 的通态损耗所占比重比较大，建议选择低通态型 IGBT。IGBT 的损耗主要由通态损态和开关损耗组成，不同的开关频率，开关损耗和通态损耗所占的比例不同。而决定 IGBT 通态损耗的饱和压降 $U_{CE(sat)}$和决定 IGBT 开关损耗的开关时间（t_{on}，t_{off}）又是一对矛盾，因此应根据不同的开关频率来选择不同特征的 IGBT。与此同时，还需要关注 IGBT 模块的品牌，市场上的典型品牌系列有

（1）英飞凌：BSM、FF、FZ 系列。

（2）西门康：SKM、SKIIP 系列。

（3）东芝：MG、MIG 系列。

（4）三菱：CM、PM、RM、TM 系列。

（5）富士：1MB1、2MB1、6MBP 系列。

（6）仙童：SGH、TGL、FGA、SGL 系列。

现将 IGBT 的主要供货商及其典型产品小结于表 1-10 中。

表 1-10 IGBT 模块的供货商及其典型产品

厂商	主要规格范围
英飞凌	600V/400A，1200V/600A，1700V/360A，6500V/600A
西门康	600V/400A，1200V/960A，1700V/830A
三菱	IGBT：600V/600A，1200V/1400A，1700V/1000A；IPM：600V/600A，1200V/450A
富士	IGBT：1200V/400A；IPM：1200V/75A，6000V/150A
泰科	中小功率模块；IPM：600V/50A，1200V/35A
APT	分立 IGBT，600V/1200V（100A），模块可定制
IXYS	三相桥 1200V/150A；IPM：1200V/75A；单管 6500/600A
ABB	1200V/3600A，3300V/1200A，6500V/600A

需要提醒的是，英飞凌目前共有 5 代 IGBT：第一代和第二代采用老命名方式，一般为 BSM＊＊、GB＊＊DLC 或者 BSM＊＊、GB＊＊DN2；第三代 IGBT 开始，采用新的命名方式，命名的后缀为：T3、E3、P3；第四代 IGBT 命名的后缀为 T4、S4、E4、P4；第五代 IGBT 命名后缀为 5。选择的时候，尽量选择最新一代的 IGBT，芯片技术有所改进，IGBT 的内核温度将有很大的提升。第三代 IGBT 能耐 150℃ 的极限高温，第四代 IGBT 能耐 175℃ 的极限高温，第五代据说能耐 200℃ 的极限高温（不是正常工作的温度）。

对于英飞凌产品需选用后缀为“KE3”或“DLC”系列 IGBT，英飞凌后缀为“KT3”系列与“KE3”系列饱和压降相近，但“KT3”比“KE3”开关损耗降低 20% 左右，因而“KT3”将更有优势。“KT3”由于开关速度更快，对吸收与布线要求更高，若开关频率在 10～15kHz 之间，可以使用英飞凌后缀为“DN2”和“KT3”的 IGBT 模块，今后对于开关频率 $f_{SW} \leqslant 15$kHz 的应用场合，建议逐步用“KT3”取代“KE3”“DLC”或“DN2”。当开关频率 $f_{SW} \geqslant 15$kHz 时，开关损耗是主要的，通态损耗占的比例比较小。最好选择英飞凌公司的短拖尾电流的“KS4”系列高频器件。当然对于 f_{SW} 在 15～20kHz 之间时，“DN2”系列也是比较好的选择。英飞凌“KS4”高频系列，硬开关工作频率可达 40kHz；若是软开关，可工作在 150kHz 左右。S4 的饱和压降反而是最大 3.20V，如 FF200R12KS4 和 FF300R12KS4，当然其开关的损耗应该最大。IGBT 的“损耗”包括“导通损耗”和“开关损耗”，饱和压降只决定“导通损耗”，而“开关损耗”则由 IGBT 芯片本身决定，而绝大部分的损耗则是由“开关损耗”决定的。当开关频率很高时，导通的时间相对很短，所以，导通损耗只能占一小部分。S4 芯片优化了“开关损耗”，使其减少，因而达到“损耗”总体减少的目标。这也是为什么低开关频率的 IGBT 芯片饱和压降小的原因，低开关频率的“损耗”主要由“导通损耗”决定，所以需要降低饱和压降。IGBT 在高频下工作时，其总损耗与开关频率的关系比较大，因此若希望 IGBT 工作在更高的频率，可选择更大电流的 IGBT 模块；另一方面，软开关主要是降低了开关损耗，可使 IGBT 模块工作频率大大提高。随着 IGBT 模块耐压的提高，IGBT 的开关频率相应下降。

现将英飞凌公司的 1200V 等级 IGBT 模块的开关频率、饱和压降等参数小结于表 1-11 中。

表 1-11 英飞凌公司的 1200V 等级 IGBT 模块的开关频率、饱和压降等参数

	类型				
	DN2 系列	DLC 系列	KS4 系列	KE3 系列	KT3 系列
f_{SW}范围/kHz	10～20	4～8	15～30	5～10	8～15
$U_{CE(SAT)}$ (25℃时)/V	2.5～3.1	2.1～2.4	3.2～3.85	1.7～2.0	1.7～1.9

下面列出英飞凌 IGBT 模块其他耐压、不同系列工作频率f_{SW}的参考值：

（1）600V “DLC” 系列，开关频率可达到 30kHz。

（2）600V “KE3” 系列，开关频率可达到 30kHz。

（3）1700V “DN2” 系列，开关频率可达到 10kHz。

（4）1700V “DLC” 系列，开关频率可达到 5kHz。

（5）1700V “KE3” 系列，开关频率可达到 5kHz。

（6）3300V “KF2C” 系列，开关频率可达到 3kHz。

（7）6500V “KF1” 开关频率可达到 1kHz。

关于英飞凌的 IGBT 模块，可以从开始的 2 个字得出大概的内部拓扑结构：

（1）2 单元的半桥 IGBT 拓扑以 BSM 和 FF 开头。

（2）4 单元的全桥 IGBT 拓扑以 F4 开头。这个目前已经停产，建议读者不要选择。

（3）单元的三相全桥 IGBT 拓扑以 FS 开头。

（4）三相整流桥 +6 单元的三相全桥 IGBT 拓扑以 FP 开头。

（5）专用斩波 IGBT 模块以 FD 开头。其实这个完全可以使用 FF 半桥来替代。只要将另一单元的 IGBT 处于关闭状态，只使用其反向恢复二极管即可。

4. 关注 IGBT 模块的封装

单管 IGBT，大多以 TO－247 这种形式封装，一般电流在 5～75A，一个封装 1 个 IGBT 芯片。Easy 封装（俗称“方盒子”），这类封装是低成本小功率的封装形式，其工作电流从 10～35A。不过这类封装，一个 easy 封装一般都封装 6 个 IGBT 芯片，直接组成三相全桥。

（1）34mm（俗称“窄条”）封装：由于底板的铜极板只有 34mm 宽，所以，只能容下 50A、75A、100A 和 150A 几种工作电流。这类封装，一般都封装了 2 个 IGBT 新片，组成一个半桥。

（2）62mm（俗称“宽条”）封装：IGBT底板的铜极板增加到62mm宽度。所以，IGBT工作电流能有150A、200A、300A、400A、450A。一般都封装了2个IGBT芯片，组成一个半桥。Econo封装（俗称“平板型”）：分为EconoDUAL、EconoPIM、EconoPACK之类器件，可以用于中功率封装，比如450A、600A、800A等几种电流规格。

（3）IHV、IHM、PrimePACK封装（俗称“黑模块”）：这类模块的封装颜色是黑色的，属于大功率模块。一般3300V、4500V、6500V的模块，都使用这类封装，由于电压高了，电流一般在1000～2000A不等；某些特殊应用的1200V模块，也采用这类封装，电流最大达到3600A。IHV、IHM是经典封装形式，经历市场20多年的考验；PrimePACK是近年新推出的封装，主要在IHV、IHM的基础上做了散热和杂散电感的优化处理。

以15kW逆变器、开关频率小于10kHz为例，可以选择英飞凌公司1200V的IGBT模块有两种：

（1）1200V、100A、三相桥、自带NTC温度传感器的模块：FS100R12KE3（EconoPACK3封装）、FS100R12KT3（EconoPACK3封装）、FS100R12KT4G_B11（EconoPACK3封装）、FS100R12PT4（EconoPACK™4封装），其中EconoPACK3封装如图1-49a所示，EconoPACK™4封装如图1-49b所示，三相逆变桥拓扑如图1-49c所示。

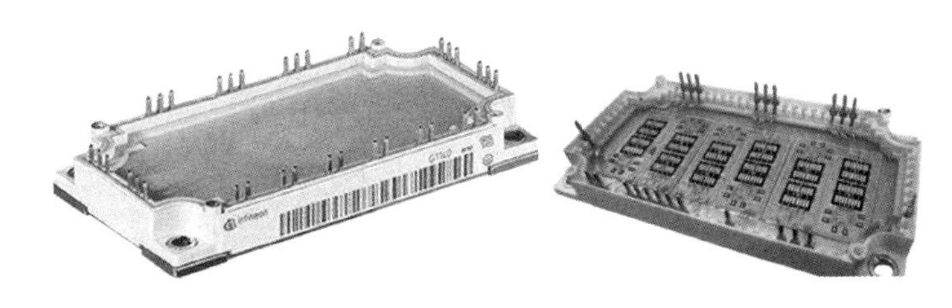

a) EconoPACK3封装

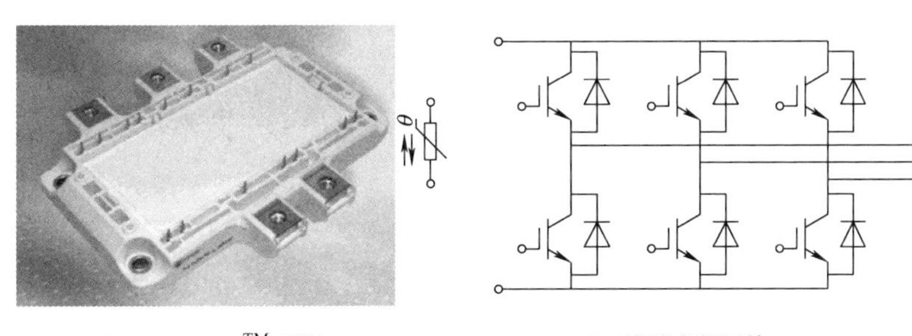

b) EconoPACK™4封装　　c) 三相逆变桥拓扑

图1-49　1200V、100A、三相桥、自带NTC温度传感器的模块

（2）1200V、100A、三相桥模块：FS100R12KS4（EconoPACK2封装，如图1-50a所示）、FS100R12KS4（EconoPACK2封装，见图1-50b）、FS100R12KT4_B11

(EconoPACK2 封装)，其拓扑如图 1-50c 所示。

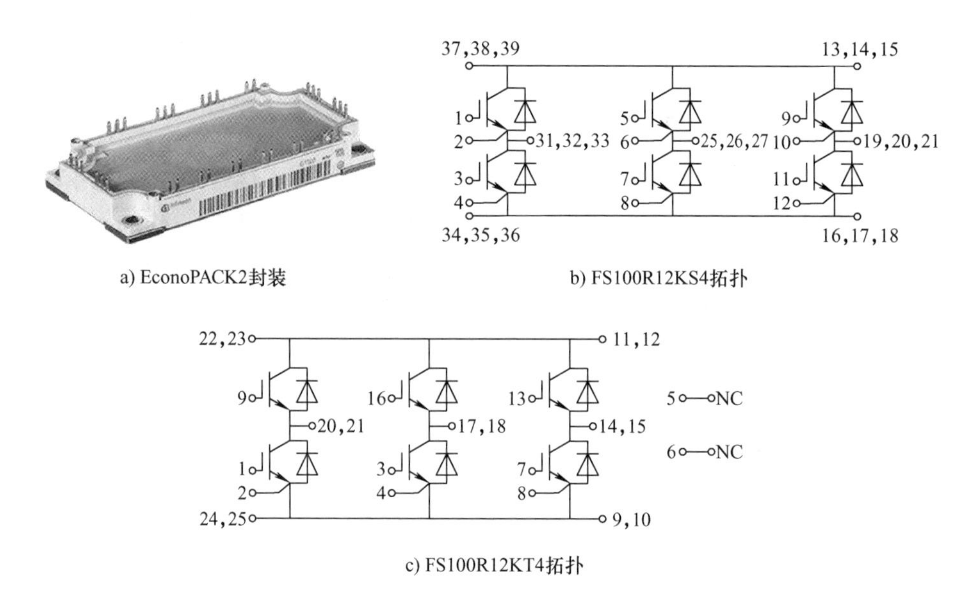

a) EconoPACK2封装　　b) FS100R12KS4拓扑

c) FS100R12KT4拓扑

图 1-50　1200V、100A、三相桥模块（不含 NTC 温度传感器）

FS100R12KT3 模块，在温度 25℃时，其饱和压降 $U_{CE(SAT)} \leqslant 2.15V$，开通时间 t_{on}的典型值 0.26μs，上升时间 t_r的典型值 0.03μs，关断时间 t_{off}的典型值 0.42μs，下降时间 t_f的典型值 0.07μs。

FS100R12KT4 模块，在温度 25℃时，其饱和压降 $U_{CE(SAT)} \leqslant 2.10V$，开通时间 t_{on}的典型值 0.13μs，上升时间 t_r的典型值 0.02μs，关断时间 t_{off}的典型值 0.3μs，下降时间 t_f的典型值 0.045μs。

FS100R12KS4 模块，在温度 25℃时，其饱和压降 $U_{CE(SAT)} \leqslant 3.7V$，开通时间 t_{on}的典型值 0.12μs，上升时间 t_r的典型值 0.05μs，关断时间 t_{off}的典型值 0.31μs，下降时间 t_f的典型值 0.02μs。

由此可见，本例如果不自带 NTC 传感器，拟选择 FS100R12KT4_B11 模块，如图 1-51 所示；如果自带 NTC 传感器，拟选择 FS100R12KT4G_B11 模块，如图 1-52 所示。

当然，本例还可以选择 FP150R12KT4P_B11 模块，如图 1-53 所示，自带 NTC 温度传感器，采用 EconoPIM™3 封装。该模块三相整流桥的额定电压 1600V、额定电流 150A；制动斩波器的额定电压 1200V、额定电流 100A；三相逆变器额定电压 1200V、额定电流 150A，在温度 25℃时，其饱和压降 $V_{CE(SAT)} \leqslant 2.1V$；其他典型值开通时间 $t_{on}=0.16μs$，上升时间 $t_r=0.07μs$，关断时间 $t_{off}=0.42μs$，下降时间 $t_f=0.10μs$。

另外，需要提醒的是，在设计逆变器时，还需要重点关注影响装置中 IGBT 模块安全的以下因素：

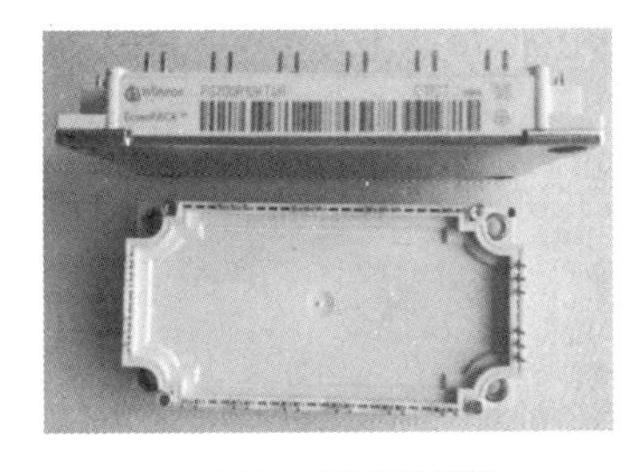

a) EconoPACK2封装

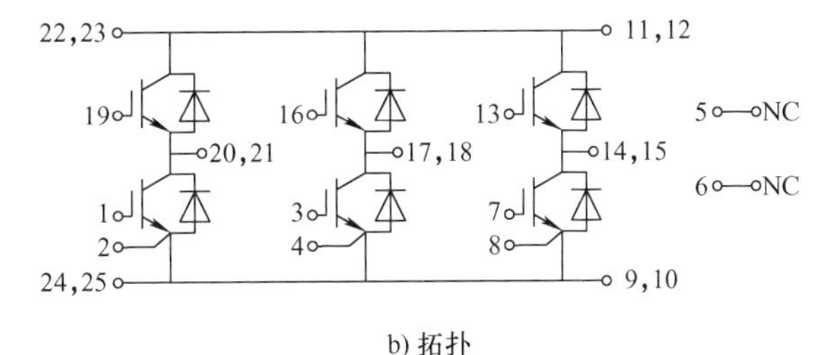

b) 拓扑

图1-51　FS100R12KT4_B11模块

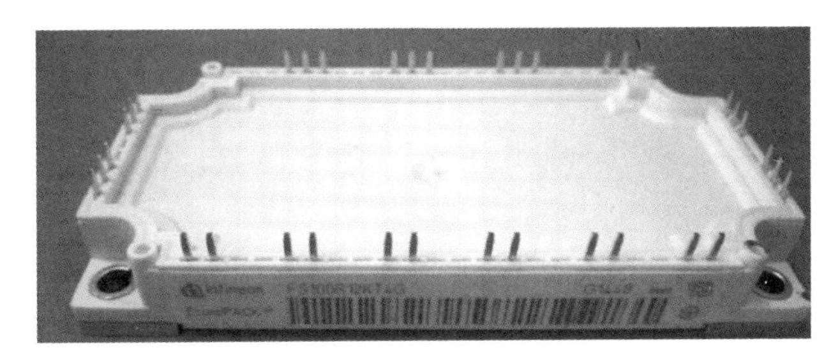

a) EconoPACK3封装

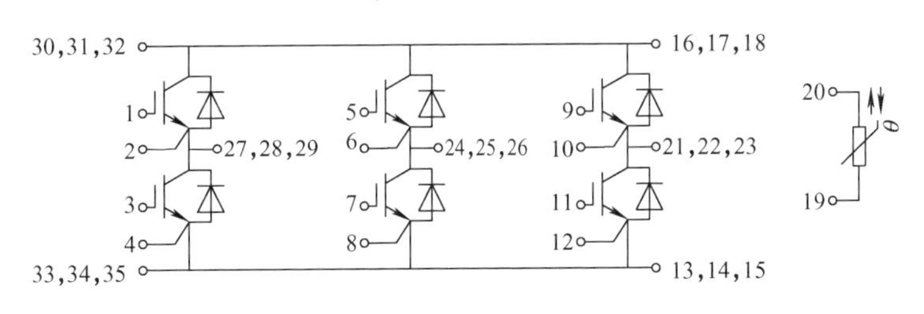

b) 拓扑图

图1-52　FS100R12KT4G_B11模块

（1）电流因素：

1）过电流，在轻、中度过电流状态，为反时限保护区域。

2）严重过电流或短路状态，无延时速断保护。

（2）电压因素：

1）IGBT模块的供电电压过高时，将超出其安全工作范围，导致其击穿损坏。

2）供电电压过低时，使负载能力不足，运行电流加大，运行电机易产生堵转现象，危及IGBT模块的安全。

3）供电电压波动，如直流回路滤波（储能）电容的失容等，会引起浪涌电流及尖峰电压的产生，对IGBT模块的安全运行产生威胁。

4）IGBT的驱动电压跌落时，会导致IGBT的欠激励，导通内阻变大，功耗与温度上升，易于损坏IGBT模块。

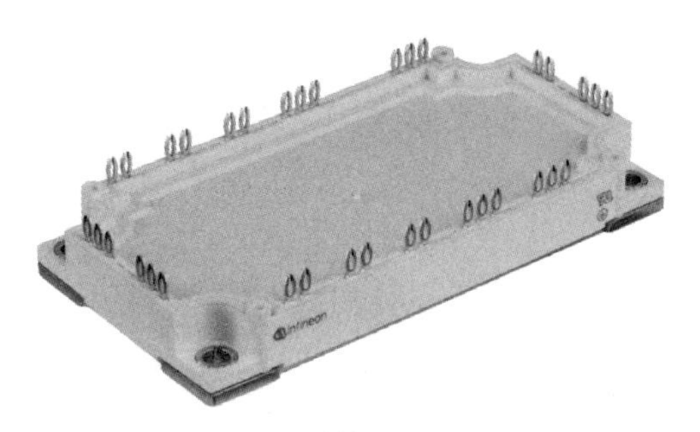

a) EconoPIM^{TM}3封装实物图

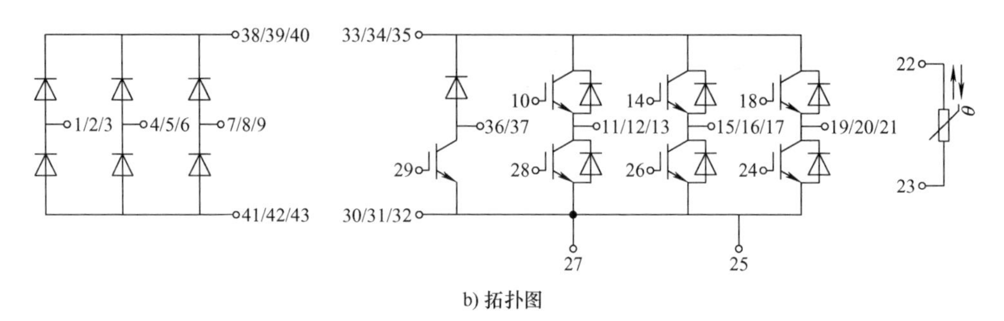

b) 拓扑图

图 1-53　FP150R12KT4P_B11 模块

（3）温度因素：

1）轻度温升，采用强制风冷等手段。

2）温度上升到一定幅值时，停机保护。

（4）其他因素：

1）驱动电路的异常，如负截止负压控制回路的中断等，会使 IGBT 受误触通而损坏。

2）控制电路、检测电路本身异常，如检测电路的基准电压飘移，导致保护动作起控点变化，起不到应有的保护作用。

现将不同地区的电源电压与所需 IGBT 的额定电压，小结于表 1-12 中。表1-13 是交直流电源电压与所需 IGBT 的额定电压的选型对照表。

表 1-12　电源电压与所需 IGBT 的额定电压

	地区	IGBT 额定电压 U_{CES}/V		
		600	1200	1700
输入交流电源	日本	100 ~ 220	380 ~ 440	
	美国	115 ~ 246	460 480	575
	欧洲	200 ~ 240	350 ~ 440	
	中国	200 ~ 230	380	

表 1-13 交直流电源电压与所需 IGBT 的额定电压的选型对照表（单位：V）

交流电源	直流母线	IGBT 额定电压 V_{CES}
单相≤230	300（最大可达 450）	600
三相≤380～460	600（最大可达 900）	1200
三相≤575～690	750（最大可达 1100）	1700
	1300（最大可达 1800）	2500
	1500（最大可达 2100）	3300 或者 2×1700 串/三电平
	2500（最大可达 3000）	4500
三相 2300	3300（最大可达 4500）	6500 或 2×3300 串/三电平
三相 4160	5900	6500 串或三电平
三相 6600	9400	6500 串或多电平

表 1-14 列出在正常环境下，强迫风冷的散热条件下，变频器推荐选用英飞凌 IGBT 型号。如果散热条件更好（或更差的冷却条件），则可考虑采用电流值更小（或更大）的 IGBT 模块。检测设计是否合理的简单方法是：逆变器加热到额定功率，达到热稳定后散热器的最高温度不超过 80℃，一般选用 75℃ 作为散热器温度继电器的保护点。英飞凌大多数用于变频器的 IGBT 模块均内置 NTC 温度传感器，NTC 更有效地检测到 IGBT 模块的壳温，建议这个过温点可设计在 90℃ 以下。

表 1-14 变频器选用英飞凌 IGBT 模块推荐表

电压范围与额定功率	英飞凌型号	封装	备注
AC 220V，0.75kW AC 220V，1.5kW AC 220V，2.2kW AC 220V，3.7kW	FS10R06VE3－B2 FS15R06VE3－B2 FS20R06VE3－B2 FS30R06VE3	EasyPACK750	可选用国产整流桥配套 600V 国产整流桥质量没有问题，这种方案成本最低
AC 220V，0.75kW AC 220V，1.5kW AC 220V，2.2kW AC 220V，3.7kW	FP10R06YE3 FP15R06YE3 FP20R06YE3 FP30R06YE3	Easy PIM2	PIM 带三相整流桥，与 1200V Easy PIM 尺寸完全一样，电气兼容。一种设计可覆盖多种功率，但 600V 此方案比“FS”成本高
AC 380V，1.5kW AC 380V，2.2kW	FP10R12YT3 FP15R12YT3	Easy PIM2	Easy PIM 不带铜基版，成本低
AC 380V，3.7kW AC 380V，5.5kW AC 380V，7.5kW AC 380V，7.5kW AC 380V，11kW AC 380V，15kW	FP15R12KE3G FP15R12KT3 FP25R12KE3 FP25R12KT3 FP40R12KE3 FP40R12KT3 FP40R12KE3G FP40R12KT3G FP50R12KE3 FP50R12KT3 FP75R12KE3 FP75R12KT3	PIM2 和 PIM3	铜基版 PIM。三相整流桥＋制动单元＋NTC 温度传感器＋六单元 IGBT 集成在一起，可焊在一个 PCB 上，变频器小型化，低电感封装，备受设计者青睐

（续）

电压范围与额定功率	英飞凌型号	封装	备注
AC 380V，2.2kW AC 380V，3.7kW	FS25R12YT3 FS35R12YT3	EasyPACK	六单元 IGBT，可配套英飞凌Easy整流桥：DDB6U40N16XR
AC 380V，7.5kW AC 380V，15kW	FS50R12KT3 FS75R12KT3	EconoPACK2	六单元 IGBT，“KT3”高频系列，可配套英飞凌 Easy 整流桥：DDB6U75N16YR.
AC 380V≤15kW AC 380V≤22kW AC 380V≤37kW	FS75R12KT3G FS100R12KT3 FS150R12KT3	EconoPACK3	六单元 IGBT，可配套 EUPEC、带制动单元、NTC 三相整流桥，其高度尺寸相同，可布在同一个 PCB 上
AC 380V≤7.5kW AC 380V≤15kW AC 380V≤22kW	BSM50GB120DLC×3 BSM75GB120DLC×3 BSM100GB120DLCK×3	34mm	两单元方案，由于 34mm 模块结构，内部封装电感较高，将来会被淘汰。EconoPACK 或 PIM 就是低封装电感低成本方式
AC 380V≤22kW AC 380V≤37kW	BSM100GB120DLC×3 FF150R12KE3G×3	62mm	两单元方案。62mm IGBT 模块地封装结构类似于晶闸管，内部封装电感相对较大，但英飞凌 62mm“C”系列降低了一些内部封装电感。将来会被 EconoPACK 或 EconoPACK + dual 取代即“ME3”系列。“ME3”系列内部封装电感低，易于串、并联，且具有 17mm 的标准高度
AC 380V≤45kW	FF150R12KT3G×3 FF200R12KE3×3 FF200R12KT3×3	62mm	
AC 380V≤55kW	FF200R12KME3×3 FF300R12KE3×3 FF300R12KT3×3	EconoPack + dual 62mm	
AC 380V≤75kW	FF300R12ME3×3 FF400R12KE3×3 FF450R12ME3×3	EconoPack + dual 62mm	
AC 380V≤90kW AC 380V≤110kW	FZ600R12KE3×6 FZ800R12KE3×6	62mm	一单元 IGBT

对于大于 110kW 的变频器，需要 IGBT 模块并联，建议选择英飞凌 FF450R12ME3（两单元）或 FS450R12KE3（六单元），其特点是内部封装电感低，结构易于并联。若要求更高的可靠性，可选择英飞凌大功率 IGBT 模块（IHM 模块），它采用 AlSiC 基版，耐热循环能力比铜基版高，反并联续流二极管（FWD）容量更大。英飞凌 IHM IGBT 模块如 FF1200R17KE3 两单元可达到 1200A、1700V，一单元 IGBT 模块如 FZ3600R17KE3 可达到 3600A、1700V。

图 1-54 示意了一种充电桩变换器电路拓扑，充电桩的工作电源要求如下：

（1）交流工作电压：AC 220×(1±15%)V。

（2）交流工作频率：50Hz±1Hz。

（3）额定输出功率：10kW。

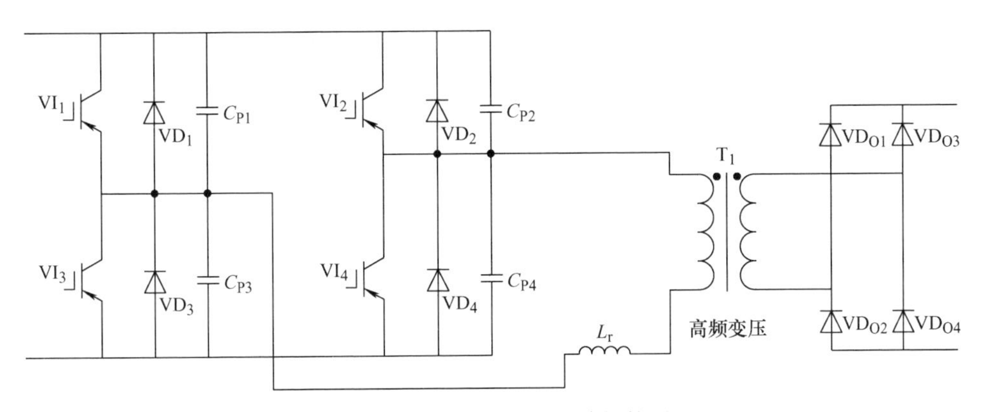

图1-54　充电桩变换器电路拓扑图

在智能充电桩中IGBT模块被作为开关器件使用。IGBT模块应用在充电桩控制回路中，主要由主控制器、扩展RAM、IGBT驱动保护电路、IGBT温度监测电路、去极化放电回路、三相电流电压监控电路、蓄电池状态监测保护电路等构成，目的是实现充电的智能化。充电系统在工作时，主电路和控制回路相互作用，实现对铅酸蓄电池组的安全、快速和智能充电。

按照充电系统的要求，选择IGBT作为电路的开关器件构成系统的功率变换电路，实现对智能充电的控制。

1. 确定IGBT模块的额定电压

直流母线的峰值定义为

$$V_{DC\_max}=220\times\sqrt{2}\times1.15V\approx358V \tag{1-27}$$

可以选择英飞凌600V的“DLC”系列IGBT模块，其开关频率可达到30kHz，或者600V“KE3”系列IGBT模块，其开关频率可达到30kHz。

2. 确定IGBT模块的额定电流

假设整流桥和逆变桥效率均为0.95，那么逆变桥的工作电流为

$$I_{IGBT\_N}=\frac{10000W}{(220\times0.85\times0.95\times0.95)V}\approx59A \tag{1-28}$$

可以选择模块化的IGBT，如BSM100GB60DLC模块，如图1-55所示，额定电压600V、额定电流100A，在温度25℃时，其饱和压降$U_{CE(SAT)}\leqslant2.45V$，其他典型值：

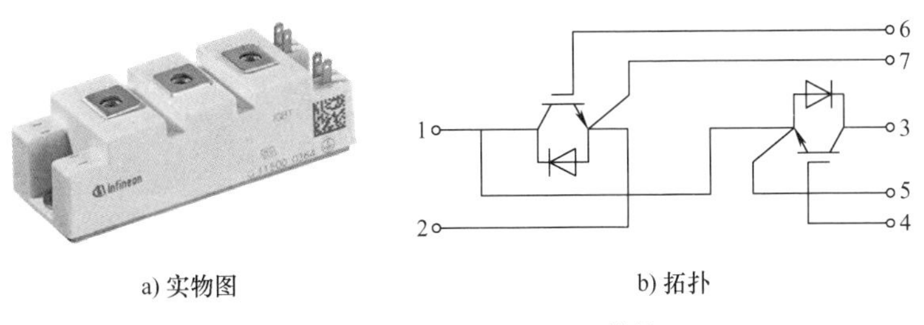

a) 实物图　　b) 拓扑

图1-55　BSM100GB60DLC模块

开通时间 $t_{on}=25ns$，上升时间 $t_r=10ns$，关断时间 $t_{off}=130ns$，下降时间 $t_f=20ns$。

如果散热不充分时，可酌情选择 600V、150A 的 IGBT。

1.5.4 损耗计算

IGBT 模块的总损耗的表达式为

$$E_{SW}=(E_{on}+E_{off})f_{SW}+E_D \tag{1-29}$$

式中，E_{on}表示开通过程中的损耗；E_{off}表示关闭过程中的损耗；E_D表示通态损耗，且表示为

$$E_D=U_{CE(SAT)}I_CD \tag{1-30}$$

式中，I_C表示流过 IGBT 的工作电流；D 表示占空比。

其他更详细的计算方法，请读者查阅相关文献，数不赘述。

第2章　典型电力电子拓扑与设计应用

构建电力电子装置的最根本的任务，是利用信息流控制功率流，进而实现电能的变换与传输。因此，也常将电力电子装置称为电力变换器或开关变换器，以下统称变换器。根据能量变换形式的不同，变换器分为四大类：AC－DC 变换器（交流→直流的整流器）、DC－DC 变换器（一种直流→另一种直流的斩波器）、DC－AC 变换器（直流→交流的逆变器）和 AC－AC 变换器（一种交流→另一种交流的变换器）。无论何种变换类型，变换器都存在一些基本的拓扑结构，涉及它们的工作原理、典型参数分析与设计方法等重要知识点。

2.1　AC－DC 变换器

AC－DC 变换器就是将交流电→直流电的设备，其功率流向可以是双向的，功率流由电源流向负载的称为整流，功率流由负载返回电源的称为有源逆变。本节重点讲述应用较多的桥式整流拓扑的工作原理与重要计算方法。桥式整流拓扑分为单相和三相桥式整流拓扑，它们又有不控与可控两种。

2.1.1　单相桥式不控变换器

如图 2-1 所示的是基于二极管的不控单相桥式整流拓扑，带阻性负载。该拓扑由变压器、二极管、阻性负载 R_L 组成。当变压器二次电压 u_2 为正半周时，二极管 VD_1 和 VD_3 导通，电流路径如图 2-2a 所示；当变压器二次电压 u_2 为负半周时，二极管 VD_2 和 VD_4 导通，电流路径如图 2-2b 所示。

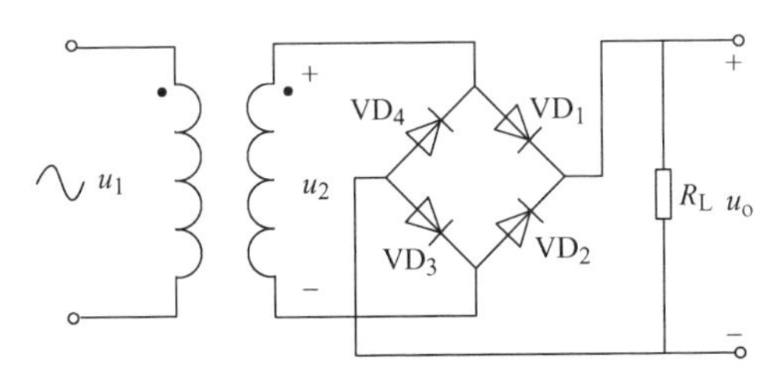

图 2-1　基于二极管的不控单相桥式整流拓扑（带阻性负载）

图 2-3 表示基于二极管的不控单相桥式整流变换器输入、输出波形，其中 u_o'、i_o' 分别表示当 u_2 为正半周时负载的电压和电流波形；u_o''、i_o'' 分别表示当 u_2 为负半周时负载的电压和电流波形；u_o、i_o 分别表示负载的电压和电流波形。

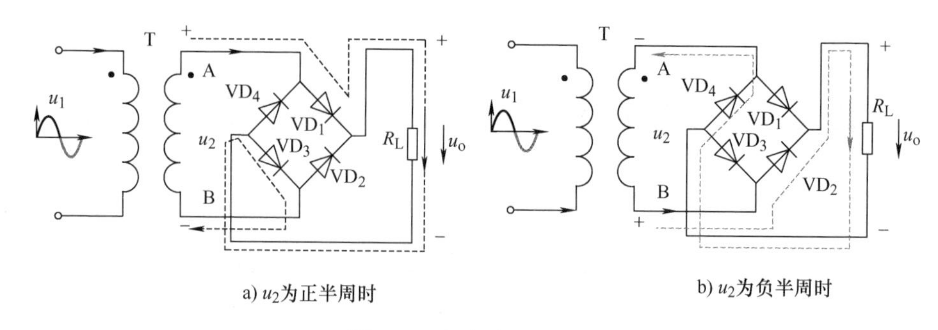

a) u_2为正半周时　　b) u_2为负半周时

图 2-2　电流路径示意图

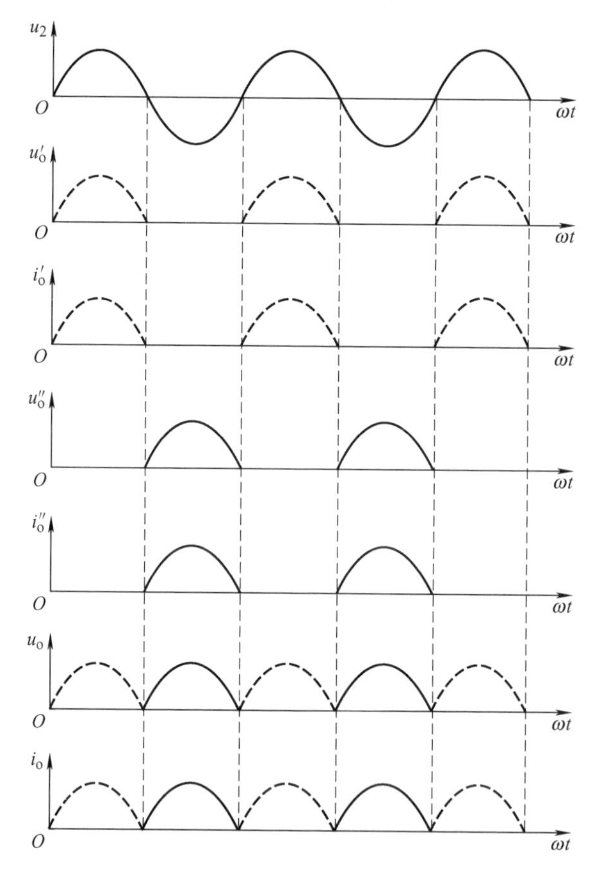

图 2-3　不控单相桥式整流变换器输入、输出波形

分析图 2-3 所示的不控单相桥式整流变换器输入、输出波形得知，不控整流变换器的输出电压中除直流平均值外，还含有谐波电压。为此，必须在其输出端与负载之间接入 LC 滤波器。整流变换器输出谐波频率的表达式为

$$f_H = (2n \pm 1)f_2 \tag{2-1}$$

式中，f_2 表示输入电源频率。该滤波器的截止频率的表达式为

$$2f_2 < f_C = \frac{1}{2\pi\sqrt{LC}} < 3f_2 \tag{2-2}$$

由于整流变换器输出谐波的最低次频率为输入电源频率的 3 倍，还不是太高，因此，要有较好的滤波效果，必须提高 LC 乘积。由于滤波电感的重量、体积相对于电容要大得多，通常取较小值的电感 L、取较大值的电容 C，甚至有时候就不用电感只用电容。基于二极管的不控单相桥式整流变换器存在下面的重要表达式。

（1）负载电压的平均值的表达式为

$$U_O = 0.9U_2 \tag{2-3}$$

式中，U_2 表示变压器次级电压的有效值。

（2）负载电流的平均值的表达式为

$$I_O = \frac{U_O}{R_L} = \frac{0.9U_2}{R_L} \tag{2-4}$$

（3）流过二极管的电流平均值。

每只整流二极管在一个周期内导通 1/2 周期，故流过二极管的电流平均值为

$$I_D = \frac{I_O}{2} = \frac{U_O}{2R_L} = \frac{0.9U_2}{2R_L} \tag{2-5}$$

（4）负载电压的平均值。

因此，基于二极管的不控单相桥式整流变换器空载时，负载电压的平均值的表达式为

$$U_O = \sqrt{2}U_2 \tag{2-6}$$

图 2-4 表示电容滤波时单相桥式不控整流电路拓扑及其波形（阻性负载）。当变压器二次电压 u_2 为正半周时，二极管 VD_1 和 VD_3 导通，电流路径如图 2-4a 所示；当变压器二次电压 u_2 为正半周过零至 $\omega t = 0$ 期间，因 $u_2 < u_d$，故二极管均不导通，电容 C 向负载 R 放电，提供负载所需能量；在 $\omega t = 0$ 以后，一旦 $u_2 > u_d$，二极管 VD_1 和 VD_4 导通，$u_d = u_2$，交流电源 u_2 向电容 C 充电，同时也为负载 R 提供能量。

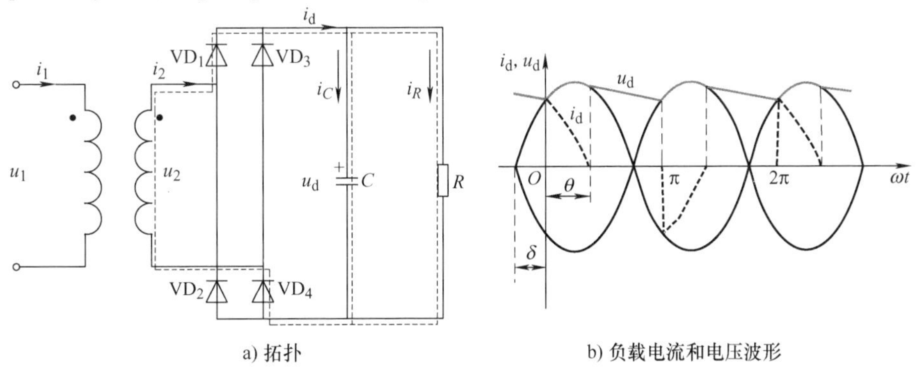

a) 拓扑　　b) 负载电流和电压波形

图 2-4　电容滤波时单相桥式不控整流电路拓扑及其波形

重载时，负载电压的平均值接近0.9U_2。在设计时，根据负载的情况，选择合适的滤波电容 C，确保满足下面的表达式：

$$\tau = R_L C \geqslant (3\sim5)\frac{T_2}{2} = (3\sim5)\frac{1}{2f_2} \tag{2-7}$$

式中，T_2表示输入电源的周期；R_L表示负载。

此时输出电压的平均值的表达式为

$$U_O \approx 1.2U_2 \tag{2-8}$$

流过二极管的电流有效值的表达式为

$$I_{D\_RMS} = \frac{\pi}{2}I_D = \frac{\pi I_O}{4} = \frac{\pi \times 0.9U_2}{4R_L} \tag{2-9}$$

二极管承受的最大反向电压为

$$U_{D\_M} = \sqrt{2}U_2 \tag{2-10}$$

对于基于二极管的不控单相桥式整流变换器而言，二极管的选型参数（额定电压 U_{RRM}和额定电流 I_F）按照如下方法选取：

$$\begin{cases} U_{RRM} = (2\sim3)U_{D\_M} = \sqrt{2}(2\sim3)U_2 \\ I_F = (1.5\sim2)I_D = (1.5\sim2)\dfrac{0.9U_2}{2R_L} \end{cases} \tag{2-11}$$

图2-5表示 LC 滤波时单相桥式不控整流电路拓扑及其波形（阻性负载）。当然，其加载在负载上的电压和流过负载的电流波形更加平坦，这对于降低谐波更为有利，因此，这种拓扑在实际工程中应用特别多。

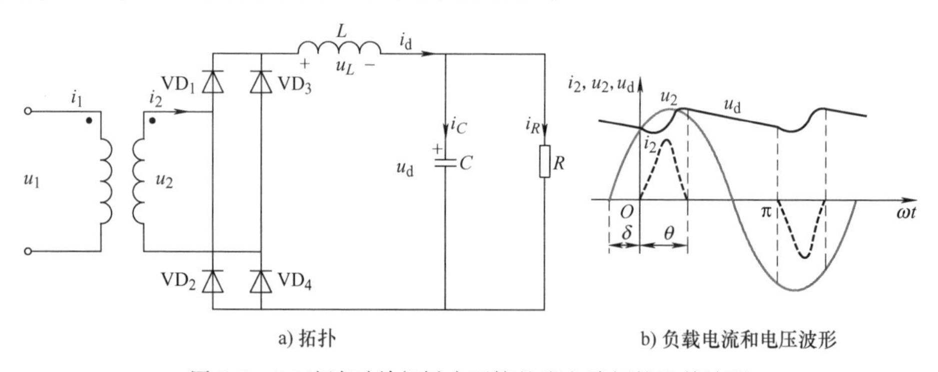

图2-5 LC 滤波时单相桥式不控整流电路拓扑及其波形

2.1.2 三相桥式不控变换器

三相桥式不控整流变换器的拓扑如图2-6a所示，该拓扑由变压器、二极管 $VD_1\sim VD_6$、阻性负载 R 组成。该电路中每一相整流和输出与单相桥式整流电路中的工作状态相同。三相整流效果为三相整流合成的效果，其典型波形如图2-6b～d所示。

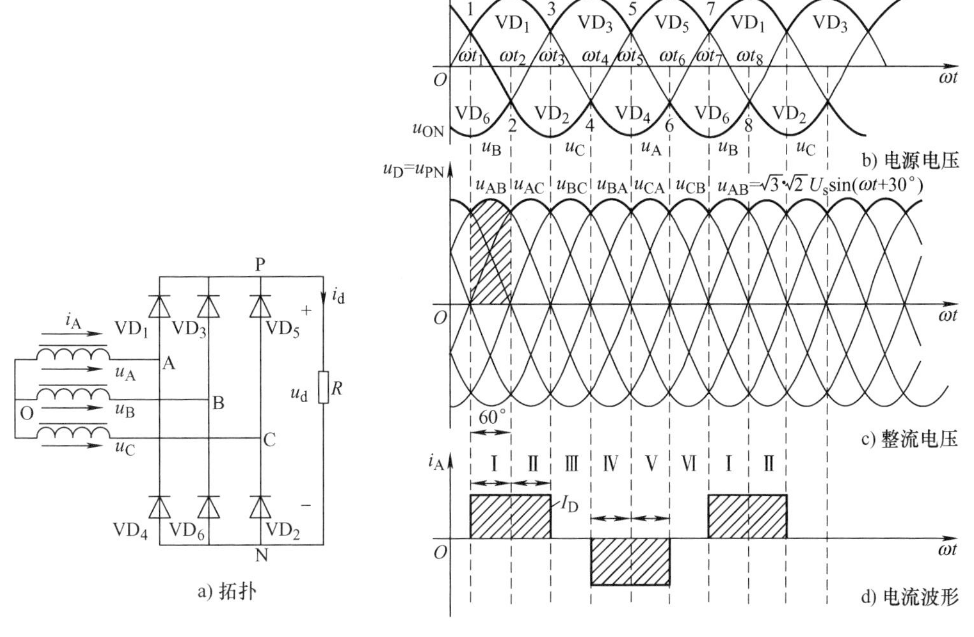

图 2-6　三相桥式不控整流变换器的拓扑与典型波形

对于三相桥式不控整流电路，输入电压 u_A、u_B、u_C 的表达式为

$$\begin{cases} u_A = \sqrt{2}U_2\sin(\omega t) \\ u_B = \sqrt{2}U_2\sin\left(\omega t - \dfrac{2\pi}{3}\right) \\ u_C = \sqrt{2}U_2\sin\left(\omega t + \dfrac{2\pi}{3}\right) \end{cases} \tag{2-12}$$

线电压的表达式为

$$u_{AB} = u_A - u_B = \sqrt{6}U_2\sin\left(\omega t + \frac{\pi}{6}\right) \tag{2-13}$$

负载电压的平均值 U_D 的表达式为

$$U_D = 1.35 \times \sqrt{2}U_P \approx 2.34U_P \quad P = A,B,C \tag{2-14}$$

式中，U_P 表示变压器次级相电源（$P = A,B,C$）。

负载电流的平均值的表达式为

$$I_D = \frac{U_D}{R} = \frac{2.34U_P}{R} \quad P = A,B,C \tag{2-15}$$

每只整流二极管在一个周期内导通 1/3 周期，故流过二极管的电流的平均值为

$$I_{DIODE} = \frac{I_D}{3} = \frac{2.34U_P}{3R} \quad P = A,B,C \tag{2-16}$$

因此，基于二极管的不控三相桥式整流变换器空载时，负载 R 上的脉动直流电压 u_d 的平均值的表达式为

$$U_D=\sqrt{2}\times\sqrt{3}U_P\approx 2.45U_P \quad P=A,B,C \tag{2-17}$$

对于三相桥式不控整流电路，每只整流二极管承受的最大反向电压为

$$U_{D\_M}=\sqrt{2}\times\sqrt{3}U_P\approx 2.45U_P \quad P=A,B,C \tag{2-18}$$

图 2-7 表示电容滤波时三相桥式不控整流电路拓扑及其波形（阻性负载）。某一对二极管导通时，该线电压既要向电容充电，还要向负载供电；当没有二极管导通时，由电容向负载放电，负载电压 u_d 按照指数规律下降。

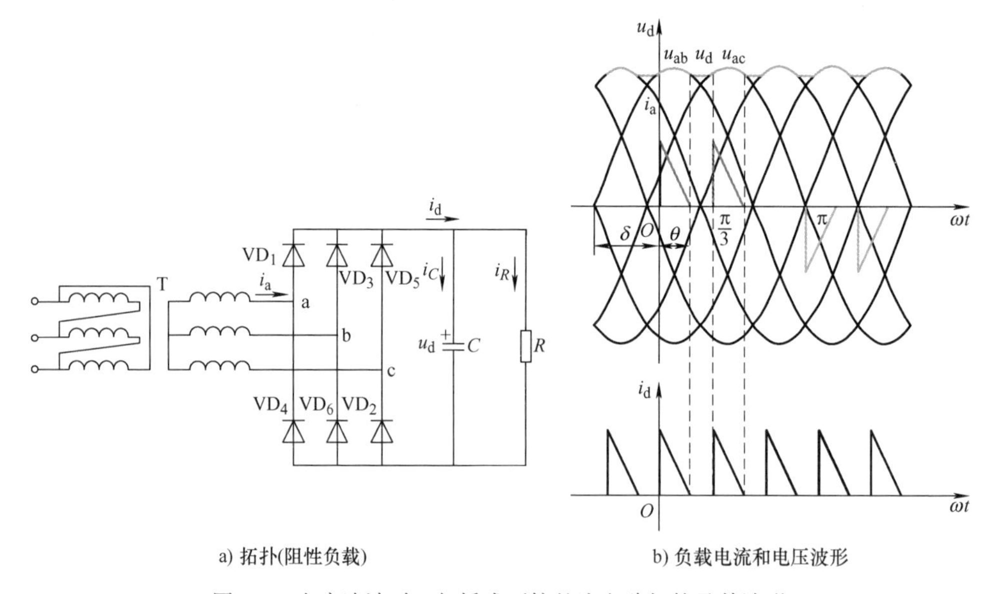

a) 拓扑(阻性负载)　　b) 负载电流和电压波形

图 2-7　电容滤波时三相桥式不控整流电路拓扑及其波形

图 2-8 表示 LC 滤波时三相桥式不控整流电路拓扑及其波形（阻性负载）。当然，其加载在负载上的电压和流过负载的电流波形更加平坦，这对于降低谐波更为有利，因此这种拓扑在实际工程中应用特别多。

对于三相桥式不控整流电路，其负载 R 上的脉动直流电压 u_d 的变化范围为

$$u_d=[(1.35\times\sqrt{3})\sim(\sqrt{2}\times\sqrt{3})]U_P\approx 2.34U_P\sim 2.45U_P \quad P=A,B,C \tag{2-19}$$

对于基于二极管的不控三相桥式整流变换器而言，二极管的选型参数（额定电压 U_{RRM} 和额定电流 I_F）按照如下方法选取：

$$U_{RRM}=(2\sim 3)U_{D\_M}=(2\sim 3)2.45U_P \quad P=A,B,C \tag{2-20}$$

$$I_F=(1.5\sim 2)I_{DIODE}=(1.5\sim 2)\frac{I_D}{3}=(1.5\sim 2)\frac{2.34U_P}{3R} \tag{2-21}$$

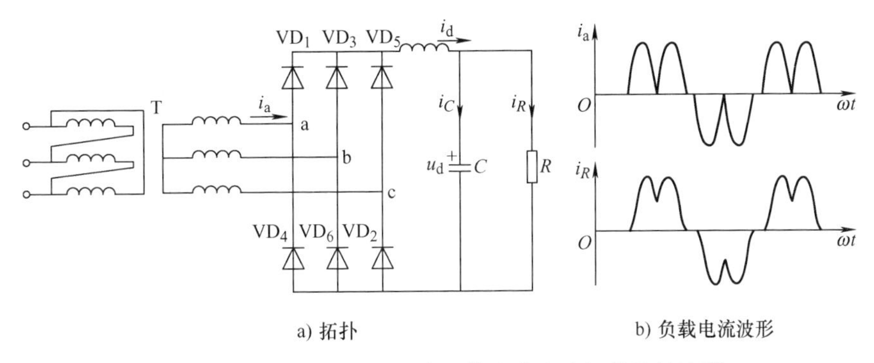

a) 拓扑　　b) 负载电流波形

图 2-8　LC 滤波时三相桥式不控整流电路拓扑及其波形

2.1.3　单相桥式可控变换器

首先，引入两个重要概念：触发延迟角和导通角。以图 2-9 所示的单相半波可控整流电路拓扑的电压波形来分析。图 2-9a 表示该拓扑电路，带阻性负载，它由变压器 T、晶闸管和阻性负载 R_d 组成，u_2为变压器二次电源电压。图 2-9b 表示阻性负载的端电压波形、晶闸管的端电压波形和触发电压 u_g 等。现将单相半波可控整流变换器的工作原理简述如下：

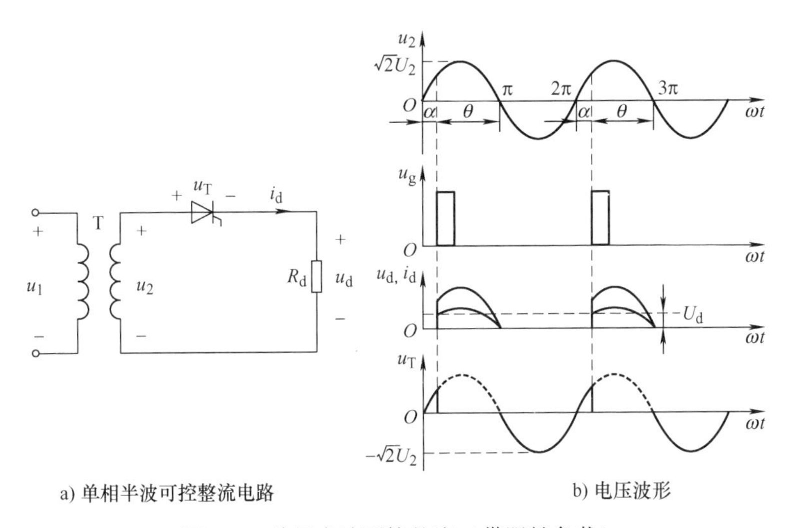

a) 单相半波可控整流电路　　b) 电压波形

图 2-9　单相半波可控整流（带阻性负载）

当晶闸管承受电源电压正半周某一时刻，假设在电角度 α 时刻，给管子加上触发脉冲 u_g，这时晶闸管立刻从阻断转为导通，此导通一直维持到电源电压过零变负那一时刻，晶闸管自动关断；下一个周期重复前面的过程。从电源 u_2 过零变正到管子被触发导通这段时间折合成电角度 α，称为延迟角（曾称控制角），把晶闸管导通持续的时间折合成的电角度 θ，称为导通角，并且 $\theta = \pi - \alpha$。通过控制触发脉冲的相位来控制直流输出电压高低的方式，称为相位控制方式，简称相控方式。

图 2-9a 所示的单相半波可控整流电路拓扑，直流输出电压的平均值的表达式为

$$U_d = \frac{1}{2\pi}\int_{\alpha}^{\pi}\sqrt{2}U_2\sin(\omega t)\mathrm{d}(\omega t) = \frac{\sqrt{2}U_2}{2\pi}(1+\cos\alpha) \approx 0.45U_2\frac{1+\cos\alpha}{2} \tag{2-22}$$

负载电流的平均值的表达式为

$$I_d = \frac{U_d}{R} = \frac{0.45U_2(1+\cos\alpha)}{2R} \tag{2-23}$$

晶闸管 VT 承受的最高反向电压为

$$U_{TH\_M} = \sqrt{2}U_2 \tag{2-24}$$

流过晶闸管的电流平均值与负载直流平均值相等，即

$$I_{TH\_AV} = I_d = \frac{U_d}{R} = \frac{0.45U_2(1+\cos\alpha)}{2R} \tag{2-25}$$

由此可见，图 2-9a 所示单相半波可控整流电路的晶闸管的 α 移相范围为 π（或者 180°），该电路虽然控制简单，但是输出电压脉动大，变压器的二次侧电流中含直流分量，造成变压器铁心直流磁化，因此，实际上很少采用此拓扑电路。但是，分析该电路对于正确理解可控整流电路有好处。

图 2-10 表示单相桥式可控整流电路拓扑及其电压和电流波形（带阻性负载）。其中图 2-10a 表示该拓扑电路，由变压器 T、晶闸管 $VT_1 \sim VT_4$ 和阻性负载 R_d 组成，u_2 为变压器二次电源电压。图 2-10b 表示流过变压器二次电流波形；图 2-10c 表示晶闸管的端电压波形；图 2-10d 表示阻性负载 R_d 的端电压波形。现将单相桥式可控整流变换器的工作原理简述如下：

在电源电压 u_2 正半周期间，VT_1、VT_4 承受正向电压，若在 $\omega t=\alpha$ 时触发，VT_1、VT_4 导通，VT_2、VT_3 受反向电压截止，电流经 VT_1、负载、VT_4 和变压器 T 二次侧形成回路。在电源电压 u_2 负半周期间，晶闸管 VT_2、VT_3 承受正向电压，在 $\omega t=\pi+\alpha$ 时触发，VT_2、VT_3 导通，VT_1、VT_4 受反向电压截止，负载电流从 VT_1、VT_4 中换流至 VT_2、VT_3 中。

图 2-10a 所示的单相桥式可控整流电路拓扑，直流输出电压的平均值的表达式为

$$U_d = \frac{1}{\pi}\int_{\alpha}^{\pi}\sqrt{2}U_2\sin(\omega t)\mathrm{d}(\omega t) = \frac{\sqrt{2}U_2}{\pi}(1+\cos\alpha) \approx 0.9U_2\frac{1+\cos\alpha}{2} \tag{2-26}$$

负载电流的平均值的表达式为

$$I_d = \frac{U_d}{R} = \frac{0.9U_2\frac{1+\cos\alpha}{2}}{R} \tag{2-27}$$

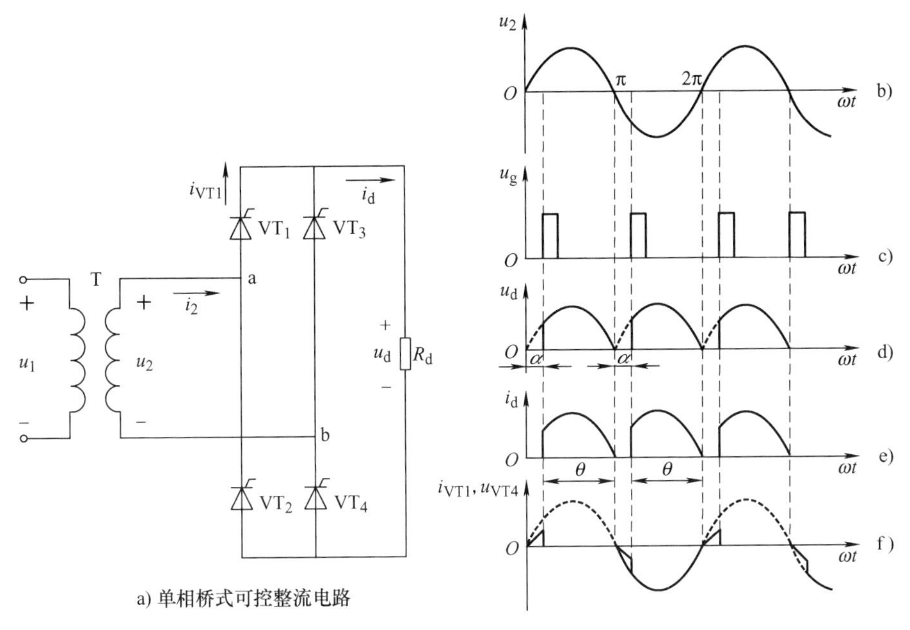

图2-10 单相桥式可控整流（带阻性负载）

晶闸管承受的最高反向电压为

$$U_{\mathrm{TH\_M}}=\sqrt{2}U_2 \tag{2-28}$$

流过晶闸管的电流平均值为负载电流平均值的1/2，即

$$I_{\mathrm{TH\_AV}}=\frac{I_{\mathrm{d}}}{2}=\frac{U_{\mathrm{d}}}{2R}=\frac{0.9U_2\dfrac{1+\cos\alpha}{2}}{2R} \tag{2-29}$$

流过晶闸管的电流有效值为

$$I_{\mathrm{TH\_RMS}}=\sqrt{\frac{1}{2\pi}\int_{\alpha}^{\pi}\left[\frac{\sqrt{2}U_2}{\pi}\sin(\omega t)\right]^2\mathrm{d}(\omega t)}=\frac{U_2}{\sqrt{2}R}\sqrt{\frac{1}{2\pi}\sin(2\alpha)+\frac{\pi-\alpha}{\pi}} \tag{2-30}$$

变压器二次侧电流有效值与输出直流电流的有效值相等，即

$$I_{2\_\mathrm{RMS}}=I_{\mathrm{d\_RMS}}=\sqrt{\frac{1}{\pi}\int_{\alpha}^{\pi}\left[\frac{\sqrt{2}U_2}{\pi}\sin(\omega t)\right]^2\mathrm{d}(\omega t)}=\frac{U_2}{R}\sqrt{\frac{1}{2\pi}\sin(2\alpha)+\frac{\pi-\alpha}{\pi}} \tag{2-31}$$

由此可见，流过晶闸管的电流有效值、变压器二次侧电流有效值、输出直流电流的有效值满足下面的表达式：

$$I_{2\_\mathrm{RMS}}=I_{\mathrm{d\_RMS}}=\sqrt{2}I_{\mathrm{TH\_RMS}} \tag{2-32}$$

将流过负载的电流有效值与它的平均值之比定义为波形系数，即

$$k_{\mathrm{f}}=\frac{I_{\mathrm{d\_RMS}}}{I_{\mathrm{d}}}=\frac{\sqrt{\pi\sin(2\alpha)+2\pi(\pi-\alpha)}}{2(1+\cos\alpha)} \tag{2-33}$$

在不考虑变压器的损耗时，变压器 T 的容量 S 的表达式为

$$S=I_{2\_\mathrm{RMS}}U_2=\frac{U_2^2}{R}\sqrt{\frac{1}{2\pi}\sin(2\alpha)+\frac{\pi-\alpha}{\pi}} \tag{2-34}$$

功率因数的表达式为

$$\lambda=\frac{P}{S}=\frac{I_{\mathrm{d\_RMS}}^2R}{I_{2\_\mathrm{RMS}}U_2}=\sqrt{\frac{\sin(2\alpha)}{2\pi}+\frac{\pi-\alpha}{\pi}} \tag{2-35}$$

按照1.5 ~2 倍的阈量选择晶闸管，其通态平均电流的表达式为

$$I_{\mathrm{TAV\_N}}=(1.5\sim2)I_{\mathrm{TH}}=(1.5\sim2)\frac{0.9U_2(1+\cos\alpha)}{4R} \tag{2-36}$$

按照2 ~3 倍的阈量选择晶闸管，其额定电压为

$$U_{\mathrm{DRM}}=U_{\mathrm{RRM}}=(2\sim3)U_{\mathrm{TH\_M}}=(2\sim3)\sqrt{2}U_2 \tag{2-37}$$

为了对比起见，将阻性负载和阻抗负载的单相桥式可控整流电路拓扑绘制于图2-11 中。其中在图2-11a 中，a1）表示该拓扑电路，由变压器 T、晶闸管VT_1 ~ VT_4和阻性负载 R 组成，u_2为变压器二次电源电压；a2）表示阻性负载 R 的端电压波形；a3）表示晶闸管 VT 的端电压波形；a4）表示流过变压器二次的电流波形。在图2-11b 中，b1）表示该拓扑电路，未接续流二极管，它由变压器 T、晶闸管 VT_1 ~ VT_4、阻感负载 R 和 L 组成；b2）表示变压器二次电源电压波形；b3）表示阻感负载的端电压波形；b4）表示流过晶闸管 VT 的电流波形；b5）表示晶闸管 VT 的端电压波形。在分析其工作原理前，特做如下假设：

（1）该拓扑电路已经稳定工作，负载电流 i_{d}的平均值不变。

（2）负载电感很大，负载电流 i_{d}连续且波形近似为一水平线。

在电源电压 u_2 正半周期间，VT_1、VT_4 承受正向电压，若在 $\omega t=\alpha$ 时触发，VT_1、VT_4导通，VT_2、VT_3受反向电压截止，电流经 VT_1、负载、VT_4 和变压器 T 二次侧形成回路。但由于大电感的存在，u_2 过零变负时，电感上的感应电动势使VT_1、VT_4继续导通，直到 VT_2、VT_3 被触发导通时，VT_1、VT_4 承受反向电压而截止，此过程称为换相，亦称换流。输出电压的波形出现了负值部分。在电源电压u_2负半周期间，晶闸管 VT_2、VT_3 承受正向电压，在 $\omega t=\pi+\alpha$ 时触发，VT_2、VT_3 导通，VT_1、VT_4受反向电压截止，负载电流从 VT_1、VT_4 中换流至 VT_2、VT_3 中。在 $\omega t=2\pi$ 时，电压 u_2过零变正时，晶闸管 VT_2、VT_3 因电感中的感应电动势一直导通，直到下个周期晶闸管 VT_1、VT_4导通时，晶闸管 VT_2、VT_3因加反向电压才截止。因此，此拓扑中，晶闸管 α 的移相范围为 90°，晶闸管的导通角 θ 与 α 无关，均为 180°。

单相桥式可控整流电路阻抗负载时，直流输出电压的平均值的表达式为

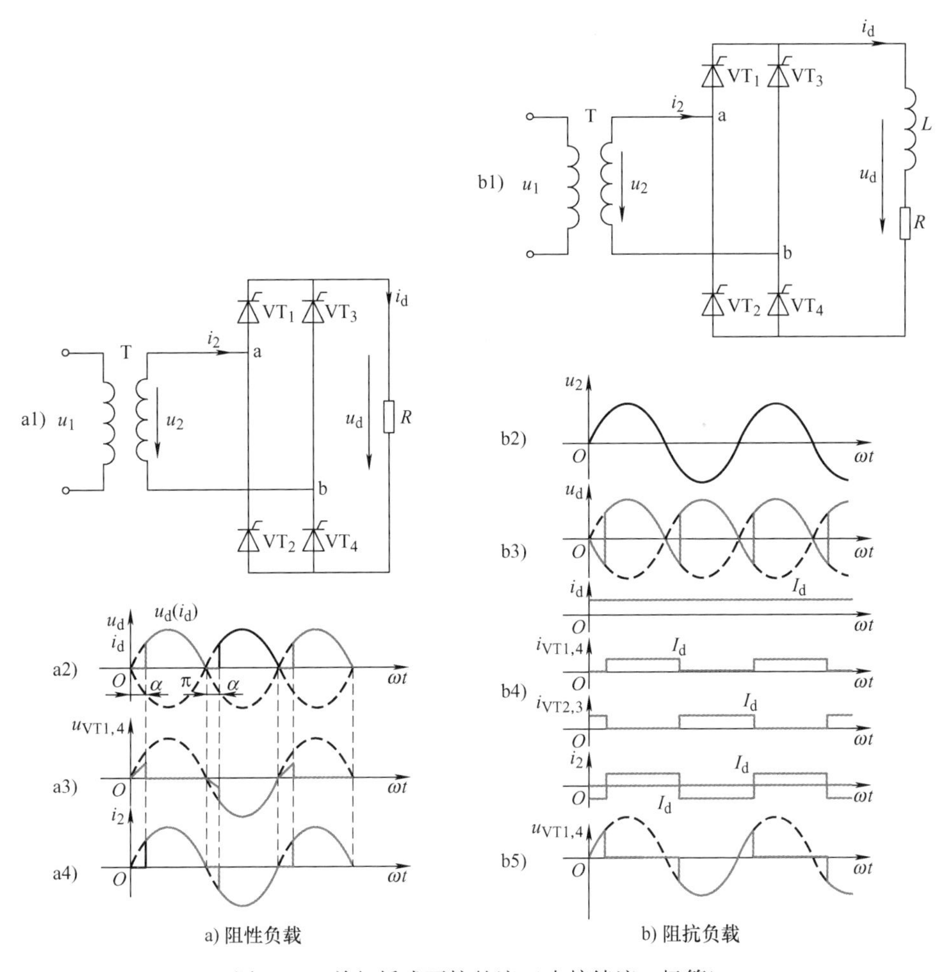

图2-11　单相桥式可控整流（未接续流二极管）

$$U_d = \frac{1}{\pi}\int_{\alpha}^{\pi+\alpha}\sqrt{2}U_2\sin(\omega t)\mathrm{d}(\omega t) = \frac{2\sqrt{2}U_2}{\pi}\cos\alpha \approx 0.9U_2\cos\alpha \qquad (2\text{-}38)$$

晶闸管承受的最大反向电压为

$$U_{TH\_M} = \sqrt{2}U_2 \qquad (2\text{-}39)$$

流过晶闸管的电流平均值为负载电流平均值的1/2，即

$$I_{TH\_AV} = \frac{I_d}{2} = \frac{U_d}{2R} = \frac{0.9U_2\cos\alpha}{2R} \qquad (2\text{-}40)$$

流过晶闸管的电流有效值与负载电流平均值满足下面的表达式：

$$I_{TH\_RMS} = \frac{I_d}{\sqrt{2}} = \frac{U_d}{\sqrt{2}R} = \frac{0.9U_2\cos\alpha}{\sqrt{2}R} \qquad (2\text{-}41)$$

变压器二次侧电流 i_2 的波形为正负各180°的矩形波，其相位角由 α 决定，因

此变压器二次侧电流有效值与输出负载电流的平均值相等，即

$$I_{2\_RMS}=I_d \tag{2-42}$$

功率因数的表达式为

$$\lambda=\frac{P}{S}=\frac{U_dI_d}{U_2I_{2\_RMS}}=\frac{U_d}{U_2}=0.9\cos\alpha \tag{2-43}$$

单相全控桥式整流电路具有输出电流脉动小，功率因数高，变压器二次电流为两个等大反向的半波，没有直流磁化问题，变压器的利用率高。

为了对比起见，将阻抗负载的单相桥式可控整流电路拓扑中分不带续流二极管与带续流二极管两种情况，分别绘制于图 2-12 中。在图 2-12a 中，a1）表示该拓扑电路，未接续流二极管，它由变压器 T、晶闸管 VT_1 ~ VT_4、阻感负载 R 和 L 组成；a2）表示变压器二次电源电压波形；a3）表示阻感负载的端电压波形；a4）表示流过晶闸管 VT 的电流波形；a5）表示晶闸管 VT 的端电压波形。在图 2-12b 中，b1）表示该拓扑电路，接续流二极管，它由变压器 T、晶闸管 VT_1 ~ VT_4、阻感负载 R 和 L 以及续流二极管 VD_R 组成；b2）表示变压器二次电源电压波形；b3）表示阻感负载的端电压波形；b4）表示流过晶闸管 VT 的电流波形；b5）表示流过续流二极管 VD_R 的电流波形；b6）表示流过变压器二次的电流波形。现将其工作原理简述如下：

在电源电压 u_2 正半周期间，VT_1、VD_2 承受正向电压，若在 $\omega t=\alpha$ 时触发，VT_1、VD_2 导通，VT_2、VD_1 受反向电压截止，电流经 VT_1、负载、VD_2 和变压器 T 二次侧形成回路。在 u_2 下降到零并开始变负时，但由于大电感的存在，它将产生一感应电势使 VT_1 继续导通，负载电流不再流经变压器二次绕组，但此时 VD_1 已承受正向电压而正偏导通，而 VD_2 反偏截止，负载电流 i_d 经 VD_1、VT_1 流通，此时整流桥输出电压为 VD_1 和 VT_1 的正向压降，接近于零，所以整流输出电压 u_d 没有负半周，这种现象叫做自然续流。u_2 的负半周具有与正半周相似的情况，在 $\omega t=\pi+\alpha$ 时触发 VT_2，因此 VT_2 和 VD_1 导通，u_2 过零变正时，负载电流 i_d 经 VD_2、VT_2 自然续流。

续流二极管最重要的作用就是避免可能发生的失控现象，其原因在于：若无续流二极管，则当 α 突然增大到 180°时或者触发脉冲突然丢失时，会发生一个晶闸管持续导通而两个二极管轮流导通的情况，导致输出电压成为正弦半波，即半周期 u_d 为正弦，另外半周期 u_d 为零，其平均值保持恒定而不受控，称其为失控。有续流二极管 VD_R 时，续流过程由 VD_R 完成，晶闸管关断，避免了某一个晶闸管持续导通从而导致失控的现象。同时，续流期间导电回路中只有一个管压降，有利于降低损耗。应当指出，实现这一功能的条件是 VD_R 的通态电压低于自然续流回路开关器件通态电压之和，否则不能消除自然续流现象、关断导通的晶闸管。

单相桥式可控整流电路阻抗负载，接续流二极管时，直流输出电压的平均值的表达式，与阻性负载相同，即

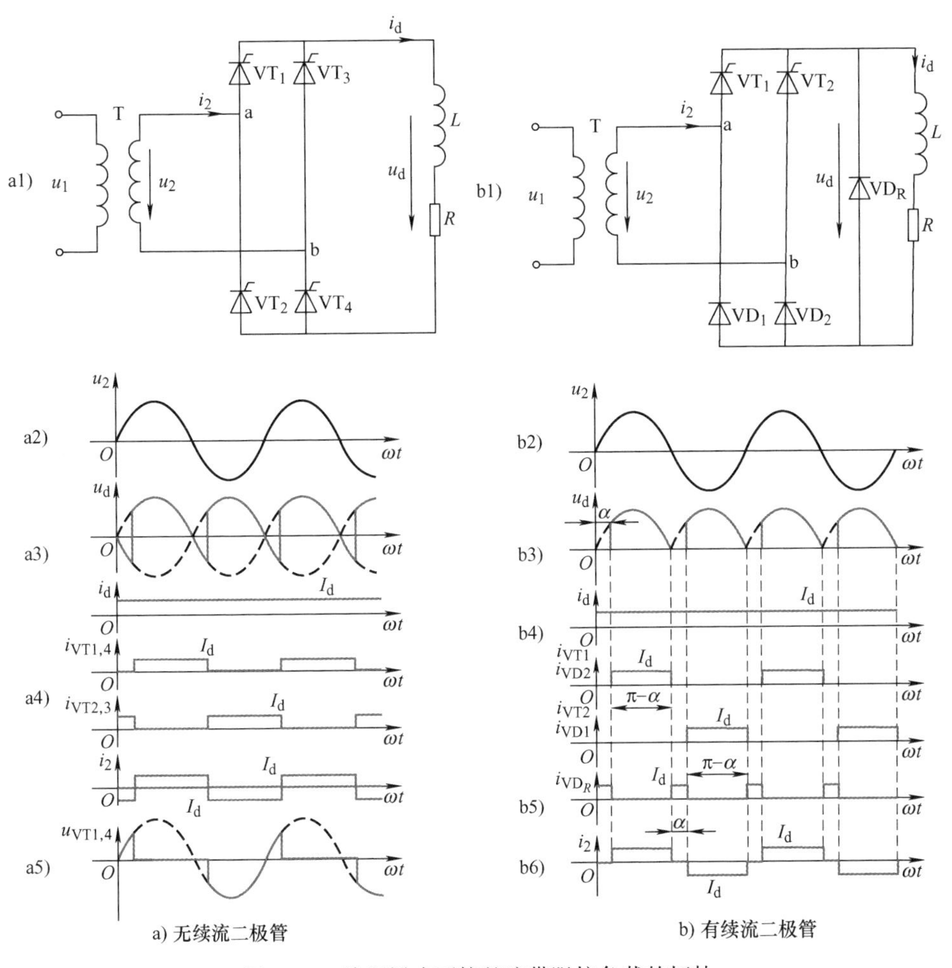

a) 无续流二极管　　b) 有续流二极管

图2-12　单相桥式可控整流带阻抗负载的拓扑

$$U_d = \frac{1}{\pi}\int_{\alpha}^{\pi}\sqrt{2}U_2\sin(\omega t)\mathrm{d}(\omega t) = \frac{\sqrt{2}U_2}{\pi}(1+\cos\alpha) \approx 0.9U_2\frac{1+\cos\alpha}{2} \quad (2\text{-}44)$$

因此，负载电流的平均值的表达式与阻性负载相同，即

$$I_d = \frac{U_d}{R} = \frac{0.9U_2\frac{1+\cos\alpha}{2}}{R} \quad (2\text{-}45)$$

晶闸管承受的最大反向电压为

$$U_{TH\_M} = \sqrt{2}U_2 \quad (2\text{-}46)$$

流过晶闸管的电流平均值的表达式为

$$I_{TH\_AV} = \frac{\pi-\alpha}{2\pi}I_d \quad (2\text{-}47)$$

流过晶闸管的电流有效值为

$$I_{\mathrm{TH\_RMS}} = I_{\mathrm{d}} \sqrt{\frac{\pi - \alpha}{2\pi}} \tag{2-48}$$

流过二极管的电流平均值的表达式为

$$I_{\mathrm{D\_AV}} = \frac{\alpha}{\pi} I_{\mathrm{d}} \tag{2-49}$$

流过二极管的电流有效值为

$$I_{\mathrm{D\_RMS}} = I_{\mathrm{d}} \sqrt{\frac{\alpha}{\pi}} \tag{2-50}$$

二极管承受的最大反向电压为

$$U_{\mathrm{D\_M}} = \sqrt{2} U_2 \tag{2-51}$$

变压器二次侧电流有效值为

$$I_{\mathrm{2\_RMS}} = \sqrt{2} I_{\mathrm{TH\_RMS}} = I_{\mathrm{d}} \sqrt{\frac{\pi - \alpha}{\pi}} \tag{2-52}$$

在不考虑变压器的损耗时，变压器 T 的容量 S 的表达式为

$$S = I_{\mathrm{2\_RMS}} U_2 = \frac{U_2^2}{R} \frac{1 + \cos\alpha}{2} \sqrt{\frac{\pi - \alpha}{\pi}} \tag{2-53}$$

功率因数的表达式为

$$\lambda = \frac{P}{S} = \frac{I_{\mathrm{d\_RMS}}^2 R}{I_{\mathrm{2\_RMS}} U_2} = 0.45(1 + \cos\alpha) \sqrt{\frac{\pi}{\pi - \alpha}} \tag{2-54}$$

2.1.4 三相桥式可控变换器

三相桥式可控整流拓扑是应用特别广的，如图 2-13 所示，它带阻性负载。需要提醒的是：变压器二次侧常常接成星形得到零线，而一次侧却接成三角形，避免 3 次谐波流入电网。主电路由 6 个晶闸管构成，分为两组，共阴极组为 VT_1、VT_3、VT_5，共阳极组为 VT_4、VT_6、VT_2。也可分为 3 个桥臂，a 相桥臂为 VT_1、VT_4，b 相桥臂为 VT_3、VT_6，c 相桥臂为 VT_5、VT_2。有 6 个等效工作回路，如表 2-1 所示，每个回路包括 2 个晶闸管，其中一个为共阴极组的，另一个为共阳极组的。每个工作回路的交流电源电压为这两个器件间的线电压。

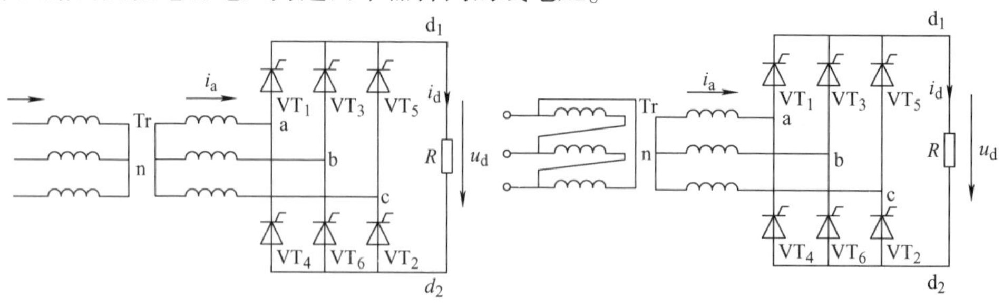

图 2-13 三相桥式可控整流拓扑

表 2-1　6 个等效工作回路

回路序号		1	2	3	4	5	6
电源电压		u_{ab}	u_{ac}	u_{bc}	u_{ba}	u_{ca}	u_{cb}
开关器件	共阴极组	VT_1	VT_1	VT_3	VT_3	VT_5	VT_5
	共阳极组	VT_6	VT_2	VT_2	VT_4	VT_4	VT_6
整流输出电压 u_d		$u_a-u_b=u_{ab}$	$u_a-u_c=u_{ac}$	$u_b-u_c=u_{bc}$	$u_b-u_a=u_{ba}$	$u_c-u_a=u_{ca}$	$u_c-u_b=u_{cb}$

按 $VT_1 \to VT_2 \to VT_3 \to VT_4 \to VT_5 \to VT_6$的顺序，相位依次差60°。共阴极组 VT_1、VT_3、VT_5的脉冲依次差120°，共阳极组 VT_4、VT_6、VT_2也依次差120°。同一桥臂的2个器件，即 VT_1与 VT_4，VT_3与 VT_6，VT_5与 VT_2，脉冲相差180°。必须保证同时导通的2个晶闸管均有脉冲。可采用两种方法：

（1）一种是宽脉冲触发：触发脉冲的宽度大于60°，一般取为80°~120°。因为相邻编号两器件的自然换相点间的时间间隔为60°，所以触发某一号器件时，前一号器件的触发脉冲尚未结束。这样，就可以保证各整流回路中两个晶闸管器件同时具有触发脉冲，并具有足够的脉冲宽度。

（2）另一种是双窄脉冲触发：双窄脉冲触发方式：顺序触发某一号器件的同时，为其前一号器件再补发1个触发脉冲，以保证整流回路两器件同时具有触发脉冲。这种触发方式每一晶闸管在1个周期内有两个时间间隔为60°的脉冲，故称为双窄脉冲触发方式。三相桥式电路有6个工作回路轮流工作，电流比较容易连续，故只考虑电流连续的情况。电流连续的必要条件是：$\alpha < \pi/2$。

二极管换相时刻为自然换相点，是各相晶闸管能触发导通的最早时刻，将其作为计算各晶闸管触发角 α 的起点，即 $\alpha = 0°$。表2-2汇集了电流连续时的工作过程。

表 2-2　电流连续时的工作过程

时间阶段 ωt	导通器件		共阴极端电位 u_{d1}	共阳极端电位 u_{d2}	输出电压 u_d
	共阴极组	共阳极组			
$\frac{\pi}{6}+\alpha \sim \frac{\pi}{2}+\alpha$	VT_1	VT_6	u_a	u_b	u_{ab}
$\frac{\pi}{2}+\alpha \sim \frac{5\pi}{6}+\alpha$	VT_1	VT_2	u_a	u_c	u_{ac}
$\frac{5\pi}{6}+\alpha \sim \frac{7\pi}{6}+\alpha$	VT_3	VT_2	u_b	u_c	u_{bc}
$\frac{7\pi}{6}+\alpha \sim \frac{3\pi}{2}+\alpha$	VT_3	VT_4	u_b	u_a	u_{ba}
$\frac{3\pi}{2}+\alpha \sim \frac{11\pi}{6}+\alpha$	VT_5	VT_4	u_c	u_a	u_{ca}
$\frac{11\pi}{6}+\alpha \sim \frac{13\pi}{6}+\alpha$	VT_5	VT_6	u_c	u_b	u_{cb}

下面分 $\alpha=0$、$\alpha=\pi/6$、$\alpha=\pi/3$ 和 $\alpha=\pi/2$ 四种情况分析带电阻负载时的工作波形，如图 2-14 ~ 图 2-17 所示。当 $\alpha\leqslant\pi/3$ 时，u_d波形均连续，对于电阻负载，i_d波形与 u_d波形的形状一样，也连续。当 $\alpha>\pi/3$ 时，u_d波形每 60°中有一段为零，u_d波形不能出现负值。带电阻负载时三相桥式全控整流电路 α 角的移相范围是 120°。

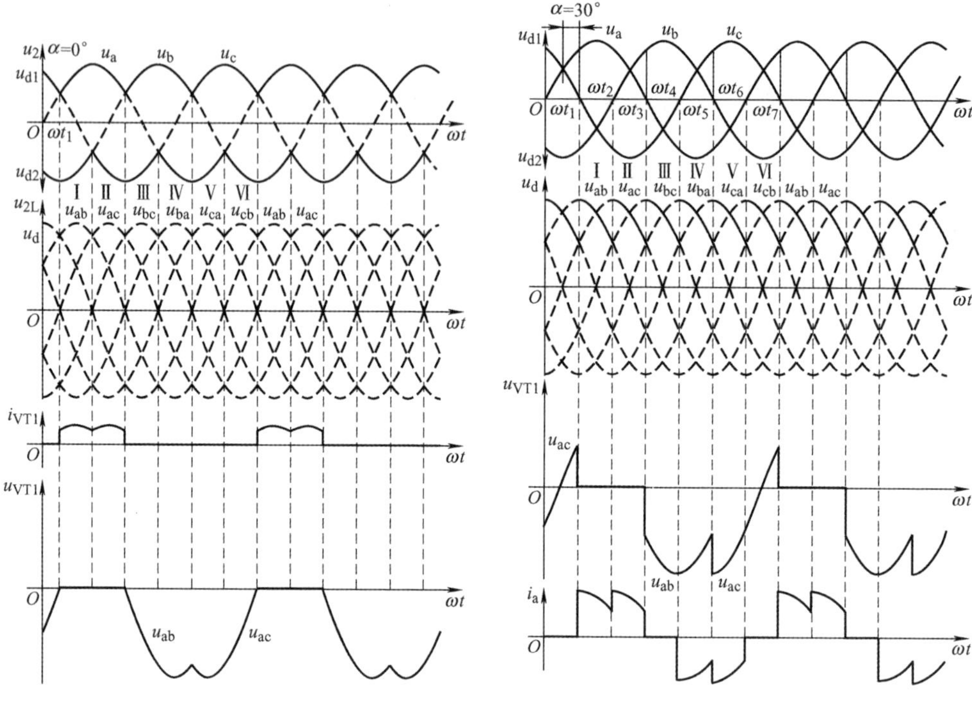

图 2-14　阻性负载 $\alpha=0$ 时的波形　　图 2-15　阻性负载 $\alpha=\pi/6$ 时的波形

6 个工作回路的自然换相点，从相电压图上看，在相电压的交点处；从线电压图上看，是对应整流回路的线电压瞬时值变为最高的时刻。当 $\alpha<\pi/3$ 时，输出电压 u_d的 α 波形均为正值；当 $\alpha>\pi/3$ 时，u_d波形中出现负的部分；当 $\alpha=\pi/2$时，u_d中正、负两部分包围的面积相等。有效移相范围 $0<\alpha<(2\pi/3)$。当 $\alpha>\pi/2$ 时电流不连续，计算方法也不一样。请读者参加相关文献，恕不赘述。电流连续时的工作过程见表 2-2（每个回路工作时间为 $\pi/3$）。

阻性负载的电压平均值的表达式为

$$U_d=\frac{1}{\frac{\pi}{3}}\int_{\frac{\pi}{3}+\alpha}^{\frac{2\pi}{3}+\alpha}\sqrt{6}U_2\sin(\omega t)\mathrm{d}(\omega t)=\frac{3\sqrt{6}}{\pi}U_2\cos\alpha=2.34U_2\cos\alpha \tag{2-55}$$

负载电流平均值的表达式为

$$I_d=\frac{U_d}{R}=\frac{2.34U_2\cos\alpha}{R} \tag{2-56}$$

晶闸管承受的最大反向电压为

$$U_{\mathrm{TH\_M}}=\sqrt{6}U_2 \tag{2-57}$$

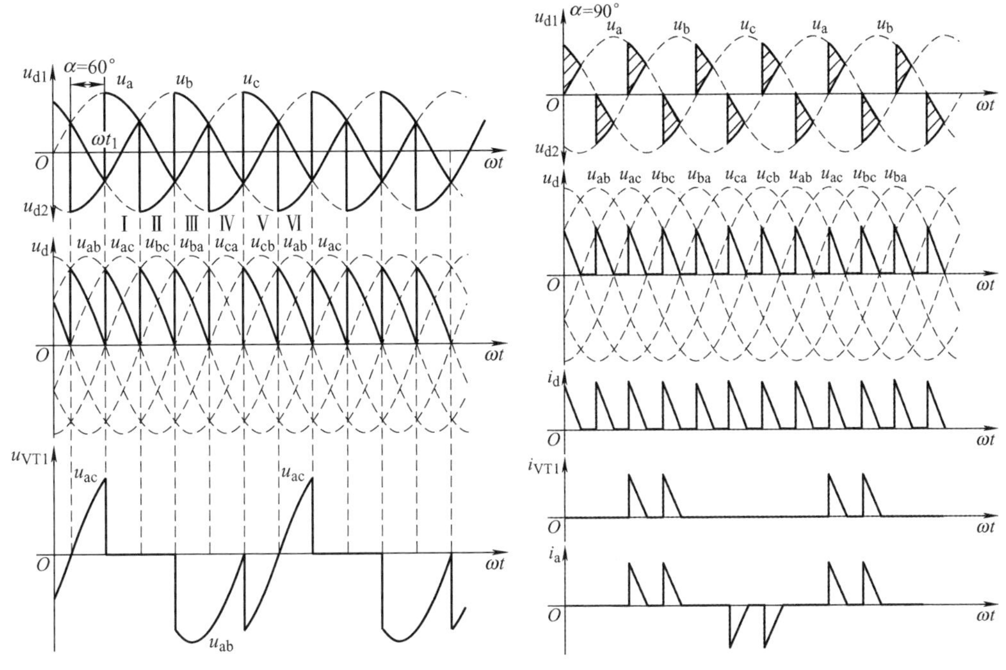

图 2-16 阻性负载 $\alpha=\pi/3$ 时的波形　　　　图 2-17 阻性负载 $\alpha=\pi/2$ 时的波形

流过晶闸管的电流平均值为

$$I_{\mathrm{TH}}=\frac{1}{3}I_{\mathrm{d}}=\frac{2.34U_2\cos\alpha}{3R}\approx 0.333I_{\mathrm{d}} \tag{2-58}$$

流过晶闸管的电流有效值与负载电流平均值满足下面的表达式

$$I_{\mathrm{TH\_RMS}}=\frac{I_{\mathrm{d}}}{\sqrt{3}}=\frac{U_{\mathrm{d}}}{\sqrt{3}R}=\frac{2.34U_2\cos\alpha}{\sqrt{3}R}\approx 0.577I_{\mathrm{d}} \tag{2-59}$$

流过变压器二次绕组的相电流有效值的表达式为

$$I_{\mathrm{2\_RMS}}=\sqrt{\frac{2}{3}}I_{\mathrm{d}}\approx 0.816I_{\mathrm{d}} \tag{2-60}$$

变压器容量的表达式为

$$S=3U_2I_{\mathrm{2\_RMS}}=\sqrt{6}U_2I_{\mathrm{d}} \tag{2-61}$$

当满足 $\omega L>>R$ 时，流过晶闸管 $\mathrm{VT_1}$ 的电流的表达式为

$$i_{\mathrm{TH1}}=\begin{cases} I_{\mathrm{d}} & \dfrac{\pi}{6}+\alpha\leqslant\omega t<\dfrac{5\pi}{6}+\alpha \\ 0 & \dfrac{5\pi}{6}+\alpha\leqslant\omega t<\dfrac{13\pi}{6}+\alpha \end{cases} \tag{2-62}$$

流过变压器二次绕组 a 相的电流 i_{2a} 的表达式为

$$i_{2a}=\begin{cases} I_d & \dfrac{\pi}{6}+\alpha\leqslant\omega t<\dfrac{5\pi}{6}+\alpha \\ 0 & \dfrac{5\pi}{6}+\alpha\leqslant\omega t<\dfrac{7\pi}{6}+\alpha \\ -I_d & \dfrac{7\pi}{6}+\alpha\leqslant\omega t<\dfrac{11\pi}{6}+\alpha \\ 0 & \dfrac{11\pi}{6}+\alpha\leqslant\omega t<\dfrac{13\pi}{6}+\alpha \end{cases} \tag{2-63}$$

阻感负载时的工作情况，需要讨论两种情况：

（1）$\alpha<\pi/3$ 时：

电流连续时，整流输出电压平均值为

$$U_d=\frac{6}{2\pi}\int_{\frac{\pi}{3}+\alpha}^{\frac{2\pi}{3}+\alpha}\sqrt{6}U_2\sin(\omega t)\mathrm{d}(\omega t)=\frac{3\sqrt{6}}{\pi}U_2\cos\alpha=2.34U_2\cos\alpha \tag{2-64}$$

变压器二次绕组电流有效值为

$$I_{2\_RMS}=\sqrt{\frac{6}{2\pi}\int_{\frac{\pi}{3}+\alpha}^{\frac{\pi}{3}+\alpha+\frac{\pi}{3}}\left[\frac{\sqrt{6}U_2}{R}\sin(\omega t)\right]^2\mathrm{d}(\omega t)}=\frac{\sqrt{6}U_2}{R}\sqrt{\frac{1}{3}+\frac{\sqrt{3}}{2\pi}\cos2\alpha} \tag{2-65}$$

（2）$\alpha>\pi/3$ 时：

电流断续时，整流输出电压平均值为

$$U_d=\frac{6}{2\pi}\int_{\frac{\pi}{3}+\alpha}^{\pi}\sqrt{6}U_2\sin(\omega t)\mathrm{d}(\omega t)=2.34U_2\left[1+\cos\left(\frac{\pi}{3}+\alpha\right)\right] \tag{2-66}$$

变压器二次侧绕组电流有效值为

$$I_{2\_RMS}=\sqrt{\frac{6}{2\pi}\int_{\frac{\pi}{3}+\alpha}^{\pi}\left[\frac{\sqrt{6}U_2}{R}\sin(\omega t)\right]^2\mathrm{d}(\omega t)}=\frac{\sqrt{3}U_2}{R}\sqrt{\frac{4}{3}-\frac{2\alpha}{\pi}+\frac{1}{\pi}\sin\left(\frac{2}{3}\pi+2\alpha\right)} \tag{2-67}$$

分析三相可控桥式整流电路拓扑的波形图 2-18 和图 2-19 得知，$\alpha<\pi/3$ 时（如 $\alpha=0$；$\alpha=\pi/6$）时，u_d波形连续，工作情况与带电阻负载时十分相似。区别在于：得到的负载电流 i_d波形不同，当电感足够大的时候，i_d的波形可近似为一条水平线。

分析三相可控桥式整流电路拓扑的波形图 2-20 可知，$\alpha>\pi/3$ 时（如 $\alpha=\pi/2$），阻感负载的工作情况与电阻负载时不同。电阻负载时，u_d波形不会出现负的部分；阻感负载时，u_d波形会出现负的部分。带阻感负载时，三相桥式全控整流电路的 α 角移相范围为 90°。

负载电流平均值为

$$I_d=\frac{U_d}{R} \tag{2-68}$$

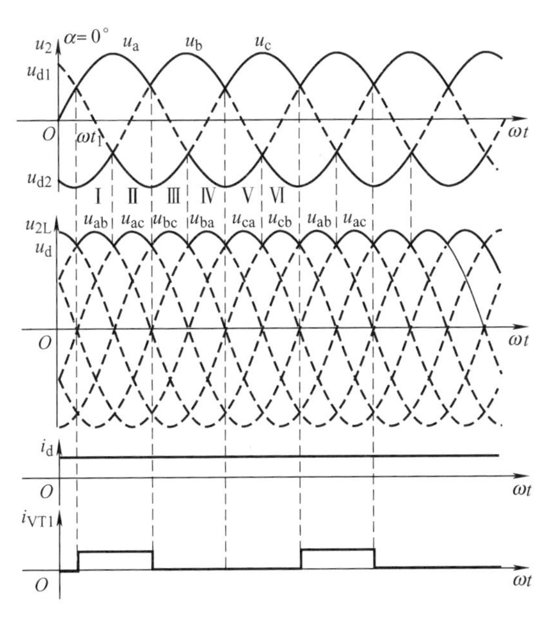

图 2-18　阻感负载 $\alpha=0$ 时的波形

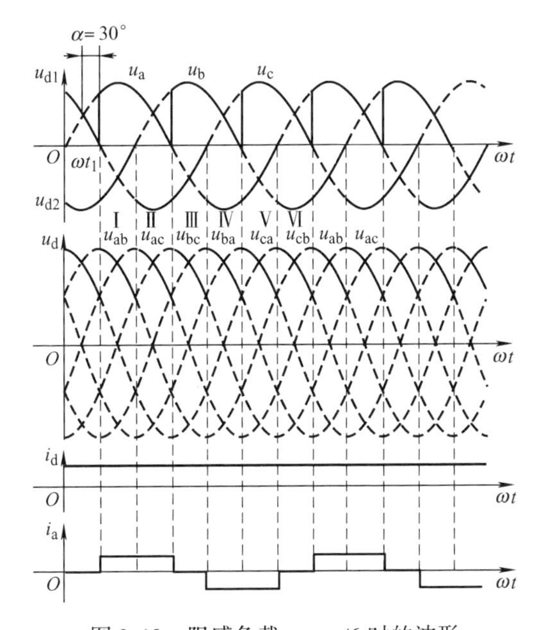

图 2-19　阻感负载 $\alpha=\pi/6$ 时的波形

流过晶闸管的电流平均值为

$$I_{TH}=\frac{1}{3}I_d=\frac{2.34U_2\cos\alpha}{3R} \tag{2-69}$$

流过晶闸管的电流有效值为

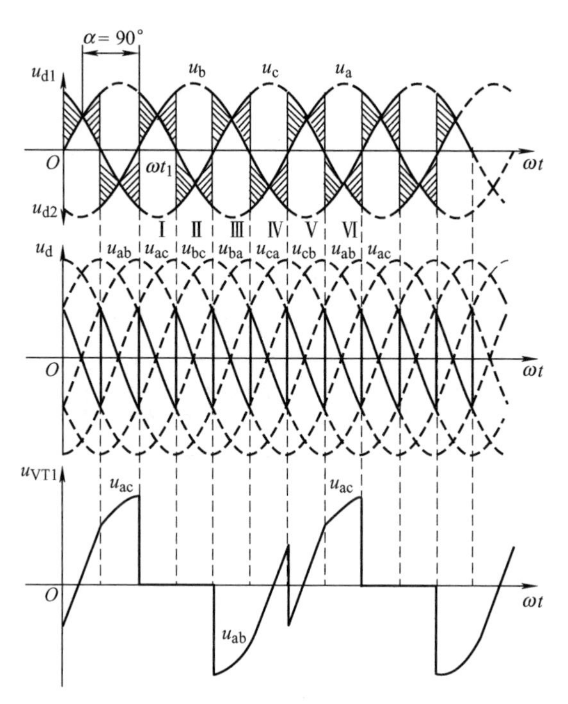

图 2-20 阻感负载 $\alpha=\pi/2$ 时的波形

$$I_{\mathrm{TH\_RMS}}=\frac{1}{\sqrt{2}}I_{2\_\mathrm{RMS}}=\frac{I_{\mathrm{d}}}{\sqrt{3}} \tag{2-70}$$

当整流变压器为图 1-13 中所示采用星形联结，带电感性负载时，变压器二次侧电流波形如图 1-19 中所示，为正负半周各宽 120°、前沿相差 180°的矩形波，其有效值为

$$I_{2\_\mathrm{RMS}}=\sqrt{\frac{1}{2\pi}\left[I_{\mathrm{d}}^{2}\frac{2}{3}\pi+(-I_{\mathrm{d}})^{2}\frac{2}{3}\pi\right]}=\sqrt{\frac{2}{3}}I_{\mathrm{d}}\approx 0.816I_{\mathrm{d}} \tag{2-71}$$

按照 1.5 ~2 倍的阈量选择晶闸管，即通态平均电流的表达式为

$$I_{\mathrm{TAV\_N}}=(1.5\sim 2)I_{\mathrm{TH}}=(1.5\sim 2)\frac{1}{3}I_{\mathrm{d}}=(1.5\sim 2)\frac{2.34U_{2}\cos\alpha}{3R} \tag{2-72}$$

按照 2 ~3 倍的阈量选择晶闸管，即晶闸管的额定电压为

$$U_{\mathrm{DRM}}=U_{\mathrm{RRM}}=(2\sim 3)U_{\mathrm{TH\_M}}=(2\sim 3)\sqrt{6}U_{2} \tag{2-73}$$

2.2 DC - DC 变换器

DC - DC 变换器将一个能将一种幅值的直流电压转换为另一种固定幅值或者可变的直流电压的电力电子装置，又称直流斩波器。它被广泛应用于直流电压变换（如升压、降压、升降压等）和开关稳压电源系统中，目前还被大量应用于无轨电

车、地铁、列车、电动车的无级变速和控制等场合。直流斩波器不仅能起到调压的作用，同时还能起到有效抑制电网侧谐波电流噪声的作用。本节重点讲述应用较多的非隔离式（如 Buck、Boost）、隔离式（如反激、正激）变换器的原理、重要参数计算方法等。

2.2.1　背景知识

为了简化各类 DC－DC 变换器的基本特性的分析，特做如下理想条件的假设：

（1）开关管、二极管均瞬间通断，且无通态和开关损耗。

（2）电容、电感均为无损耗的理想储能元件。

（3）线路阻抗为零。

（4）开关频率足够高，每一个开关周期中的电感电流、电容电压近似不变。

根据开关变换器的理想条件，每一个开关周期 T_S 中包含两个部分，即开关导通时间 T_{on}、开关关断时间 T_{off}，且 $T_S = t_{on} + t_{off}$。

可得开关变换器中电容电压、电感电流的基本表达式为

$$\begin{cases} i_C = C\dfrac{\mathrm{d}u_C}{\mathrm{d}t} \\ \Delta U_C = \dfrac{1}{C}\int i_C \mathrm{d}t \\ u_L = L\dfrac{\mathrm{d}i_L}{\mathrm{d}t} \\ \Delta i_L = \dfrac{1}{L}\int u_L \mathrm{d}t \end{cases} \tag{2-74}$$

那么开关变换器中电容电压、电感电流的基本特性如下：

（1）电感电压的伏秒平衡特性：

在稳态条件下，理想开关变换器中的电感电压必然周期性重复。由于每个开关周期中电感的储能为零，且电感电流的变化量保持恒定为零，即 $\Delta I = 0$，因此，每个开关周期中电感电压 U_L 的积分恒为零，即

$$\Delta i_L = \frac{1}{L}\int_0^{T_S} u_L \mathrm{d}t = \frac{1}{L}\left(\int_0^{t_{on}} u_L \mathrm{d}t + \int_{t_{on}}^{T_S} u_L \mathrm{d}t\right) = 0 \tag{2-75}$$

（2）电容电流的安秒平衡特性：

在稳态条件下，理想开关变换器中的电容电流必然周期性重复。由于每个开关周期中电容的储能为零，且电容电压的变化量保持恒定为零，即 $\Delta U = 0$，因此，每个开关周期中电容的电流 I_C 的积分恒为零，即

$$\Delta U_C = \frac{1}{C}\int_0^{T_S} i_C \mathrm{d}t = \frac{1}{C}\left(\int_0^{t_{on}} i_C \mathrm{d}t + \int_{t_{on}}^{T_S} i_C \mathrm{d}t\right) = 0 \tag{2-76}$$

2.2.2 Buck 变换器

图 2-21 表示 Buck 变换器的拓扑图。

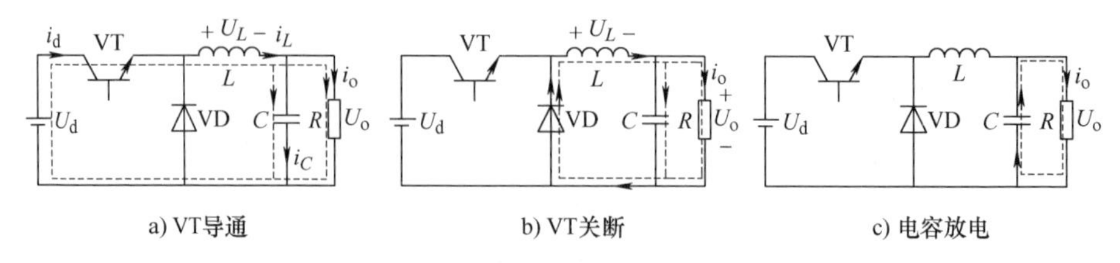

图 2-21 Buck 变换器的拓扑图

图 2-21a 表示状态 1：开关管 VT 导通时，二极管 VD 承受反压而关断，此时，输入电源通过电感 L 向负载传送能量，因此电感电流 i_L增加，如图 2-22a 所示，从而使得电感 L 中的磁能也增加，能量传输路径如图 2-22b 所示。

图 2-21b 表示状态 2：开关管 VT 关断时，由于电感 L 中的电流 i_L不能突变，从而使二极管 VD 导通，而续流电感 L 向负载释放能量，电流 i_L减小，如图 2-22a 所示，传输路径如图 2-22c 所示。

图 2-21c 表示状态 3：与电流连续时的情况不同，当电感 L 中的电流 i_L衰减到零以前，若开关管 VT 仍未导通，则电感 L 中的电流 i_L断续，此时开关管 VT、二极管 VD 全部都关断，仅由电容向负载放电提供能量，如图 2-22a 所示，传输路径如图 2-22d 所示。图 2-22a 中 t_{on}、t_{off}、t_{dis}分别表示开关管 VT 导通时间、关断时间和电容充电时间。t_{off1}表示开关管 VT 关断过程时间段。

当 $t=0$ 时，开关管 VT 导通，回路的表达式为

$$U_d - U_o = L\frac{di_L}{dt} \tag{2-77}$$

可见，电感电流 i_L线性增加，当 $t=t_{on}$时，电感电流 i_L线性增加到最大值 I_{Lmax}。在 $t=0\sim t_{on}$期间的电流增量 Δi_L^+ 的表达式为

$$\Delta i_L^+ = \frac{U_d - U_o}{L}t_{on} = \frac{U_d - U_o}{L}DT_S \tag{2-78}$$

在 $t=t_{on}$时，开关管 VT 关断，二极管 VD 导通，回路的表达式为

$$U_d - U_o = L\frac{di_L}{dt} \tag{2-79}$$

可见，电感电流 i_L线性减小，当 $t=T_S$时，电感电流 i_L线性减小到最小值 I_{Lmin}。在 $t=t_{on}\sim T_S$期间的电流增量 Δi_L^- 的表达式为

$$\Delta i_L^- = \frac{T_S - t_{on}}{L}U_o = \frac{1-D}{L}U_oT_S \tag{2-80}$$

稳态时，$\Delta i_L^+ = \Delta i_L^- = \Delta i_L$，则有

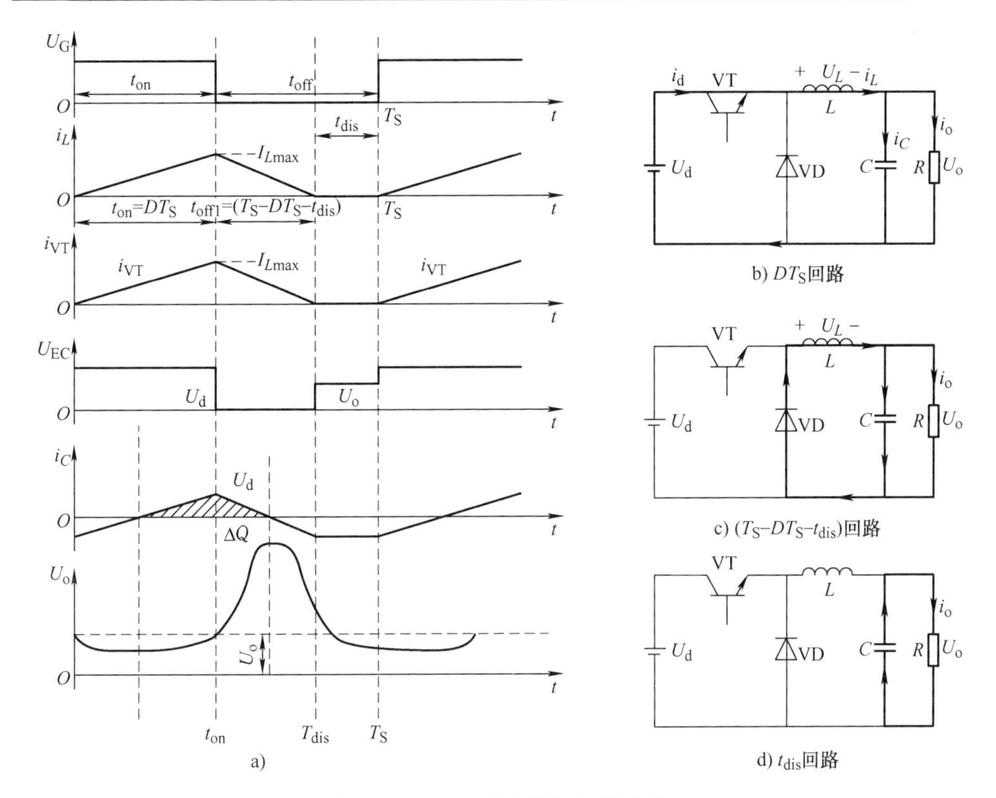

图2-22　Buck变换器的相关波形

$$\Delta i_L^+ = \frac{U_d - U_o}{L} DT_S = \Delta i_L^- = \frac{1-D}{L} U_o T_S \tag{2-81}$$

化简得到输出电压的表达式为

$$U_o = U_d D \tag{2-82}$$

由于$D \leqslant 1$，因此Buck变换器具有降压特性，并且变换器的稳态输出平均电压与D成正比。在有限的输出电容和开关频率下，Buck变换器输出电压u_o实际上是脉动的。输出电压u_o的脉动量ΔU_o应该与电容的电荷脉动量ΔQ成正比，即

$$\Delta U_o = \frac{\Delta Q}{C} \tag{2-83}$$

当电感电流$i_L \geqslant$输出电流I_o时，输出电容充电；反之，当电感电流$i_L \leqslant$输出电流I_o时，输出电容放电。由于电容的电荷是电容电流对时间的积分，而稳态时电容的平均电流为零，那么电容的电荷脉动量ΔQ的表达式为

$$\Delta Q = \Delta U_o C = \frac{\frac{\Delta i_L}{2} \times \frac{T_S}{2}}{2} = \frac{\Delta i_L}{8 f_S} = \frac{1-D}{8 L f_S^2} U_o \tag{2-84}$$

输出电压u_o的脉动量ΔU_o的表达式为

$$\Delta U_o = \frac{1-D}{8LCf_S^2}U_o \tag{2-85}$$

变换器的输入功率与输出功率平衡，即

$$U_d I_{IN} = U_o I_o \tag{2-86}$$

可以求出 Buck 变换器的输出电流的表达式为

$$I_o = \frac{I_{IN}U_d}{U_o} = \frac{I_{IN}}{D} \tag{2-87}$$

由于 $D \leqslant 1$，因此 Buck 变换器具有增流特性，并且变换器的稳态输出平均电流与 D 成反比。电感电流 i_L 的最大值 $I_{L\max}$ 和最小值 $I_{L\min}$ 的表达式分别为

$$I_{L\max} = I_o + \frac{1}{2}\Delta i_L = \frac{U_o}{R}\left[1 + \frac{R}{2L}(1-D)T_S\right] \tag{2-88}$$

$$I_{L\min} = I_o - \frac{1}{2}\Delta i_L = \frac{U_o}{R}\left[1 - \frac{R}{2L}(1-D)T_S\right] \tag{2-89}$$

因此，在有限的开关频率下，Buck 变换器的电感电流 i_L 实际上是脉动的。当且仅当最小值 $I_{L\min}$ 为零时，电感电流临界连续，可以得到临界电感的表达式，也就为设计者取合适电感值提供依据：

$$\begin{cases} I_{o\_cri} = \dfrac{1-D}{2L_{cri}f_S}U_o \\ L_{cri} = \dfrac{1-D}{2U_of_S}R^2 = \dfrac{1-D}{2P_of_S} \end{cases} \tag{2-90}$$

式中，P_o 表示输出功率。

现将开关管 VT 的电流、电压的定量关系小结如下：

(1) 流过开关管 VT 的平均电流 I_{VT} 和 Buck 变换器的输入电流平均值 I_{IN} 相等，即

$$I_{VT} = I_{IN} = DI_o \tag{2-91}$$

(2) 流过开关管 VT 的最大电流 $I_{VT\max}$ 和 Buck 变换器电感电流最大值 $I_{L\max}$ 相等，即

$$I_{VT\max} = I_{L\max} = \frac{U_o}{R}\left[1 + \frac{R}{2L}(1-D)T_S\right] \tag{2-92}$$

(3) 流过开关管 VT 的最小电流 $I_{VT\min}$ 和 Buck 变换器电感电流最小值 $I_{L\min}$ 相等，即

$$I_{VT\min} = I_{L\min} = \frac{U_o}{R}\left[1 - \frac{R}{2L}(1-D)T_S\right] \tag{2-93}$$

(4) 开关管 VT 关断时所承受的正向电压即为 Buck 变换器的输入电压，即

$$U_{VT\_off} = U_d \tag{2-94}$$

现将二极管 VD 的电流、电压的定量关系小结如下：

(1) 由于二极管 VD 与开关管 VT 互补通断，因此，流过二极管 VD 的平均电

流 I_{VD} 为

$$I_{VD}=(1-D)I_o \tag{2-95}$$

（2）流过二极管 VD 的最大电流 I_{VDmax} 和 Buck 变换器电感电流最大值 I_{Lmax} 相等，即

$$I_{VDmax}=I_{Lmax}=\frac{U_o}{R}\left[1+\frac{R}{2L}(1-D)T_S\right] \tag{2-96}$$

（3）流过二极管 VD 的最小电流 I_{VDmin} 和 Buck 变换器电感电流最小值 I_{Lmin} 相等，即

$$I_{VDmin}=I_{Lmin}=\frac{U_o}{R}\left[1-\frac{R}{2L}(1-D)T_S\right] \tag{2-97}$$

（4）二极管 VD 时所截止时所承受的反向电压即为 Buck 变换器的输入电压，即

$$U_{VD\_off}=U_d \tag{2-98}$$

下面小结几个设计 Buck 变换器时有关各个器件的参数选型的表达式为

（1）最小占空比 D_{min}

$$D_{min}=\frac{U_o}{U_{dmax}} \tag{2-99}$$

（2）电感 L 的最大值 L_{max}（当然还需要结合临界电感的取值，选两者的最大值）为

$$L_{max}=\frac{1-D_{min}}{\Delta i_L f_S}U_o=\frac{1-D_{min}}{I_o\eta_i f_S}U_o=\frac{1-D_{min}}{P_{omin}\eta_i f_S}U_o^2 \tag{2-100}$$

式中，η_i 表示输出电流的纹波系数；P_{omin} 表示输出最小功率；f_S 表示开关频率。

（3）电容 C 的最小值 C_{min}

$$C_{min}=\frac{P_{omin}\eta_i}{8U_{omin}^2\eta_u f_S} \tag{2-101}$$

式中，η_u 表示输出电压的纹波系数。

（4）开关管 VT 的额定工作电压和电流按照表达式(2-102）酌情选择如下：

$$\begin{cases}U_{VT\_N}=(2\sim3)U_{VT\_off}=(2\sim3)U_d\\ I_{VT\_N}=(1.5\sim2)I_{VTmax}=(1.5\sim2)\dfrac{U_o}{R}\left[1+\dfrac{R}{2L}(1-D)T_S\right]\end{cases} \tag{2-102}$$

（5）二极管 VD 的额定工作电压和电流按照表达式(2-103)，酌情选择为

$$\begin{cases}U_{VD\_N}=(2\sim3)U_{VD\_off}=(2\sim3)U_d\\ I_{VD\_N}=(1.5\sim2)I_{VDmax}=(1.5\sim2)\dfrac{U_o}{R}\left[1+\dfrac{R}{2L}(1-D)T_S\right]\end{cases} \tag{2-103}$$

2.2.3　Boost 变换器

图 2-23 表示 Boost 变换器的拓扑图。

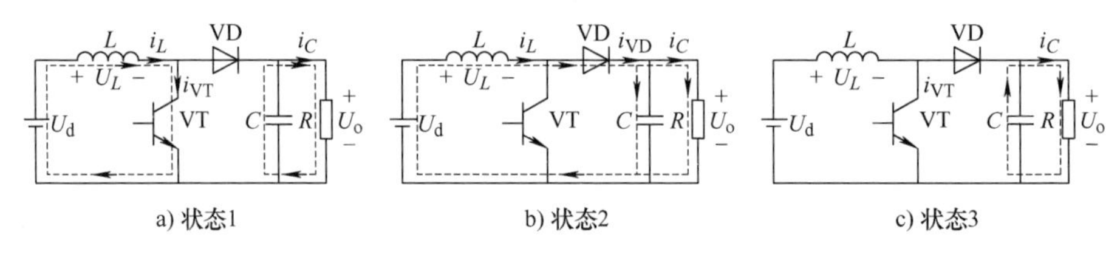

图 2-23 表示 Boost 变换器的拓扑图

图 2-23a 表示状态 1：开关管 VT 导通时，二极管 VD 承受反压而关断，此时，输入电源通过电感 L 储存量，因此电感电流 i_L增加，如图 2-24a 所示，从而使得电感 L 中的磁能也增加，此时负载仅靠输出电容 C 的储能放电维持供电，传输路径如图 2-24b 所示。

图 2-23b 表示状态 2：开关管 VT 关断时，由于电感 L 中的电流 i_L不能突变，此时二极管 VD 导通，且电源 U_d和续流电感 L 同时向负载释放能量供电，电流 i_L减小，并对输出电容 C 充电，如图 2-24a 所示，传输路径如图 2-24c 所示。

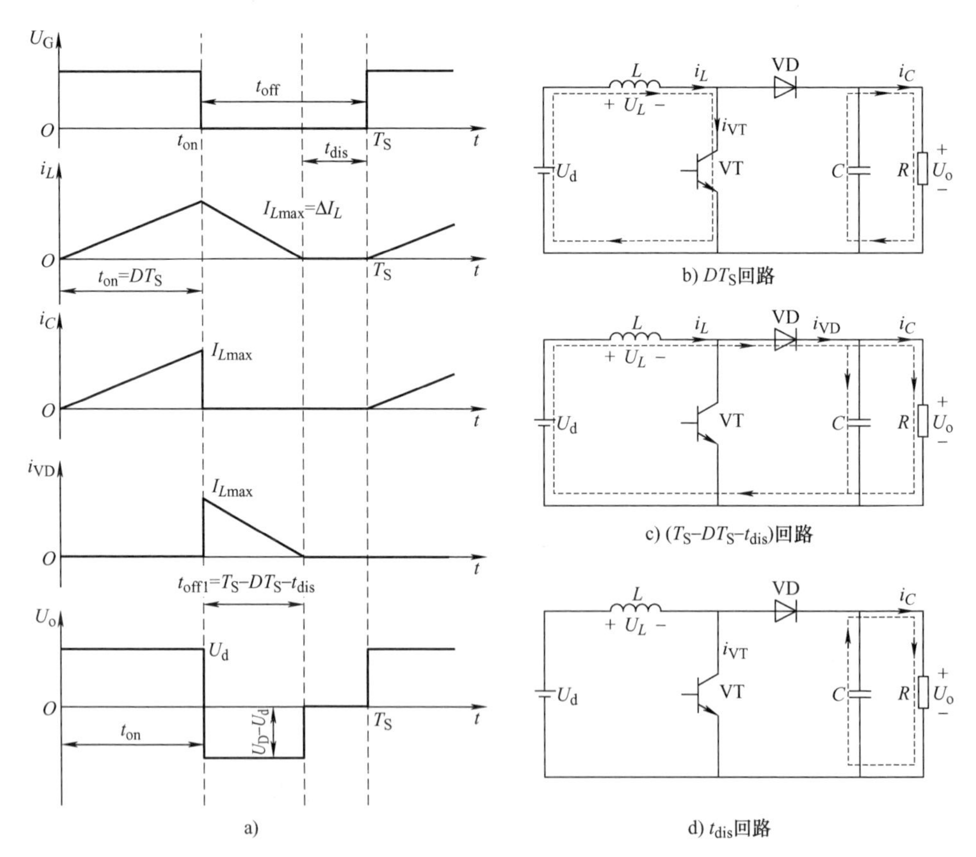

图 2-24 Boost 变换器的相关波形

（t_{on}、t_{off}、t_{off1}、t_{dis}含义同 buck 变换器定义，此处略）

图2-23c表示状态3：与电流连续时的情况不同，当电感L中的电流i_L衰减到零以前，若开关管VT仍未导通，则电感L中的电流i_L断续，此时开关管VT、二极管VD全部都关断，仅由电容向负载放电提供能量，如图2-24a所示，传输路径如图2-24d所示。

当$t=0$时，开关管VT导通，回路的表达式为

$$U_d = L\frac{di_L}{dt} \tag{2-104}$$

可见，电感电流i_L线性增加，当$t=t_{on}$时，电感电流i_L线性增加到最大值I_{Lmax}。在$t=0\sim t_{on}$期间的电流增量Δi_L^+的表达式为

$$\Delta i_L^+ = \frac{U_d}{L}t_{on} = \frac{U_d}{L}DT_S \tag{2-105}$$

在$t=t_{on}$时，开关管VT关断，二极管VD导通，回路的表达式为

$$U_o - U_d = L\frac{di_L}{dt} \tag{2-106}$$

可见，电感电流i_L线性减小，当$t=T_S$时，电感电流i_L线性减小到最小值I_{Lmin}。在$t=t_{on}\sim T_S$期间的电流增量Δi_L^-的表达式为

$$\Delta i_L^- = \frac{T_S - t_{on}}{L}(U_o - U_d) = (U_o - U_d)\frac{1-D}{L}T_S \tag{2-107}$$

稳态时，$\Delta i_L^+ = \Delta i_L^- = \Delta i_L$，则有

$$\Delta i_L^+ = \frac{U_d}{L}DT_S = \Delta i_L^- = (U_o - U_d)\frac{1-D}{L}T_S \tag{2-108}$$

化简得到输出电压的表达式为

$$U_o = \frac{U_d}{1-D} \tag{2-109}$$

由于$D\leqslant 1$，因此Boost变换器具有升压特性，并且变换器的稳态输出平均电压与$(1-D)$成反比。在有限的输出电容和开关频率下，Boost变换器输出电压u_o实际上是脉动的。变换器的输入功率与输出功率平衡，即

$$U_d I_{IN} = U_o I_o \tag{2-110}$$

可以求出Boost变换器的输出电流表达式为

$$I_o = \frac{I_{IN}U_d}{U_o} = (1-D)I_{IN} \tag{2-111}$$

由于$D\leqslant 1$，因此Boost变换器具有降流特性，并且变换器的稳态输出平均电流与$(1-D)$成正比。电感电流i_L的最大值I_{Lmax}和最小值I_{Lmin}的表达式分别为

$$I_{Lmax} = I_{IN} + \frac{1}{2}\Delta i_L = \frac{I_o}{1-D} + \frac{(1-D)DU_o}{2Lf_S} \tag{2-112}$$

$$I_{Lmin} = I_{IN} - \frac{1}{2}\Delta i_L = \frac{I_o}{1-D} - \frac{(1-D)DU_o}{2Lf_S} \tag{2-113}$$

因此，在有限的开关频率下，Buck 变换器的电感电流 i_L实际上是脉动的。当且仅当最小值 $I_{L\min}$为零时，电感电流临界连续，可以得到临界电感的表达式，也就为设计者取合适电感值提供依据：

$$\begin{cases} I_{\mathrm{o\_cri}} = \dfrac{(1-D)^2 DU_{\mathrm{o}}}{2L_{\mathrm{cri}} f_{\mathrm{S}}} \\ L_{\mathrm{cri}} = \dfrac{(1-D)^2 DU_{\mathrm{o}}^2}{2P_{\mathrm{o}} f_{\mathrm{S}}} \end{cases} \tag{2-114}$$

式中，P_{o}表示输出功率。

输出电压 u_{o}的脉动量 ΔU_{o}应该与电容的电荷脉动量 ΔQ 成正比，即

$$\Delta U_{\mathrm{o}} = \frac{\Delta Q}{C} = \frac{I_{\mathrm{o}} t_{\mathrm{on}}}{C} = \frac{I_{\mathrm{o}} DT_{\mathrm{S}}}{C} = \frac{I_{\mathrm{o}} D}{C f_{\mathrm{S}}} \tag{2-115}$$

现将开关管 VT 的电流、电压的定量关系小结如下：

（1）流过开关管 VT 的平均电流 I_{VT}与 Boost 变换器的输入电流平均值 I_{IN}、输出电流平均值 I_{o}满足下面的关系式：

$$I_{\mathrm{VT}} = I_{\mathrm{IN}} - I_{\mathrm{o}} = \frac{I_{\mathrm{o}}}{(1-D)} - I_{\mathrm{o}} = \frac{DI_{\mathrm{o}}}{(1-D)} \tag{2-116}$$

（2）流过开关管 VT 的最大电流 I_{VTmax}和 Boost 变换器电感电流最大值 $I_{L\max}$相等，即

$$I_{\mathrm{VTmax}} = I_{L\max} = \frac{I_{\mathrm{o}}}{1-D} + \frac{(1-D)DU_{\mathrm{o}}}{2Lf_{\mathrm{S}}} \tag{2-117}$$

（3）流过开关管 VT 的最小电流 I_{VTmin}和 Buck 变换器电感电流最小值 $I_{L\min}$相等，即

$$I_{\mathrm{VTmin}} = I_{L\min} = \frac{I_{\mathrm{o}}}{1-D} - \frac{(1-D)DU_{\mathrm{o}}}{2Lf_{\mathrm{S}}} \tag{2-118}$$

（4）开关管 VT 关断时所承受的正向电压即为 Boost 变换器的输出电压，即

$$U_{\mathrm{VT\_off}} = U_{\mathrm{o}} \tag{2-119}$$

现将二极管 VD 的电流、电压的定量关系小结如下：

（1）稳态时，由于电容的平均电流为零，因此，流过二极管 VD 的平均电流 I_{VD}为输出电流的平均值 I_{o}，即 $I_{\mathrm{VD}} = I_{\mathrm{o}}$；

（2）流过二极管 VD 的最大电流 I_{VDmax}和 Boost 变换器电感电流最大值 $I_{L\max}$相等，即

$$I_{\mathrm{VDmax}} = I_{L\max} = \frac{I_{\mathrm{o}}}{1-D} + \frac{(1-D)DU_{\mathrm{o}}}{2Lf_{\mathrm{S}}} \tag{2-120}$$

（3）流过二极管 VD 的最小电流 I_{VDmin}和 Boost 变换器电感电流最小值 $I_{L\min}$相等，即

$$I_{\mathrm{VDmin}}=I_{L\mathrm{min}}=\frac{I_{\mathrm{o}}}{1-D}-\frac{(1-D)DU_{\mathrm{o}}}{2Lf_{\mathrm{S}}} \tag{2-121}$$

（4）二极管 VD 时所截止时所承受的反向电压即为 Boost 变换器的输出电压，即

$$U_{\mathrm{VD\_off}}=U_{\mathrm{o}} \tag{2-122}$$

下面小结几个设计 Boost 变换器时有关各个器件的参数选型的表达式：

（1）最小占空比 $D_{\max}$

$$D_{\max}=1-\frac{U_{\mathrm{d}}}{U_{\mathrm{omax}}} \tag{2-123}$$

（2）电感 L 的最大值 $L_{\max}$（当然还需要结合临界电感的取值，选两者的最大值）：

$$L_{\max}=\frac{1-D_{\max}}{\Delta i_L f_{\mathrm{S}}}D_{\max}U_{\mathrm{o}}=\frac{1-D_{\max}}{P_{\mathrm{omin}}\eta_{\mathrm{i}}f_{\mathrm{S}}}D_{\max}U_{\mathrm{o}}^2 \tag{2-124}$$

式中，η_{i}表示输出电流的纹波系数；P_{omin}表示输出最小功率；f_{S}表示开关频率。

（3）电容 C 的最小值 $C_{\min}$

$$C_{\min}=\frac{I_{\mathrm{omin}}D_{\max}}{\eta_{\mathrm{u}}U_{\mathrm{omin}}f_{\mathrm{S}}}=\frac{P_{\mathrm{omin}}D_{\max}}{\eta_{\mathrm{u}}U_{\mathrm{omin}}^2 f_{\mathrm{S}}} \tag{2-125}$$

式中，η_{u}表示输出电压的纹波系数。

（4）开关管 VT 的额定工作电压和电流按照下面的表达式选择：

$$\begin{cases}U_{\mathrm{VT\_N}}=(2\sim3)U_{\mathrm{VT\_off}}=(2\sim3)U_{\mathrm{o}}\\ I_{\mathrm{VT\_N}}=(1.5\sim2)I_{\mathrm{VTmax}}=(1.5\sim2)\left[\dfrac{I_{\mathrm{o}}}{1-D}+\dfrac{(1-D)DU_{\mathrm{o}}}{2Lf_{\mathrm{S}}}\right]\end{cases} \tag{2-126}$$

（5）二极管 VD 的额定工作电压和电流按照下面的表达式选择：

$$\begin{cases}U_{\mathrm{VD\_N}}=(2\sim3)U_{\mathrm{VD\_off}}=(2\sim3)U_{\mathrm{o}}\\ I_{\mathrm{VD\_N}}=(1.5\sim2)I_{\mathrm{VDmax}}=(1.5\sim2)\left[\dfrac{I_{\mathrm{o}}}{1-D}+\dfrac{(1-D)DU_{\mathrm{o}}}{2Lf_{\mathrm{S}}}\right]\end{cases} \tag{2-127}$$

2.2.4 正激变换器

前面讲授的 Buck 变换器、Boost 变换器有一个显著的特点，就是输入与输出之间存在直接电的联系。在工程实践中，这些变换器的输入电压一般来自电网，经整流、滤波取得，输出端直接带负载，因此，输出电压等级与输入电压等级势必相差太大，必然会对变换器的调节控制范围产生影响，与此同时还造成低压供电负载与电网电压之间的直接电联系。为解决此类问题，常规的方法有两种，如图 2-25 所示：图 2-25a 是利用工频变压器进行隔离和能量传输；图 2-25b 是利用高频变压器进行隔离和能量传输。因此，从初级的直流电压到负载的直流电压，经历了隔离变换，称这种变换器为隔离型 DC－DC 变换器。

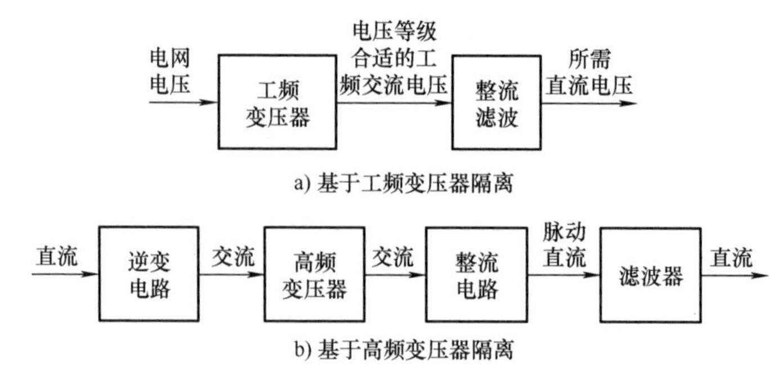

图 2-25 基于变压器隔离的变换器

图 2-26 示意了 Buck 变换器的隔离型和非隔离型两种拓扑。如图 2-26a 所示为经由开关管 VF 的斩波作用，将输入电压调制成方波电压，传送到变压器 T 的一次侧，则二次侧也将输出相同频率的方波。再将变压器 T 的二次侧输出接整流滤波器电路，就可以得到隔离型 Buck 变换器，这种变换器的变压器一次、二次侧同时工作，故也称为单端正激（Forward）变换器。

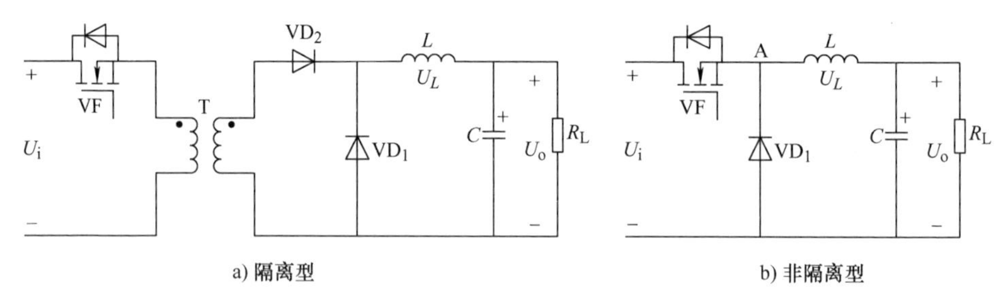

图 2-26 Buck 变换器拓扑

由于单端正激变换器是由 Buck 变换器（见图 2-26b）派生而来的。将开关管右边插入一个隔离变压器，就可以得到图 2-26a 所示的单端正激变换器。因此，单端正激变换器的工作原理和 Buck 相似。单端正激变换器的工作波形如图 2-27 所示。

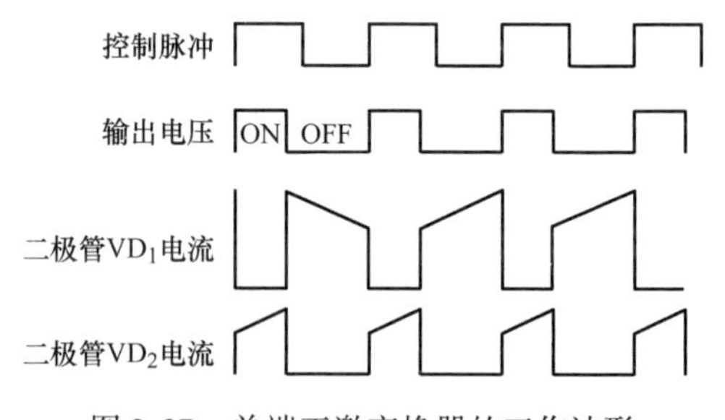

图 2-27 单端正激变换器的工作波形

开关管 VT 导通时，根据图2-26b 所示的同名端，可以知道变压器二次侧也流过电流，VD_2 导通，VD_1 截止，电感电压为正，变压器二次电流线性上升。在此期间，电感电压 U_L 为

$$U_L = \frac{N_2}{N_1}U_i - U_o = \frac{U_i}{n} - U_o = L\frac{di_L}{dt} \tag{2-128}$$

式中，U_i表示输入电压；U_o表示输出电压；N_1和N_2分别表示变压器一、二次匝数，且$n=N_1/N_2$。

其中电感L的电流增量Δi_L的表达式为

$$\Delta i_L=\frac{\frac{U_i}{n}-U_o}{L}t_{on}=\frac{U_i-nU_o}{nLf_S}D \tag{2-129}$$

因此，电感L电流的最大值$I_{L\max}$的表达式为

$$I_{L\max}=I_o+\Delta i_L=I_o+\frac{U_i-nU_o}{nLf_S}D \tag{2-130}$$

流过开关管VT的最大电流为

$$I_{VT\max}=\frac{I_{L\max}}{N_1/N_2}=\frac{I_{L\max}}{n}=\frac{I_o+\frac{U_i-nU_o}{nLf_S}D}{n} \tag{2-131}$$

开关管VT截止时，当然二极管VD_1也不导通，变压器二次侧没有电流流过，二次侧电流经反并联二极管VD_1续流，在此期间，电感电压u_L为负，电流线性下降。输出电压与电感电压u_L满足下面的表达式

$$U_o=-U_L=-L\frac{di_L}{dt} \tag{2-132}$$

在稳定时，和Buck电路一样，电感电压在一个周期内积分为零，因此，得到

$$U_LDT_S=U_o(1-D)T_S \tag{2-133}$$

联立上面的表达式得到

$$\left(\frac{N_2}{N_1}U_i-U_o\right)DT_S=U_o(1-D)T_S \tag{2-134}$$

化简得到输出电压U_o的表达式为

$$U_o=\frac{N_2}{N_1}DU_i=\frac{U_i}{n}D \tag{2-135}$$

由此可见，单端正激变换器输出电压增益与开关导通占空比D成正比，且比非隔离型Buck变换器只多了一个变压器的匝数比$1/n$（$n=N_1/N_2$）。对于隔离型Buck变换器，由于加在变压器的一次侧是单方向的脉冲电压，当开关管VT导通时，一次侧线圈加正向电压并通以正向电流，磁心中的磁感应强度将达到某一值，由于磁心的磁滞效应，当开关管VT关断时，线圈电压或电流回到零，而磁心中的磁通并不一定回到零，这就是剩磁通。为此，常常采取如下的磁心复位技术，把磁心中的剩磁能量自然地转移，在为了复位所加的电子元件上消耗掉，或者把残存能量回馈到输入端或者输出端或者通过外部能量强迫磁心复位。

图2-28示意了一种在隔离型Buck变换器中，增加了由绕组N_3和钳位二极管VD_3构成的磁心复位电路。

图2-29表示开关管VT导通传递能量路径及其工作波形。在$t_0\sim t_1$阶段，开关

管 VT 导通，进入能量传递阶段，即经由变压器 T 耦合、二极管 VD_2 向负载传送能量，同时为电感储能，输出电压的表达式为（略去电感电压）：

$$U_o = \frac{N_2}{N_1} \cdot \frac{t_{on}}{T_S} \cdot U_i = \frac{N_2}{N_1} D U_i = \frac{1}{n} D U_i \tag{2-136}$$

式中，n 表示变压器的匝数比 N_1/N_2。

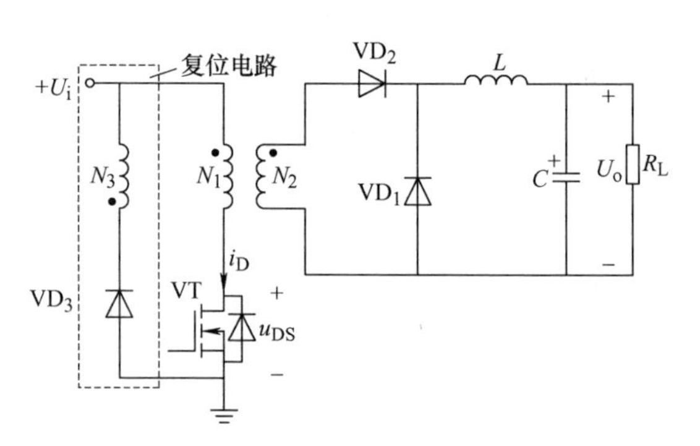

图 2-28　增加磁心复位电路的隔离型 Buck 变换器

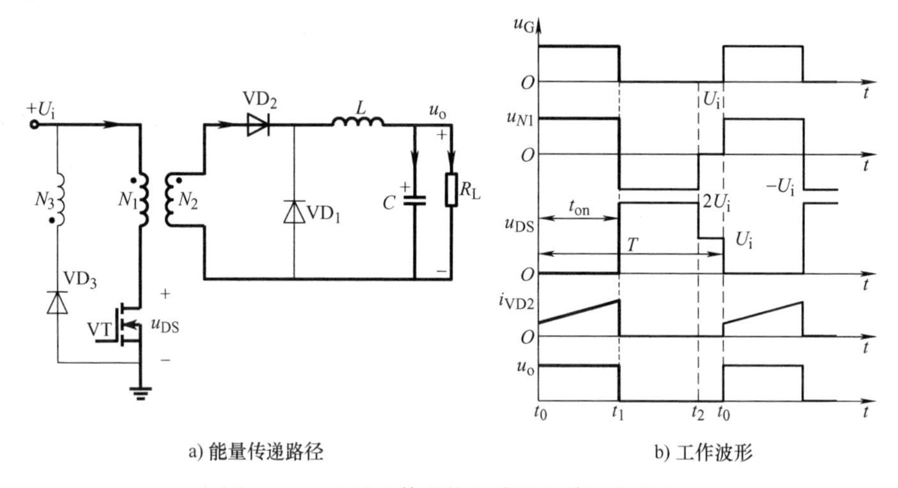

图 2-29　VT 导通传递能量路径及其工作波形

由此可见，输出电压仅决定于输入电压 u_1、变压器匝比 n、开关管占空比 D，与负载电阻无关。二极管 VD_1 承受最大反压出现在开关管 VT 导通时，二极管 VD_3 承受最大反压出现在开关管 VT 关断时，它们的最大反压分别为

$$\begin{cases} U_{RVD_1} = \dfrac{N_2}{N_1} U_i \\ U_{RVD_3} = \left(1 + \dfrac{N_3}{N_1}\right) U_i \end{cases} \tag{2-137}$$

当 $N_1 = N_3$ 时，二极管 VD_3 的反压为 $2U_i$。二极管 VD_1 的最大电流按照电感 L 电流的最大值 I_{Lmax} 考虑，即

$$\begin{cases} I_{VD_1} = I_{Lmax} = I_o + \dfrac{U_i - nU_o}{nLf_S} D \\ I_{VD_3} = I_{VTmax} \dfrac{N_1}{N_3} \end{cases} \tag{2-138}$$

二极管 VD_2承受最大反压出现在开关管 VT 关断时，流过的最大电流按照电感 L 电流的最大值 $I_{L\max}$考虑，它们分别为

$$\begin{cases} I_{VD_2} = I_{L\max} = I_o + \dfrac{U_i - nU_o}{nLf_S}D \\ U_{RVD_2} = \dfrac{U_i}{N_1/N_2} = \dfrac{U_i}{n} \end{cases} \tag{2-139}$$

图 2-30 表示开关管 VT 关断磁心复位路径及其工作波形。在 $t_1 \sim t_2$阶段，开关管 VT 关断，进入磁心复位阶段，即 VT 截止，绕组 N_1、绕组 N_2承受下正上负的电压，二极管 VD_2截止，电感 L 中储存的能量经由二极管 VD_1向负载释放；绕组 N_3承受上正下负的电压，变压器磁心中的剩磁能量通过二极管 VD_3馈送到电源，此时输出电压 $u_o = 0$，二极管 VD_2承受反压且为

$$U_{RVD_2} = \frac{N_2}{N_3}U_i \tag{2-140}$$

开关管 VT 承受的反压和最大电流的表达式分别为

$$\begin{cases} U_{RVT} = \left(1 + \dfrac{N_1}{N_3}\right)U_i \\ I_{VT\max} = \dfrac{I_{L\max}}{N_1/N_2} = \dfrac{I_{L\max}}{n} = \dfrac{I_o + \dfrac{U_i - nU_o}{nLf_S}D}{n} \end{cases} \tag{2-141}$$

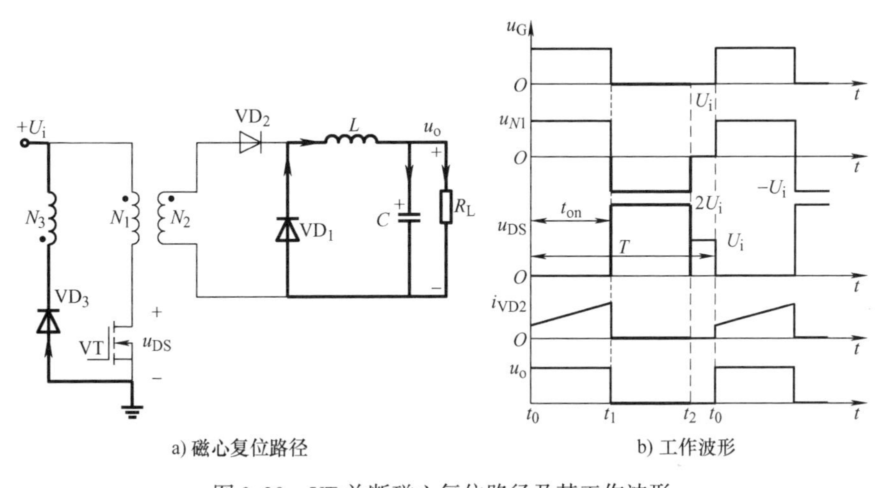

a) 磁心复位路径　　b) 工作波形

图 2-30　VT 关断磁心复位路径及其工作波形

图 2-31 表示开关管 VT 关断时，电感 L 续流路径及其工作波形。在 $t_2 \sim t_0$阶段，开关管 VT 关断，进入电感续流阶段，即 VT 截止，变压器磁心中的剩磁能量全部释放完毕，电感 L 中的储存能量继续通过二极管 VD_1向负载释放，此时输出电压 $u_o = 0$。

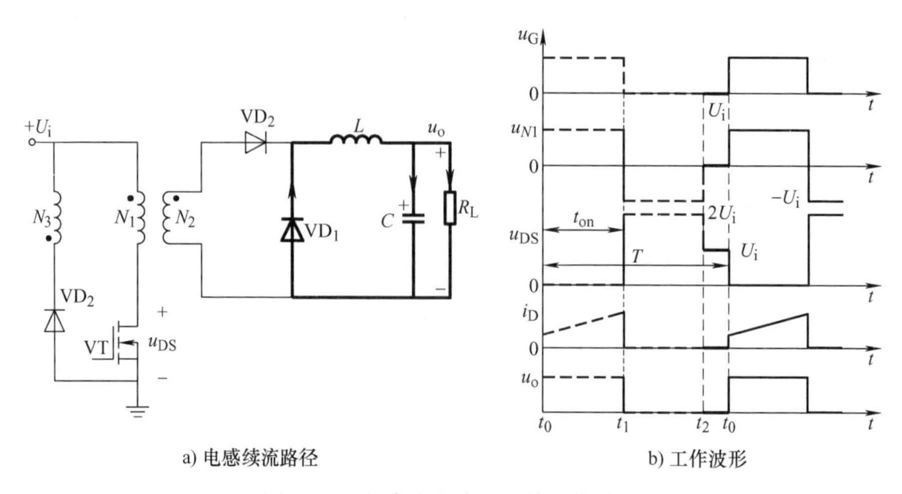

a) 电感续流路径　　b) 工作波形

图 2-31　电感续流路径及其工作波形

2.2.5　反激变换器

如果把图 2-26a 所示的隔离型 Buck 变换器拓扑，按照图 2-32 所示方式进行修改，就成为反激变换器，如图 2-32a 和图 2-32b 所示，它们的本质上是一样的。该变换器二次侧在开关管关断期间工作的，亦称为单端反激式（Fly-back）变换器。它分为电感储能阶段、电感能量释放阶段和电容放电阶段，其通流路径如图 2-33 所示。

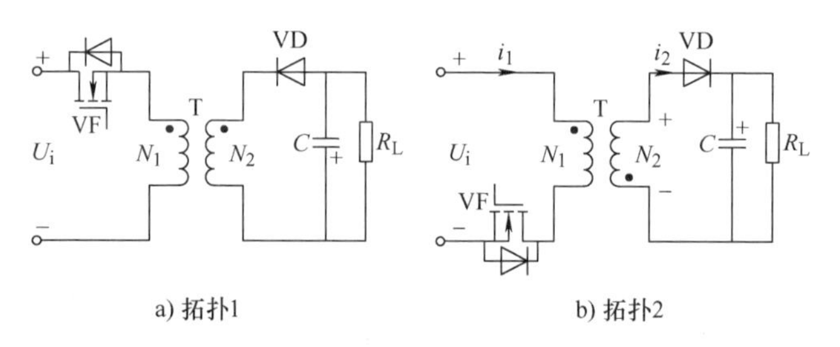

a) 拓扑1　　b) 拓扑2

图 2-32　反激变换器拓扑

当开关管 VF 导通时，电路的电流路径和二次绕组 N_2上的感应电压的极性，如图 2-33a 所示，输入电压 U_i加到变压器 T 的一次绕组 N_1上，二极管 VD 截止，二次绕组 N_2上没有电流流过。因此，输入电压 U_i的能量以磁能的形式储存在变压器（电感）中，称该阶段为电感储能阶段。可以得到下面的表达式：

$$U_i = L_1 \left.\frac{di_1}{dt}\right|_{t=0 \sim t_{on}} \tag{2-142}$$

式中，L_1上表示变压器 T 一次绕组 N_1的电感。

因此，流过变压器 T 的一次绕组 N_1 上的电流最大值即为开关管导通结束

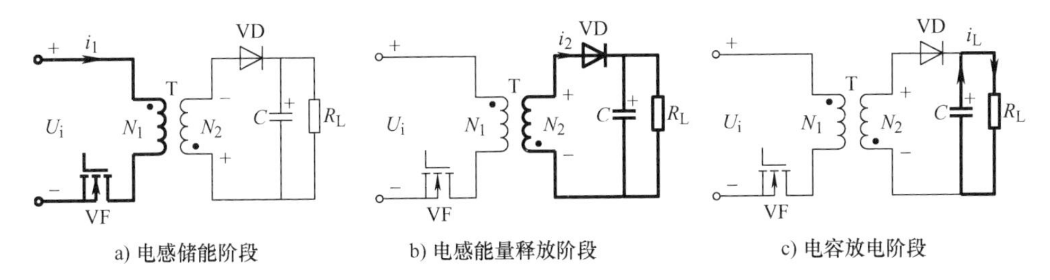

a) 电感储能阶段　b) 电感能量释放阶段　c) 电容放电阶段

图 2-33　反激变换器三个阶段的通流路径

时，即

$$I_{1\max}=\frac{U_i t_{on}}{L_1} \tag{2-143}$$

当开关管 VF 截止时，电路的电流路径和二次绕组 N_2上的感应电压的极性，如图 2-33b 所示。由于电感中电流（安匝）方向不能突变，此时二次绕组 N_2上的感应电压使得二极管 VD 导通，反激变压器（电感）T 中储存的能量通过二次绕组 N_2传输到负载上，该阶段称为电感释放能量阶段。可以得到二次绕组 N_2传输到负载的电流的表达式为

$$i_2=I_{2\max}-\frac{U_o}{L_2}t\bigg|_{t=t_{on}\sim T_S} \tag{2-144}$$

式中，L_2表示变压器 T 二次绕组 N_2的电感；$I_{2\max}$表示开关管截止时，流过二次绕组 N_2的电流最大值且为

$$I_{2\max}=\frac{N_1}{N_2}I_{1\max}=\frac{U_i t_{on}}{L_1}\frac{N_1}{N_2} \tag{2-145}$$

当电感中的能量释放完毕后，电路的电流路径和副边绕组 N_2上的感应电压的极性，如图 2-33c 所示，由输出电容放电给负载提供能量。综上所述，在开关管 VF 导通期间，先由电源输入的能量以磁能的形式储存于变压器（电感）中，在开关管 VF 截止期间，再由反激变压器（电感）中储存的能量通过另一个绕组传输给负载，因而将这种变换器也称为电感储能型隔离变换器。

由于开关管 VF 导通期间，储存在变压器 T 中的能量为

$$W_T=\frac{L_1 I_{1\max}^2}{2} \tag{2-146}$$

每单位时间内电源供给的能量，即输入功率 P_i为

$$P_i=\frac{W_T}{T}=\frac{L_1 I_{1\max}^2}{2T} \tag{2-147}$$

当然，输出功率 P_o为

$$P_o=\frac{U_o^2}{R_L} \tag{2-148}$$

假设电路中没有损耗，全部功率被负载吸收，则输出功率 P_o 与输入功率 P_i 相等，则有

$$\frac{U_o^2}{R_L}=\frac{L_1 I_{1\max}^2}{2T} \tag{2-149}$$

所以，输出电压 U_o 的表达式为

$$U_o=I_{1\max}\sqrt{\frac{L_1 R_L}{2T}}=U_i t_{on}\sqrt{\frac{R_L}{2L_1 T}} \tag{2-150}$$

由此可见，输出电压 U_o 与负载 R_L 有关，负载 R_L 愈大，输出电压 U_o 愈高；反之，则输出电压 U_o 愈小。另外，输出电压 U_o 与导通时间成正比，与电感量 L_1 成反比，这就是反激变换器的一个特点。

假设二次绕组 N_2 传输到负载电流为零时，可以得到电感能量释放完毕的时间为

$$t_{dis}=\frac{L_2 I_{2\max}}{U_o} \tag{2-151}$$

根据开关管导通期间，变压器（电感）储能在开关管截止期间释放时间的长短的不同（t_{dis} 相对于 t_{off} 而言），分为三种工作模式：

（1）变压器磁通连续工作模式，其工作波形如图 2-34 所示。当开关管 VF 截止时，截止时间 $t_{off}<t_{dis}$，在截止时间结束时刻，变压器二次绕组 N_2 的电流 i_2 将大于零，即 $I_{2\min}>0$，在这种状态下，下一个周期开始，开关管 VF 重新导通时，变压器一次绕组 N_1 的电流 i_1 也不是从零开始，而是从 $I_{1\min}$（$I_{1\min}=I_{2\min}/n$）开始按照 U_i/L_1 的斜率线性上升。该电路历经电感储能和电感释放能量两个阶段，其传输路

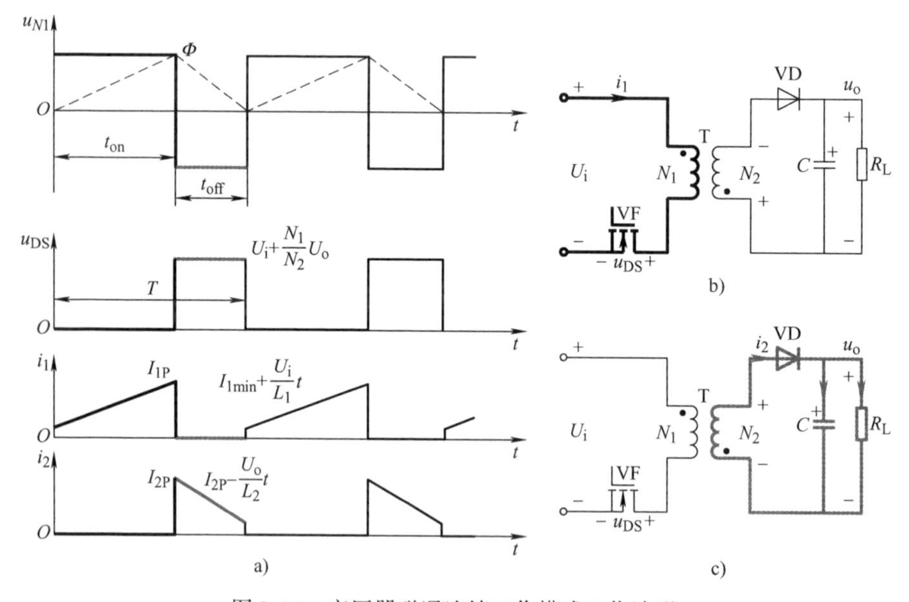

图 2-34 变压器磁通连续工作模式工作波形

径如图2-35b和图2-35c所示。

(2) 变压器磁通临界连续工作模式，其工作波形如图2-35a所示。当开关管VF截止时，截止时间$t_{off}=t_{dis}$，在截止时间结束时刻，变压器二次绕组N_2的电流i_2将等于零，即$I_{2min}=0$，在这种状态下，下一个周期开始，开关管VF重新导通时，变压器一次绕组N_1的电流i_1也是从零开始，按照U_i/L_1的斜率线性上升。该电路历经电感储能和电感释放能量两个阶段，其传输路径如图2-35b和图2-35c所示。

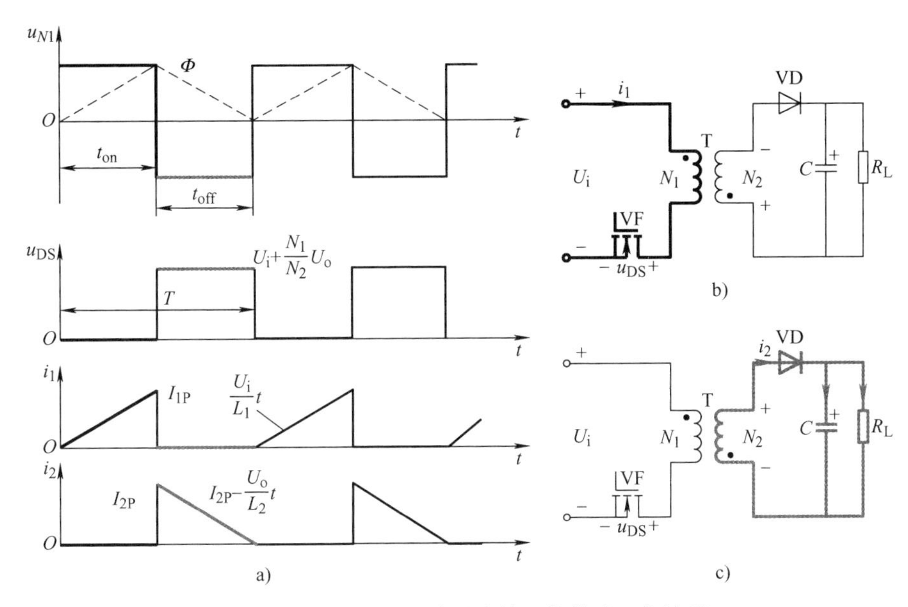

图2-35 变压器磁通临界连续工作模式工作波形

(3) 变压器磁通断续工作模式，其工作波形如图2-36a所示。当开关管VF截止时，其截止时间超过电流i_2衰减到零的时间，即$t_{off}>t_{dis}$，在开关管截止时间结束时刻之前，变压器二次绕组N_2的电流i_2就已经等于零，即$I_{2min}=0$，在这种状态下，下一个周期开始，开关管VF重新导通时，变压器一次绕组N_1的电流i_1也是从零开始，按照U_i/L_1的斜率线性上升。该电路历经电感储能、电感释放能量和电容放电三个阶段，其传输路径如图2-36b～d所示。

对比三种工作模式及其工作波形得知，由于变压器磁通断续工作模式避免了剩磁问题，在工程实践中是非常有用的，如基于变压器的触发电路，就广泛应用于电力电子装置中，如图2-37所示。

下面就以变压器磁通断续工作模式为例重点讨论它的重要数量关系式以及器件参数选型方法。

对于变压器磁通断续工作模式而言，开关管VT导通时，变压器二次绕组N_2的感应电压为

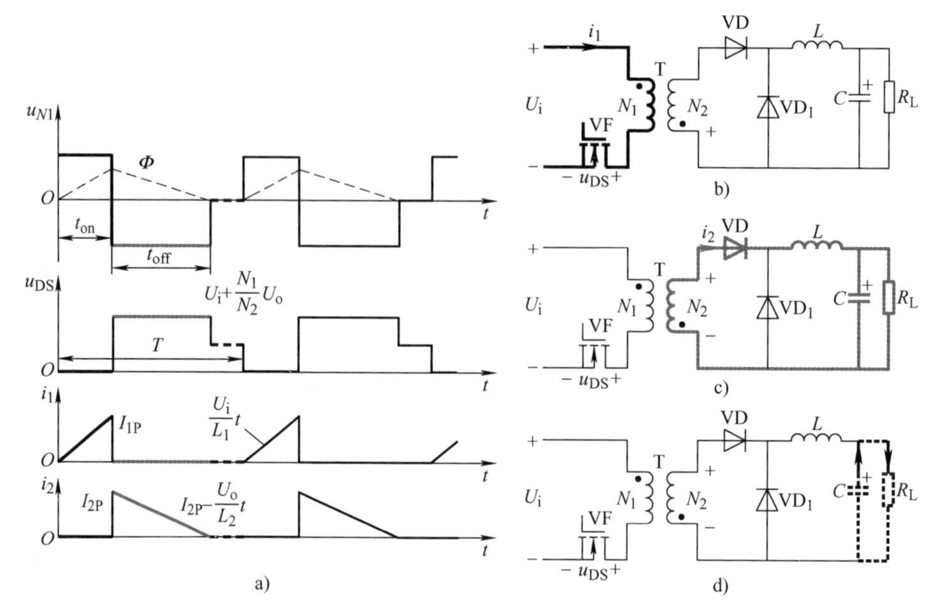

图 2-36 变压器磁通断续工作模式工作波形

$$U_{N2}=\frac{N_2U_i}{N_1}=\frac{U_i}{n} \tag{2-152}$$

开关管 VT 截止时，满足 $U_{N2}=U_o$。根据伏秒平衡，则有

$$\begin{cases}U_{N2}t_{on}=U_ot_{off}\\ \dfrac{U_i}{n}t_{on}=U_ot_{off}\end{cases} \tag{2-153}$$

输出电压的表达式为

$$U_o=\frac{U_i}{t_{off}}t_{on}=\frac{DU_i}{(1-D)n} \tag{2-154}$$

根据伏秒平衡，则有

$$\begin{cases}I_{2max}=\dfrac{U_o}{L_2}t_{off}=\dfrac{U_o}{f_SL_2}(1-D)\\ I_{2max}t_{off}=U_oT_S\end{cases} \tag{2-155}$$

化简得到占空比 D 的表达式为

$$D=1-\frac{I_o}{I_{2max}} \tag{2-156}$$

进而可以得到流过变压器二次绕组 N_2 电流最大值的表达式为

$$I_{2max}=\sqrt{\frac{U_oI_o}{f_SL_2}}=\sqrt{\frac{P_o}{f_SL_2}} \tag{2-157}$$

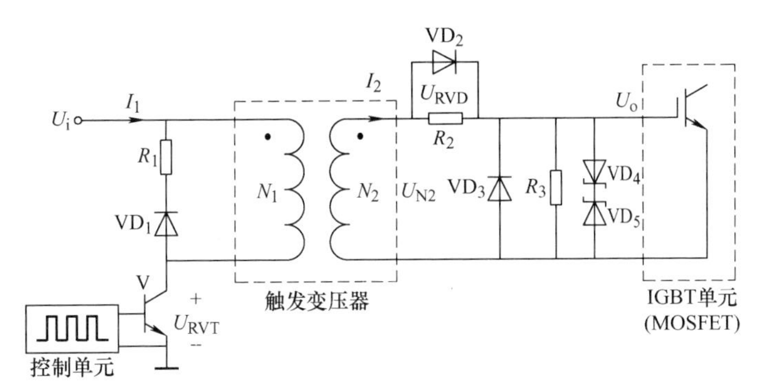

a)应用于IGBT或MOSFET

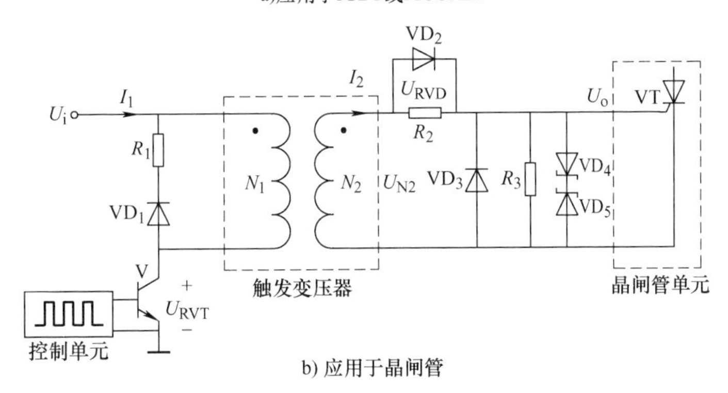

b) 应用于晶闸管

图 2-37　基于变压器的典型触发电路

开关管 VT 的工作电压和电流选型参数为

$$\begin{cases} U_{\mathrm{RVT}} = U_{1\mathrm{N}} + U_{\mathrm{i}} = U_{\mathrm{i}} + \dfrac{N_1}{N_2} U_{2\mathrm{N}} = U_{\mathrm{i}} + \dfrac{N_1}{N_2} U_{\mathrm{o}} = U_{\mathrm{i}} + nU_{\mathrm{o}} \\ I_{\mathrm{VTmax}} = I_{1\max} = \dfrac{I_{2\max}}{N_1/N_2} = \dfrac{I_{2\max}}{n} = \dfrac{1}{n}\sqrt{\dfrac{P_{\mathrm{o}}}{f_{\mathrm{S}} L_2}} \end{cases} \tag{2-158}$$

防反二极管 VD_2 的工作电压和电流的选型参数为

$$\begin{cases} U_{\mathrm{RVD}} = U_{2\mathrm{N}} + U_{\mathrm{o}} = \dfrac{U_{\mathrm{i}}}{N_1/N_2} + U_{\mathrm{o}} = \dfrac{U_{\mathrm{i}}}{n} + U_{\mathrm{o}} \\ I_{\mathrm{VD_2max}} = I_{2\max} = \sqrt{\dfrac{P_{\mathrm{o}}}{f_{\mathrm{S}} L_2}} \end{cases} \tag{2-159}$$

2.2.6　桥式变换器

将单端正激式 DC－DC 变换器按照图 2-38 所示方式进行拓展，可以得到一种双管半桥式 DC－DC 变换器，称其为双管正激式 DC－DC 变换器。

在图 2-38b 所示的双管正激式 DC－DC 变换器拓扑图中，开关管 VI_1 与 VI_2 需要同时动作，即：

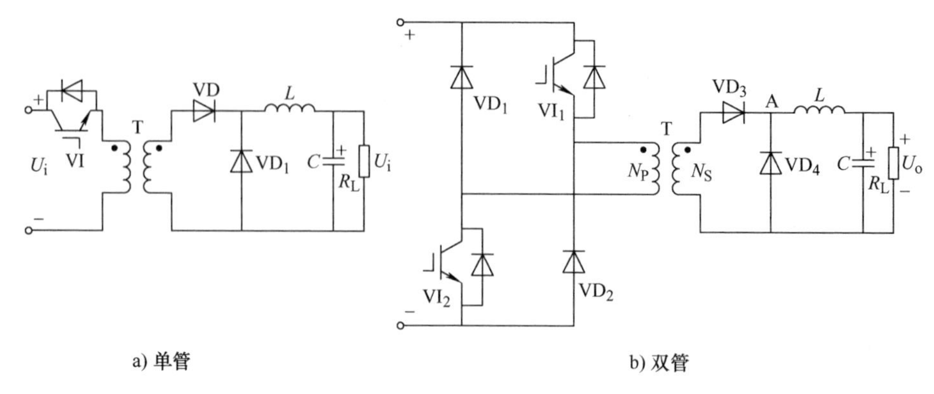

a) 单管　　b) 双管

图 2-38　正激式 DC - DC 变换器拓扑图

（1）开关管 VI_1 与 VI_2 导通时，VD_3 导通，VD_4 反向截止，$I_P = I_S/n$，给负载传输能量。

（2）开关管 VI_1 与 VI_2 截止时，VD_1 和 VD_2 进行能量反馈给电源 U_i，VD_3 反向截止，VD_4 续流导通。

图 2-38 所示的双管正激式 DC - DC 变换器拓扑的优点是，VI_1 与 VI_2 串联承担 U_i，即 $U_{VI_1max} = U_{VI_2max} = 0.5U_i$，这对降低开关管的电压应力有好处；二极管 VD_1 和 VD_2 导通时具有钳位作用，使开关管 VI_1 与 VI_2 关断时所受到的电压均为 U_i；利用变压器一次绕组本身进行磁复位。当然，该拓扑的缺点是变压器的利用率较低(半波工作)。

将双管正激式 DC - DC 变换器按照图 2-39 所示方式进行拓展，可以得到一种四管桥式 DC - DC 变换器，称其为全桥 DC - DC 变换器。其输出电压的表达式为

$$U_o = \frac{2U_i}{N_S/N_P}\frac{t_{on}}{T_S} = \frac{2DU_i}{n} \tag{2-160}$$

式中，N_P 与 N_S 分别表示变压器一次、二次匝数。通过使用合适的控制线路调整占空比 D，在电源电压 U_i 和负载电流 I_o 变化时，可以保持输出电压 U_o 不变。在全桥拓扑中，开关管 VI_1 与 VI_4 的驱动信号相位相同，开关管 VI_2 与 VI_3 的驱动信号相位相同，因此，开关管 VI_1 与 VI_4 同时导通或者开关管 VI_2 与 VI_3 同时导通，两组驱动信号相位相差 180°。

由于大多数电力电子器件能够承受 U_i 电压，而不能承受 $2U_i$ 电压，所以，采用全桥 DC - DC 变换器拓扑，虽然增加了装置的成本，但是，却大幅度提高其可靠性，况且变压器得到充分利用，因此被大量应用于大功率场合。

当然图 2-39 所示的全桥 DC - DC 变换器拓扑，也有一个不足，那就是偏磁的可能性。当桥臂上的两个开关管（如 VI_1 与 VI_2、VI_3 与 VI_4）具有不同的开关特性，导致伏秒不平衡，就会发生偏磁现象。解决的方法就是在变压器的一次侧串接电容 C_D，如图 2-40 所示的全桥隔离式 DC - DC 变换器拓扑（实用），图中增加了开关

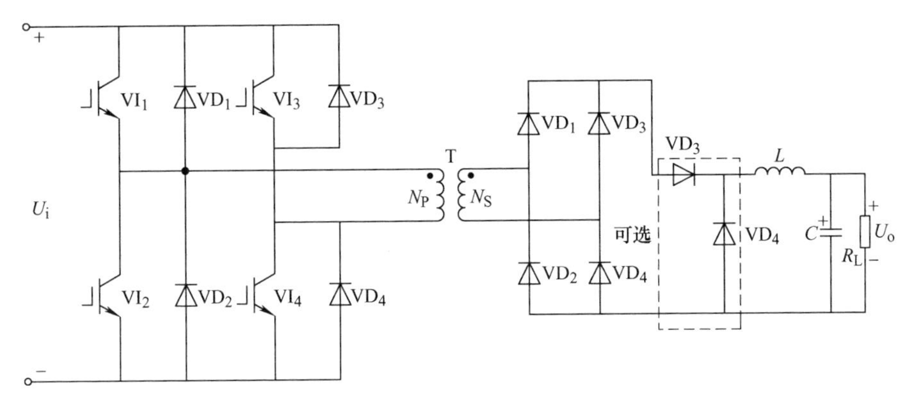

图2-39　全桥隔离式DC－DC变换器拓扑

管的吸收回路。

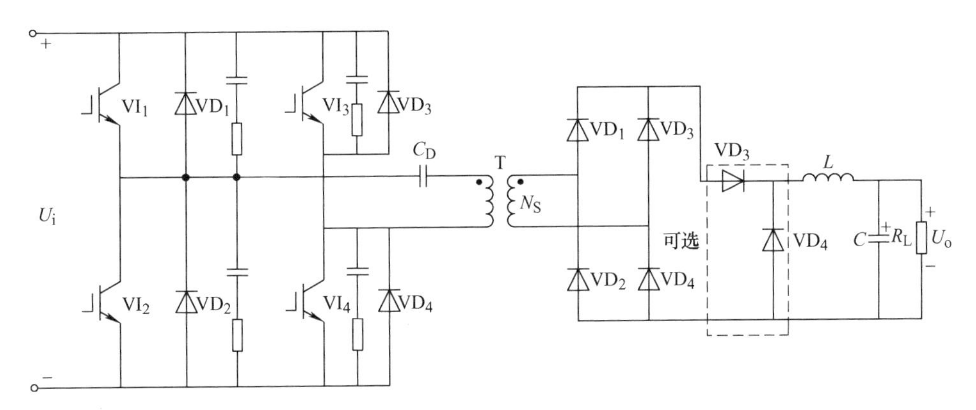

图2-40　全桥隔离式DC－DC变换器拓扑（实用）

在图2-40中，为讨论方便起见，将变压器二次电感L_2折算到一次，称其为折算电感L_{SR}，其表达式为

$$L_{SR}=\left(\frac{N_P}{N_S}\right)^2 L_2 \tag{2-161}$$

如果知道变压器一次电感L_1，就直接代入式(2-162)。串联电容C_D与折算电感L_{SR}组成串联谐振电路，其谐振频率f_R为

$$f_R=\frac{1}{2\pi\sqrt{L_{SR}C_D}}=\frac{1}{2\pi\sqrt{L_2 C_D}}\frac{N_S}{N_P} \tag{2-162}$$

在设计时，一般将谐振频率f_R，设定为比开关频率f_S低一个数量级，即$f_R=0.1f_S$。那么串联电容C_D的取值为

$$C_D=\frac{1}{L_2}\left(\frac{N_S}{N_P}\times\frac{1}{0.2\pi f_S}\right)^2 \tag{2-163}$$

其串联电容C_D工作时充电电压峰值估算方法为

$$U_{CD}=\frac{I_{CD}}{C_D}\Delta t=\frac{I_{CD}}{C_D}DT_S<(10\%\sim 20\%)\frac{U_i}{2} \tag{2-164}$$

式中，T_S表示开关周期；D 表示占空比；I_C表示串联电容 C_D工作时的充电电流。

当然，图 2-40 所示的全桥 DC－DC 变换器拓扑，还需要避免桥臂上、下管子直通，解决方法之一就是在设定上、下管子的最大驱动脉宽时，必须考虑死区的问题。

2.3 DC－AC 变换器

DC－AC 变换器就是把直流电能（电池、蓄电瓶）转变成交流电（如 220V，50Hz 正弦波）的设备，称为逆变器，它由逆变桥、控制逻辑和滤波电路组成。逆变器广泛应用于空调、家庭影院、电动砂轮、电动工具、缝纫机、DVD、VCD、电脑、电视、洗衣机、抽油烟机、冰箱，录像机、按摩器、风扇、照明等。逆变的概念，是与整流相对应，直流电变成交流电。交流侧接电网，为有源逆变。交流侧接负载，为无源逆变，本章主要讲述无源逆变。

2.3.1 背景知识

介绍一个重要概念，换流，它表示电流从一个支路向另一个支路转移的过程，也称为换相。研究换流方式主要是研究如何使器件关断。换流方式分为以下 4 种：

（1）器件换流（Device Commutation）。利用全控型器件的自关断能力进行换流。在采用 IGBT、电力 MOSFET、GTO 晶闸管、GTR 等全控型器件的电路中的换流方式是器件换流。

（2）电网换流（Line Commutation）。电网提供换流电压的换流方式。将负的电网电压施加在欲关断的晶闸管上即可使其关断。不需要器件具有栅极关断能力，但不适用于没有交流电网的无源逆变电路。

（3）负载换流（Load Commutation）。由负载提供换流电压的换流方式。负载电流的相位超前于负载电压的场合，都可实现负载换流，如电容性负载和同步电动机。

（4）强迫换流（Forced Commutation）。设置附加的换流电路，给欲关断的晶闸管强迫施加反向电压或反向电流的换流方式称为强迫换流。通常利用附加电容上所储存的能量来实现，因此也称为电容换流。

2.3.2 单相工作原理

根据直流侧电源性质的不同，可以分为两类逆变器：

（1）电压型逆变电路：直流侧是电压源。

（2）电流型逆变电路：直流侧是电流源。

以图2-41所示的单相桥式逆变电路拓扑为例，说明其基本工作原理。图2-41a中S_1 ~ S_4是桥式电路的4个臂，由电力电子器件及辅助电路组成。图2-41b示意了流过负载的电流i_o和负载端电压u_o波形。

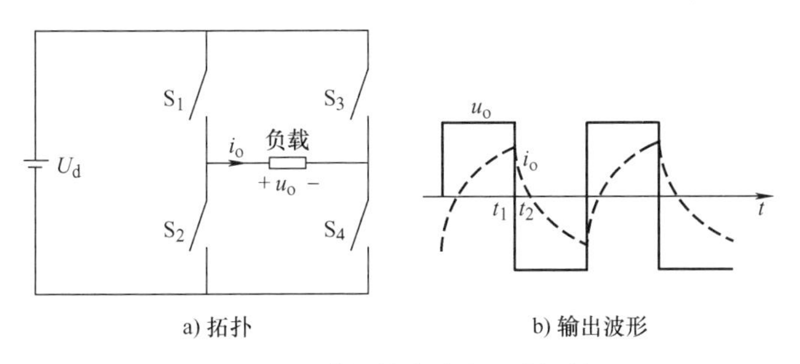

图2-41　单相桥式逆变电路拓扑

当开关S_1、S_4闭合，S_2、S_3断开时，负载电压u_o为正，如图2-42所示；当开关S_1、S_4闭合断开，S_2、S_3闭合时，负载电压u_o为负，如图2-43所示。这样就把直流电变成了交流电。

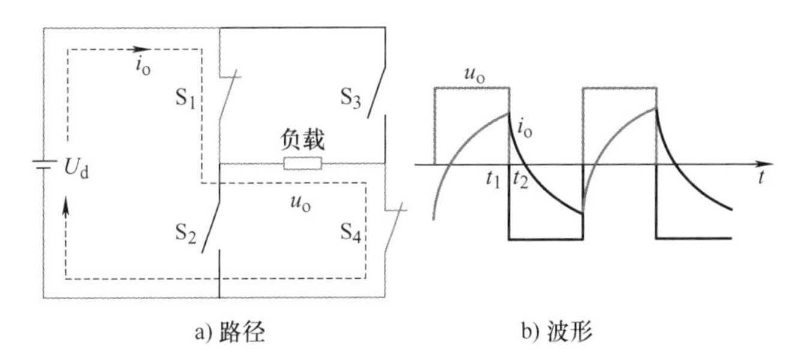

图2-42　负载电压u_o为正的路径与波形

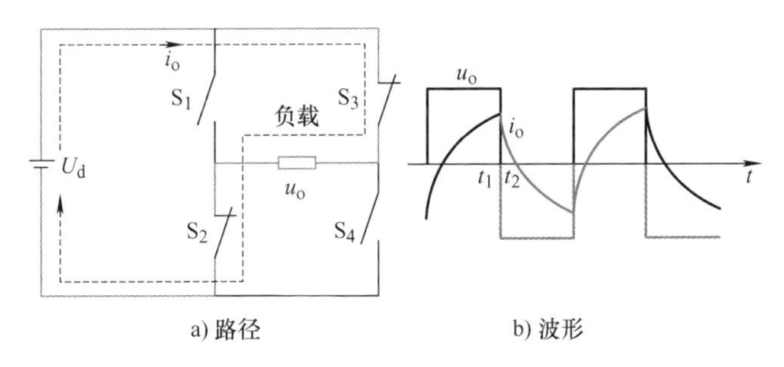

图2-43　负载电压u_o为负的路径与波形

分析图2-41 ~ 图2-43所示的负载电压和电流波形得知，改变两组开关（S_1与S_4、S_2与S_3）的切换频率，即可改变输出交流电的频率，且当负载为电阻时，负载电流i_o和电压u_o的波形相同，相位也相同；且当负载为阻感时，负载电流i_o相位滞后于电压u_o，波形也相同。

为了确保直流侧电压基本无脉动，一般要在电压型逆变电路的直流侧并联大电容，确保直流回路呈现低阻抗。由于直流电压源的钳位作用，交流侧输出电压波形为矩形波，并且与负载阻抗角无关。而交流侧输出电流波形和相位因为负载阻抗的情况不同而不同。当交流侧为阻感负载时需要提供无功功率，直流侧电容起缓冲无功能量的作用。为了给交流侧向直流侧反馈的无功能量提供通道，逆变桥各臂都并联了反馈二极管。又称为续流二极管。逆变电路分为三相和单相两大类，其中，单相逆变电路主要采用桥式接法，分为单相半桥和单相全桥逆变两种拓扑。而三相电压型逆变电路则是由 3 个单相逆变电路组成。下面重点讨论电压型单相全桥逆变电路拓扑，如图 2-44 所示。

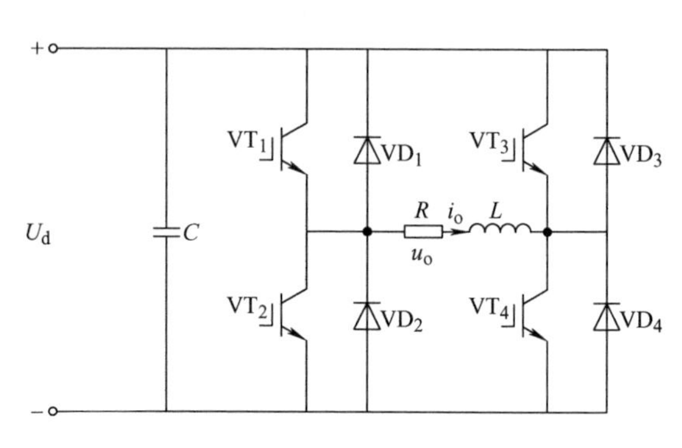

图 2-44 电压型单相全桥逆变电路拓扑

单相逆变电路主要采用桥式接法，主要由四个桥臂组成，其中每个桥臂都有一个全控器件如 IGBT 和一个反向并接的续流二极管，在直流侧并联有大电容而负载接在桥臂之间。其中桥臂 VI_1 与 VI_4 为一对，桥臂 VI_2 与 VI_3 为一对。可以看成由两个半桥电路组合而成。两对桥臂交替导通 180°，并且 VI_1 和 VI_2 的触发信号互补，VI_3 和 VI_4 的触发信号互补。

把输出电压（矩形波）u_o 展开成傅里叶级数得

$$u_o = \sum_{n=1,3,5,\cdots}^{\infty} \frac{4U_d}{n\pi}\sin(n\omega t) \tag{2-165}$$

可见输出电压（矩形波）u_o 的最低次谐波为 3 次，这就为后续设计低通滤波器提供了理论依据。输出电压（180°矩形方波）的有效值 U_{o_RMS} 为

$$U_{o\_RMS} = \sqrt{\frac{1}{\pi}\int_0^{\pi} U_d^2 \mathrm{d}\omega t} = U_d \tag{2-166}$$

180°矩形方波的基波幅值 U_{o_1M} 和基波有效值 U_{o_1RMS} 的表达式分别为

$$\begin{cases} U_{o\_1M} = \dfrac{4U_d}{\pi} \approx 1.27U_d \\ U_{o\_1RMS} = \dfrac{4U_d}{\pi\sqrt{2}} \approx 0.9U_d \end{cases} \tag{2-167}$$

由此可见，在这种情况下，要改变输出交流电压有效值，只能通过改变直流电压 U_d 来实现。

在工程实践中，大多采用了移相调压法，如图 2-45 所示，VI_1 与 VI_2 的触发脉冲互补；VI_3 与 VI_4 的触发脉冲互补。VI_3 的触发信号落后于 VI_1 的 θ°（0° < θ < 180°），VI_4 的触发信号超前于 VI_2 的（180 − θ)°。现将其工作过程简述如下：

（1）t_1时刻前 VI_1和 VI_4导通，输出电压 $u_o=U_d$。

（2）t_1时刻 VI_4截止，由于负载电感中的电流 i_o不能突变，VI_3不能立刻导通，VD_3导通续流，输出电压 $u_o=0$。

（3）t_2时刻 VI_1截止，而 VI_2不能立刻导通，VD_2导通续流，和 VD_3构成电流通道，输出电压 $u_o=-U_d$。到负载电流过零并开始反向时，VD_2和 VD_3截止，VI_2和 VI_3开始导通，输出电压 u_o仍为 $-U_d$。

（4）t_3时刻 VI_3，而 VI_4不能立刻导通，VD_4导通续流，输出电压 $u_o=0$。

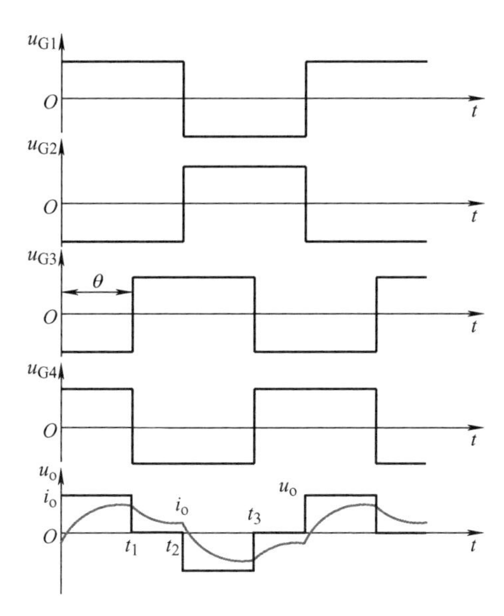

图2-45　单相全桥逆变电路的移相调压方式

假设负载功率因数在（0～1）之间，且电流滞后于电压某一角度，则移相电路可分为6个不同的工作时间段：

第一时段：有功输出模式，VI_1、VI_4导通，输出电压电流均为正。

第二时段：续流模式，VI_1、VI_3导通，电压为零但电流为正。

第三时段：回馈模式，VD_3、VD_2导通，电压为负但电流为正。

第四时段：有功输出模式，VI_3、VI_2导通，电压为负电流为负。

第五时段：续流模式，VI_2、VD_4导通，电压为零但电流为负。

第六时段：回馈模式，VD_1、VD_4导通，电压为正但电流为负。

采用移相控制方式调节输出电压只需调节相移角θ即可。由于四个开关管和四个续流二极管轮流对称工作，因此每个器件所承受的应力对称相等，对延长器件寿命有利。

在工程实践中，除了采用了移相调压法，更多的时候是脉宽调压法，如图2-46所示，用一个幅值为 U_r的直流参考电平与幅

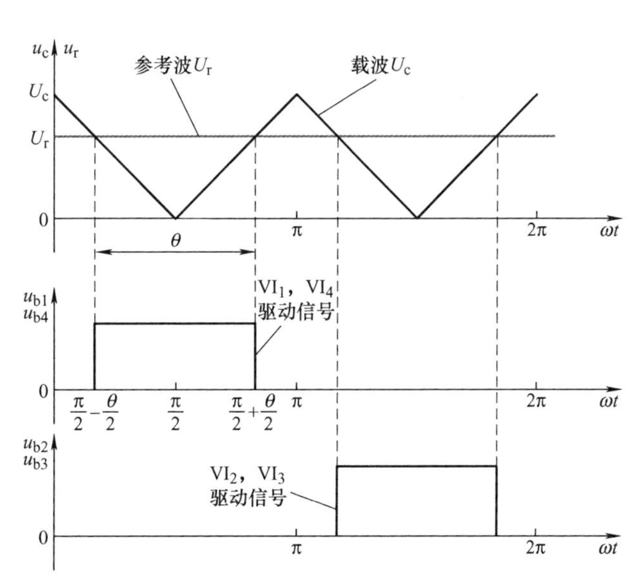

图2-46　脉宽调节的控制波形

值为U_c的三角波载波信号进行比较，得到VI_1、VI_4和VI_2、VI_3的驱动信号，其中VI_1和VI_4互补、VI_2和VI_3互补。当U_c在0～1范围内变化时，脉冲宽度可在0～180°范围内变化，从而改变输出电压U_o。图2-44所示的控制方式中“H桥”斜对角的开关管同时导通和关断，四个开关管在，四个开关管在（0，$\pi/2-\theta/2$）区间、（$\pi/2-\theta/2$，$\pi/2+\theta/2$）区间、（$2\pi-\theta/2$，2π）区间均不导通。假设负载功率因数在（0～1）之间，续流二极管将完成部分能量从负载回馈至直流侧的作用，这种工作方式中输出只有$+U_d$、$-U_d$两种状态，称之为双极性调制，如图2-47a所示；与之相反的单极性调制法是保证输出具有$+U_d$、0、$-U_d$三种状态，如图2-47b所示。

对照图2-47可以看出，单相桥式逆变电路既可以采取单极性调制，也可以采取双极性调制，由于对开关管的通断控制的规律不同，它们的输出波形也有较大的差别。

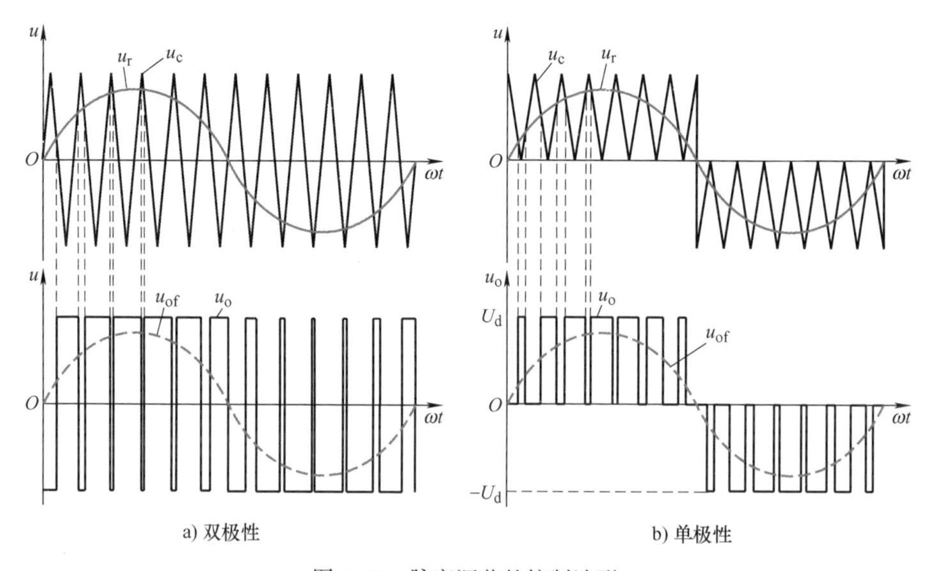

图2-47　脉宽调节的控制波形

下面讲述一个逆变电源的设计案例，技术参数要求简单罗列如下：

1）输入电压：直流电压为DC 180～285V。

2）输出电压：单相AC 220(1±3%)V（有效值），频率为（50±1）Hz。

3）输出功率：额定功率1kW，允许过载20%。

4）输出电流：允许失真度为3倍，即在电压峰值时的电流峰值允许最大为有效值的3倍。

5）整机效率：设计目标$\eta \geqslant 82\%$。

分析：针对正弦波输出的逆变器而言，由于其输入电压变化范围较宽（DC 180～285V），而其输出则要求是稳压的（AC 220(1±3%)V。因此，该逆变电源的逆变电路必须有一个升压的过程。这种逆变电源的主回路形式主要有两种拓扑：① 为基于工频变压器的拓扑；② 为基于高频变压器的拓扑。

为了复习相关知识点，首先以基于工频变压器的拓扑进行说明，如图 2-48 所示，就是把它设计成以 IGBT 为开关管的桥式逆变电路形式，因为它是以 SPWM 方式工作，将 DC 185 ~285V 电压，逆变成有效值基本不变的 SPWM 波形。由工频变压器升压得到 220V 交流电压。这种电路方式效率比较高（可达 90% 以上）、可靠性较高、抗输出短路的能力较强。

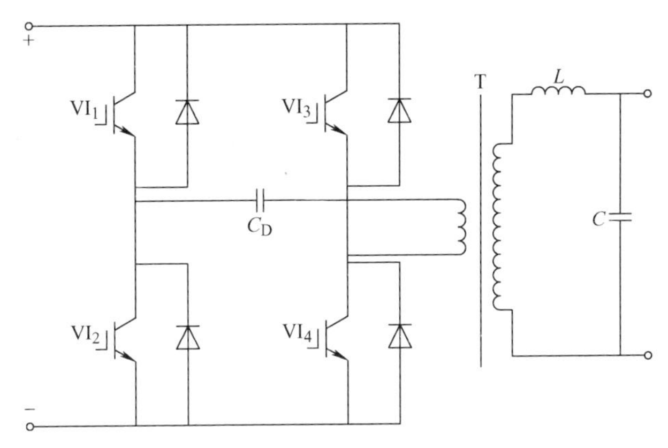

图 2-48　基于工频变压器的拓扑

图 2-48 中所示开关管 VI_1 ~ VI_4 为 IGBT 模块，C_D 为串联耦合电容，防止变压器因单相偏磁而饱和，T 为隔离升压变压器，C 为输出滤波电容，L 为输出滤波电感。

由于变压器输出 AC 220(1 ±3%)V，因此其峰值为

$$U_{O\_M}=\sqrt{2}\times 220(1+3\%)\text{V}\approx 321\text{V} \tag{2-168}$$

变压器一次侧在考虑去耦电容 C_D 的压降后，最低电压时 $U_{in\_min}=170\text{V}$，所以变压器的匝数比 n 为

$$n=\frac{U_{O\_M}}{U_{in\_min}}=\frac{321\text{V}}{170\text{V}}\approx 1.9$$

电源输出额定功率，也就是变压器输出的额定功率 $P_{on}=1000\text{W}$，过载 1.2 倍，则 $P_{omax}=1200\text{W}$。设变压器的效率 $\eta_T=95\%$，则变压器输入功率最小值 P_{Tin_min} 为

$$P_{Tin\_min}=\frac{P_{omax}}{\eta_T}=\frac{1200\text{W}}{0.95}\approx 1263\text{W} \tag{2-169}$$

设逆变器的效率 $\eta_{INV}=86\%$，则逆变器输入功率最小值 P_{INV_min} 为

$$P_{INV\_min}=\frac{P_{Tin\_min}}{\eta_T}=\frac{1200\text{W}}{0.95\times 0.86}\approx 1469\text{W} \tag{2-170}$$

IGBT 模块参数选择：

（1）由于最高电压为 DC 285V，那么 IGBT 额定参数至少取阈值 2 倍，因此可以选择 600V 的管子。

（2）当最低电压时 $U_{in\_min}=170\text{V}$，IGBT 的通流为

$$I_{INV\_min}=\frac{P_{INV\_min}}{U_{in\_min}}=\frac{\frac{1200\text{W}}{0.95\times 0.86}}{170\text{V}}\approx 9\text{A} \tag{2-171}$$

考虑到安全阈值，开关管的峰值电流至少为30A左右，因此，选择IGBT的电流定额为40A左右。可选三星公司的SGH80N60VFD（额定电压600V、额定电流80A）、IR公司的IRGPC50FD2（额定电压600V、额定电流39A）、HARRIS公司的HGT1S20N60C3S9A（额定电压600V、额定电流45A，不推荐使用）、IXYS公司的IXGH50N60A（额定电压600V、额定电流75A）等，封装形式都可以采用TO-247。

当然，仍然利用上述IGBT模块，可以采用图2-49所示拓扑，首先以PWM方式首先将DC 180V电压逆变成高频交流电压，经高频升压变压器升压，再整流滤波得到一个稳定的直流电压，这部分电路实际上是一套直流/直流变换器。然后，再由另一套逆变器以SPWM方式工作，将稳定的直流电压逆变成有效值约为220V的SPWM电压波形，经LC滤波后，就可以得到有效值为220V的50Hz交流电压。此种方案输出电压波形好，谐波少，带载能力稳定。但是电路复杂，对桥式以及隔离等电路中器件以及保护电路的要求都较高。

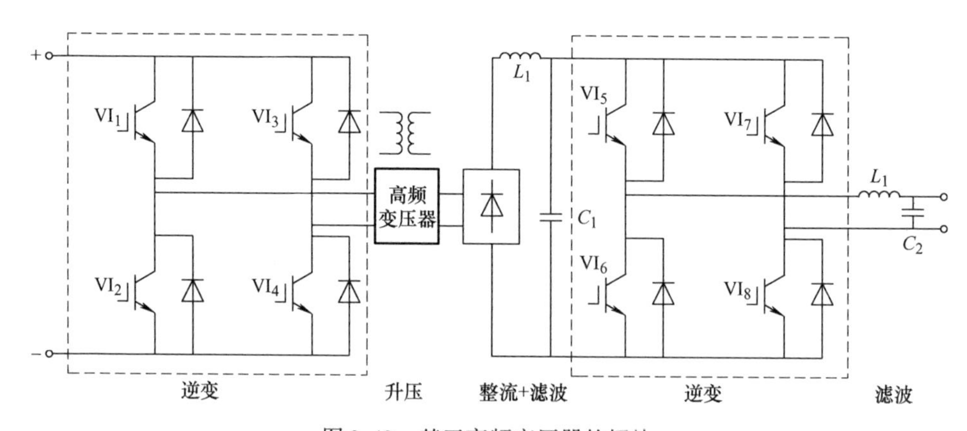

图2-49 基于高频变压器的拓扑

为了加深读者印象，下面分析脉宽为180°的单相全桥逆变器的输出波形的谐波成分。脉宽为180°的单相全桥逆变器输出电压幅值为U_d，如图2-50所示，其傅里叶级数表达式为

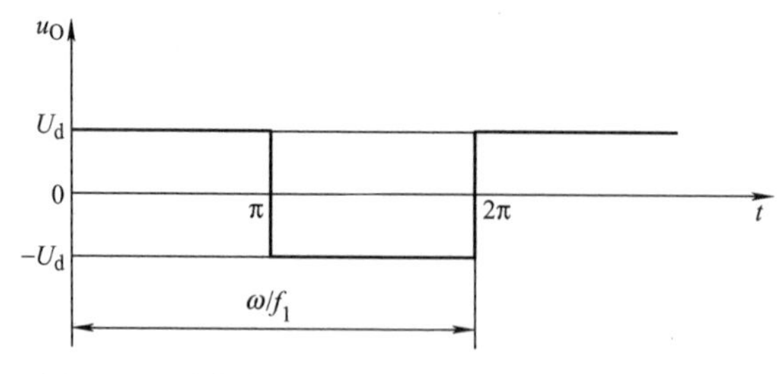

图2-50 脉宽为180°的全方波波形（全桥逆变器）

$$u_O = \frac{4U_d}{\pi}\left[\sin(\omega t) + \frac{1}{3}\sin(3\omega t) + \frac{1}{5}\sin(5\omega t) + \cdots\right] \tag{2-172}$$

对于脉宽为180°的单相半桥逆变器而言，幅值为 $U_d/2$，如图2-51所示，其傅里叶级数表达式为

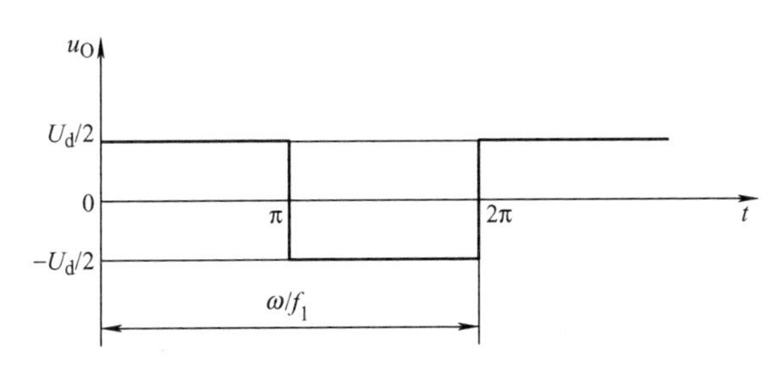

图2-51　脉宽为180°的全方波波形（半桥逆变器）

$$u_O = \frac{2U_d}{\pi}\left[\sin(\omega t) + \frac{1}{3}\sin(3\omega t) + \frac{1}{5}\sin(5\omega t) + \cdots\right] \tag{2-173}$$

对于脉宽 $\theta = 180° - \varphi$ 的可调方波的单相全桥逆变器而言，幅值为 U_d，如图2-52所示，其傅里叶级数表达式为

$$\begin{cases} u_O = \dfrac{4U_d}{\pi}\sum\limits_{n=1,3,5,\cdots}^{\infty}\dfrac{1}{n}\cos\dfrac{n\varphi}{2}\sin\left[n\left(\omega t + \dfrac{\varphi}{2}\right)\right] \\ 或 \\ u_O = \dfrac{4U_d}{\pi}\sum\limits_{n=1,3,5,\cdots}^{\infty}\dfrac{1}{n}\sin\dfrac{n\varphi}{2}\cos\left[n\left(\omega t + \dfrac{\varphi}{2}\right)\right] \end{cases} \tag{2-174}$$

分析表达式(2-172)和式(2-174)可知，脉宽为180°全方波、脉宽为180° $-\varphi$ 的可调方波的单相全桥逆变器而言，其输出波形中存在3、5、7，…除基波之外的所有奇次谐波，最低次谐波为3次，此为设计低通滤波器提供理论依据。

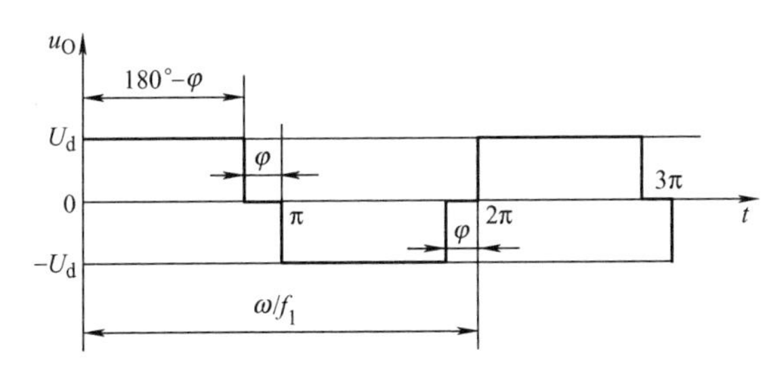

图2-52　脉宽为180° $-\varphi$ 的全方波波形（全桥逆变器）

2.3.3　三相工作原理

三个单相电压型逆变电路可组合成一个三相逆变电路，如图2-53所示。基本工作方式是180°导电方式，同一相（即同一半桥）上下两臂交替导电，各相开始导电的角度差120°，任一瞬间有三个桥臂同时导通。每次换流都是在同一相上下两臂之间进行，也称为纵向换流。

电压型三相桥式逆变电路的工作波形如图2-54所示，它以N′为参考点，根据拓扑图，可以得到表2-3所示的开关模式与输出电压之间的关系。

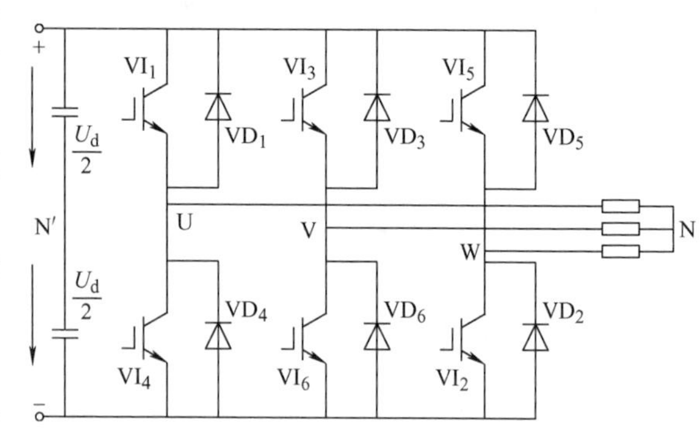

图2-53　电压型三相桥式逆变电路

工作波形对于U相输出来说，当桥臂1导通时，$u_{UN'}=U_d/2$，当桥臂4导通时，$u_{UN'}=-U_d/2$，$u_{UN'}$的波形是幅值为$U_d/2$的矩形波，V、W两相的情况和U相类似。分析关系表2-3所列结果得知输出相电压有$U_d/2$和$-U_d/2$两种电平，故又称为两电平逆变电路。

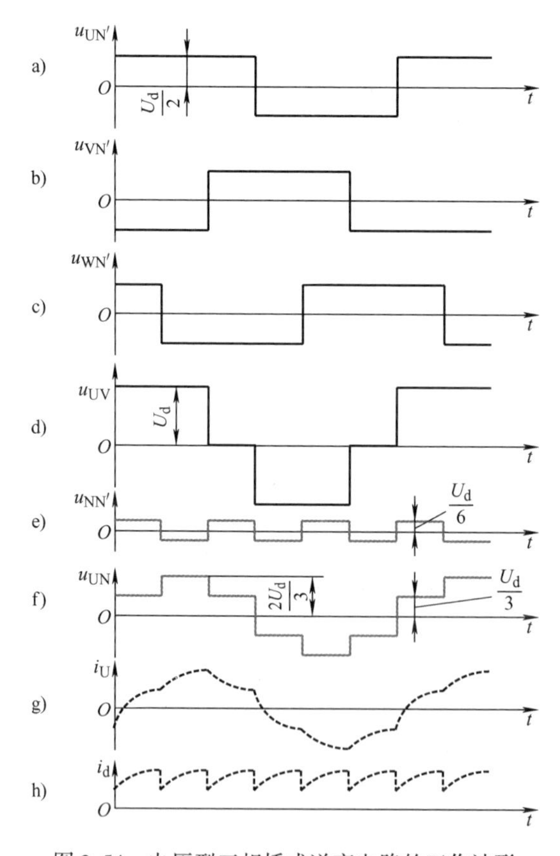

图2-54　电压型三相桥式逆变电路的工作波形

表 2-3 开关模式与输出电压之间的关系

开关模式	输出电压
U 相上开关导通	$u_{NN'}=U_d/2$
U 相下开关导通	$u_{NN'}=-U_d/2$
V 相上开关导通	$u_{VN'}=U_d/2$
V 相下开关导通	$u_{VN'}=-U_d/2$
W 相上开关导通	$u_{WN'}=U_d/2$
W 相下开关导通	$u_{WN'}=-U_d/2$

对于电压型三相桥式逆变电路而言，最基本的工作模式是 180°导电模式，6 个管子的驱动脉冲波形如图 2-55 所示，分析得知，每一个桥臂导电 180°，即在一个正弦波周期中，每个桥臂上开关管开通半个周期；各桥臂上下开关管交替导通；各桥臂开始导电的角度差为 120°。

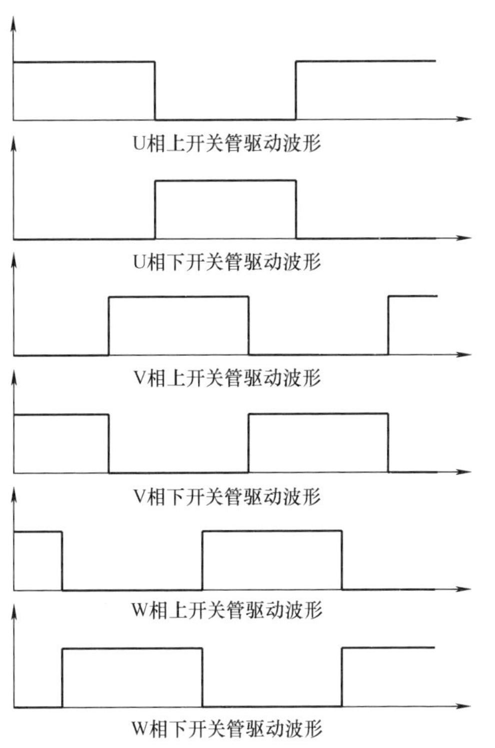

图 2-55 180°导电模式下的驱动脉冲波形

负载线电压 u_{UV}、u_{VW}、u_{WU} 可由下式求出：

$$\begin{cases}u_{UV}=u_{UN'}-u_{VN'}\\u_{VW}=u_{VN'}-u_{WN'}\\u_{WU}=u_{WN'}-u_{UN'}\end{cases}\tag{2-175}$$

负载各相的相电压分别为

$$\begin{cases}u_{UN}=u_{UN'}-u_{NN'}\\u_{VN}=u_{VN'}-u_{NN'}\\u_{WN}=u_{WN'}-u_{NN'}\end{cases}\tag{2-176}$$

把式(2-175) 和式(2-176) 相加并整理，可求得负载中点电压的表达式为

$$u_{NN'}=\frac{(u_{UN'}+u_{VN'}+u_{WN'})-(u_{UN}+u_{VN}+u_{WN})}{3}\tag{2-177}$$

进而得到负载各相的相电压的表达式为

$$\begin{bmatrix}u_{UN}\\u_{VN}\\u_{WN}\end{bmatrix}=\begin{bmatrix}u_{UN'}\\u_{VN'}\\u_{WN'}\end{bmatrix}-\frac{1}{3}\begin{bmatrix}u_{UN'}+u_{VN'}+u_{WN'}\\u_{UN'}+u_{VN'}+u_{WN'}\\u_{UN'}+u_{VN'}+u_{WN'}\end{bmatrix}\tag{2-178}$$

负载参数已知时，可以由 u_{UN}的波形求出 U 相电流 i_U的波形，图 2-55g 给出的

是阻感负载下 $\varphi<\pi/3$ 时 i_U 的波形。把桥臂 1、3、5 的电流加起来，就可得到直流侧电流 i_d 的波形，如图 2-54h 所示，可以看出 i_d 每隔 60°脉动一次。

电压型三相桥式逆变电路的重要数量关系小结如下：

（1）把输出线电压 u_{UV} 展开成傅里叶级数，即

$$u_{UV}=\frac{2\sqrt{3}U_d}{\pi}\left[\sin(\omega t)+\sum_n\frac{1}{n}(-1)^k\sin(n\omega t)\right] \tag{2-179}$$

式中，$n=6k\pm1$，k 为自然数。

最低次谐波为 5 次，此为设计低通滤波器提供理论依据。输出线电压的有效值 U_{UV_RMS} 为

$$U_{UV\_RMS}=\sqrt{\frac{1}{2\pi}\int_0^{2\pi}u_{UV}^2\mathrm{d}(\omega t)}=0.816U_d \tag{2-180}$$

输出线电压的基波幅值 U_{UV1m} 和基波有效值 U_{UV1m_RMS} 分别为

$$\begin{cases}U_{UV1m}=\dfrac{2\sqrt{3}U_d}{\pi}\approx1.1U_d\\[2ex]U_{UV1m\_RMS}=\dfrac{2\sqrt{3}U_d}{\pi\sqrt{2}}\approx0.78U_d\end{cases} \tag{2-181}$$

（2）把输出相电压 u_{UN} 展开成傅里叶级数，即

$$u_{UN}=\frac{2U_d}{\pi}\left[\sin(\omega t)+\sum_n\frac{1}{n}\sin(n\omega t)\right] \tag{2-182}$$

式中，$n=6k\pm1$，k 为自然数。

输出相电压的有效值 U_{UN_RMS} 为

$$U_{UN\_RMS}=\sqrt{\frac{1}{2\pi}\int_0^{2\pi}u_{UN}^2\mathrm{d}(\omega t)}=\frac{U_{UV\_RMS}}{\sqrt{3}}\approx0.471U_d \tag{2-183}$$

输出相电压的基波幅值 U_{UN1m} 和基波有效值 U_{UN1m_RMS} 分别为

$$\begin{cases}U_{UN1m}=\dfrac{U_{UV1m}}{\sqrt{3}}=\dfrac{2U_d}{\pi}\approx0.637U_d\\[2ex]U_{UN1m\_RMS}=\dfrac{U_{UV1m\_RMS}}{\sqrt{3}}=\dfrac{2U_d}{\pi\sqrt{2}}\approx0.45U_d\end{cases} \tag{2-184}$$

引入一个参数：直流电压利用率，它是指逆变电路输出交流电压基波的最大幅值与直流电压之比。正弦波调制的三相 PWM 逆变电路，当调制系数为 1 时，输出线电压的基波幅值为 $U_d\sqrt{3}/2$，那么直流电压利用率为 0.866，与单相相比（直流电压利用率为 1）更低。需要提醒的是，为了防止同一相上下两桥臂的开关器件同时导通而引起直流侧电源的短路，要采取“先断后通”的方法。

为了加深读者印象，下面分析梯形方波的谐波成分。如图 2-54f 所示，为了分析方便起见，重新绘制于图 2-57 中。梯形方波电压波形的傅里叶级数表达式为

$$u_{UN}=\frac{2U_d}{\pi}\left[\sin(\omega t)+\frac{1}{5}\sin(5\omega t)+\frac{1}{7}\sin(7\omega t)+\frac{1}{11}\sin(11\omega t)+\cdots\right] \quad (2\text{-}185)$$

分析表达式(2-185) 可知，对于梯形方波的电压波形而言，其输出波形中存在基波和 $6k\pm1$ （$k=1, 2, 3, \cdots$）次谐波，因此，设计低通滤波器时，考虑的最低次谐波是5次。

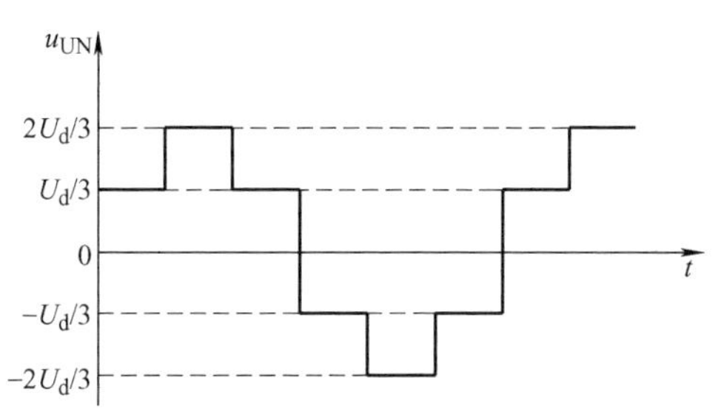

图2-56　梯形方波的电压波形

特别地，脉宽为120°的方波，输出线电压的傅里叶级数表达式为

$$u_{UV}=\frac{2\sqrt{3}U_d}{\pi}\left[\sin(\omega t)-\frac{1}{5}\sin(5\omega t)-\frac{1}{7}\sin(7\omega t)-\frac{1}{11}\sin(11\omega t)+\cdots\right] \quad (2\text{-}186)$$

2.3.4　三电平逆变器

回顾三相电压型桥式逆变电路的工作波形，它以N′为参考点，输出相电压有 $U_d/2$ 和 $-U_d/2$ 两种电平，即为两电平逆变电路，输出的相电压的波形不是太接近正弦波，因而谐波较大，在工程中提出了多电平的逆变电路，如飞跨电容型逆变电路（见图2-57），二极管中点钳位逆变电路（见图2-58），以及单元串联多电平逆变电路（稍后阐释）。对于多电平的逆变电路而言，逆变器能承受更高的电压，而且相电压的波形更接近正弦波，大幅度降低了谐波成分，提高了母线电压利用率。

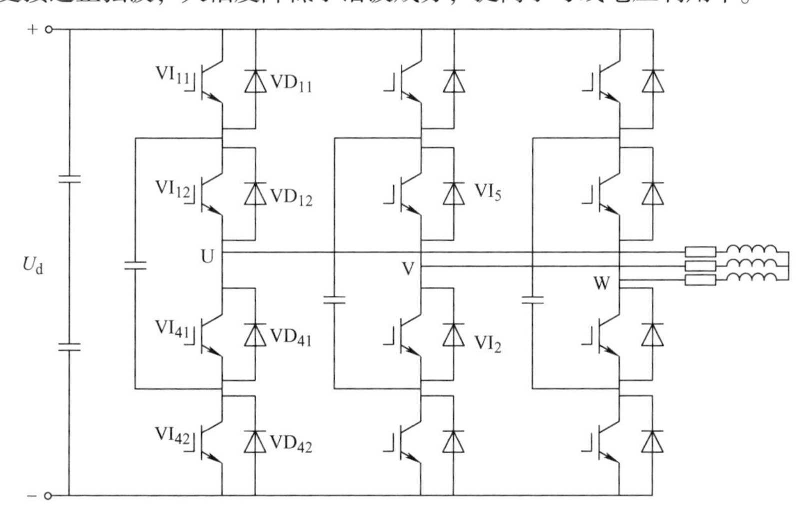

图2-57　飞跨电容型三电平逆变电路拓扑

飞跨电容型逆变电路，由于要使用较多的电容，而且要控制电容上的电压，因此使用较少。最常用的三电平逆变器是二极管中点钳位逆变电路拓扑（Neutral Point Clamped，NPC），它是实现中高压、大容量电机调速的主要方式之一，与传

统的两电平逆变器相比，其优点是能承受高电压、电压电流上升率低等。但是，由于其逆变状态比传统两电平多，加上前端三线整流所带来的中点电压波动，其控制算法的复杂程度也随之增大。

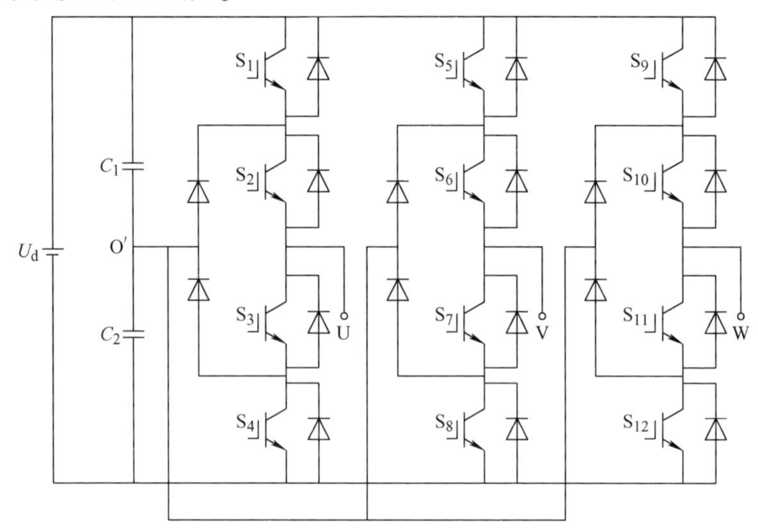

图 2-58　二极管中点钳位逆变电路拓扑

下面简单介绍一下二极管中点钳位逆变电路的工作原理：在 NPC 拓扑中，每桥臂由两个全控器件串联构成，两者都反并联了二极管，且中点通过钳位二极管和直流侧中点相连。以 U 相为例分析工作情况，开关管 S_1 和 S_2 导通、开关管 S_3 和 S_4 关断时，$U_{O'}$间电位差为 $U_d/2$（对应“1”）。开关管 S_1 和 S_2 关断、开关管 S_3 和 S_4 导通时，$U_{O'}$间电位差为 $-U_d/2$（对应“-1”）。开关管 S_2 和 S_3 导通、开关管 S_1 和 S_4 关断时，$U_{O'}$间电位差为 0（对应“0”）。对三相三电平逆变器而言，每相都有 3 种（1、0、-1）电平输出，所以三相共有 $3^3=27$ 个电平状态输出，对应着空间矢量的 27 个矢量状态，如图2-59所示。

对比发现，两电平逆变电路的输出线电压有 $\pm U_d$ 和 0 三种电平，三电平逆变电路的输出线电压有 $\pm U_d$、$\pm U_d/2$ 和 0 五种电平。三电平逆变电路输出电压谐波可远少于两电平逆变电路。三电平逆变电路另一突出优点是，每个主开关器件承受电压为直流侧电压 U_d 的一半。当然，用与三电平电路类似的方法，还可构成五电平、七电平等更多电平的电路，三电平及更多电平的逆变电路统称为多电平逆变电路。图 2-60 表示中点钳位型五电平逆变电路；还可以采用单元串联的方法可以构成多电平电路，如图 2-61 所示为通过三单元串联的多电平逆变电路拓扑。

在图2-61 所示串联拓扑中，“单元”电路实际上就是前面介绍过的单相电压型全桥逆变电路（又称“H 桥电路”）。该多电平逆变电路每一相是由多个单相电压型全桥逆变电路串联起来的串联多重单相逆变电路。总的输出电压是多个单元输出电压的叠加，同时通过不同单元输出电压之间错开一定的相位减小总输出电压的谐

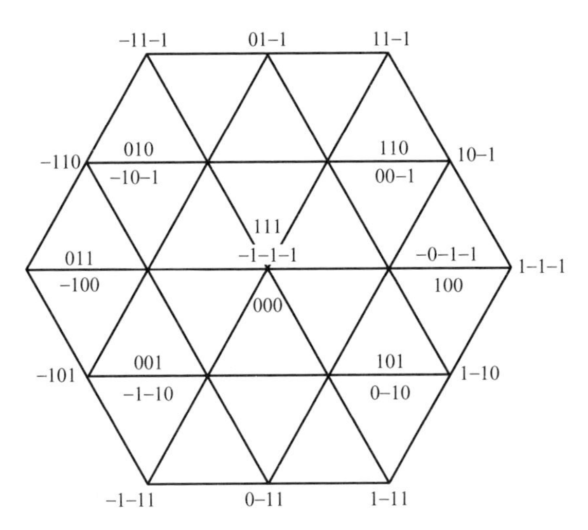

图 2-59　三电平 NPC 的空间矢量

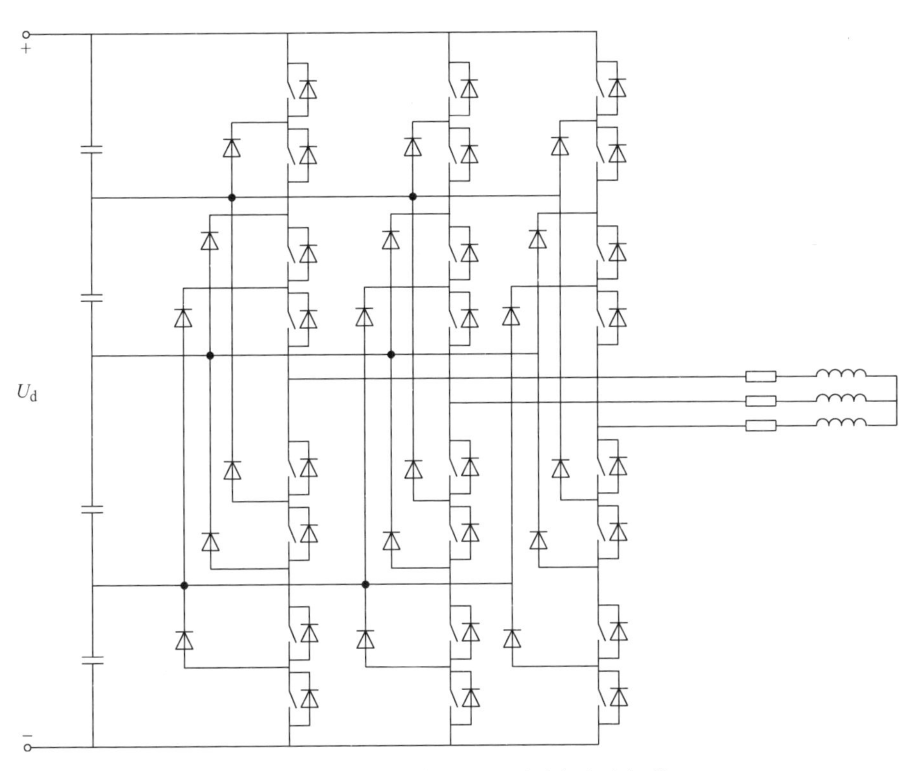

图 2-60　中点钳位型五电平逆变电路拓扑

波。它与串联多重逆变电路的区别：每个全桥逆变电路都有一个独立的直流电源，因此输出电压的串联可以不用变压器。三单元串联的逆变电路相电压可以产生 $\pm 3U_d$、$\pm 2U_d$、$\pm U_d$和 0 共七种电平。

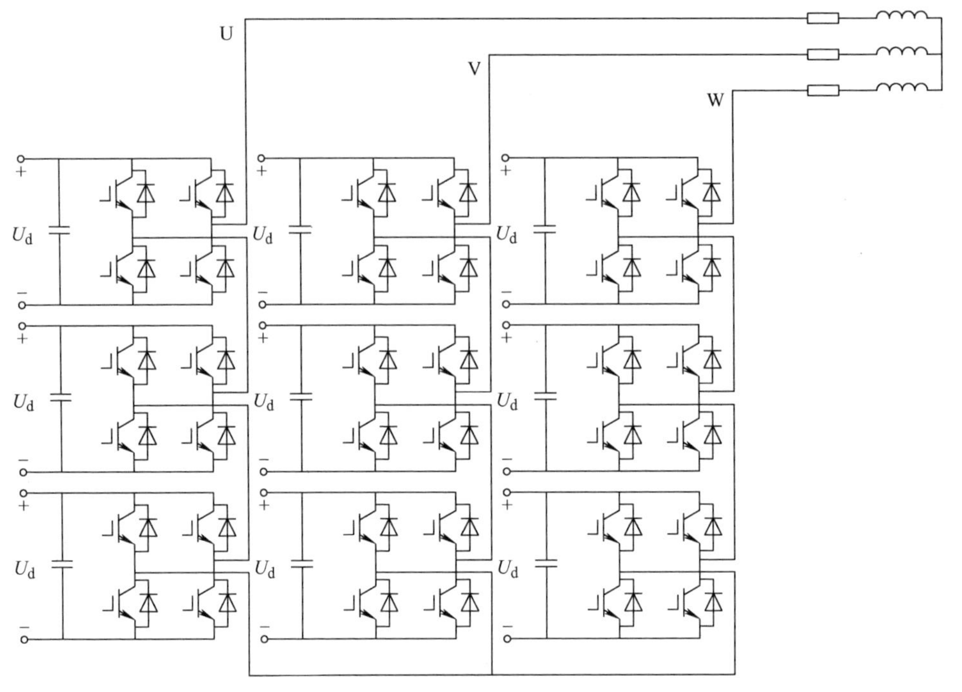

图 2-61　三单元串联多电平逆变电路拓扑

2.4　AC – AC 变换器

AC – AC 变换器就是把一种形式的交流电转变成另外一种形式的交流电的设备，称为交交变器。如果只是改变电压、电流或者控制电路的通断而不改变频率时，它分为相位控制的交流调压变换器和通断控制的交流调功变换器两种形式；如果还需要改变输出电压的频率，就被称为变频装置，它分为直接控制的交交变频和间接控制的交直交变频两种形式。本章主要讲述相位控制、通断控制两种变换器的基本原理和重要关系式。

2.4.1　交流调功变换器

交流调压变换器都是借助晶闸管构成的交流调压控制的变换装置，其调压功能是利用不同的控制方式获得的，并不改变输出电压的频率。具有以下典型工程应用：

（1）灯光控制，如调光台灯、舞台灯光控制。

（2）异步电动机软启动。

（3）异步电动机调速供电系统对无功功率的连续调节。

（4）在高压小电流或低压大电流直流电源中，用于调节变压器的一次电压。

根据具体应用场合，工程实践中，交流调压变换器包括以下三种典型控制方式：

（1）通断控制：改变电源的通断时间的比例，实现输出电压的调节，其优点是控制简单，不足就是对电网有较大的负载波动。

（2）相位控制：晶闸管控制和相控整流类似，在选定的控制角上使负载与电源接通，也可以通过相控或者提前强迫换流实现扇形控制，控制角不同，其输出电压也不同。该拓扑是交流调压的基本形式，应用范围较广。

（3）斩波控制：就是把正弦波电压斩成若干个脉冲电压，改变导通比实现调压。其优点是功率因数较高、低次谐波成分少，因此应用较多。

一般将两个背靠背的晶闸管串接在交流电路中，如图2-62所示，改变电源的通断时间的比例，实现输出电压的调节的装置，通常被称为交流调功变换器。它不是在每个交流电源周期都对输出电压进行控制，而是通过控制晶闸管的通断，将负载与交流电源接通数个周波、再断开数个周波，即借助改变通断周波数量的比值来调节负载所消耗的平均功率，从而达到控制交流电力的目的。因此，又称为交流电力控制变换器或者交流通断控制装置。通常控制晶闸管导通时刻都是在电源电压过零的时刻，在交流电源接通瞬间，负载电压、电流都是正弦波，不会对电网电压、电流造成通常意义的谐波污染。

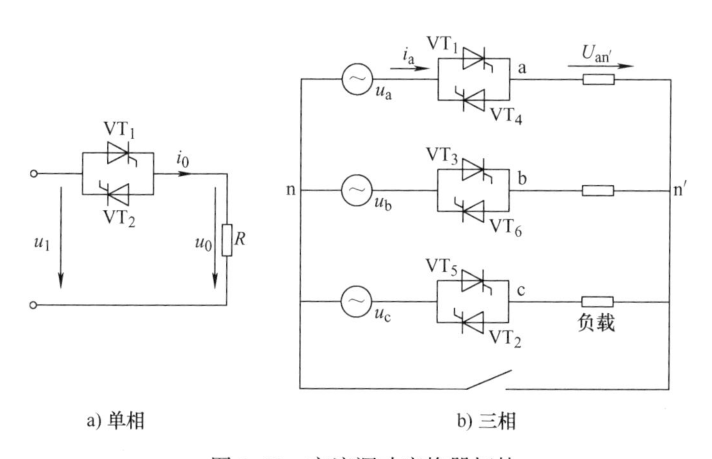

图2-62　交流调功变换器拓扑

以阻性负载为例，分析单相交流调功变换器的工作原理及其典型波形。假设控制周期为 M 倍交流电源周期（即 $2\pi M$），其中晶闸管在前 N 个周期（即 $2\pi N$）导通，后 $M-N$ 个周期［即 $2\pi(M-N)$］关断，当 $M=3$、$N=2$ 时的电路波形，如图2-63所示。晶闸管一旦导通，流经晶闸管电流的关断将发生在其自然过零点时刻，这一过程称为电网换相。负载电压和电流的重复周期为 M 倍电源周期，由于负载为电阻，因此负载电压和电流的相位相同。

接入电路中的背靠背的晶闸管，充当交流电路的通断控制开关。与机械开关相

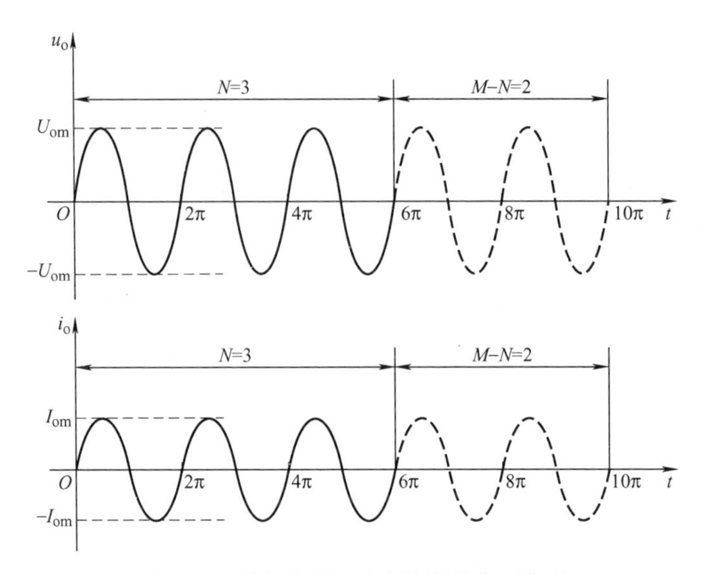

图 2-63 单相交流调功变换器的典型波形

比，有如下显著优势：响应速度块、没有触点、寿命长、可以频繁通断控制，智能化程度高。在未来大型交流通断控制、交流调功等场合，随着大容量晶闸管技术的进一步发展，必将成为主流开断控制产品。

2.4.2 相控调压变换器

1. 第一种工况：电阻负载

与交流调功变换器的拓扑类似，将两个背靠背的晶闸管串接在交流电路中，如图 2-64 所示，以电阻负载为例，讨论在一个电源周期（0 ~ 2π 范围）内、控制角为 α 时的重要关系式：

（1）负载电压的有效值 U_{o_RMS}的表达式为

$$U_{o\_RMS} = \sqrt{\frac{1}{\pi}\int_{\alpha}^{\pi}[\sqrt{2}U_{i\_rms}\sin(\omega t)]^2 d(\omega t)} = U_{i\_rms}\sqrt{\frac{1}{2\pi}\left(\sin(2\alpha) + \frac{\pi-\alpha}{\pi}\right)} \tag{2-187}$$

（2）负载电流的有效值 I_{o_RMS}的表达式为

$$I_{o\_RMS} = \frac{U_{o\_RMS}}{R} = \frac{U_{i\_rms}}{R}\sqrt{\frac{1}{2\pi}\left(\sin(2\alpha) + \frac{\pi-\alpha}{\pi}\right)} \tag{2-188}$$

（3）晶闸管电流的有效值 I_{TH_RMS}的表达式为

$$I_{TH\_RMS} = \sqrt{\frac{1}{2\pi}\int_{\alpha}^{\pi}\left[\frac{\sqrt{2}U_{i\_rms}\sin(\omega t)}{R}\right]^2 d(\omega t)} = \frac{U_{i\_rms}}{R}\sqrt{\frac{1}{2}\left(\frac{\sin(2\alpha)}{2\pi} + \frac{\pi-\alpha}{\pi}\right)} \tag{2-189}$$

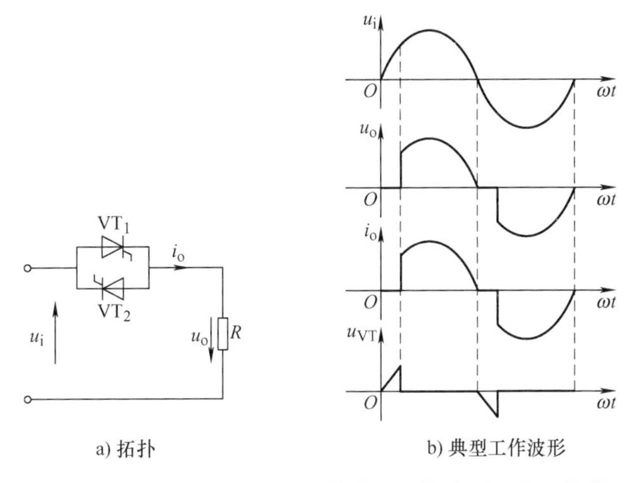

图2-64 单相交流调压拓扑及其典型工作波形（电阻负载）

（4）晶闸管的通态平均电流值 I_{TH_AV} 的表达式为

$$I_{TH\_AV} = \frac{1}{2\pi}\int_{\alpha}^{\pi}\frac{\sqrt{2}U_{i\_rms}\sin(\omega t)}{R}d(\omega t) = \frac{\sqrt{2}U_{i\_rms}}{2\pi R}(1+\cos\alpha) \tag{2-190}$$

（5）功率因数 λ 的表达式为

$$\lambda = \frac{P}{S} = \frac{U_{o\_rms}I_{o\_rms}}{U_{i\_rms}I_{o\_rms}} = \sqrt{\frac{1}{2\pi}\left[\sin(2\alpha) + \frac{\pi-\alpha}{\pi}\right]} \tag{2-191}$$

（6）晶闸管承受的反向电压 U_{TH_VR} 的表达式为

$$U_{TH\_VR} = \sqrt{2}U_{i\_rms} \tag{2-192}$$

按照晶闸管承受的反向电压 U_{TH_VR}、通态平均电流值 I_{TH_AV}，再留一定阈量（电压按照2~3倍选择，电流按照1.5~2倍选择），即可选择其型号。

根据推演的表达式分析输出电压 u_o 与控制角 α 的关系：

（1）当控制角 $\alpha=0$ 时，就给两个背靠背的晶闸管发送触发脉冲，晶闸管一直处于导通状态，因此输出电压 u_o 与输入电源相等 u_i，即 $u_o=u_i$，当然负载电压的有效值最大，如果不考虑线路损耗，即为输入电压的有效值；当控制角 $\alpha=0$ 时，功率因数 $\lambda=1$。

（2）当控制角 $\alpha\neq0$ 时，在 $0\sim\alpha$ 期间，由于未给两个背靠背的晶闸管发送触发脉冲，晶闸管仍然处于关断状态，那么，输出电压 $u_o=0$；在控制角为 α（$\alpha\neq0$）时，才给两个背靠背的晶闸管发送触发脉冲，晶闸管处于导通状态，因此输出电压 u_o 与输入电源相等 u_i，即 $u_o=u_i$；随着控制角为 α 的增加，晶闸管导通持续时间越短，输出电压 u_o 与输入电源相等 u_i 的时间越短，输出电压 u_o 的有效值就越小，从而达到调控输出电压的目的。随着控制角为 α 的增加，输出电流滞后于输出电压且发生畸变，功率因数 λ 也逐渐减小。

由此可见，该变换器的相控范围为：$0\leqslant\alpha\leqslant\pi$。

2. 第二种工况：阻抗负载

下面分析阻抗负载（电阻为 R、电感为 L）时的工作情况。假设阻抗角 φ 为

$$\varphi=\arctan\left(\frac{\omega L}{R}\right) \tag{2-193}$$

在 $\omega t=\alpha$ 时开通晶闸管 VT_1，负载电流满足下面的方程式和初始条件：

$$\begin{cases}L\dfrac{\mathrm{d}i_o}{\mathrm{d}t}+Ri_o=\sqrt{2}U_{i\_rms}\sin(\omega t)\\ i_o\big|_{\omega t=\alpha}=0\end{cases} \tag{2-194}$$

得到输出电流 i_o 的表达式为

$$i_o=\frac{\sqrt{2}U_{i\_rms}}{\sqrt{R^2+(\omega L)^2}}[\sin(\omega t-\varphi)-\sin(\alpha-\varphi)\mathrm{e}^{\frac{\alpha-\omega t}{\tan\varphi}}]\quad \alpha\leqslant\omega t\leqslant\alpha+\theta \tag{2-195}$$

式中，θ 为晶闸管的导通角。

利用边界条件 $i_o=0$（$\omega t=\alpha+\theta$ 时），求得晶闸管的导通角 θ、阻抗角 φ、控制角 α 之间的关系式为

$$\sin(\alpha+\theta-\varphi)=\sin(\alpha-\varphi)\mathrm{e}^{\frac{-\theta}{\tan\varphi}} \tag{2-196}$$

讨论阻抗负载，在一个电源周期内（即 $0\sim2\pi$ 范围）且控制角为 α 时的重要关系式：

（1）负载电压的有效值 U_{o_RMS} 的表达式为

$$U_{o\_RMS}=\sqrt{\frac{1}{\pi}\int_{\alpha}^{\alpha+\theta}[\sqrt{2}U_{i\_rms}\sin(\omega t)]^2\mathrm{d}(\omega t)}=U_{i\_rms}\sqrt{\frac{\theta}{\pi}+\frac{1}{\pi}\{\sin(2\alpha)-\sin[2(\alpha+\theta)]\}} \tag{2-197}$$

（2）晶闸管电流的有效值 I_{TH_RMS} 的表达式为

$$\begin{aligned}I_{TH\_RMS}&=\sqrt{\frac{1}{2\pi}\int_{\alpha}^{\alpha+\theta}\left\{\frac{\sqrt{2}U_{i\_rms}}{\sqrt{R^2+(\omega L)^2}}[\sin(\omega t-\varphi)-\sin(\alpha-\varphi)\mathrm{e}^{\frac{\alpha-\omega t}{\tan\varphi}}]\right\}^2\mathrm{d}(\omega t)}\\&=\frac{U_{i\_rms}}{\sqrt{R^2+(\omega L)^2}}\sqrt{\theta-\frac{\sin\theta\cos(2\alpha+\varphi+\theta)}{\cos\varphi}}\end{aligned} \tag{2-198}$$

（3）负载电流的有效值 I_{o_RMS} 的表达式为

$$I_{o\_RMS}=\sqrt{2}I_{TH\_RMS} \tag{2-199}$$

（4）晶闸管的通态平均电流值 I_{TH_AV} 的表达式为

$$\begin{aligned}I_{TH\_AV}&=\frac{1}{2\pi}\frac{\sqrt{2}U_{i\_rms}}{\sqrt{R^2+(\omega L)^2}}\int_{\alpha}^{\alpha+\theta}[\sin(\omega t-\varphi)-\sin(\alpha-\varphi)\mathrm{e}^{\frac{\alpha-\omega t}{\tan\varphi}}]\mathrm{d}(\omega t)\\&=\frac{\sqrt{2}U_{i\_rms}}{2\pi\sqrt{R^2+(\omega L)^2}}[\cos(\alpha-\varphi)-\cos(\alpha-\varphi+\theta)\end{aligned}$$

$$-\sin(\alpha-\varphi)\tan\varphi(e^{\frac{-\theta}{\tan\varphi}}-1)]\tag{2-200}$$

（5）功率因数 λ 的表达式为

$$\lambda=\frac{P}{S}=\frac{U_{o\_rms}I_{o\_rms}}{U_{i\_rms}I_{o\_rms}}=U_{i\_rms}\sqrt{\frac{\theta}{\pi}+\frac{1}{\pi}[\sin(2\alpha)-\sin2(\alpha+\theta)]}\tag{2-201}$$

（6）晶闸管承受的反向电压 U_{TH_VR} 的表达式为

$$U_{TH\_VR}=\sqrt{2}U_{i\_rms}\tag{2-202}$$

按照晶闸管承受的反向电压 U_{TH_VR}、通态平均电流值 I_{TH_AV}，再留一定阈量（电压按照2～3倍选择，电流按照1.5～2倍选择），即可选择其型号。

分析上面的表达式与图2-65b所示工作波形得到如下结论：

（1）如果把晶闸管短接旁掉，稳态时负载电流 i_o 是正弦波，其相位滞后电源 u_i 的角度为 φ。

（2）当利用晶闸管相位控制时，只能是滞后控制，不可能是超前控制。

（3）当控制角 $\alpha=0$ 时，仍然确定为电源 u_i 的过零时刻，阻抗负载下的稳态控制下的相控范围为 $\varphi\leqslant\alpha\leqslant\pi$。

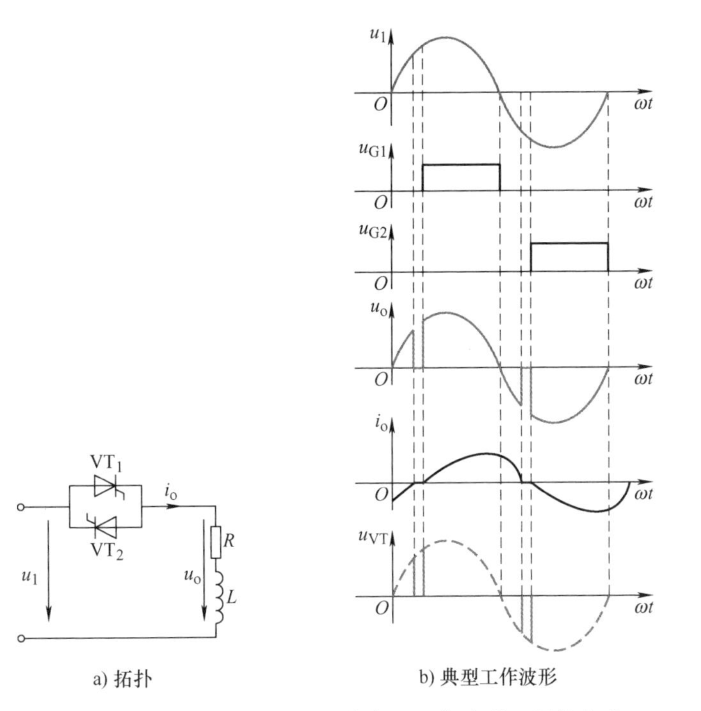

图2-65　单相交流调压拓扑及其典型工作波形（阻抗负载）

以阻抗角 φ 为参变量，利用导通角 θ、阻抗角 φ、控制角 α 之间的关系式，可以将控制角 α、导通角 θ 的关系用图2-66进行描述。当然晶闸管 VT_2 导通时，控制角 α、导通角 θ 的关系相同，只是输出电流 i_o 的极性相反、相位相差180°而已。

分析图 2-66 得知：

（1）当 $\varphi < \alpha < \pi$ 时，晶闸管 VT_1 的导通角 θ 小于 ρ，控制角 α 越小，晶闸管 VT_1 的导通角 θ 越大。

（2）当 $\alpha = \varphi$ 时，$\theta = \rho$。

（3）当控制角 α 继续减小，在 $0 < \alpha < \varphi$ 的某一时刻触发晶闸管 VT_1，那么晶闸管 VT_1 的导通角 θ 将超过 ρ。

（4）当 $\omega t = \rho + \alpha$ 时时刻触发晶闸管 VT_2，负载电流 i_o 尚未过零，那么晶闸管 VT_1 会继续导通，而晶闸管 VT_2 应被导通的 VT_1 的管压降钳位，而不会立即导通。

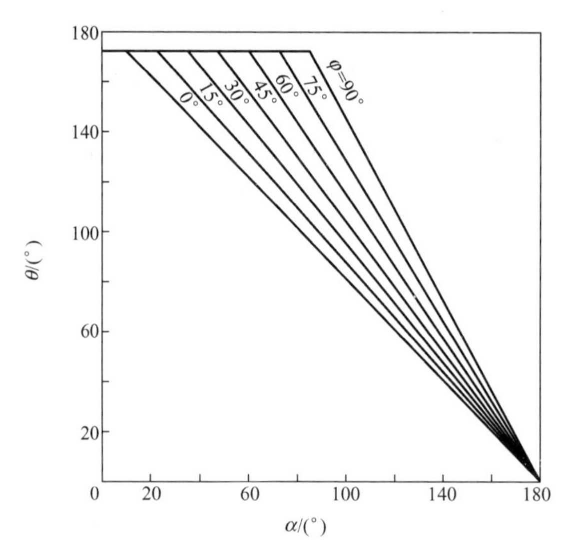

图 2-66　单相交流调压以 α 为参变量的 α 与 θ 的关系曲线

（5）直到负载电流 i_o 过零后，如果晶闸管 VT_2 的触发脉冲宽度足够宽（建议采用脉冲串，就不需要设计过宽的触发脉冲，对降低触发板的损耗有好处）或者脉冲尚未消失，VT_2 就会开通。

下面讲述一个无功调节的典型应用：将背靠背的两个晶闸管组合成开关模块，与电容 C 串接起来接入电网或从电网中断开，对电网系统的无功进行调节，该装置被称为晶闸管开关电容（Thyristor Switched Capacitor，TSC）装置，如图2-67所示。其中图 2-67a 为基本单元单相模块，图中小电感起到抑制冲击电流的作用；为防止大电容瞬间投入到电网会形成极大的冲击电流，而将电容分成若干组电容，如图 2-67b 所示，它表示分组投切的单相模块。在 TSC 运行时，捕捉到电容器预充电电压为电源的峰值时，作为投入时刻，此时流入电容器的电流接近零之后按照正弦规律上升，电容投入过程不当没有大的冲击电流，而且电流也没有阶跃变化。

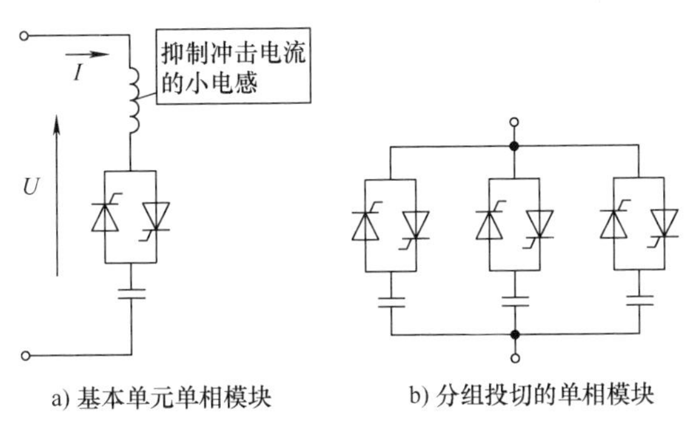

图2-67　TSC装置原理拓扑

2.4.3　斩控调压变换器

如图2-68a所示的是斩控交流调压变换器拓扑，采用全控型电力电子器件充当斩控开关，其原理与直流斩波器非常类似，只是后者的输入电源为直流，而斩控交流调压变换器的输入电源为交流。在输入电源为正半周时，利用开关管 VT_1 导通和关断进行斩波控制、利用开关管 VT_3 导通和关断给负载电流提供续流回路；反之，在输入电源为正负半周时，利用开关管 VT_2 导通和关断进行斩波控制、利用开关管 VT_4 导通和关断给负载电流提供续流回路。图2-68b所示的是斩控交流调压变换器接阻性负载时的工作波形。

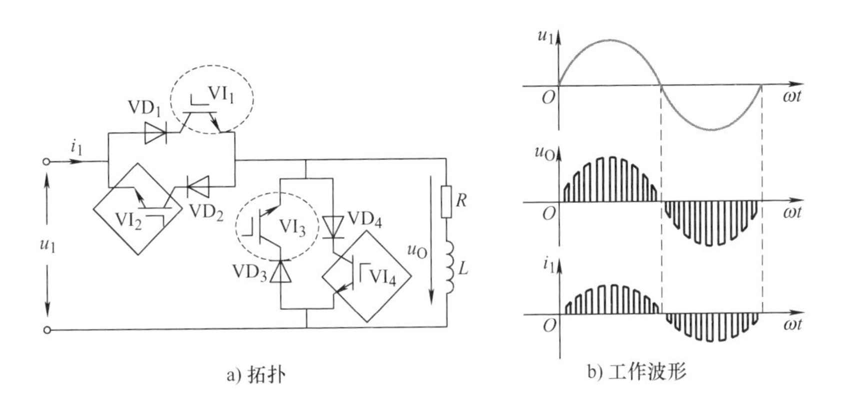

图2-68　斩控调压变换器及其工作波形（电阻负载）

斩控调压变换器具有如下特性：

（1）电源电流的基波分量和电源电压同相位，即位移因数为1。

（2）电源电流不含低次谐波，只含有和开关周期有关的高次谐波，这对设计滤波器非常有利，即利用较小滤波器就可滤除高频谐波。

（3）功率因数接近1。

三相交流调压变换器的控制原理与单相类似，只是三相相位互差 120°而已。图 2-69 表示三相交流调压变换器的典型拓扑。

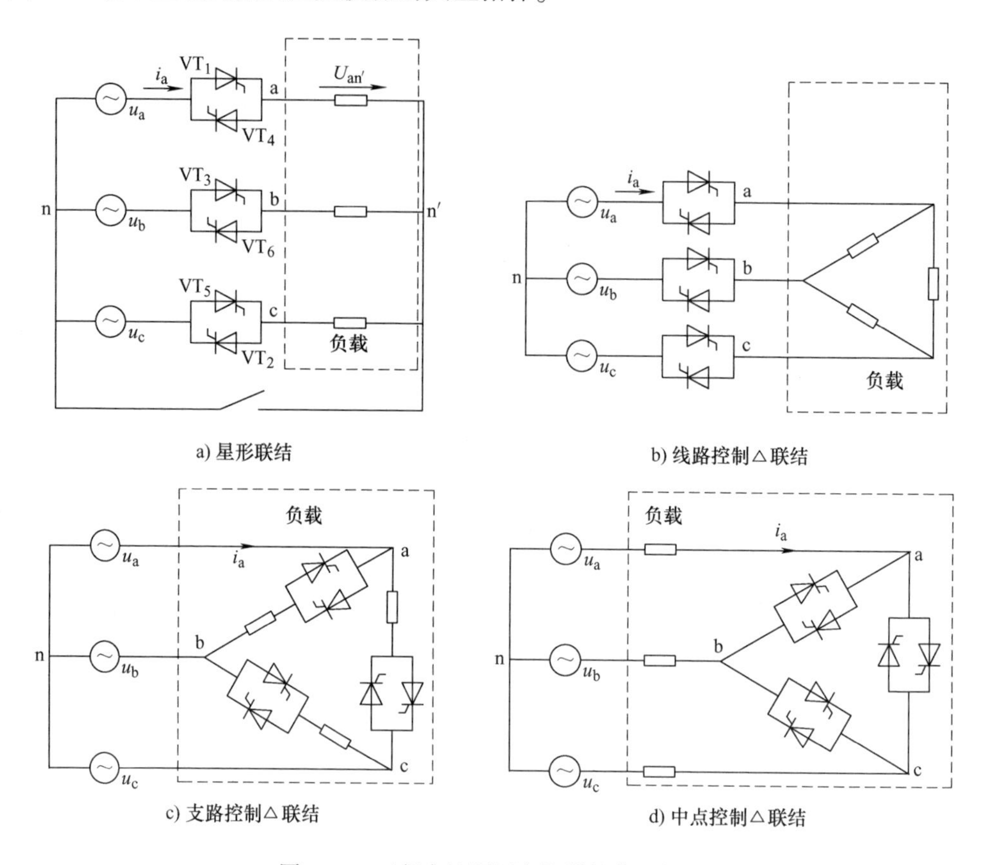

图 2-69 三相交流调压变换器的典型拓扑

对于图 2-69a 所示星形联结，相当于三个单相交流调压变换器的结合，三相互相错开 120°工作。该变换器分为有中心线和无中心线（即三相三线、三相四线）两种。对于三相四线而言，基波和 3 倍次以外的谐波在三相之间流动，不流过零线；由于三相中 3 倍次的谐波同相位，全部流过零线，在控制角 $\alpha = 90°$时，零线电流几乎与各相电流的有效值接近，因此，在选择导线线径和变压器参数时，尤其要引起重视。对于三相三线而言，和单相交流调压变换器相比，没有 3 倍次的谐波，因为三相对称时，它们不能流过三相三线电路。

对于图 2-69c 所示支路控制△联结，它由三个单相交流调压变换器组成，三个单相分别在不同的线电压下单独工作。由于三相对称，负载相电流中的 3 的整数倍次谐波相位和大小相同，它们在三角形回路中流动，而不出现在线电流中，而线电流中的谐波次数为 $6k \pm 1$（k 为正整数）；在相同负载和控制角 α 时，线电流中的谐波含量小于三相三线制新型接法。

图2-70表示的是晶闸管控制电抗器（Thyristor Controlled Reactor，TCR）的原理拓扑，每一相TCR由反并联的一对背靠背晶闸管阀与一个线性的空心电抗器相串联组成。反并联的一对晶闸管就像一个双向开关，其中一个晶闸管阀在供电电压的正半波导通，而另一个晶闸管阀在供电电压的负半波导通。晶闸管的触发角以其两端之间电压的过零点时刻作为计算的起点，当触发角低于90°时，将在电流中引入直流分量，从而破坏两个反并联阀支路的对称运行。所以触发信号的延迟角在90°～180°范围内调节，通过对控制角α的控制可以连续调节流过电抗器的电流，从而调节装置从电网中吸收的无功功率；如果再配以固定电容器，就可以在从容性到感性的范围内连续调节无功功率，这种装置为静止无功补偿装置，以便对无功功率进行动态补偿。图2-71表示TCR装置中负载相电流、输入线电流的典型工作波形，其中图2-71a表示控制角为120°；图2-71b表示控制角为135°；图2-71c表示控制角为160°。

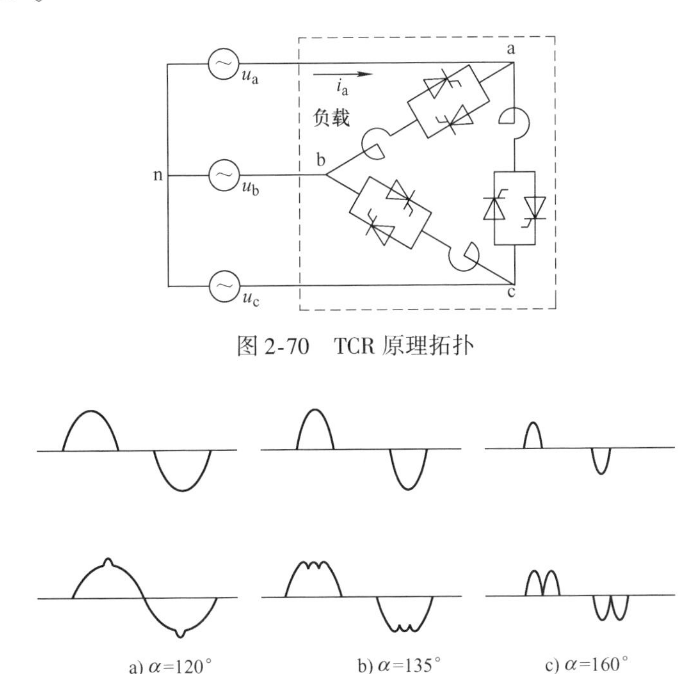

图2-70　TCR原理拓扑

图2-71　TCR的典型工作波形

分析图2-71得知，当触发角从90°变到接近180°时，TCR中的电流呈非连续脉冲形，对称分布于正半波和负半波。极端情况，如触发角为180°时，负载相电流减小到0。

当然，工程实践中还需要改变输出电压的频率，它分为直接控制的交-交变频和间接控制的交-直、交-变频两种形式变频器（Variable-Frequency Drive，VFD）是应用变频控制技术与微电子技术，通过改变电机工作电源频率方式来控制交流电动机的电力控制设备。变频器主要由整流（交流变直流）、滤波、逆变（直流变交流）、制动单元、驱动单元、检测单元微处理单元等组成。变频器靠内部 IGBT 的开断来调整输出电源的电压和频率，根据电机的实际需要来提供其所需要的电源电压，进而达到节能、调速的目的。另外，变频器还有很多的保护功能，如过电流、过电压、过载保护等，随着工业自动化程度的不断提高，变频器也得到了非常广泛的应用。限于篇幅，本书不做介绍，请读者朋友参考相关文献。

第3章　驱动保护与控制技术

在电力电子装置中，除了不控型器件（如二极管）不需要驱动控制之外，对于控制型器件，不论是半控型器件（如晶闸管）、全控型器件（如功率MOSFET、IGBT等），都需要驱动控制技术。当然除此之外，还需要考虑它们在工作于较大 du/dt、di/dt 场合时的保护技术，这对于确保它们健康、安全、可靠工作至关重要。因此，本章以晶闸管、功率 MOSFET、IGBT 为例，专门介绍它们的驱动、保护及其控制技术的基本原理、设计方法、使用注意事项等，为构建电力电子变换装置、电力电子变换系统奠定技术基础。

3.1　晶闸管的驱动与保护技术

3.1.1　驱动要求

对于控制型电力电子器件而言，要求它们的门极（栅极或控制极）的控制电路，需要提供符合一定要求的触发脉冲。晶闸管是半控型器件，因此必须要在其门极 G 和阴极 K 之间施加触发信号，且该触发信号必须满足某些重要要求方可。当然触发电路既要决定晶闸管的导通时刻，同时还应提供相应幅值的门极触发电压、电流强度，才能保证晶闸管立即由阻断状态变为导通状态。

晶闸管的触发脉冲除了包括脉冲的电压和电流参数外，还应有脉冲的陡度和后沿波形，脉冲的相序和相角以及与主电路的同步关系，同时还须考虑门控电路与主电路的绝缘隔离问题，以及抗干扰、防误触发等问题。既然晶闸管是半控型器件，一旦它导通后即失去控制作用。为了减少门极损耗，故门极输出不用直流而用脉冲波形（如单脉冲或双脉冲等），有时还采用由许多单脉冲组成的脉冲串系列波形，以代替宽脉冲波形。

将晶闸管触发脉冲的具体要求小结如下：

（1）触发电流：晶闸管是电流控制型器件，只有在门极里注入一定幅值的触发电流时才能触发导通。由于晶闸管伏安特性的分散性，以及触发电压和触发电流随温度变化的特性，所以触发电路所提供的触发电压和触发电流应大于产品目录所提供的可触发电压（一般为 1 ~ 8V 左右）和可触发电流（一般为数十 ~ 数百 mA），方能保证晶闸管被可靠触发导通。当然，还要注意防止触发波形超过规定的门极最大允许触发电压和最大允许触发电流，以免损坏晶闸管。运行实践得知，为安全起见，在设计触发电流时，整定为 3 ~ 5 倍的额定触发电流即可。

(2) 触发脉冲宽度：触发脉冲的宽度应能保证使晶闸管的阳极电流上升到大于擎住电流。由于晶闸管的开通过程只有几微秒（一般不超过10μs），但并不意味着几微秒后它已能维持导通。若在触发脉冲消失时，阳极电流仍小于擎住电流，晶闸管将不能维持导通而关断。因此对脉冲宽度有一定要求（电阻性负载，要求脉宽至少20～50μs不等；感性负载，要求脉宽最好超过100μs），它和变流装置的负载性质及主电路的形式有关。

(3) 强触发脉冲：触发脉冲前沿越陡，越有利于并联或串联晶闸管的同时触发导通。因此，在有并联或串联晶闸管的适用场合，要求触发脉冲前沿陡度大于或等于10V/μs，通常采取强触发脉冲的形式，可以缩短晶闸管器件之间开通的时间差，有利于动态均流和均压。另外，强触发脉冲还可以提高晶闸管承受 di/dt 的能力。

(4) 触发功率：触发脉冲要有足够的输出功率，并能方便地获得多个输出脉冲，每相中多个脉冲的前沿陡度不要相差太大。为了获得足够的触发功率，在门极控制电路中需要设置功率放大电路。

在晶闸管的触发电路中，除了对触发脉冲的具体参数有所要求外，还对触发脉冲的波形提出许多要求，图3-1表示晶闸管的几种典型触发波形。

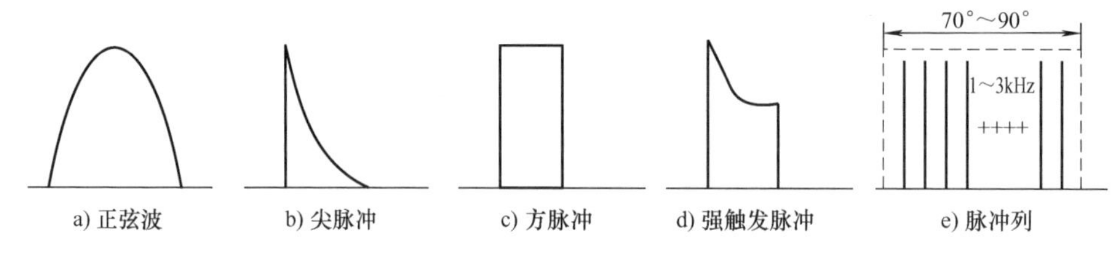

图3-1 晶闸管的几种典型触发波形

触发电路有以下特点：

(1) 正向脉冲：晶闸管的触发电路，必须保证加在晶闸管的门极G上是一个对阴极K为正电压的触发脉冲。

(2) 脉冲形式：触发脉冲在形式上有宽脉冲、窄脉冲、脉冲系列等多种，一般为了减小损耗采取窄脉冲或双窄脉冲形式，有时也采用对宽脉冲进行高频调制，得到脉冲系列形式。

(3) 与主电路同步：在可控整流、有源逆变及交流调压的触发电路中，为了使每一周波重复在相同的相位上触发，触发脉冲必须与所控制的变流装置的电源电压同步，即触发信号与主电路电源电压保持固定的相位关系，否则，负载上的电压会忽大忽小，甚至触发脉冲出现在电源电压的负半周，使主电路不能正常工作。

(4) 抗干扰能力：晶闸管的误导通往往是由于干扰信号进入门极电路而引起的，因此需要在触发电路中采取屏蔽等抗干扰措施，以防止晶闸管的误触发。

图3-2表示强触发脉冲的波形特点，其中 t_1 表示前沿时间，t_2 表示强脉冲宽度时间，t_3 表示脉冲持续时间，I_{CM} 表示强触发脉冲幅值，一般为额定触发电流 I_G 的5

倍以上，尤其是大容量晶闸管，要求它的门极强触发电流峰值为1.0～1.5A不等，且要求电流的前沿上升率≥1A/μs。

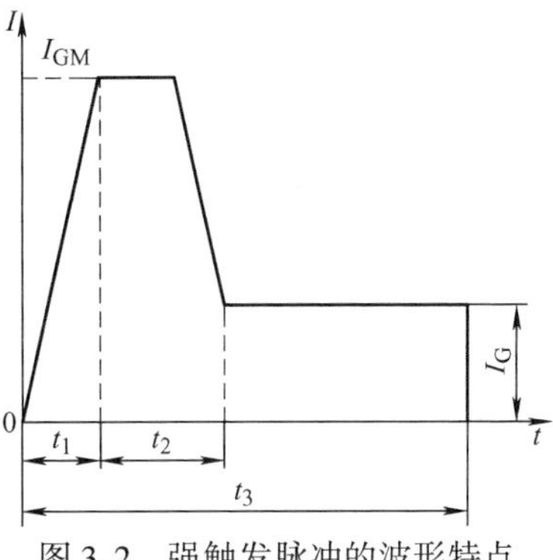

图3-2　强触发脉冲的波形特点

3.1.2　驱动电路

在工程应用实践中，绝大部分工程师都是根据使用需求，自己设计应用于晶闸管的触发电路。主要有两种形式的触发电路：① 基于脉冲变压器的触发电路；② 基于光耦的触发电路。下面给出几种典型触发电路，并介绍它们的组成原理、设计方法及其使用技巧等内容。

1. 采用脉冲变压器的驱动电路

如图3-3所示，T_r表示脉冲变压器，电阻R_3为限流电阻，二极管VD_1为反向保护二极管，二极管VD_2为续流二极管；电容C_1为抑制电磁干扰的电容；稳压二极管VD_{Z2}用于保护开关管V，稳压二极管VD_{Z1}为续流二极管。

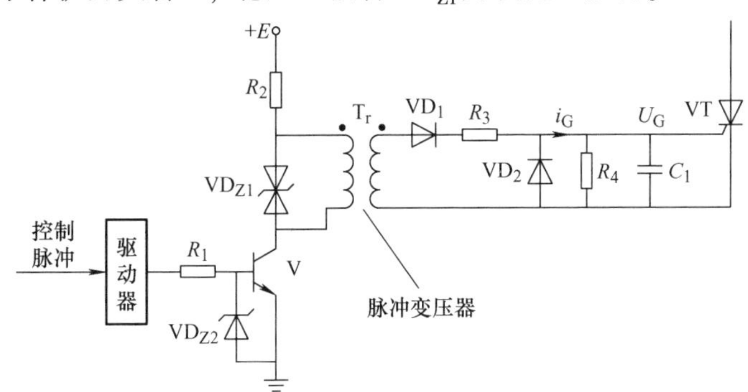

图3-3　采用脉冲变压器的驱动电路

现将其工作原理简述如下：当控制系统发出的控制脉冲加至开关管V（如三极管、MOSFET、IGBT等）后，脉冲变压器输出电压经VD_1和电阻R_3输出晶闸管VT的触发脉冲电流i_G。下面分析开关管V、二极管VD_1、VD_2、VD_{Z1}的选型依据。

（1）额定电压的选型表达式为

$$
\begin{cases}
U_{RV}=E+\dfrac{N_1}{N_2}(U_G+I_GR_3)\\[2ex]
U_{RVD1}=U_{RD2}=\dfrac{N_2}{N_1}E+U_G\\[2ex]
U_{RVDZ1}=U_{RVT}=E+\dfrac{N_1}{N_2}(U_G+I_GR_3)
\end{cases}
\tag{3-1}
$$

式中，U_{RV}、U_{RVD1}、U_{RVD2}、U_{RVDZ1}分别为开关管 VT、二极管 VD_1、VD_2、VD_{Z1}的反向电压；U_G、I_G分别为晶闸管门极的触发电压、触发电流。

（2）额定电流的选型表达式为

$$\begin{cases} I_{Vmax}=\dfrac{N_2 I_G}{N_1} \\ I_{RVD1}=I_{RVD2}=I_G \\ I_{RVDZ1}=I_{RVTmax}=\dfrac{N_2 I_G}{N_1} \end{cases} \tag{3-2}$$

式中，I_{Vmax}、I_{RVD1}、I_{RVD2}、I_{RVDZ1}分别为开关管 V、二极管 VD_1、VD_2、VD_{Z1}的电流。

在得到上述器件的额定电压和电流后，按照所选择的品牌即可选择合适的晶闸管器件。不过，需要注意的是，在选择触发变压器时，还需要注意伏微秒积（$\int u\mathrm{d}t$）这个参数，它表示触发脉冲的电压幅值、脉宽的乘积，是反映变压器是否饱和的关键性参数。通用的方法就是根据伏微秒积、触发脉冲频率（f_p），求得的触发脉冲伏微秒积应小于该频率范围内所选择的触发变压器的额定伏微秒积，按照此原则选触发变压器。

以 50Hz 单脉冲为触发信号的场合为例，已知触发脉冲电压为 8V，脉冲宽度为 250μs，其伏微秒积$\int u\mathrm{d}t=(8\times250)\text{V}\mu\text{s}=2000\text{V}\mu\text{s}$，如可以选择兵字触发变压器 KCB－05/K101A（匝数比 1∶1），它在 100Hz 时伏微秒积$\int u\mathrm{d}t=25000\text{V}\mu\text{s}$；或者选择兵字触发变压器 KCB－05/K201A（匝数比 2∶1），它在 100Hz 时伏微秒积$\int u\mathrm{d}t=50000\text{V}\mu\text{s}$。

以调制脉冲脉冲串为触发信号的场合为例，已知调制脉冲的频率为 7kHz，脉冲幅度为 8V，脉宽为 100μs，则其伏微秒积$\int u\mathrm{d}t=(8\times100)\text{V}\mu\text{s}=800\text{V}\mu\text{s}$，可以选择兵字触发变压器 KCB－04A1（匝数比 1∶1），它在 100Hz 时伏微秒积$\int u\mathrm{d}t=1600\text{V}\mu\text{s}$、在 3kHz 时伏微秒积$\int u\mathrm{d}t=1200\text{V}\mu\text{s}$、在 7kHz 时伏微秒积$\int u\mathrm{d}t=800\text{V}\mu\text{s}$、在 10kHz 时伏微秒积$\int u\mathrm{d}t=400\text{V}\mu\text{s}$，可以满足要求。

当然，图 3-3 所示的电路为单通道的触发电路，也有专用的双通道脉冲变压器，如图 3-4a 所示。对于该触发电路而言，选择触发变压器的方法同单通道触发变压器。仍然以调制脉冲脉冲串为触发信号的场合为例，已知调制脉冲的频率为 7kHz，脉冲幅度为 8V，脉宽为 100μs，则其伏微秒积$\int u\mathrm{d}t=(8\times100)\text{V}\mu\text{s}=800\text{V}\mu\text{s}$，可以选择兵字触发变压器 KCB－04B1（匝数比 1∶1∶1），它在 100Hz 时伏微秒积$\int u\mathrm{d}t=1600\text{V}\mu\text{s}$、在 3kHz 时伏微秒积$\int u\mathrm{d}t=1200\text{V}\mu\text{s}$、在 7kHz 时伏微秒积$\int u\mathrm{d}t=800\text{V}\mu\text{s}$、在 10kHz 时伏微秒积$\int u\mathrm{d}t=400\text{V}\mu\text{s}$。除此之外，还有三通道的脉冲变压器，如兵字的 KCB－04C（匝数比 1∶1∶1∶1），如图 3-4b 所示，其多个晶闸管串、并联场合使用颇多。

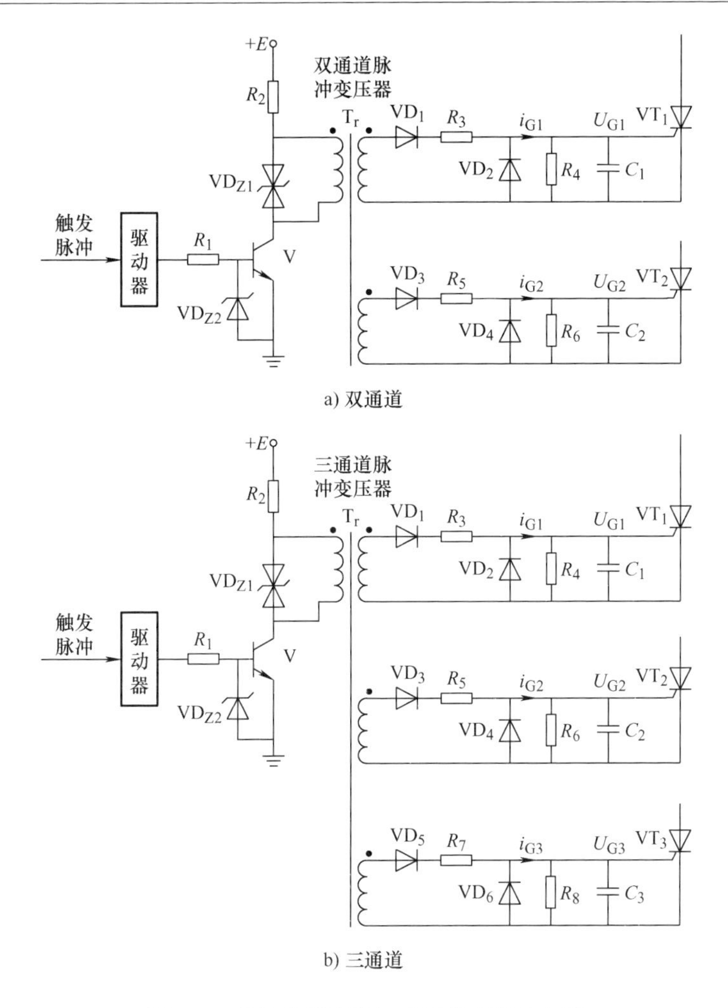

图3-4 采用多通道脉冲变压器的驱动电路

2. 基于光耦合器（简称光耦）的晶闸管触发电路

在利用光耦隔离传输触发脉冲的控制指令时，需要重点关注两个问题：

（1）光耦的响应速度。当采用光耦隔离控制指令信号进行控制系统设计时，光耦合器的传输特性即传输速度，往往成为系统最大数据传输速率的决定因素。在多个晶闸管触发的场合，为了防止各触发模块之间的相互干扰，同时不降低通信波特率，不得不采用高速光耦来实现模块之间的相互隔离，如6N135、6N136、6N137、6N138和TLP2748等。

（2）光耦的带载能力。毕竟晶闸管的触发脉冲是电流控制型，因此，经常要用到功率接口电路，以便于驱动各种电流等级的晶闸管。工程实践表明，提高该类接口电路的抗干扰能力，是保证晶闸管触发电路正常运行的关键。图3-5a采用光耦TLP2748的触发电路，输出电流不超过50mA；图3-5b采用光耦TLP250的触发电路，输出电流高达 1.5A。表 3-1 表示 TLP2748 的真值表。表 3-2 表示 TLP250 的真值表。

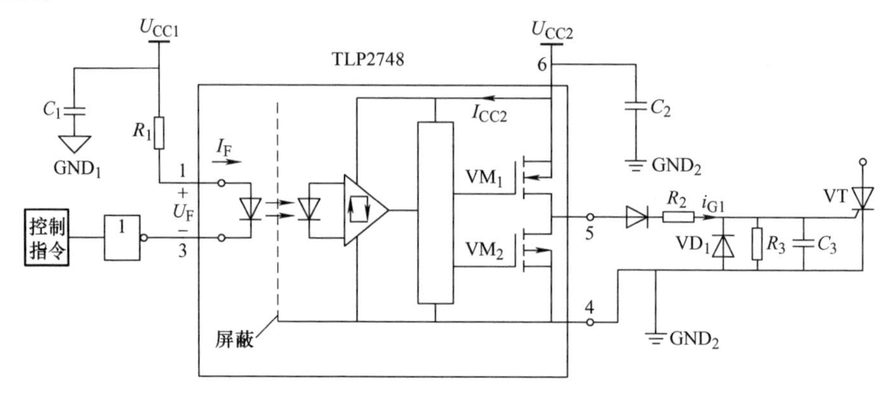

a) 光耦TLP2748的触发电路

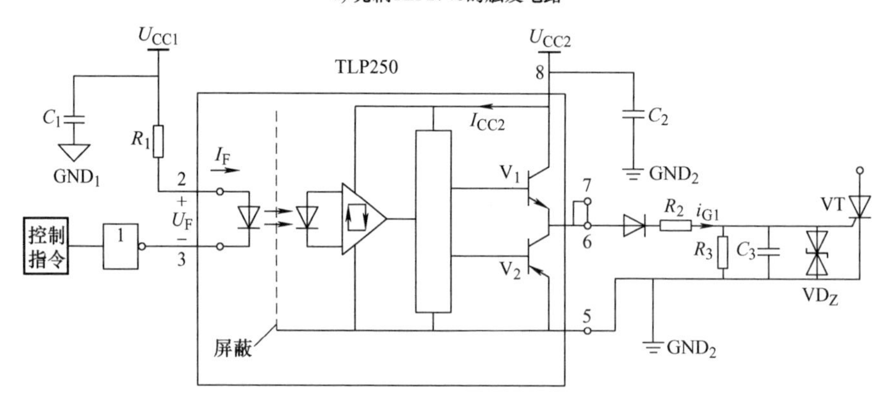

b) 光耦TLP250的触发电路

图 3-5　基于光耦的触发电路

表 3-1　TLP2748 的真值表

控制指令	发光管	MOSFET	输出电平
高电平 H	开通	VM_2 开通，VM_1 关断	低电平 L
低电平 L	不开通	VM_1 开通，VM_2 关断	高电平 H

表 3-2　TLP250 的真值表

控制指令	发光管	三极管	输出电平
高电平 H	开通	V_1 开通，V_2 关断	高电平 H
低电平 L	不开通	V_2 开通，V_1 关断	低电平 L

图 3-5a 触发电路的原理为：当控制指令为低电平时，反相器输出高电平，光耦 TLP2748 的发光管不导通，MOSFET VM_1 开通，输出高电平，那么传送到晶闸管门极的触发脉冲就是高电平，晶闸管被触发导通，即可产生开通晶闸管 VT 所需

触发电流 i_{G1}；反之，当控制指令为高电平时，反相器输出低电平，光耦 TLP2748 的发光管导通，MOSFET VM_2 开通，输出低电平，那么传送到晶闸管 VT 的触发脉冲就是低电平，晶闸管 VT 不能被触发导通。

图 3-5b 触发电路的原理为：当控制指令为低电平时，反相器输出高电平，光耦 TLP250 的发光管不导通，三极管 V_2 开通，输出低电平，那么传送到晶闸管 VT 的触发脉冲就是低电平，那么传送到晶闸管 VT 的触发脉冲就是低电平，晶闸管 VT 不能被触发导通；反之，当控制指令为高电平时，反相器输出低电平，光耦 TLP250 的发光管导通，三极管 V_1 开通，输出高电平，晶闸管 VT 被触发导通，即可产生开通晶闸管 VT 所需门极触发电流 i_{G1}。

图 3-5 中所示电阻 R_1 可按式(3-3) 计算选取

$$R_1 = \frac{U_{CC1} - U_F}{I_F} \tag{3-3}$$

式中，U_F 为发光二极管的正向电压，可根据参数手册查得；I_F 为流过发光二极管的正向电流，可据参数手册查得，一般取 5～10mA 即可。

因为普通光耦的电流传输比（Current Transfer Ratio，CRT）非常小，如 6N137、HCPL－2601/2611、HCPL－0600/0601/0611 和 TLP2748 等，所以一般要用三极管对输出电流进行放大，也可以直接采用达林顿型光耦，代替普通光耦，例如东芝公司的 4N30。对于输出功率要求更高的场合，可以选用达林顿晶体管来替代普通三极管，例如高压大电流达林顿晶体管阵列系列产品 ULN2800。

需要提醒的是，在工程实践中，还经常应用驱动器芯片，如 TC4423，它为反向双路驱动器芯片，其电源范围为 4.5～18V，输出电流为 4.5A，延迟时间 41ns。图 3-6 表示基于驱动器 TC4423 和光耦 TLP2748 的触发电路。

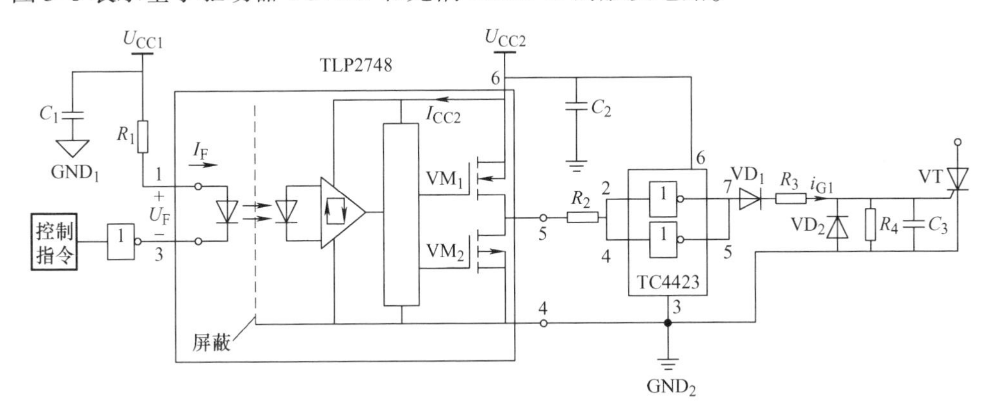

图 3-6 基于驱动器 TC4423 的触发电路

图 3-6 所示的基于驱动器 TC4423 的触发电路的工作原理为：当控制指令为高电平时，反相器输出低电平，光耦 TLP2748 导通，它的输出为低电平，由于光耦输出端接的是反向双路驱动器芯片，那么传送到晶闸管 VT 的触发脉冲就是高电平，晶闸管

VT 导通，即可产生开通晶闸管 VT 所需触发电流 i_{G1}；反之，当控制指令为低电平时，反相器输出高电平，光耦 TLP2748 不导通，它的输出为高电平，经由驱动器芯片输出后，传送到晶闸管 VT 的触发脉冲就是低电平，晶闸管 VT 不能导通。

需要指出的是，通常采用脉冲变压器隔离的触发驱动电路，是难以传递宽触发脉冲的。当然，在工程中，经常会同时采用光耦与脉冲变压器，形成晶闸管的双级隔离式触发电路，如图 3-7 所示，其工作原理为：当控制指令为高电平时，反相器输出低电平，光耦导通，它的输出为高电平，MOSFET VM 导通，即可产生开通晶闸管 VT 所需触发电流 i_{G1}；反之，当控制指令为低电平时，反相器输出高电平，光耦不导通，MOSFET VM 断开，传送到晶闸管 VT 的触发脉冲就是低电平，晶闸管 VT 不能导通。

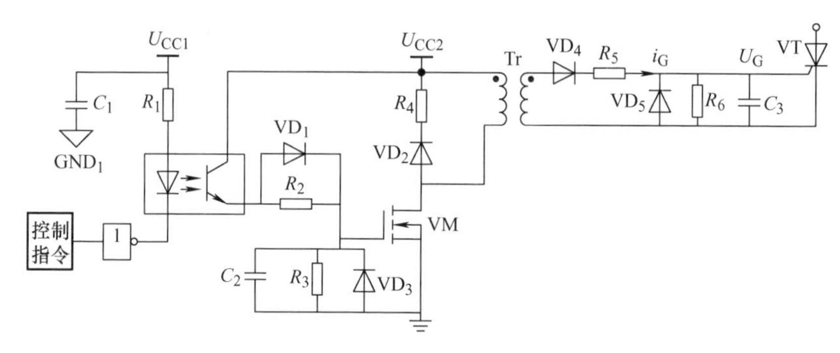

图 3-7　基于光耦与触发变压器的触发电路

另外，ADI 公司（Analog Devices Inc.）推出了小型隔离式栅极驱动器，这些产品专门针对 SiC（碳化硅）和 GaN（氮化镓）等电源开关技术所需的更高开关速度和系统尺寸限制而设计，同时仍然提供对 IGBT 和 MOSFET 配置的开关特性的可靠控制，当然对小电流晶闸管也是适用的。如 ADuM4120 和 ADuM4121 系列，其原理框图如图 3-8 所示。它利用 ADI 公司成熟的 iCoupler 隔离技术，结合高速 CMOS 和与单芯片变压器技术，可实现超低传播延迟，且不影响共模瞬变抗扰度（Common Mode Transient Immunity，CMTI）性能。

ADuM4120 采用 SOIC 封装，其中 U_{IN} 和 U_{OUT} 分别表示它的一次侧输入端和二次侧输出端；U_{DD1} 和 GND_1 分别表示它的一次侧的电源和地线；U_{DD2} 和 GND_2 分别表示它的二次侧电源和地线。ADuM4121 采用 SOIC 封装，U_{I+} 和 U_{I-} 分别表示它的一次侧输入端正、负极；U_{OUT} 表示它的二次侧输出端；U_{DD1} 和 GND_1 分别表示它的一次侧的电源和地线；CLAMP 表示它的二次侧钳位控制端；U_{DD2} 和 GND_2 分别表示它的二次侧电源和地线。

在需要多个电源开关的系统中，这些小型隔离式栅极驱动器可以最大程度地减小 PCB 布局空间，从而降低冷却要求。另外，这些栅极驱动器的外形尺寸很小，能够靠近电源开关放置，可减少驱动器和开关之间的寄生电感。ADuM4120 和

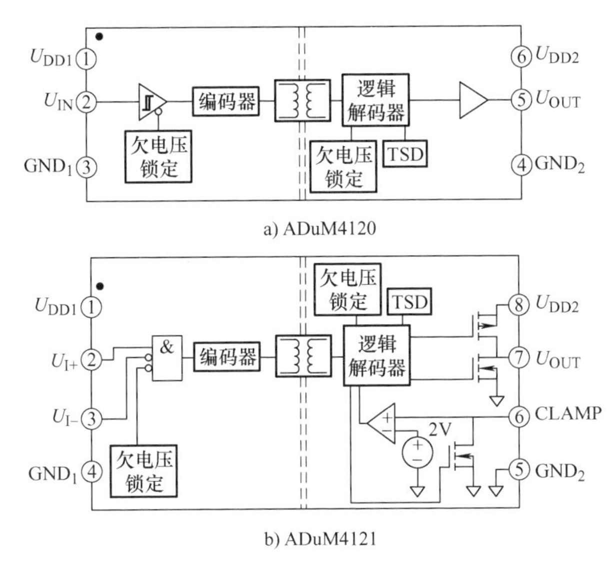

图 3-8 隔离式栅极驱动器的原理图

ADuM4121 可在高温范围和高工作电压下工作，非常适合于太阳能逆变器、电机控制器和工业逆变器场合。

3.1.3 保护电路

晶闸管的保护电路，大致可以分为以下三种情况：

1. 在适当的地方安装保护器件

例如 *RC* 阻容吸收模块、限流电感、快速熔断器、压敏电阻或硒堆等。根据前面的分析得知，晶闸管有一个重要特性参数——断态电压临界上升率 $\mathrm{d}u/\mathrm{d}t$。如果晶闸管在关断时，阳极电压上升速度太快，则结电容的充电电流越大，就有可能造成门极在没有触发信号的情况下，晶闸管误导通现象，即常说的硬开通，这是不允许的，因此，对加到晶闸管上的阳极电压上升率应有一定的限制。为了限制电路电压上升率过大，确保晶闸管安全运行，常在晶闸管两端并联 *RC* 阻容吸收模块，利用电容两端电压不能突变的特性来限制电压上升率。因为电路总是存在电感的（变压器漏感或负载电感），所以与电容 *C*、串联电阻 *R* 可起阻尼作用，它可以防止 *R*、*L*、*C* 电路在过渡过程中，因振荡在电容器两端出现的过电压损坏晶闸管。同时，避免电容器通过晶闸管放电电流过大，造成过电流而损坏晶闸管。由于晶闸管过电流、过电压能力较差，如果不采取可靠的保护措施，是不能正常工作的。*RC* 阻容吸收模块就是常用的保护方法之一。

2. 采用电子保护电路

检测设备的输出电压或输入电流，当输出电压或输入电流超过允许值时，借助整流触发控制系统使整流桥短时内工作于有源逆变状态，从而抑制过电压或过电流。

3. 过热保护

电力电子器件工作时由于自身功耗而发热，如果不采取适当措施将这种热量散发出去，就会引起模块管芯 PN 结温度急剧上升，致使器件特性恶化，直至完全损坏。晶闸管的功耗主要由导通损耗、开关损耗、门极损耗三部分组成。在工频或400Hz 以下频率的应用中最主要的是导通损耗。

图 3-9 表示晶闸管阻容吸收的三相全控桥电路示意图，每只晶闸管两端都并联了一组 *RC* 阻容吸收模块。吸收电容（μF）取值方法为

$$C=(2\sim4)\times10^{-3}\times I_{\mathrm{VT(AV)}} \tag{3-4}$$

式中，$I_{\mathrm{VT(AV)}}$ 为晶闸管中通过的通态电流平均值。

该吸收电容的交流电压额定参数，为所选晶闸管两端的交流电压有效值的 1.5 ~2 倍；该电容如果以直流电压为额定参数，则选晶闸管两端交流有效值的 3 ~5 倍。

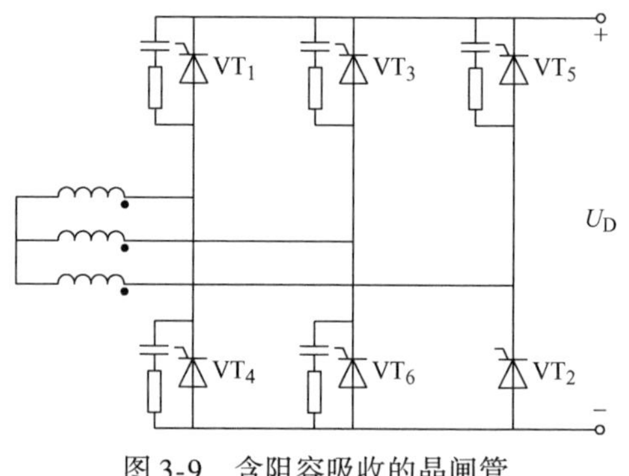

图 3-9　含阻容吸收的晶闸管三相全控桥电路拓扑

吸收电阻的取值方法为

$$R=10\sim30\Omega \tag{3-5}$$

该电阻的功率值为

$$|P|=fC\times10^{-6}U_{\mathrm{RM}}^{2}(\mathrm{W}) \tag{3-6}$$

式中，f 为电源频率（Hz）；C 为吸收电容值（μF）；U_{RM} 为晶闸管工作回路中 A、K 两端的反向工作峰值电压（V）。

现将晶闸管 *RC* 阻容吸收模块的经验参数小结于表 3-3 中。吸收电阻的功率的表达式同式(3-6)。阻容吸收电路要尽量靠近晶闸管，引线要短，最好采用无感电容及安规电容。

表 3-3　晶闸管 *RC* 阻容吸收模块的经验参数

晶闸管额定电流/A	1000	500	200	100	50	20	10
电容/μF	2	1	0.5	0.25	0.2	0.15	0.1
电阻/Ω	2	5	10	20	40	80	100

举例：晶闸管三相全波整流桥（见图 3-9），阻性负载，输入电压交流有效值 380V，输出直流电流平均值 $I_{\mathrm{D}}=1500\mathrm{A}$，计算每只晶闸管上阻容吸收的电阻与电容值，分析如下：

每只晶闸管两端反向工作峰值电压为

$$U_{\mathrm{RM}}=\sqrt{2}\times380\mathrm{V}\approx537.4\mathrm{V} \tag{3-7}$$

每只晶闸管通过的通态平均电流为

$$I_{VT(AV)}=\frac{1}{3}I_D=\frac{1}{3}\times 1500\text{A}=500\text{A} \tag{3-8}$$

本例暂取阈值为3，那么吸收电容的取值为

$$C=3\times 10^{-3}\mu\text{F/A}\times I_{VT(AV)}=3\times 10^{-3}\mu\text{F/A}\times 500\text{A}=1.5\mu\text{F} \tag{3-9}$$

该吸收电容耐压的交流额定参数为

$$U_{AC\_N}=1.5\times 380\text{V}=570\text{V} \tag{3-10}$$

该吸收电容耐压的直流额定参数为

$$U_{DC\_N}=5\times 380\text{V}=1900\text{V} \tag{3-11}$$

本例吸收电阻取值：$R=30\Omega$，它的额定功率为

$$P=fC\times 10^{-6}U_{RM}^2=50\text{Hz}\times 1.5\times 10^{-6}\text{F}\times(537.4\text{V})^2\approx 21.7\text{W} \tag{3-12}$$

因此，吸收电阻选用30Ω/50W。晶闸管设备产生过电流的原因可以分为两类：

（1）由于整流电路内部原因，如整流晶闸管损坏，触发电路或控制系统有故障等。其中整流桥晶闸管损坏较为严重，一般是由于晶闸管因过电压而击穿，造成无正、反向阻断能力，它相当于整流桥臂发生永久性短路，使在另外两桥臂晶闸管导通时，无法正常换流，因而产生线间短路而引起过电流的故障。

（2）整流桥负载外电路发生短路而引起过电流，这类情况时有发生，因为整流桥的负载实质是逆变桥，逆变电路换流失败，就相当于整流桥负载短路。另外，如整流变压器中心点接地，当逆变负载回路接触大地时，也会发生整流桥对地的短路故障。

对于第一类过电流，即整流桥内部原因引起的过电流，以及逆变器负载回路接地时，可以采用第一种保护措施，最常见的就是接入快速熔断器的方式，如图3-10所示。

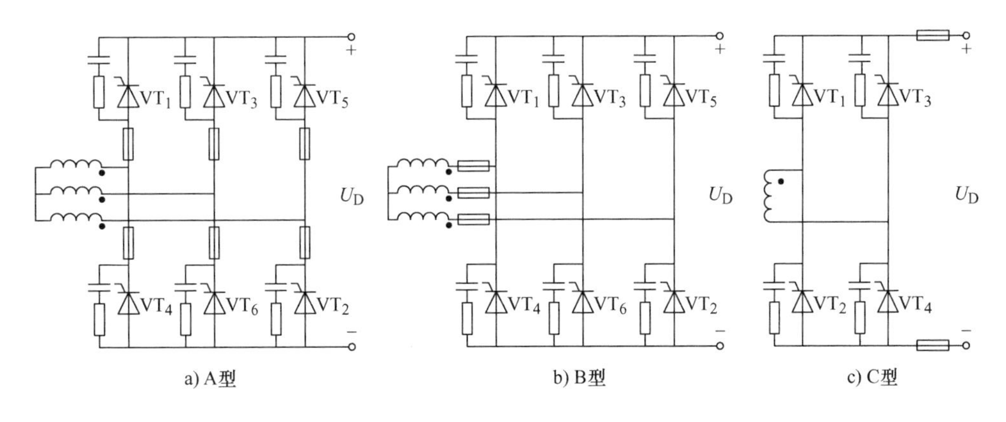

图3-10 接入快速熔断器的典型拓扑

快速熔短器的接入方式共有三种，其特点和快速熔断器的额定电流，见表3-4

所示。表3-5表示整流电路形式与系数K_C的关系。

表3-4 快速熔断器不同接入方式、特点和额定电流

方式	特点	额定电流I_{R_N}	备注
A型	熔断器与每一个元器件串联，能可靠地保护每一个元器件	$I_{R\_N}<1.57I_{VT(AV)}$	$I_{VT(AV)}$：晶闸管通态平均电流
B型	能在交流回路中或直流回路中元器件短路时起保护作用，可靠性稍有降低	$I_{R\_N}<K_CI_D$	K_C：交流侧线电流与I_D之比，见表3-8所示 I_D：整流输出电流
C型	直流负载侧有故障时动作，元器件内部短路时不能起保护作用	$I_{R\_N}<I_D$	I_D：整流输出电流

表3-5 整流电路形式与系数K_C的关系表

型式		单相全波	单相桥式	三相零式	三相桥式	六相零式 六相曲折	双Y带平衡电抗器
系数K_C	电感负载	0.707	1	0.577	0.816	0.108	0.289
	电阻负载	0.785	1.11	0.578	0.818	0.409	0.290

对于第二类过电流，即整流桥负载外电路发生短路而引起的过电流，则应当采用电子电路进行保护。常见的电子保护原理如图3-11所示，其中CT_1 ~ CT_3表示电流互感器。

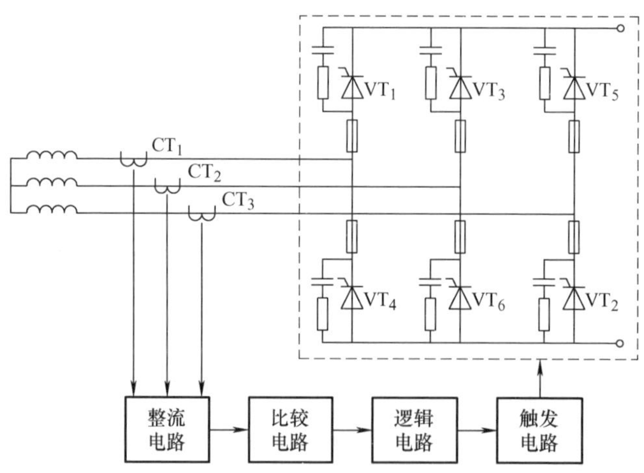

图3-11 过电流保护电子原理图

晶闸管设备在运行过程中，会受到由交流供电电网进入的操作过电压和雷击过电压的侵袭。同时，设备自身运行中以及非正常运行中也有过电压出现。过电压保护的第一种方法是并接RC阻容吸收模块，以及用压敏电阻或硒堆等非线性元件加以抑制，根据具体应用场合，按照三角形或者星形联结，如图3-12所示。

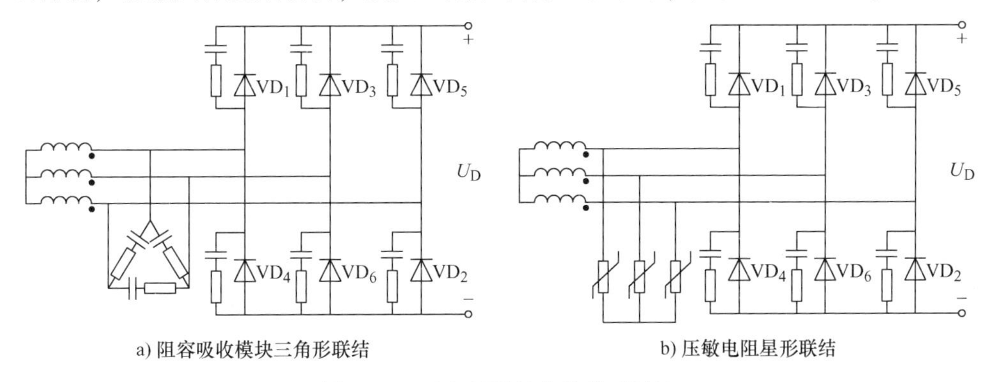

图3-12　过电压保护电路典型接法

压敏电阻是一种非线性元件，它是以氧化锌为基体的金属氧化物，有两个电极，极间充填有氧化铋等晶粒。正常电压时晶粒呈高阻，漏电流仅有100μA左右，但过电压时发生的电子雪崩使其呈低阻，电流迅速增大从而吸收了过电压。一般情况下，在AC 220V电路里使用标称470~680V，在AC 380V电路里使用标称780~1000V的压敏电阻，由于其吸收电能的功率跟其直径有关，直径大的功率就大，一般选用直径ϕ12~20mm的即可。

过电压保护的第二种方法是采用电子电路进行保护。常见的电子保护原理如图3-13所示，其中PT_1~PT_3表示电压互感器。

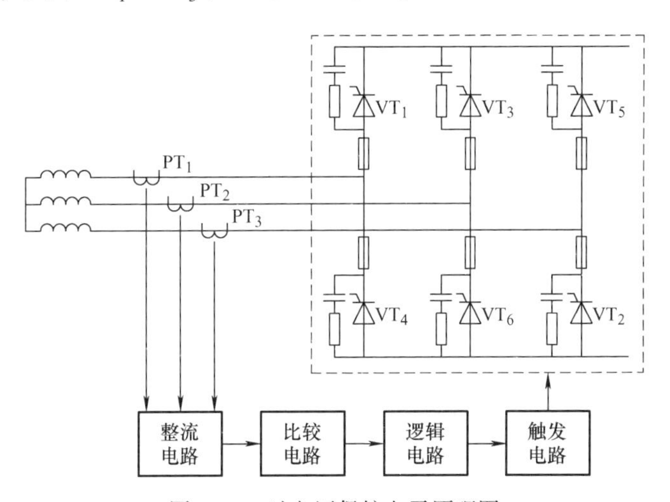

图3-13　过电压保护电子原理图

为了确保晶闸管器件长期可靠地工作，设计时散热器及其冷却方式的选择与其电流、电压的额定值选择同等到重要，千万不可大意！散热器的常用散热方式有：自然风冷、强迫风冷、热管冷却、水冷、油冷等。考虑散热问题的总原则是：控制模块中管芯的结温不超过产品数据表给定的额定结温。

实际上，器件的结温不容易直接测量，因此不能用它作为是否超温的判据，而通过控制模块底板的温度（即壳温）来控制结温是一种有效的方法。由于 PN 结的结温 T_j和壳温 T_C存在着一定的温度梯度，知道了壳温也就知道了结温，而最高壳温的限定值由产品数据表给出。借助温控开关可以很容易地测量至与散热器接触处的模块底板温度（温度传感元件应置于模块底板温度最高的位置，后面信号处理章节会讲授此法），从温控开关测量到的壳温（T_C不超过 75～80℃）可以判断模块的工作是否正常。若在线路中增加一个或两个温度控制电路，分别控制风机的开启或主回路的通断（停机），就可以有效地保证晶闸管模块在额定结温下正常工作。

需要指出的是，温控开关测量到的温度是模块底板表面的温度，易受环境、空气对流的影响，与模块和散热器的接触面上的温度，还有一定的差别（大约低几度到十几度），因此其实际控制温度应低于规定值。用户可以根据实际情况和经验决定控制的温度。

3.2 功率 MOSFET 的驱动与保护技术

3.2.1 驱动要求

驱动电路作为主电路与控制电路之间的桥梁，它是功率 MOSFET 应用的重点之一。性能良好的驱动电路，不仅可以使功率 MOSFET 工作于理想情况、缩短开关时间、降低开关损耗，对提高装置运行效率也起着至关重要的作用，还可以大幅度提高其运行可靠性和安全性。当然功率 MOSFET 驱动电路的典型作用包括但不囿于：电平转换、电流放大、电气隔离和故障保护等。

功率 MOSFET 的栅极驱动过程可以简单理解为驱动电源对功率 MOSFET 输入电容的充放电过程。功率 MOSFET 的参数手册所提供的极间电容值是在一定条件下得到的静态参数。而在实际应用中，这些电容的参数是温度及电压的非线性函数关系，而且受米勒效应影响，总的动态输入电容将比总静态电容大得多。这些都给栅极驱动的准确分析带来很大困难。

一般而言，可以根据功率 MOSFET 的参数手册，了解如下几个参数，将其作为初期驱动设计计算的假设条件：

（1）栅极总充电电量（Total Gate Charge）Q_g：作为最小驱动电量要求，可由参数手册查得。

（2）相应地可得到最小驱动电流 I_G的表达式为

$$I_G = \frac{Q_g}{t_{d(on)} + t_r} \tag{3-13}$$

式中，t_r表示上升时间（即输出电压 U_{DS}从 90% 下降到其幅值 10% 的时间）；$t_{d(on)}$

表示导通延迟时间（从有输入电压上升到10%开始到U_{DS}下降到其幅值90%的时间）。t_r和$t_{d(on)}$均可由参数手册查得。

（3）最小驱动能量或者损耗E_{drive}的表达式为

$$E_{drive} = U_G Q_g \tag{3-14}$$

式中，U_G表示栅极电压。

（4）相应地，平均驱动功率P_{drive}的表达式为

$$P_{drive} = \frac{E_{drive}}{t_S} = U_G Q_g f_S \tag{3-15}$$

式中，f_S表示开关频率。

需要注意的是功率MOSFET是电压型驱动特性，其最小驱动电流I_G和损耗E_{drive}只发生于开关转换过程极短的时间内，而双极型是电流型驱动特性，其最小驱动电流I_b和损耗E_{drive}持续整个导通时期。

在进行驱动电路设计之前，必须先清楚功率MOSFET的电路拓扑、开关过程、栅极电荷以及输入电容、输出电容、跨接电容、等效电容等参数对驱动的影响。驱动电路的好坏直接影响了电源的工作性能及可靠性，一个好的功率MOSFET驱动电路的基本要求是：

（1）产生的栅极驱动脉冲必须具有足够的上升和下降速度，脉冲的前后沿要陡峭；为了使功率MOSFET可靠导通，栅极驱动脉冲应有足够的幅度和宽度。

（2）功率MOSFET开关时所需的驱动电流为栅极电容的充放电电流，为了使开关波形有足够的上升、下降陡度，驱动电路应能提供足够大的充电电流，使栅源电压上升到需要值，保证开关管快速开通且不存在上升沿的高频震荡。

（3）开关管导通期间，驱动电路能保证功率MOSFET栅-源间电压保持稳定，使其可靠导通。

（4）开通时以低电阻对栅极电容充电，关断时为栅极电荷提供低电阻放电回路，以提高功率MOSFET的开关速度；关断瞬间驱动电路能提供一个低阻抗通路，供功率MOSFET栅-源间电压快速泻放，保证开关管能快速关断。

（5）关断期间，驱动电路可以提供一定的负电压避免受到干扰产生误导通。

（6）驱动电路结构尽量简单，最好有隔离措施。

以ST公司的IRF640为例，简单说明功率MOSFET相关参数的计算方法。由参数手册查得：栅极总充电电量$Q_g \leqslant 72\text{nC}$，$t_r \leqslant 35\text{ns}$，$t_{d(on)} \leqslant 17\text{ns}$，因此根据表达式(3-13)，可以计算得到最小驱动电流$I_G \approx 1.38\text{A}$，这就为设计驱动电路或者选择驱动芯片提供选型依据。

3.2.2 驱动电路

在工程应用实践中，绝大部分工程师都是根据使用需求，自己设计应用于功率MOSFET的触发电路。下面介绍几种典型的触发电路。

1. 不隔离的互补驱动电路

图 3-14 表示常用不隔离的互补驱动电路，它们一般为小功率驱动电路，简单可靠、成本低。图中 R_G 为驱动限流电阻，一般为数 Ω 到数十 Ω，此电阻一般用作抑制呈现高阻抗特性的驱动回路可能产生的寄生振荡，比如在布线中，都会要求驱动源与其要驱动的栅极尽量靠近，以尽量减少走线引进的电感与驱动回路各部分参数共同造成的谐振。稳压管可用于稳定栅–源电压及提供关断时的泄放回路。图 3-14 所示电路不能提供负电源，故其抗干扰性较差，有条件的话可以将其中的地换成负电源，以提高抗干扰性及提高关断速度。需要说明的是，图 3-14a 和 b 所示的 MOSFET 的电源既可以采用电源 U_{CC1}，也可以视情况采用另外的电源，如图 3-14c 和 d 所示。

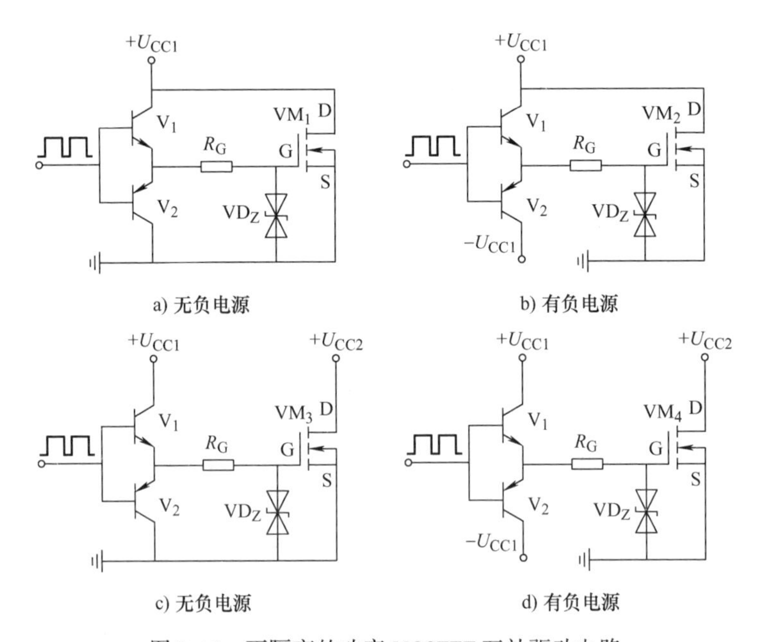

图 3-14 不隔离的功率 MOSFET 互补驱动电路

对于图 3-14a 所示电路的驱动电流的最大值的表达式为

$$I_{GP} \approx \frac{U_{CC1}}{R_G} \tag{3-16}$$

对于图 3-14b 所示电路的驱动电流的最大值的表达式为

$$I_{GP} \approx \frac{U_{CC1} + |-U_{CC1}|}{R_G} \tag{3-17}$$

2. 正激驱动电路

图 3-15 表示常用隔离的正激驱动电路，图中 N_3 为去磁绕组，V_1 为要驱动的功率管，R_2 为防止功率管栅源电压振荡的一个阻尼电阻。R_1 为正激变换器的假负载，

用于消除关断期间输出电压发生振荡而误导通，并作为功率MOSFET关断时的能量泄放回路，建议取值数kΩ。该电路具有如下优点：

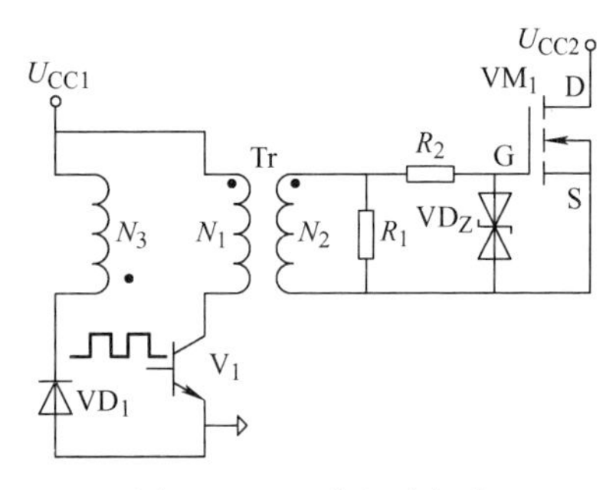

图3-15　正激驱动电路

1）电路简单，并实现了隔离驱动。

2）只需单电源即可提供导通的正电压及关断时的负电压。

但也存在如下缺点：

1）由于变压器二次侧需要一个较大的防振荡电阻，该电路消耗比较大。

2）当占空比D变化时，关断速度变化加大。

3）脉宽较窄时，由于储存的能量减少，导致功率MOSFET关断速度变慢。

3. 有隔离变压器的互补驱动电路

图3-16表示有隔离变压器的互补驱动电路，其中管子V_1、V_2互补工作。该电路有如下优点：

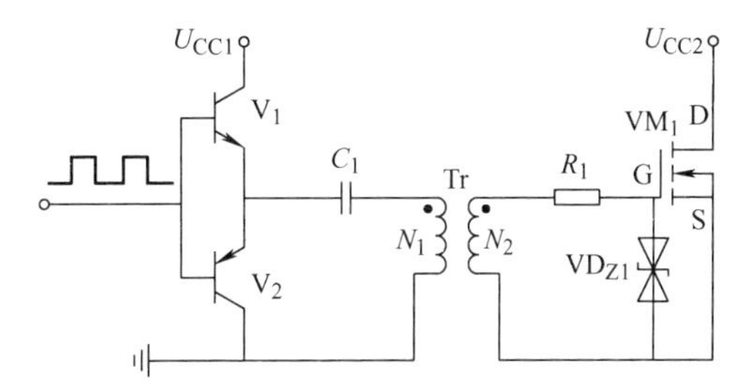

图3-16　有隔离变压器的互补驱动电路

1）电路简单可靠，具有电气隔离作用。

2）该电路只需一个电源，隔直电容C_1的作用在关断时提供一个负压，从而加速了功率管的关断，有较高的抗干扰能力。

不过该电路有如下缺点：

1）输出电压幅值，会随着占空比D变化而变化。

2）当占空比D较小时，负电压较小，正向电压高，应注意不要超过栅-源允许电压。

3）当占空比D增大时，正向电压降低，负电压升高，应注意使其负电压不要超过栅-源允许电压。

4. 利用光耦的驱动电路

可以借助IGBT/功率MOSFET的专用光耦（如输出2.0A栅极驱动电流的IGBT/MOSFET栅极驱动光耦HCPL－3120、输出2.0A栅极驱动电流与集成（U_{CE}）去饱和检测和故障状态反馈的光耦HCPL－316等）。利用它们构建驱动电路，如图3-17所示。现将它们的端口简述如下：

1）在图3-17a中，2脚和3脚表示光耦HCPL－3120输入的阳极U_{F+}与阴极U_{F-}，6脚和7脚表示光耦HCPL－3120的输出端U_O，8脚为它的正电源端U_{CC}，5脚为它的负电源端U_{EE}。

2）在图3-17b中，1脚和2脚表示光耦HCPL－316高电平控制输入脚和低电平控制输入脚，3 脚为原方的正电源端 U_{CC1}，4 脚为原方的地线端 GND_1，5 脚为它的复位输入端/RESET（低电平有效），6 脚为它的故障状态反馈输出端/FAULT（低电平有效），7 脚和 8 脚表示光耦 HCPL－316 的发光管的阳极 U_{LED1+} 与阴极 U_{LED1-}，9 脚和 10 脚为二次侧的负电源端 U_{EE}，11 脚为它的输出端 U_{OUT}（产生触发脉冲），12 脚表示光耦 OC 门输出的上拉电阻接线端 U_C，13 脚为二次侧的正电源端 U_{CC2}，14 脚表示光耦 HCPL－316 的集成（U_{CE}）去饱和检测输入端 DESAT；15 脚表示副方发光管的阳极 U_{LED2+}，16 脚表示副方发光管的阴极且接 IGBT 的发射极 E 端。

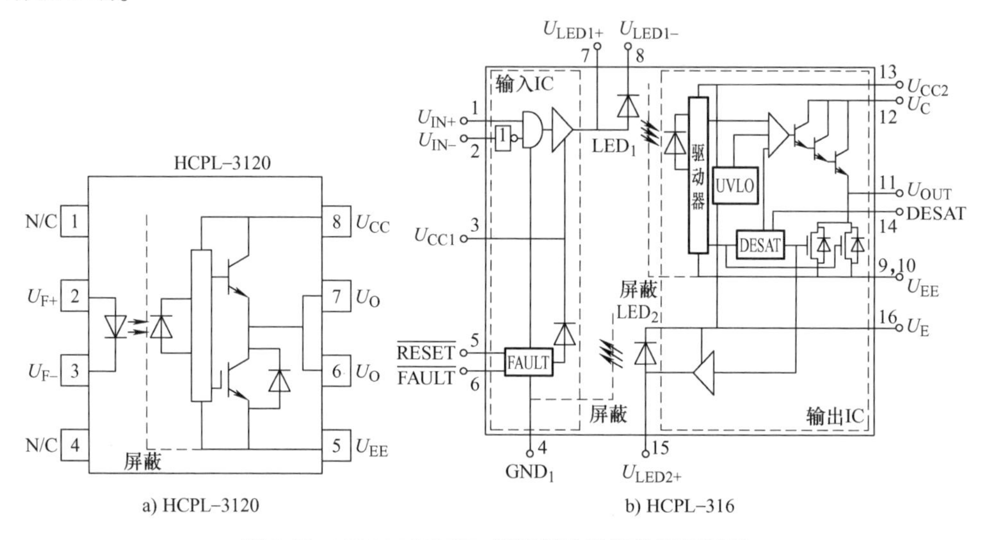

a) HCPL–3120　　b) HCPL–316

图 3-17　IGBT/MOSFET 栅极驱动光耦的原理框图

图 3-18 表示基于光耦 TLP250 的功率 MOSFET 的栅极驱动典型电路，其工作原理简述如下：

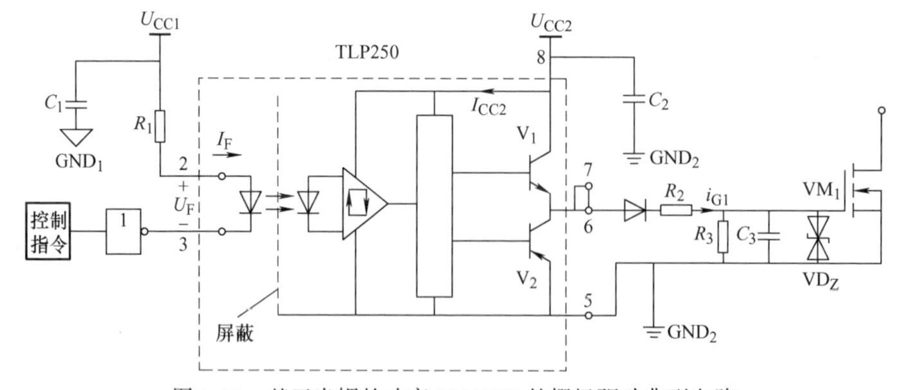

图 3-18　基于光耦的功率 MOSFET 的栅极驱动典型电路

当控制指令为低电平时，反相器输出高电平，光耦 TLP250 的发光管不导通，三极管 VT_2 开通，输出低电平，那么传送到功率 MOS 管 VM_1 的触发脉冲就是低电平，因此，功率MOS管VM_1不能被触发导通；反之，当控制指令为高电平时，反相器输出低电平，光耦TLP250的发光管导通，三极管V_1开通，输出高电平，功率MOSFET VM_1被触发导通，即可产生开通功率MOSFET VM_1所需栅极触发电流i_{G1}。图3-18中电阻R_1可按下式选择：

$$R_1 = \frac{U_{CC1} - U_F}{I_F} \tag{3-18}$$

式中，U_F为发光二极管的正向电压，可根据参数手册查得；I_F为流过发光二极管的正向电流，可根据参数手册查得，一般取5～10mA即可。

图3-19所示的是基于双路反相驱动芯片TC4423的功率MOSFET触发电路，其工作原理为：当控制指令为高电平时，反相器输出低电平，光耦TLP2748导通，它的输出为低电平，由于光耦输出端接的是反向双路驱动器芯片，那么传送到功率MOSFET VM的触发脉冲就是高电平，功率MOSFET VM导通，即可产生开通功率MOSFET VM所需触发电流i_{G1}；反之，当控制指令为低电平时，反相器输出高电平，光耦TLP2748不导通，它的输出为高电平，经由驱动器芯片输出后，传送到功率MOSFET VM的触发脉冲就是低电平，功率MOSFET VM不能导通。

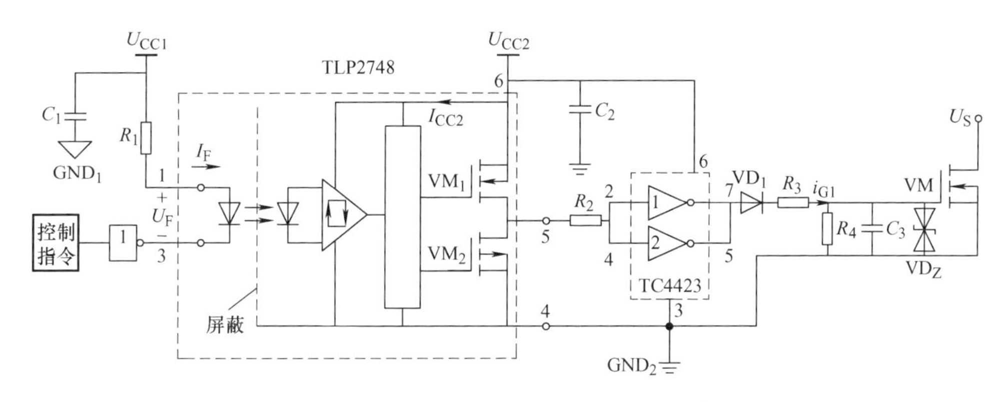

图3-19 基于驱动器TC4423的触发电路

当然，除了上面讲述的驱动电路的设计思路之外，还可以参照晶闸管触发电路，基于光耦、触发变压器、隔离式栅极驱动器的驱动电路设计思路。还可以设计基于光耦与MOSFET的驱动芯片的驱动电路，如低端MOSFET的驱动芯片（如IR4426、IR4427、IR4428、ADP3631、ADP3654等）、半桥驱动芯片（如IR2103、IR2110、IR2113）、三相桥MOSFET栅极驱动芯片（如IR2136/2/3/5/6/7/8）等，如图3-20所示。

现将它们的端口简述如下：

（1）在图3-20a中，INA、INB分别表示A和B两个通道的逻辑控制指令输入端；OUTA、OUTB分别表示A和B两个通道的驱动脉冲输出端；U_S为芯片的电源正端；GND为芯片的电源地线端。

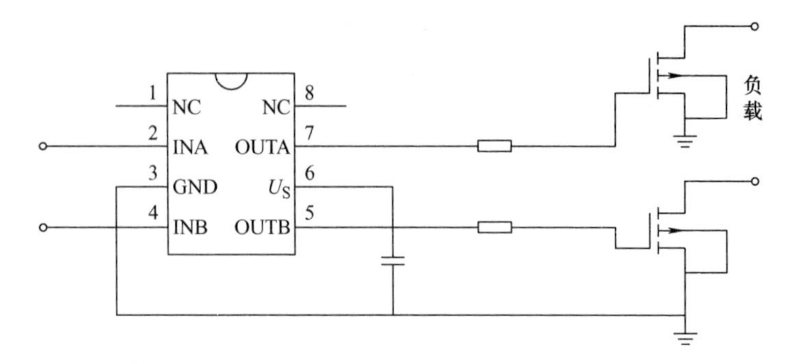

a) 低端MOSFET驱动芯片IR4426/7/8

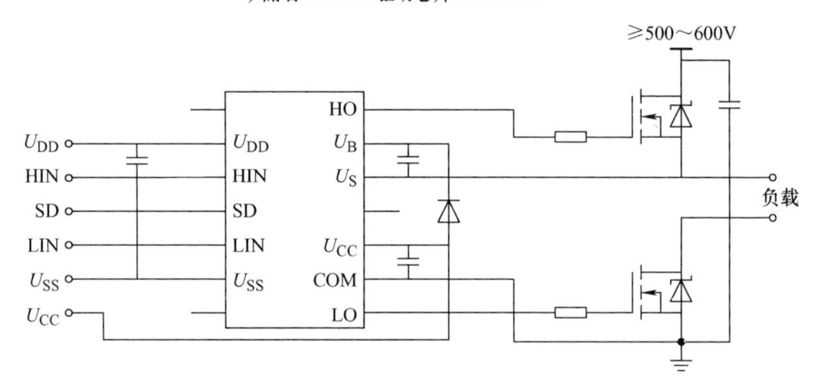

b) 半桥驱动芯片IR2110/IR2113

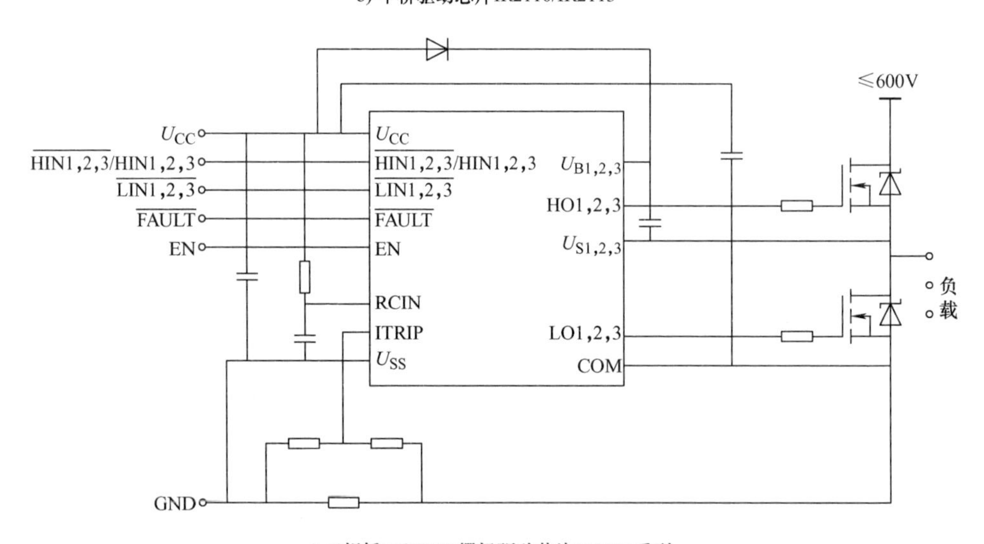

c) 三相桥MOSFET栅极驱动芯片IR2136系列

图 3-20 MOSFET 的驱动芯片原理框图

（2）在图 3-20b 中，U_{DD}表示逻辑控制的电源正端；U_{SS}表示逻辑控制的电源地线端；HIN 表示高端栅极控制指令的输入端；LIN 表示低端栅极控制指令的输入端；SD 表示封锁脉冲控制指令的输入端；U_B表示高端栅极驱动悬浮电源的连接端；U_S是高端栅极驱动浮地电源的低端；U_{CC}表示低端栅极驱动悬浮电源的连接端；COM 表示低端栅极驱动浮地电源的低端；HO 是上桥臂功率开关器件的门极触发脉冲接线端；LO 是下桥臂功率开关器件的门极触发脉冲接线端。

（3）在图 3-20c 中，HIN1～HIN3、LIN1～LIN3 分别表示芯片输出给逆变器的上桥臂的驱动信号和下桥臂的驱动信号，高电平有效；$\overline{\text{HIN1}}$～$\overline{\text{HIN3}}$、$\overline{\text{LIN1}}$～$\overline{\text{LIN3}}$分别表示芯片输出给逆变器的上桥臂的驱动信号和下桥臂的驱动信号，低电平有效；ITRIP 表示过电流信号检测输入端，可通过输入电流信号来完成过电流或直通保护；$\overline{\text{FAULT}}$表示过电流、直通短路、过电压和欠电压保护输出端，该端提供一个故障保护的指示信号，它在芯片内部是漏极开路输出端，低电平有效；U_{S1}～U_{S3}是高端栅极驱动浮地电源的低端；HO1～HO3 是其对应的逆变器上桥臂功率开关器件触发脉冲接线端；LO1～LO3 是其对应的逆变器下桥臂功率开关器件触发脉冲接线端；U_{B1}～U_{B3}是高端栅极驱动悬浮电源的连接端，通过自举电容和快速恢复二极管为 3 个上桥臂功率管的驱动器提供内部悬浮电源，其中快速恢复二极管的作用是防止母线电压倒流损坏器件；U_{CC}表示逻辑控制的电源正端；U_{SS}表示逻辑控制的电源地线端；EN 表示逻辑控制的使能端，高电平有效；RCIN 表示芯片的阻容模块，确定故障清除延时；COM 表示低端栅极驱动公共端。

图 3-21a 表示基于两片 IR2110 的全桥逆变电路拓扑图。该电路可用于全桥式逆变器系统中。图 3-21b 表示基于 IR21367 的典型三相逆变桥 MOSFET 的驱动电路原理图。该电路可用于全桥式驱动无刷直流电机控制系统中。图中左边虚线框表示将故障信号$\overline{\text{FAULT}}$隔离输出到主控板的 CPU 模块，右边虚线框表示将主回路电流采集得到的电压信号经由二阶压控低通滤波器处理，提高波形质量。

3.2.3 保护电路

功率 MOSFET 的保护电路，大致可以分为三种情况：

1. 在适当的地方安装保护器件

例如 *RC* 阻容吸收模块、快速熔断器、压敏电阻或硒堆等，接线方法如图3-22所示。在功率 MOSFET 的实际应用中，常在其两端并联 *RC* 阻容吸收模块，一般可以参照晶闸管酌情选择，见表 3-6 所示。

表 3-6 功率 MOSFET 的阻容吸收模块推荐参数

MOSFET 额定电流/A	500	200	100	50	20	10
电容/μF	1	0.5	0.25	0.2	0.15	0.1
电阻/Ω	5	10	20	40	80	100

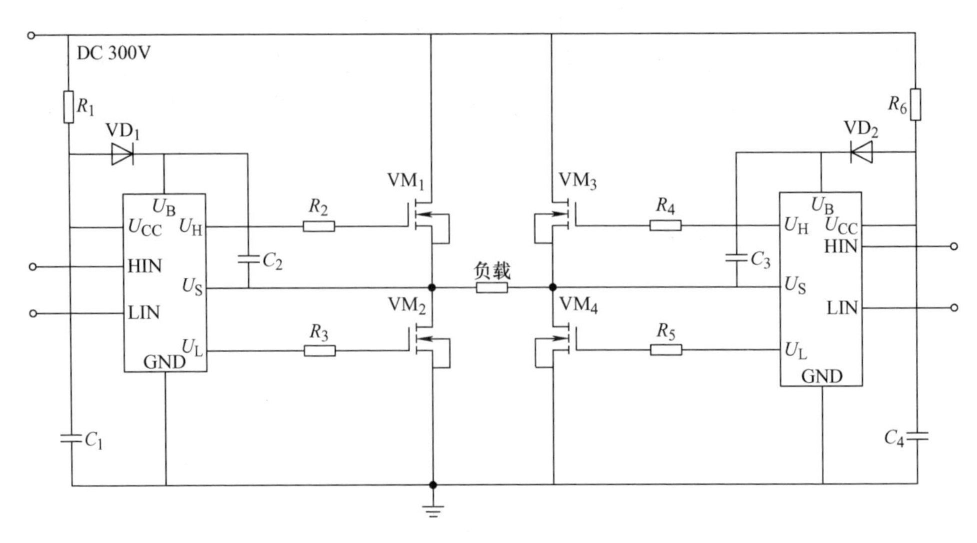

a)基于两片IR2110的全桥逆变电路拓扑

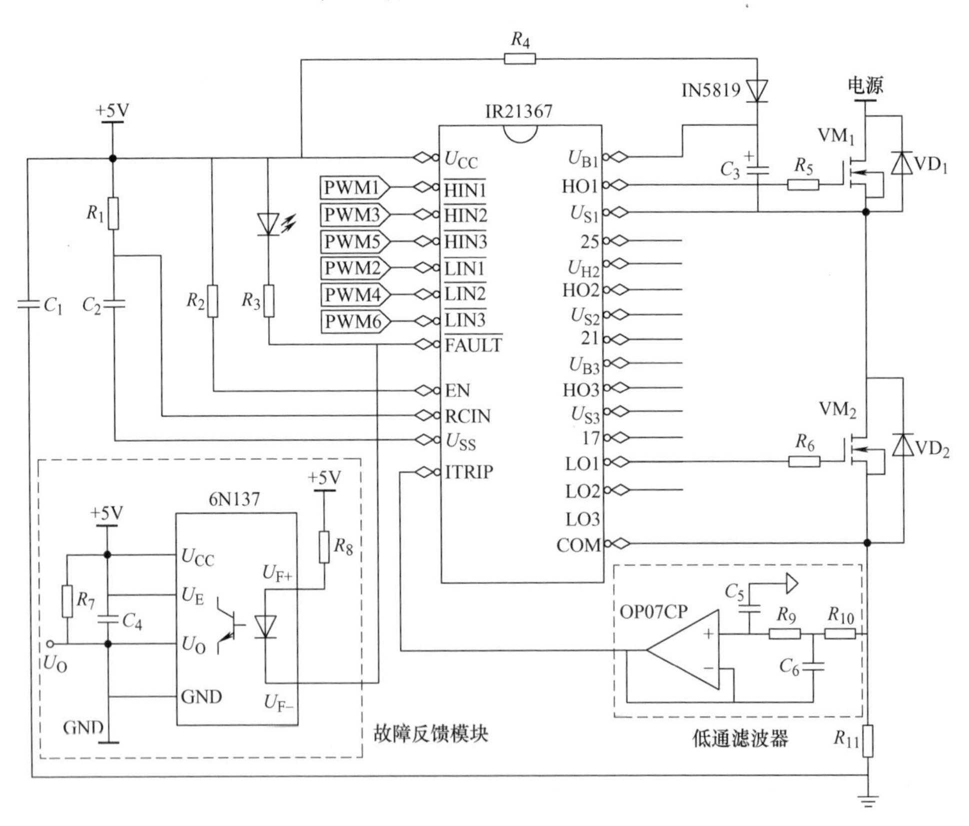

b) 基于IR21367的三相MOS FET逆变桥

图 3-21 驱动电路典型应用原理图

2. 采用电子保护电路

检测设备的输出电压或输入电流，当输出电压或输入电流超过允许值时，立即封锁触发脉冲。

对于第二类过电流，即逆变桥负载外电路发生短路而引起的过电流，则应当采用电子电路进行保护。常见的电子保护原理框图如图3-23所示，其中 CT_1 ~ CT_3 表示电流互感器。如果需要的话，还可以同时测试直流母线的电流。

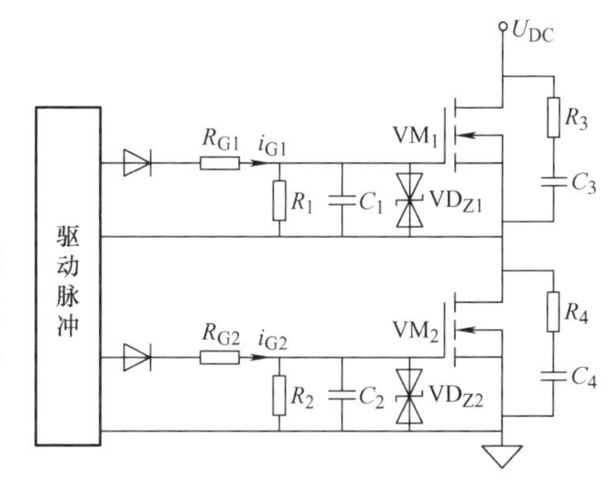

图 3-22　功率 MOSFET 的保护电路

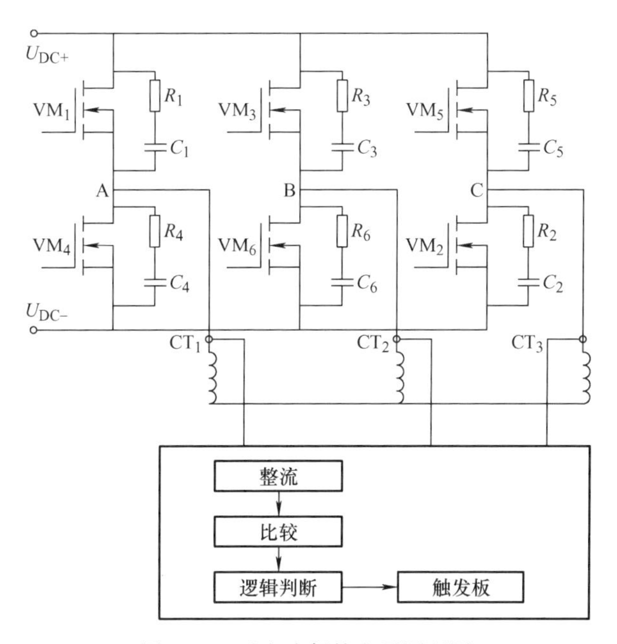

图 3-23　过电流保护电子原理图

过电压保护的第二种方法是采用电子电路进行保护。常见的电子保护原理如图 3-24 所示，其中 PT_1 ~ PT_3 表示电压互感器。如果需要的话，还可以同时测试直流母线的电压。

3. 过热保护

任何电力电子器件工作时由于自身功耗而发热。功率 MOSFET 的功耗主要由导通损耗、开关损耗、栅极损耗三部分组成。在电路中加过温保护电路，一旦超过设定的温度，立即封锁触发脉冲。

为了确保功率 MOSFET 器件长期可靠地工作，设计时散热器及其冷却方式的选择与其电流、电压的额定值选择同等重要，千万不可大意！散热器的常用散热方式有：自然风冷、强迫风冷、热管冷却、水冷、油冷等。考虑散热问题的总原则是：控制模块中管芯的结温不超过产品数据表给定的额定结温。由于结温不容易直接测量，通过控制模块底板的温度（即壳温）来控制结温是一种有效的方法，从温控传感器测量壳温（设置 T_C 不超过 75～80℃），即可判断模块的工作是否正常，在后面信号处理章节中讲授此法。

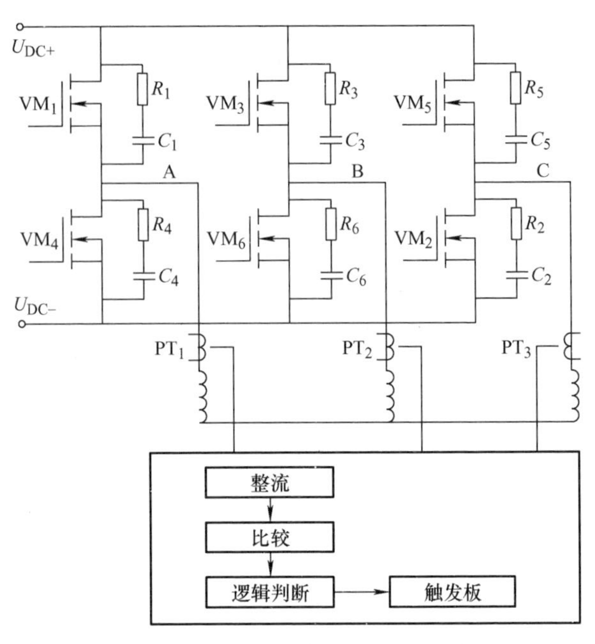

图 3-24 过电压保护电子原理图

当然，除上述之外，在功率 MOSFET 的栅极与源极之间，还需要设置并联电阻 R_{GS}，其原因在于，假设栅极触发电路损坏或者栅极电路失控（如栅极开路），那么，此时强电电路施加在功率 MOSFET 上，极易损坏它，为了防止功率 MOSFET 在这种状态下被击穿损坏，推荐并联此电阻，为其提供一个泄放回路。该电阻可以在数 kΩ 至数十 kΩ 之间酌情选择，如图 3-22 中所示电阻 R_1 和 R_2。另外，在功率 MOSFET 的栅极与源极之间，还需要设置过电压防护二极管 VD_{GS}，其原因在于功率 MOSFET 的栅极与源极之间电压差一般约束在 ±20V 以内，以免损坏栅极，如图 3-22 中所示稳压管 VD_{Z1} 和 VD_{Z2}。

3.3 IGBT 的驱动与保护技术

3.3.1 驱动要求

运行实践表明，对于 IGBT 模块而言，如何设计或者选择合适的驱动电路，对于整个装置是否设计成功至关重要。常规的做法就是基于以下的参数要求合理选择和设计：器件关断偏置、栅极电荷、耐压性和电源情况等。研究表明，栅极电路的正偏压 U_{GE}、负偏压 $-U_{GE}$ 以及栅极电阻 R_G 的大小，对 IGBT 模块的通态压降、开关时间、开关损耗、承受短路能力以及 dv/dt 电流等参数均有不同程度的影响，现将它们的关系小结于表 3-7 中。

表 3-7　栅极驱动条件与器件特性的关系

特征	$U_{CE(ON)}$	t_{on}，E_{on}	t_{off}，E_{off}	负载短路能力	电流 dU_{CE}/dt
$+U_{GE}$增加	降低	降低	—	降低	增加
$-U_{GE}$减小	—	—	略减小	—	减小
R_G增加	—	增加	增加	—	减小

分析表3-7 得知，栅极正电压的变化对 IGBT 模块的开通特性、负载短路能力和 dU_{CE}/dt 电流有较大影响，而栅极负偏压则对关断特性的影响比较大。在栅极电路的设计中，还要注意开通特性、负载短路能力和由 dU_{CE}/dt 电流引起的误触发等问题。由于 IGBT 模块的开关特性和安全工作区随着栅极驱动电路的变化而变化，因而驱动电路性能的好坏将直接影响 IGBT 模块能否正常工作。现将设计和选择 IGBT 模块驱动电路时需要重点考虑的问题小结如下：

（1）向 IGBT 模块提供适当的正向栅压。在 IGBT 导通后，栅极驱动电路提供给 IGBT 的驱动电压和电流要有足够的幅度，使 IGBT 的功率输出级总处于饱和状态。瞬时过载时，栅极驱动电路提供的驱动功率要足以保证 IGBT 不退出饱和区。IGBT 导通后的管压降与所加栅-源电压有关，在漏-源电流一定的情况下，U_{GE}越高，U_{DS}就越低，器件的导通损耗就越小，这有利于充分发挥管子的工作能力。但是，U_{GE}并非越高越好，一般不允许超过 20V，原因是一旦发生过电流或短路，栅压越高，则电流幅值越高，IGBT 损坏的可能性就越大。综合考虑，U_{GE}通常取 +15V 为宜。

（2）能向 IGBT 提供足够的反向栅压。在 IGBT 关断期间，由于电路中其他部分的工作，会在栅极电路中产生一些高频振荡信号，这些信号轻则会使本该截止的 IGBT 处于微通状态，增加管子的损耗，严重时将使调压电路处于短路直通状态。因此，最好给处于截止状态的 IGBT 加一反向栅压（幅值一般为 5～15V），使 IGBT 在栅极出现开关噪声时仍能可靠截止。

（3）具有栅极电压限幅电路，保护栅极不被击穿。IGBT 栅极极限电压一般为 +20V，驱动信号超出此范围就可能破坏栅极。

（4）IGBT 多用于高压、大功率场合，因此，要求有足够的输入、输出电隔离能力。为确保驱动电路与整个控制电路在电位上严格隔离，一般采用高速光耦合隔离或变压器耦合隔离方式。

（5）IGBT 的栅极驱动电路尽可能地简单、实用，且具有 IGBT 的完整保护功能、较强的抗干扰能力，当然，还要求其输出阻抗尽可能地低。

3.3.2　驱动电路

1. 栅极电阻的作用及其选择方法

研究与实践表明，栅极电阻 R_G具有以下显著作用：

（1）消除栅极振荡。绝缘栅类器件（如 IGBT、MOSFET）的栅-射（或栅-源）

极之间是容性结构，栅极回路的寄生电感又是不可避免的，如果没有栅极电阻，那栅极回路在驱动器驱动脉冲的激励下要产生很强的振荡，因此必须串联一个电阻加以迅速衰减。

（2）转移驱动器的功率损耗。电容、电感都是无功元件，如果没有栅极电阻，驱动功率就将绝大部分消耗在驱动器内部的输出管上，使其温度上升较快、较多，极易损坏管子。

（3）调节功率开关器件的通断速度。栅极电阻小，开关器件通断快，开关损耗小；反之则慢，同时开关损耗大。但驱动速度过快将使开关器件的电压和电流变化率大大提高，从而产生较大的干扰，严重时将使整个装置无法工作，因此必须统筹兼顾。在各种不同的考虑下，栅极电阻阻值 R_G 的选取会有很大的差异。在设计之处时可按照表 3-8 所示参数酌情选取。

表 3-8　栅极电阻阻值的选取参考值

IGBT 额定电流/A	50	100	200	300	600	800	1000	1500
R_G 范围/Ω	10 ~ 20	5.6 ~ 10	3.9 ~ 7.5	3 ~ 5.6	1.6 ~ 3	1.3 ~ 2.2	1 ~ 2	0.8 ~ 1.5

栅极电阻的功率是由 IGBT 栅极驱动的功率决定的。一般来说，栅极电阻的总功率应至少是栅极驱动功率的 2 ~ 3 倍为宜。IGBT 栅极驱动功率的表达式为

$$P_{Rg} = f_S UQ \tag{3-19}$$

式中，f_S 为 IGBT 的工作频率；U 为驱动输出电压的峰-峰值；Q 为所选择的 IGBT 的栅极电荷，可参考它的参数手册。

举例：常见 IGBT 驱动器的输出正电压为 +15V，负电压 −9V，则驱动输出电压的峰-峰值为 $U = [15 - (-9)]\text{V} = 24\text{V}$。假设 IGBT 的工作频率 $f_S = 10\text{kHz}$，查表得知该 IGBT 的栅极电荷 $Q = 2.8\mu\text{C}$，那么栅极电阻的功率为

$$P_{Rg} = fUQ = 10^4\text{Hz} \times 24\text{V} \times 2.8 \times 10^{-6}\text{C} \approx 0.7\text{W} \tag{3-20}$$

实际上栅极电阻选取功率为 2W 的电阻，或 2 个功率为 1W 的电阻并联为佳（即为驱动功率的 2 ~ 3 倍为宜）。

2. IGBT 触发电路

在工程应用实践中，绝大部分工程师都是根据使用需求，自己设计应用于 IGBT的触发电路，为此，本书重点介绍典型驱动电路拓扑，对于商用集成电路，其基本原理与此类似，恕本书不作介绍，请读者参考相关产品的技术手册即可。

（1）不隔离的互补驱动电路。图 3-25 表示常用不隔离的互补型驱动电路，其中 VI_1 表示 IGBT 模块，稳压管可用于稳定栅源电压及提供关断时的泄放回路。有些设计仅用一大阻值电阻（R_{GE} 一般取值为数 kΩ 到 10kΩ 不等）替代稳压管提供关断泄放回路。图 3-25a 所示的电路无负偏压；图 3-25b 所示的电路提供负偏压，

负偏压对于减小关断损耗、避免 du/dt 引起的误导通作用明显，尤其是 IGBT 工作时的开关频率较高时。图 3-25 中所示的瞬态抑制二极管（Transient Voltage Suppressor，TVS）VD_Z 用来保护栅极、限制短路电流，其原因在于 IGBT 的栅极与发射极之间电压差一般约束在 ±20V 以内，以免损坏栅极。可选择 Littelfuse 公司 1.5KE16CA 器件类，该拓扑简单、可靠，且成本低，因此特别适用于小功率场合。

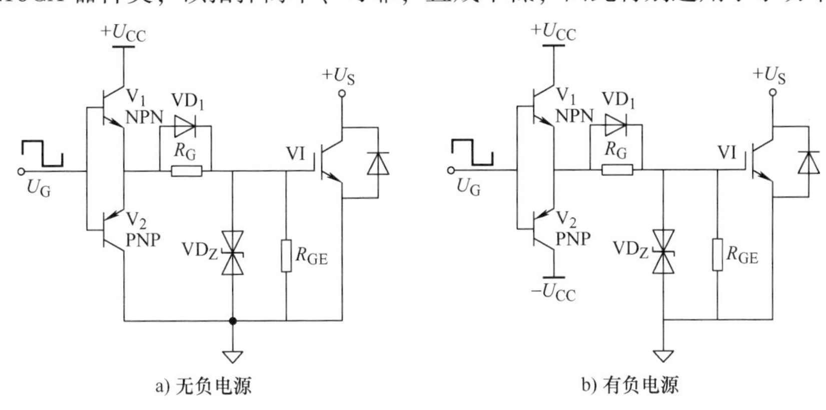

图 3-25 不隔离的互补型 IGBT 驱动电路

对于图 3-25a 所示电路的驱动电流的最大值 I_{GP} 的表达式为

$$I_{GP}=\frac{U_{CC}-U_{GE(TH)}}{R_G} \tag{3-21}$$

式中，$U_{GE(TH)}$ 表示 IGBT 管子的开启电压，可根据参数手册查得，一般在 2V 左右。

对于图 3-25b 所示电路的驱动电流的最大值 I_{GP} 的表达式为

$$I_{GP}=\frac{U_{GE}+|-U_{GE}|-U_{GE(TH)}}{R_G} \tag{3-22}$$

（2）正激驱动电路。图 3-26 表示常用隔离的正激型驱动电路，图中 N_1、N_2 和 N_3 分别为一次绕组、二次绕组和去磁绕组的匝数；VI 为 IGBT；R_G 为防止 IGBT 栅-射电压振荡的一个阻尼电阻；R_1 为正激变换器的假负载，用于消除关断期间输出电压发生振荡而误导通，并作为功率 IGBT 关断时的能量泄放回路。该电路具有如下优点：电路简单，并实现了隔离驱动；只需单电源即可提供导通的正电压及关断时的负电压。但也存在如下缺点：由于变压器二次侧需要一个较大的防振荡电阻，该电路消耗比较大；当占空比 D 变化时，关断速度变化加大；脉宽较窄时，由于储存的能量减少，导

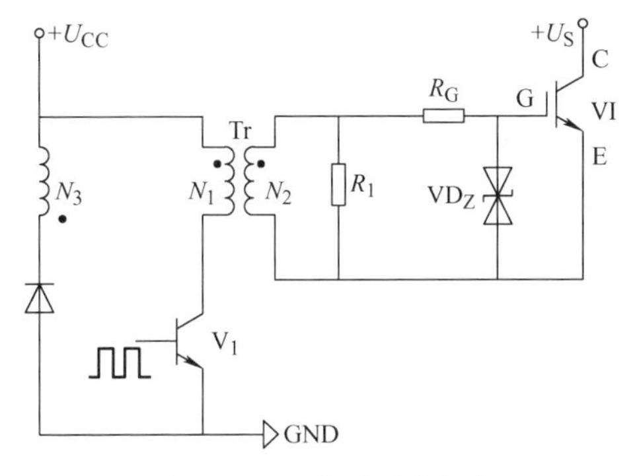

图 3-26 正激型驱动电路

致功率 IGBT 关断速度变慢。

对于图 3-26 所示电路的驱动电流的最大值 I_{GP} 的表达式为

$$I_{GP}=\frac{\frac{U_{CC}N_2}{N_1}-U_{GE(TH)}}{R_G} \tag{3-23}$$

（3）有隔离变压器的互补驱动电路。图 3-27 表示有隔离变压器的互补型驱动电路，其中管子 V_1、V_2 互补工作，电容 C_1 起隔离直流的作用。该电路的驱动电流的最大值 I_{GP}，参照表达式(3-23）即可。该电路有如下优点：电路简单可靠，具有电气隔离作用；只需一个电源，隔直电容 C_1 的作用在关断时提供一个负压，从而加速了功率管的关断，有较高的抗干扰能力。但是，该电路有如下缺点：输出电压幅值，会随着占空比 D 变化而变化；当占空比 D 较小时，负电压较小，正向电压高，应注意不要超过栅-源允许电压；当占空比 D 增大时，正向电压降低，负电压升高，应注意使其负电压不要超过栅-源允许电压。

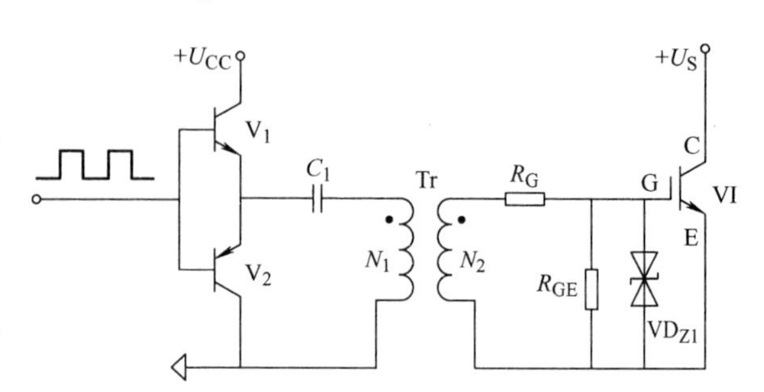

图 3-27 有隔离变压器的互补型驱动电路

（4）利用光耦的驱动电路。图 3-28 表示基于光耦的 IGBT 驱动电路，其工作原理简述为：当控制指令为低电平时，反相器输出高电平，光耦 TLP250 的发光管不导通，三极管 V_2 开通，输出低电平，那么传送到晶闸管 VI 的触发脉冲就是低电平，那么传送到 IGBT 模块 VI 的触发脉冲就是低电平，IGBT 模块 VI 不能被触发导通；反之，当控制指令为高电平时，反相器输出低电平，光耦 TLP250 的发光管导通，三极管 V_1 开通，输出高电平，IGBT 模块 VI 被触发导通，即可产生开通 IGBT 模块 VI 所需栅极触发电流 i_{G1}。

图 3-28 中电阻 R_1 和 R_2 可按下式计算选择：

$$\begin{cases} R_1 \geqslant \dfrac{U_{CC1}-U_F}{I_F} \\ R_2 \geqslant \dfrac{U_{CC2}-U_{GE(TH)}}{I_G} \end{cases} \tag{3-24}$$

式中，U_F 为发光二极管的正向电压，可根据参数手册查得；I_F 为流过发光二极管的正向电流，可根据参数手册查得，一般取 5～10mA 即可；I_G 为栅极触发电流。

在初步设计时，将 I_G 取值为光耦 TLP250 能够输出的额定电流，即可得到电阻 R_2 的最小值，再根据具体电路酌情选取它的参数值。

图 3-29 所示的是基于光耦与双路反相驱动芯片 TC4423 的 IGBT 触发电路。

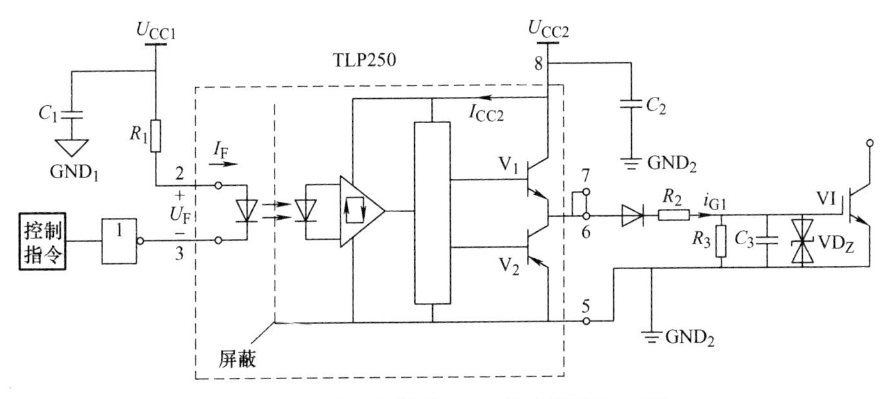

图 3-28 基于光耦的 IGBT 的典型驱动电路

其工作原理为：当控制指令为高电平时，反相器输出低电平，光耦 TLP2748 导通，它的输出为低电平，由于光耦输出端接的是反向双路驱动器芯片，那么传送到 IGBT 模块 VI 的触发脉冲就是高电平，IGBT 模块 VI 导通，即可产生开通 IGBT 模块 VI 所需触发电流 i_{G1}；反之，当控制指令为低电平时，反相器输出高电平，光耦 TLP2748 不导通，它的输出为高电平，经由驱动器芯片输出后，传送到 IGBT 模块 VI 的触发脉冲就是低电平，IGBT 模块 VI 不能导通。

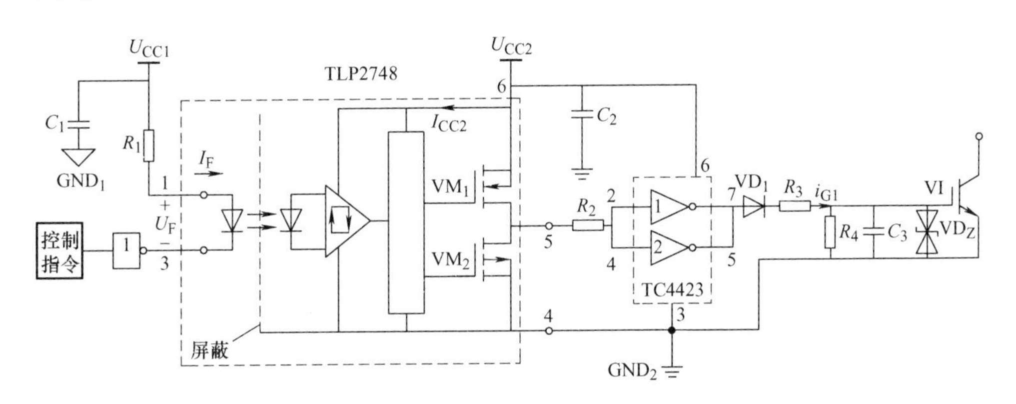

图 3-29 基于驱动器 TC4423 的 IGBT 触发电路

图 3-29 中电阻 R_2和 R_3可按下式计算选择：

$$\begin{cases} R_2 \geqslant \dfrac{U_{CC2} - U_{IN(L)}}{I_M} \\ R_3 \geqslant \dfrac{U_{CC2} - U_{GE(TH)}}{I_G} \end{cases} \tag{3-25}$$

式中，$U_{IN(L)}$为驱动器 TC4423 的输入端开通的导通压降，可根据参数手册查得，接近0V；I_M为光耦TLP2748的额定输出电流，可根据参数手册查得。

在初步设计时，将I_G取值为光耦TLP2748的额定电流I_M，即可得到电阻R_2的最小值，再根据具体电路酌情选取它的参数值。

当然，除了上面讲述的设计驱动电路之外，还可以参照晶闸管触发电路，设计基于光耦与触发变压器的IGBT触发电路，或者基于隔离式栅极驱动器的IGBT的驱动电路。还可以设计基于专用于功率MOSFET/IGBT的光耦与驱动芯片的驱动电路，驱动芯片如低端功率MOSFET/IGBT的驱动芯片（如IR4426、IR4427、IR4428、ADP3631、ADP3654等）、半桥驱动芯片（如IR2103、IR2110、IR2113）、三相桥功率MOSFET/IGBT栅极驱动芯片（如IR2136/2/3/5/6/7/8）等。

可以借助光耦HCPL-3120的构建IGBT/MOSFET的栅极驱动电路。光耦HCPL-3120输出2.0A栅极驱动电流。基于光耦HCPL-3120的IGBT逆变器电路拓扑如图3-30所示，其中图3-30a未设置负偏压的驱动电路，图3-30b设置负偏压的驱动电路。

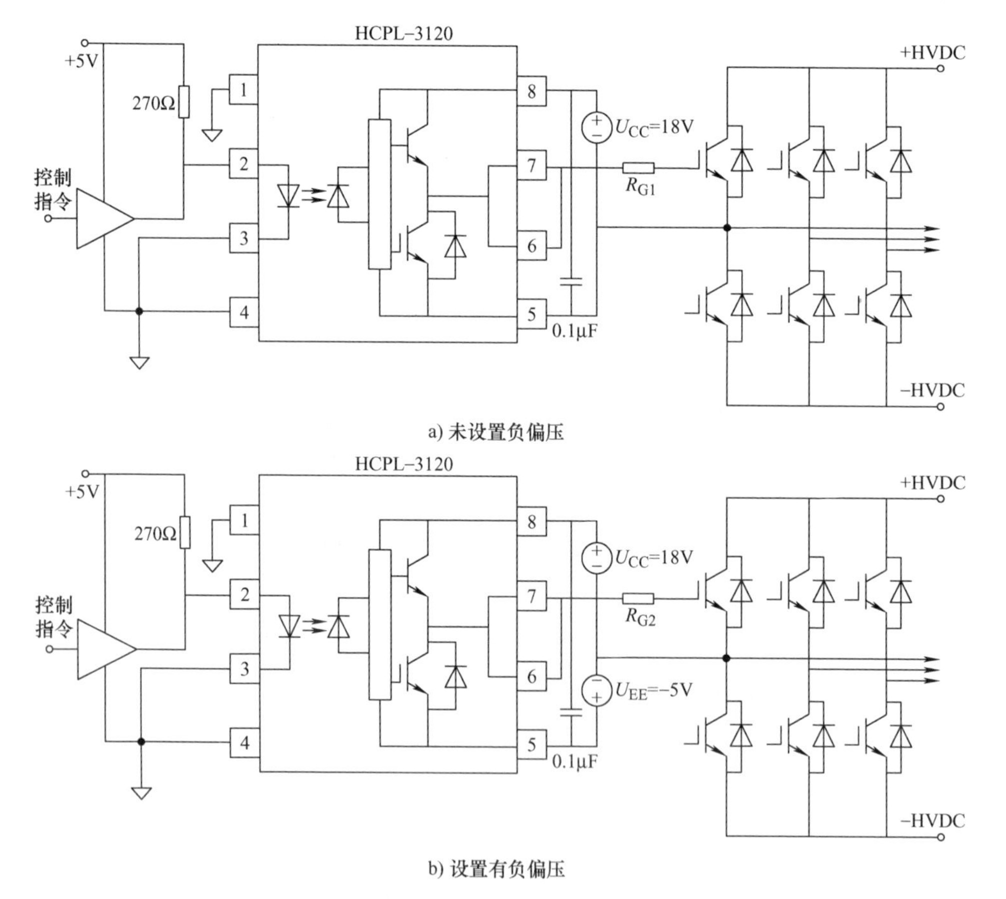

图3-30　基于光耦HCPL-3120的IGBT逆变器电路拓扑

图3-30中电阻R_{G1}和R_{G2}可按下式计算选择：

$$\begin{cases} R_{G1} \geqslant \dfrac{U_{CC} - U_{GE(TH)}}{I_G} \\ R_{G2} \geqslant \dfrac{U_{CC} - U_{EE} - U_{GE(TH)}}{I_G} \end{cases} \tag{3-26}$$

本例在初步设计时，将I_G取值为光耦HCPL－3120的额定电流I_M（如2.5A），$U_{CC}=18V$，$U_{EE}=-5V$，$U_{GE(TH)}=2V$，即可得到电阻R_{G1}、R_{G2}的最小值，再根据具体电路酌情选取它的参数值。

光耦HCPL－316能够输出2.0A栅极驱动电流，且具有集成（U_{CE}）去饱和检测和故障状态反馈功能，构建具有负偏压的驱动电路，如图3-31所示。

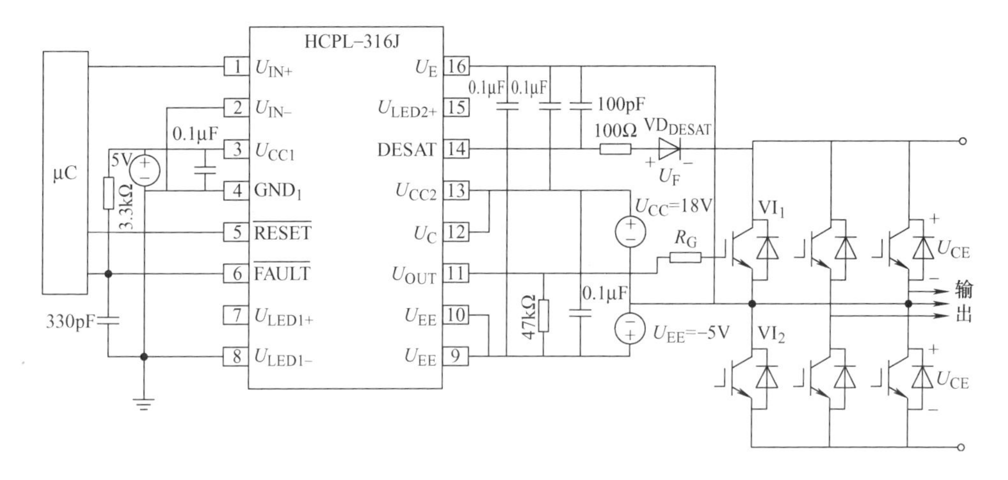

图3-31 基于光耦HCPL－316的去饱和检测和故障状态反馈的驱动电路

在工程实践中，316应用也特别多，如基于光耦HCPL－316的IGBT逆变器电路拓扑，如图3-32所示。

（5）利用隔离式栅极驱动器。目前市面上有许多专门针对IGBT/功率MOSFET进行了优化的隔离式栅极驱动器，如ADI公司的iCoupler®技术在输入信号与输出栅极驱动器之间实现隔离。比如隔离式栅极驱动器ADuM4135，其原理框图如图3-33所示，它提供米勒钳位，以便栅极电压低于2V时实现稳健的IGBT单轨电源关断。输出端可采用单电源或双电源供电，是否使能米勒钳位功能也可以进行配置。另外将去饱和检测电路，也集成在ADuM4135上，提供高压下IGBT的短路工作保护。去饱和保护包含降低噪声干扰的功能，比如在开关动作之后提供300ns的屏蔽时间，用来屏蔽初始导通时产生的电压尖峰。

现将隔离式栅极驱动器ADuM4135的引脚及其功能情况小结于表3-9中。表3-10表示驱动器ADuM4135的真值表。

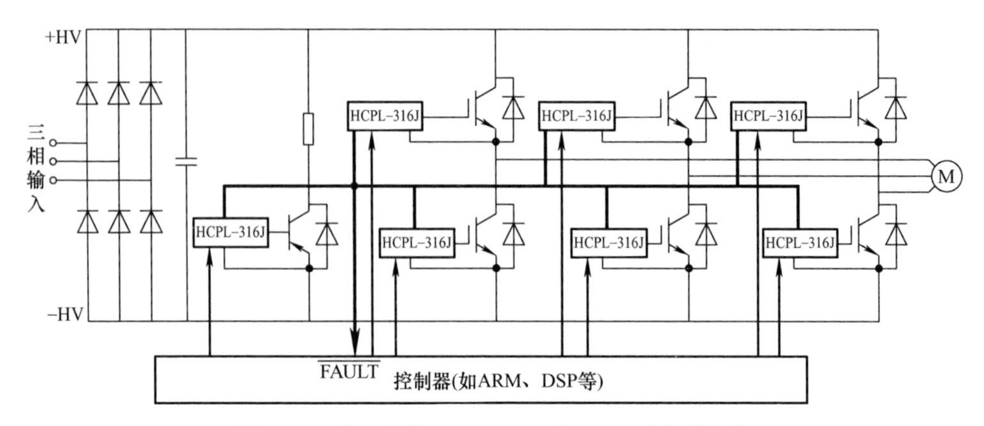

图 3-32　基于光耦 HCPL－316 的 IGBT 逆变器拓扑

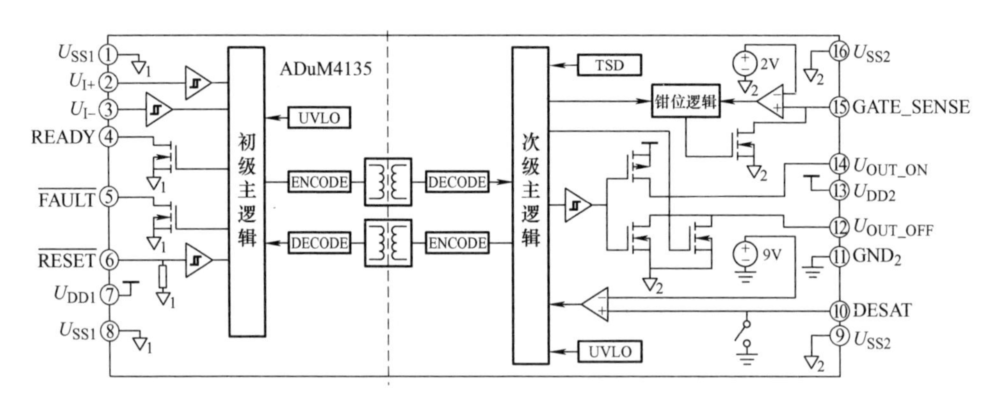

图 3-33　隔离式栅极驱动器 ADuM4135 的原理框图

表 3-9　驱动器 ADuM4135 的引脚及其功能说明

引脚号	引脚名称	功能描述	
1，8	U_{SS1}	一次侧电源地线端（参考地）	
2	U_{I+}	CMOS/IGBT 输入驱动正信号	正逻辑
3	U_{I-}	CMOS/IGBT 输入驱动负信号	
4	READY	开漏逻辑输出。此引脚连接到一个上拉电阻以读取信号。此引脚高电平状态表示该器件正常工作，并准备好提供栅极驱动；此引脚低电平状态会禁止栅极驱动输出变为高电平	
5	$\overline{\text{FAULT}}$	开漏逻辑输出。此引脚连接到一个上拉电阻以读取信号。此引脚上的低电平状态表示发生了去饱和故障，故障条件会禁止栅极驱动输出变为高电平	
6	$\overline{\text{RESET}}$	复位输入信号，故障存在时，将该引脚拉低可清除故障	
7	U_{DD1}	一次侧输入电源电压 2.3～5.5V，以 U_{SS1} 为基准	
9，16	U_{SS2}	二次侧负电源，－15～0V，以 GND_2 为基准	

（续）

引脚号	引脚名称	功能描述
10	DESAT	去饱和状况检测。此引脚连接到一个外部电流源或上拉电阻。此引脚支持 NTC 温度检测或其他故障条件。此引脚上的故障，会在一次侧的$\overline{\text{FAULT}}$引脚上置位故障，在一次侧清除故障之前，栅极驱动暂停 在故障期间，一个故障关断 N - FET 慢慢地拉低栅极电压
11	GND_2	二次侧的参考地。此引脚连接到 IGBT 的发射极或受驱动 MOSFET 的源极
12	U_{OUT_OFF}	关断信号的栅极驱动输出电流路径
13	U_{DD2}	二次侧输入电源电压，12 ~ 30V，以 GND_2 为基准
14	U_{OUT_ON}	导通信号的栅极驱动输出电流路径
15	GATE_ SENSE	栅极电压检测输入和米勒钳位输出。此引脚连接到受驱动的功率器件栅极。此引脚检测栅极电压以实现米勒钳位。不使用米勒钳位时，应将 GATE_SENSE 连接到 U_{SS2}

表 3-10 驱动器 ADuM4135 的真值表（正逻辑）

U_{I+} 输入	U_{I-} 输入	$\overline{\text{RESET}}$	READY	$\overline{\text{FAULT}}$	U_{DD1}	U_{DD2}	V_{GATE}
L	L	H	H	H	上电	上电	L
L	H	H	H	H	上电	上电	L
H	L	H	H	H	上电	上电	H
H	H	H	H	H	上电	上电	L
X	X	H	L	未知	上电	上电	L
X	X	H	未知	L	上电	上电	L
L	L	H	L	未知	无电	上电	L
X	X	L^3	未知	H^3	上电	上电	L
X	X	X	L	未知	上电	无电	未知

注：X—无关 L—低电平 H—高电平 U_{GATE}—接收到的驱动栅极电压 H—时间相关值，请读者参见该芯片的参数手册

图 3-34 表示驱动器 ADuM4135 的典型应用原理图，图中显示了带有额外 R_{BLANK}电阻的双极性设置，见图中 P_1 和 P_2 示意位置，可增加消隐电容的充电电流，用于去饱和检测；R_{BLANK}电阻可选；如需单极性工作，则可以移除 U_{SS2} 电源，并且必须将 U_{SS2} 与 GND_2 相连。为了提高抗干扰能力，图 3-34 中接地端 1 表示一次侧地线平面，接地端 2 表示二次侧的地线平面，两者必须严格隔开，即在设计电路

板的分区时，必须增加隔离带，如图 3-35 所示。图 3-34 图中电容 C_1、C_2和 C_4选择 0.1μF/25V、1206 封装（精度 10%）；电容 C_3和 C_5选择 10μF/25V、1206 封装（精度 10%）；电阻 R_7、R_9和 R_{15}选择 0Ω、1/4W、1206 封装（精度 1%）；电阻 R_{13}和 R_{14}选择 10kΩ、1/4W、1206 封装（精度 1%）；其他不用焊接。

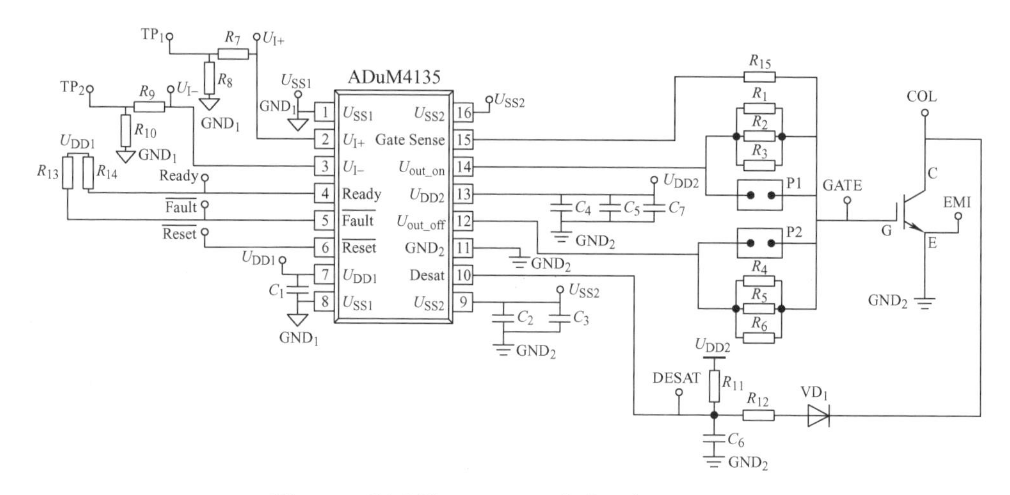

图 3-34 驱动器 ADuM4135 的典型应用原理图

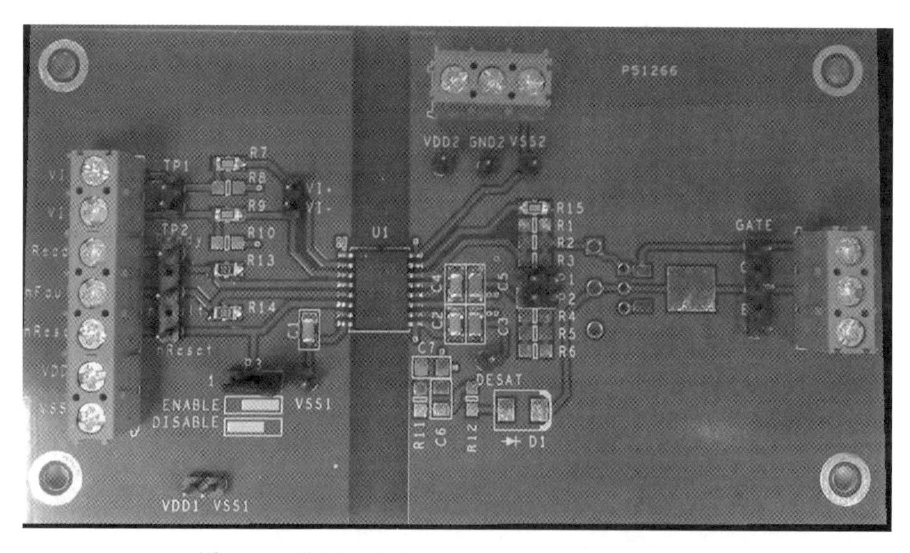

图 3-35 设置驱动器 ADuM4135 一、二次的隔离带

现将 ADI 公司的隔离式栅极驱动器类似产品小结于表 3-11 中，其中 CMTI 是共模瞬态抗扰度（Common Mode Transient Immunity）的缩写，它是指隔离器抑制快速共模瞬变的能力，通常测量单位是 kV/μs。共模瞬变是隔离应用中数据损坏的主要原因之一。

表 3-11 ADI公司的隔离式栅极驱动器类似产品

产品型号	说明	主要特性	优势
ADuM3223/ ADuM4223/	隔离式栅极驱动器	带片上隔离的2通道栅极驱动器(工作电压>849V峰值),传播延迟<54ns,通道间匹配<5ns	超快速、隔离式2通道栅极驱动,适合电桥应用、低传播延迟
ADuM4135/ ADuM4136	用于IGBT/MOSFET/SiC/GaN的隔离式栅极驱动器	集成保护功能(ULVO、DESAT)的隔离式栅极驱动器,最高5kV隔离,100kV/μs CMTI,4A驱动能力,55ns传播延迟	100kV/μs的CMTI和低传播延迟
ADuM4120		精密时序特性,2A隔离式5kV rms隔离,采用6引脚宽体SOIC封装,爬电距离为8mm	150kV/μs的CMTI和低传播延迟
ADuM4121		集成内部米勒钳位的高压、隔离式栅极驱动器,具有热关断功能的2A输出	
ADuM7223	隔离式精密半桥驱动器	4A隔离式半桥栅极驱动器,提供独立且隔离的高端和低端输出	高工作频率:1MHz(最大值)

当然,其他公司也有类似产品,如TI公司的ISO5852S驱动器,就是典型的可提供2.5A(拉电流)、5A(灌电流)的隔离式IGBT/MOSFET栅极驱动器,它具有分离输出(OUT_H和OUT_L)和有源安全特性的高CMTI、5.7kV_{rms}隔离能力。其输入端由2.25~5.5V的单电源供电运行,输出端允许的电源范围为15~30V,两个互补CMOS输入控制栅极驱动器的输出状态,76ns的短暂传播时间保证了对于输出级的精确控制。图3-36表示ISO5852S驱动器的原理框图。

现将ISO5852S驱动器的引脚及其功能情况小结于表3-12中。需要提醒的是,芯片ISO5852S内置的去饱和(DESAT)故障检测功能,可识别IGBT何时处于过电流状态。检测到DESAT时,静音逻辑会立即阻断隔离器输出,并启动软关断过程以禁用OUT_H引脚,并将OUT_L引脚拉至低电平持续2μs。当OUT_L引脚达到2V时(相对于最大负电源电势U_{EE2}),栅极驱动器会被“硬”拉至U_{EE2}电势,从而立即将IGBT关断。当发生去饱和故障时,器件会通过隔离隔栅发送故障信号,以将输入端的$\overline{FLT}$输出拉为低电平并阻断隔离器的输入。静音逻辑在软关断期间激活。$\overline{FLT}$的输出状态将被锁存,并只能在RDY引脚变为高电平后通过RST输入上的低电平有效脉冲复位。如果在由双极输出电源供电的正常运行期间关断IGBT,输出电压会被硬钳位为U_{EE2}。如果输出电源为单极,那么可采用有源米勒钳位,这种钳位会在一条低阻抗路径上灌入米勒电流,从而防止IGBT在高电压瞬态状态下发生动态导通。栅极驱动器是否准备就绪,待运行由两个欠电压锁定电路控制,

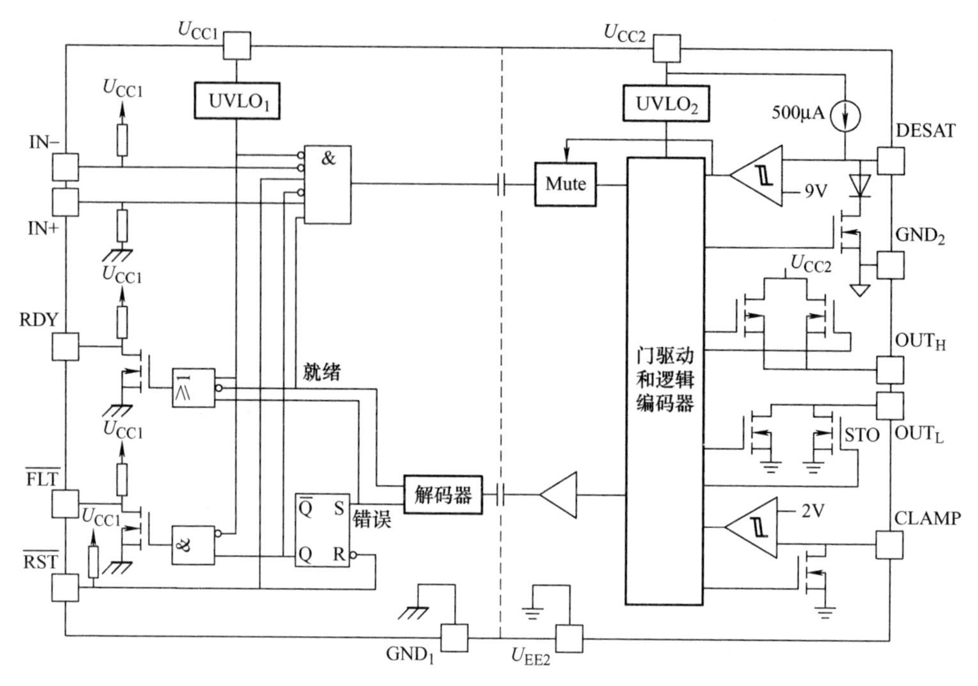

图 3-36 ISO5852S 驱动器的原理框图

这两个电路会监视输入端和输出端的电源。如果任意一端电源不足，RDY 输出会变为低电平，否则该输出为高电平。表 3-13 表示驱动器 ISO5852S 的真值表。

表 3-12 ISO5852S 驱动器的引脚及其功能说明

引脚号	引脚名称	功能描述	
7	CLAMP	弥勒钳位输出端	
2	DESAT	去饱和状况检测的电压输入端	
13	$\overline{FLT}$	低电平状态表示发生了去饱和故障（在 DESAT 有效期间）	
9，16	GND_1	一次侧输入的参考地线端	
3	GND_2	栅极触发的公共端，接 IGBT 的发射极 E	
10	IN +	CMOS/IGBT 输入驱动正信号	正逻辑
11	IN −	CMOS/IGBT 输入驱动负信号	
4	OUT_H	正的栅极触发电压输出端	
6	OUT_L	负的栅极触发电压输出端	
12	RDY	电源状态指示输出端，高电平有效，表示该器件一、二次电源均正常工作	
14	$\overline{RST}$	复位输入信号，故障存在时，将该引脚拉低可清除故障	
15	U_{CC1}	一次输入电源电压，2.3～5.5V，以 GND_1 为基准	
5	U_{CC2}	二次输入电源电压，15～30V，以 U_{EE2} 为基准	
1，8	U_{EE2}	二次输入电源的地线端，如连接到 GND_2 进行单极供电	

表 3-13　驱动器 ISO5852S 的真值表（正逻辑）

U_{CC1}	U_{CC2}	IN +	IN −	$\overline{RST}$	RDY	OUT_H/OUT_L
PU	PD	X	X	X	L	L
PD	PU	X	X	X	L	L
PU	PU	X	X	L	H	L
PU	开路	X	X	X	L	L
PU	PU	L	X	X	H	L
PU	PU	X	H	X	H	L
PU	PU	H	L	H	H	H

注：X—无关；L—低电平；H—高电平；PU—上电过程（U_{CC1}≥2.25V，U_{CC2}≥13V）；PD—断电过程（U_{CC1}≤1.7V，U_{CC2}≤9.5V）。

图 3-37 表示基于驱动器 ISO5852S 的三相逆变器拓扑，图中所示由三个驱动器 ISO5852S 构建 6 个 IGBT 的触发脉冲 PWM、μC 表示主控制器，$\overline{FAULT}$表示故障信号。

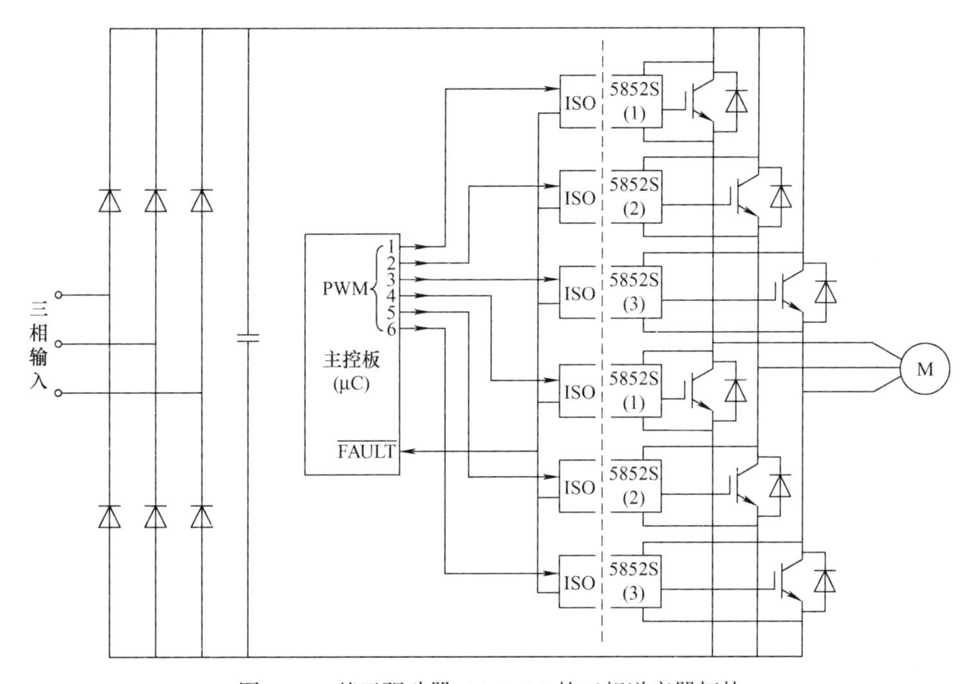

图 3-37　基于驱动器 ISO5852S 的三相逆变器拓扑

图 3-38 表示驱动器 ISO5852S 的两种供电电源模式，即单极性电源供电与双极性电源供电两种。

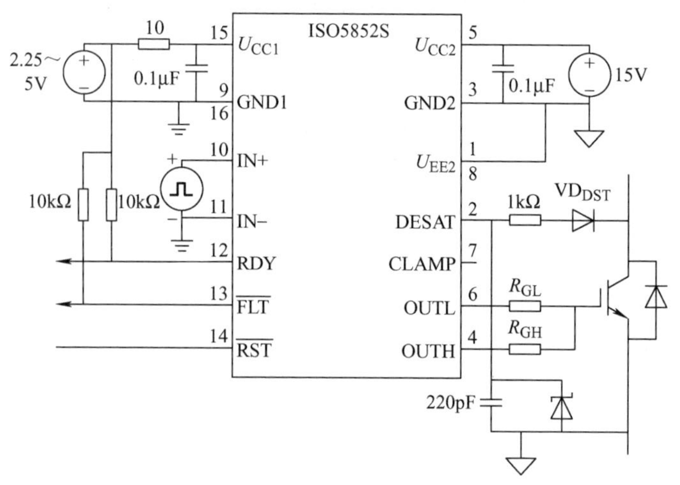

a) 单极性电源

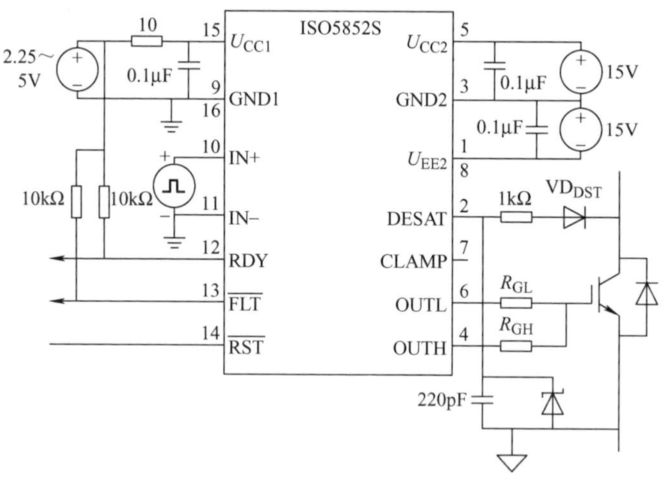

b) 双极性电源

图 3-38 驱动器 ISO5852S 的供电电源模式

3.3.3 保护电路

抑制 IGBT 发生过电压有以下几种方法：

（1）在适当的地方安装保护器件，例如 *RC* 阻容吸收模块、*RCD* 的模块、*C* 模块、*LC* 模块、*RLC* 模块和 *RLCD* 模块等，接线方法见表 3-14。

（2）按照表 3-7 所示的栅极驱动条件与器件特性的关系，控制好 $-U_{GE}$ 和 R_G，尽量减小主电路的布线电感 L_a。

（3）吸收电容应采用低感吸收电容，它的引线应尽量短，最好直接接在 IGBT 的端子上。

（4）吸收二极管应选用快开通和快恢复二极管，以免产生开通过电压和反向恢复引起较大的振荡过电压。

表3-14　IGBT模块的典型保护电路、特征与用途

缓冲电路连接图	特征（注意事项）	主要用途
RC缓冲电路 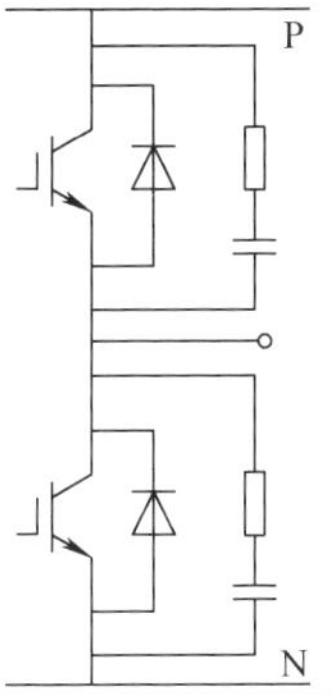 P N	（1）对关断浪涌电压抑制效果明显 （2）最适合于斩波电路 （3）应用于大容量的IGBT时，缓冲电阻必须位于低值，结果使关断时集电极电流增大，IGBT的负荷加重 （4）由于缓冲电路的损耗很大，因此不适用于高频用途	焊机 交换电源
充放电型RCD缓冲电路 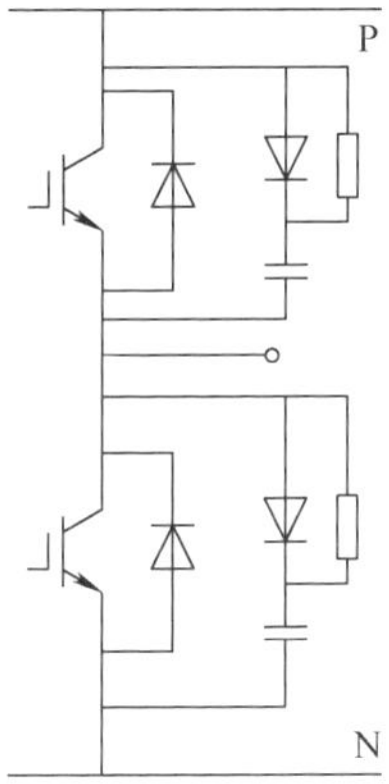 P N	（1）对关断浪涌电压有抑制效果 （2）与RC缓冲电路不同，由于外加了缓冲二极管，缓冲电阻值能够变大，能够回避开通时IGBT的负担问题 （3）与放电阻止型RCD缓冲电路相比，由于缓冲电路中发生的损耗（主要由于缓冲电阻发生的）值非常大，因此不适用于高频交换用途 （4）关于充放电型RCD缓冲电路的缓冲电阻所发生的损耗可以通过下式求出： $P_{R}=\frac{LI_{o}^{2}f_{S}}{2}+\frac{C_{e}E_{d}^{2}f_{S}}{2}$ 式中，L为主电路的寄生电感；I_{o}为IGBT关断时的集电极电流；C_{e}为缓冲电容器电容；E_{d}为直流电源电压；f_{S}为开关频率	变频器
放电阻止型缓冲电路 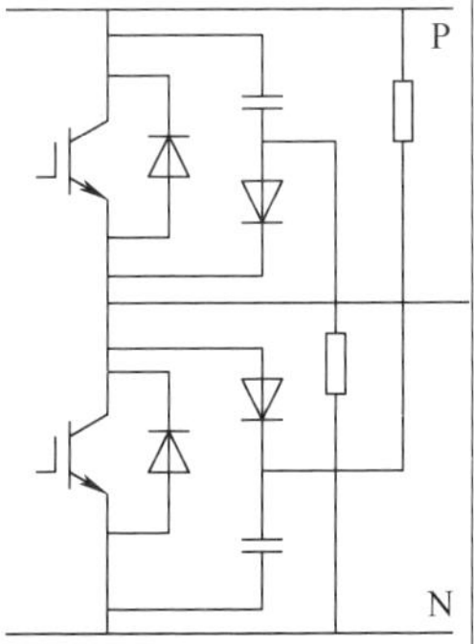 P N	（1）对关断浪涌电压有抑制效果 （2）最适合高频交换用途 （3）缓冲电路中发生的损耗少 （4）关于充放电型RCD缓冲电路的缓冲电阻所发生的损耗可以通过下式求出： $P_{R}=\frac{LI_{C}^{2}f_{S}}{2}$ 式中，L表示主电路的寄生电感；I_{C}表示IGBT关断时的集电极电流；f_{S}表示开关频率	变频器

（续）

缓冲电路连接图	特征（注意事项）	主要用途
*C*缓冲电路 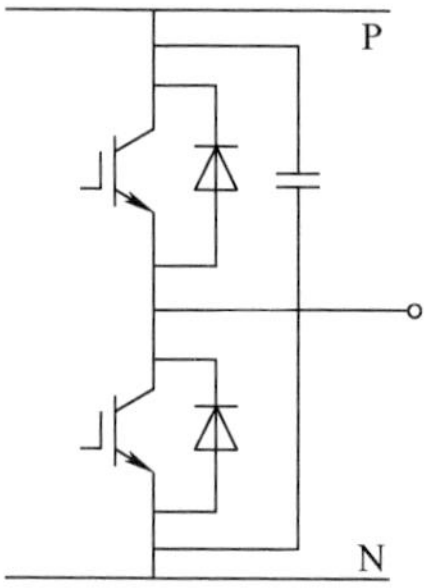 P N	（1）最简易的电路 （2）因由主电路电感与缓冲电容器产生 *LC* 谐振电路，母线电压容易产生振荡	变频器
*RCD*缓冲电路 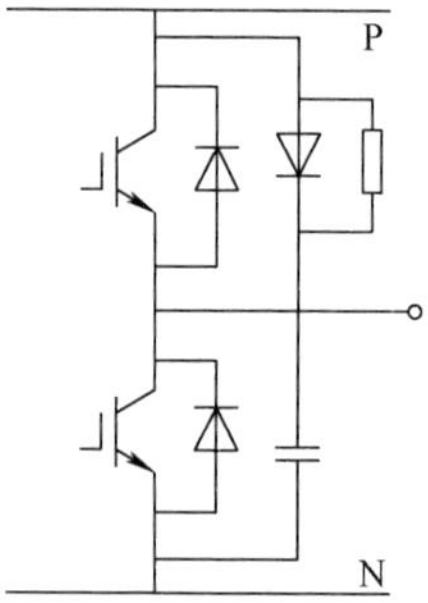 P N	（1）如果缓冲二极管选择错误，则会发生高的尖峰电压，或者缓冲二极管的反向恢复时电压可能发生振荡 （2）可以降低母线电压的振荡。母线配线长的情况下效果明显	变频器

表 3-15　C 型缓冲电路的取值参考数据

项目元器件额定值		驱动条件		主电路寄生电感/μH	缓冲电容 C_S/μF
电压/V	电流/A	U_{GE}/V	R_G/Ω		
600	50	≤15	≥68	—	0.47
	75		≥47		
	100		≥33		
	150		≥24	≤0.2	1.5
	200		≥16	≤0.16	2.2
	300		≥9.1	≤0.1	3.3
	400		≥6.8	≤0.08	4.7
1200	50	≤15	≥22	—	0.47
	75		≥9.1		
	100		≥5.6		
	150		≥4.7	≤0.2	1.5
	200		≥3.0	≤0.16	2.2
	300		≥2.0	≤0.1	3.3

现将 *RCD* 放电阻止型缓冲电路的设计方法简述如下：

（1）关断时 IGBT 的尖峰电压 U_{CE_M}的表达式为

$$U_{CE\_M}=E_D+U_{F\_M}+\left|-L_S\frac{dI_C}{dt}\right| \tag{3-27}$$

式中，E_D表示直流电源电压；U_{F_M}表示缓冲二极管的瞬态正向电压降；L_S表示缓冲电路的配线电感；dI_C/dt 表示关断时集电极电流变化率的最大值。

600V 等级的缓冲二极管的瞬态正向电压降 U_{F_M}的参考值一般在 20～30V 左右；1200V 等级的瞬态正向电压降 U_{F_M}的参考值一般在 40～60V 左右。在选择 IGBT 的额定电压时，必须超过关断时 IGBT 的尖峰电压 U_{CE_M}，一般为 2～3 倍的阈量为宜。

（2）缓冲电容器需要的电容由下式求出：

$$C_S=\frac{L_{SD}I_C^2}{(U_{CE\_M}-E_D)^2} \tag{3-28}$$

式中，L_{SD}表示主电路的寄生电感；I_C表示 IGBT 关断时的集电极电流；U_{CE_M}表示缓冲电容器电压的最终到达值，建议在选择缓冲电容器的电压等级时，取值为 1.5～2 倍 U_{CE_M}为宜。

缓冲电阻要求的机能是在 IGBT 下一次关断动作进行前，将存储在缓冲电容器中的电荷放电。在 IGBT 进行下一次断开动作前，将存储电荷的 90% 放电的条件下，求取缓冲电阻值的方法如下：

$$R_S=\frac{1}{2.3C_Sf_S} \tag{3-29}$$

式中，f_S为开关频率。

缓冲电阻值如果设定过低，由于缓冲电路的电流振荡，IGBT 开通时的集电极电流峰值也增加，建议在满足式(3-29) 的范围内尽量设定为高值。缓冲电阻发生的损耗 P_{RS}与电阻值无关，可由下式求得

$$P_{RS}=\frac{L_{SD}I_C^2f_S}{2} \tag{3-30}$$

缓冲二极管的瞬态正向电压下降是关断时发生尖峰电压的原因之一。另外，一旦缓冲二极管的反向恢复时间加长，高频交换动作时缓冲二极管产生的损耗就变大，缓冲二极管的方向恢复急剧，并且缓冲二极管的反向恢复动作是的 IGBT 的 C－E 间电压急剧地大幅度振荡。建议选择瞬态正向电压低、反向恢复时间短、反向恢复平顺的缓冲二极管。

在设计阶段设置保护模块之外，还需要采用电子保护电路，检测设备的输出电压或输入电流，当输出电压或输入电流超过允许值时，立即封锁触发脉冲。IGBT 模块的过电流保护电路可分为 2 类：一类是低倍数（如 1.2～1.5 倍）的过载保护；一类是高倍数（可达 8～10 倍）的短路保护。对于过载保护不必快速响应，

可采用集中式保护，即检测输入端或直流环节的总电流，当此电流超过设定值后比较器翻转，封锁所有IGBT驱动器的输入脉冲，使输出电流降为零。这种过载电流保护，一旦动作后，要通过复位才能恢复正常工作。IGBT能承受很短时间的短路电流，能承受短路电流的时间与该IGBT模块的导通饱和压降有关，随着饱和导通压降的增加而延长。如饱和压降小于2V的IGBT模块允许承受的短路时间小于5μs；而饱和压降3V的IGBT模块允许承受的短路时间可达15μs；4~5V的IGBT模块可达30μs以上。存在以上关系是由于随着饱和导通压降的降低，IGBT模块的阻抗也降低，短路电流同时增大，短路时的功耗随着电流的二次方加大，造成承受短路的时间迅速减小。

对于过电流保护，究竟采用哪种合适的电子电路进行保护，取决于电路拓扑，如图3-39所示。其中测试点①、②和④用于判断支路短路、输出短路和接地故障；③用于判断输出短路和接地故障。表3-16总结了在逆变装置的不同位置设置电流测试点及其用途。

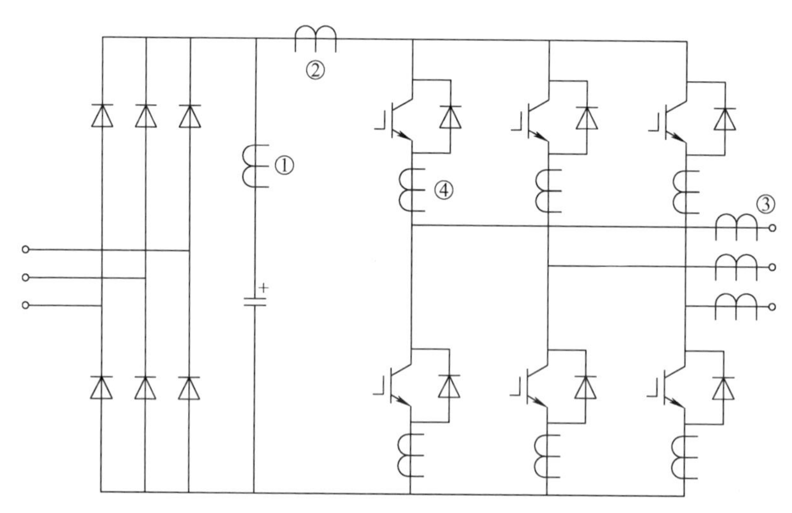

图3-39 逆变器的不同电流测试方案

表3-16 逆变装置的不同电流测试点及其用途

传给器插入位置	特征	检测内容
与平滑电容器串联插入点 ①	（1）可以使用交流互感器 （2）检测精度低	（1）支路短路 （2）串联支路短路 （3）输出短路 （4）接地
变频器的输入端插入点 ②	（1）需要使用霍尔电流传感器 （2）检测精度低	（1）支路短路 （2）串联支路短路 （3）输出短路 （4）接地

（续）

传给器插入位置	特征	检测内容
变频器的输出端插入点 ③	（1）高频输出装置上可以使用交流互感器 （2）检测精度高	（1）输出短路 （2）接地
与各元件串联插入点 ④	（1）需要使用霍尔电流传感器 （2）检测精度高	（1）支路短路 （2）串联支路短路 （3）输出短路 （4）接地

除了过电流保护，还有过电压保护。常见的过电压电子保护原理如图3-40所示，其中$PT_1 \sim PT_3$表示电压互感器。如果需要的话，还可以同时测试直流母线的电压。

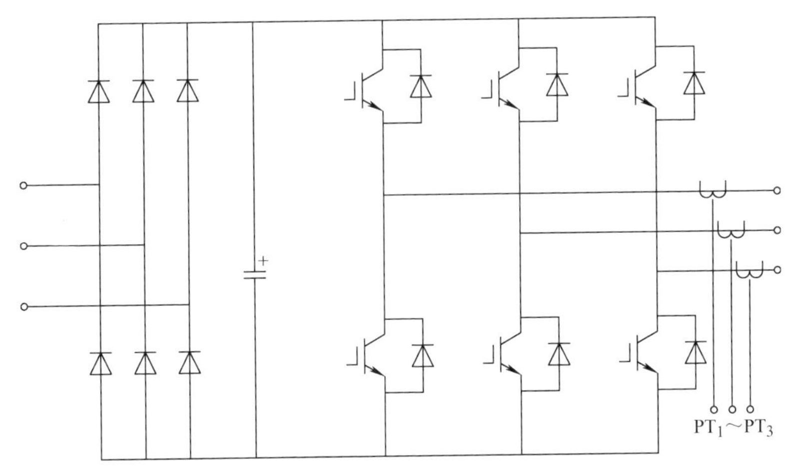

图3-40 过电压保护电子原理图

除了过电流、过电压保护之外，还有过热保护。因为任何电力电子器件工作时由于自身功耗而发热。IGBT的功耗主要由导通损耗、开关损耗、门极损耗三部分组成。在电路中过温保护电路，一旦超过设定的温度，立即封锁触发脉冲。为了确保IGBT长期可靠地工作，设计时散热器及其冷却方式的选择与其电流、电压的额定值选择同等的重要，千万不可大意！散热器的常用散热方式有：自然风冷、强迫风冷、热管冷却、水冷、油冷等。考虑散热问题的总原则是：控制模块中管芯的结温不超过产品数据表给定的额定结温。由于结温不容易直接测量，通过控制模块底板的温度（即壳温）来控制结温是一种有效的方法，从温控传感器测量壳温（设置T_C不超过75～80℃），即可判断模块的工作是否正常，在后面信号处理章节中讲授此法。

第 2 篇

典型传感及其信号处理技术篇

在电力电子装置中，既含有由电力电子器件构成的强电部分，又含由主控板、信号检测板、接口板等构成的弱电环节，还含有连接于强电与弱电之间的驱动板，真正实现在既定策略的操控下，由信号流控制功率流的能量变换功能。因此，本书第 2 篇介绍典型传感器与信号处理技术，包含它们的基本原理、典型电路等。尤其是典型电路的设计方法、参数选型计算等将是本书讲授重点，因为它们将会为主控板实时获取反映电力电子装置现场运行的状态参数与健康数据。

第 4 章　电流传感器与信号处理技术

4.1　应用概述

4.1.1　应用示例分析

光伏逆变器（PV Inverter 或 Solar Inverter）可以将光伏（PV）太阳能板产生的可变直流电压转换为市电频率交流电（AC）的逆变器，可以反馈回商用输电系统，或是供离网的电网使用。光伏逆变器是光伏阵列系统中重要的系统平衡之一，可以配合一般交流供电的设备使用。太阳能逆变器有配合光伏阵列的特殊功能，例如最大功率点追踪及孤岛效应保护的机能，可以分为以下三类：

（1）独立逆变器（Stand-Alone Inverters）：用在独立系统，光伏阵列为电池充电，逆变器以电池的直流电压为能量来源。许多独立逆变器也整合了电池充电器，可以用交流电源为电池充电。一般这种逆变器不会接触到电网，因此也不需要孤岛效应保护机能。

（2）并网逆变器（Grid-Tie Inverters）：逆变器的输出电压可以回送到商用交流电源，因此输出弦波需要和电源的相位、频率及电压相同。并网逆变器会有安全设计，若未连接到电源，会自动关闭输出。若电网电源跳电，并网逆变器没有备存供电的机能。

（3）备用电池逆变器（Battery Backup Inverters）：是一种特殊的逆变器，由电池作为其电源，配合其中的电池充电器为电池充电，若有过多的电力，会回灌到交流电源端。这种逆变器在电网电源跳电时，可以提供交流电源给指定的负载，因此需要有孤岛效应保护机能。

光伏逆变器通常会用到最大功率点跟踪（Maximum Power Tracking，MPPT）技术，通过不断对 PV 的电压（电压控制）或电流（电流控制）进行小幅度的扰动，实时计算其输出功率的变化，从而逐渐实现最大功率点的跟踪。太阳能电池的太阳辐照度、温度及总电阻之间有复杂的关系，因此输出效率会有非线性的变化，称为电流-电压曲线。现将几种典型的 MPPT 算法小结于表 4-1 中。

为了阐释光伏逆变器工作机理，可以用图 4-1 进行说明，它包括功率单元、控制器、功率接口以及附件，现将它们简述如下：

表 4-1 几种典型的 MPPT 算法

MPPT 方法	光伏电池板特性	电路实现	复杂性	检测参数
扰动观察法	否	模拟、数字	低	电压、电流
增量电导法	否	数字	中	电压、电流
固定参数法	是	模拟、数字	低	电压、电流
模糊控制	是	数字	高	多种变量
神经网络	是	数字	高	多种变量
电容纹波法	否	模拟	低	电压、电流
电流扫描法	是	数字	高	电压、电流
负载电流电压参数法	否	模拟	低	电压、电流
微分反馈控制	否	数字	中	电压、电流

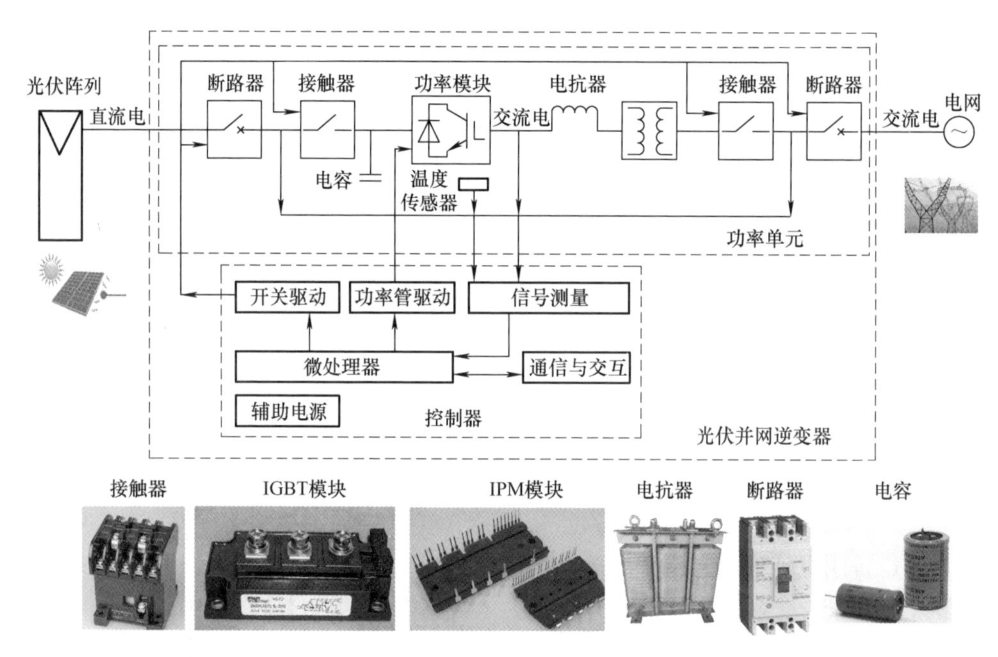

图 4-1 光伏逆变器的典型拓扑

(1) 功率单元：主要由功率器件（含驱动板）、断路器、接触器、电抗器、变压器等组成，其中功率器件的选择至关重要。根据逆变器容量的不等，在小容量低压系统中使用较多的器件为功率 MOSFET；在高压大容量系统中一般采用 IGBT 模块；而在特大容量系统中，一般均采用 IGCT、GTO 等功率器件。

(2) 控制器：主要由微处理器、开关驱动控制板、功率管驱动接口板、通信与交互模块、信号测量以及辅助电源等组成。控制器多采用高速 CPU 微处理器和高精度 A-D 模数转换器，是一个微机数据采集、监测控制与通信交互系统。既可快速实时采集光伏逆变系统当前的工作状态，随时获得光伏逆变系统的工作信息，又可详细积累光伏逆变系统的历史数据，为评估光伏逆变系统设计的合理性及检验系统部件质量的可靠性提供准确而充分的依据。此外，控制器利用通信交互模块，进行通信数据传输功能，可将多个光伏系统子站进行集中管理和远距离控制。

（3）功率接口：主要将光伏阵列、光伏并网逆变器与交流电网三者联系起来，既牵涉到直流功率，又涉及到交流功率。

（4）附件：主要包括辅助电源、浪涌保护模块，确保装置健康、安全和可靠工作。

如图4-1和表4-1所示，控制器要实现MPPT算法，就必须借助信号测量模块，实时获取光伏阵列输出的直流电压和电流、采集光伏逆变器输出的交流电压和电流、收集反应功率单元的温度状态。为此，本书着重介绍电压传感器、电流传感器以及其他传感器的工作原理、典型电路设计技术等。

4.1.2　电流传感器简介

电流传感器有很多种，按照测量原理的不同，可以有分流器、光纤电流传感器、霍尔电流传感器和交流电流互感器原理（电磁感应原理）等，现将其汇集于表4-2中。统计表明，在电力电子装置中，应用最多的还是霍尔电流传感器和交流电流互感器，因此，本书将以此为重点，讲述它们的工作原理、选型方法和后续电路设计技巧等重要内容。

表4-2　几种典型的电流测量方法对比

项目	测量方法			
	分流器	交流互感器	霍尔传感器	光纤传感器
测量对象	直流、交流、脉冲	交流（交流互感器），直流（直流互感器）	直流、交流、脉冲	直流、交流
线性度	<0.5%	易饱和	<0.1%	典型
精度	小电流低频时精度较高	中等	闭环型精度高	较高
输出信号	60mV，75mV、100mV、120mV、150mV和300mV等	1A/5A	能够根据客户定制	1A/5A
插入损耗	有	无	无	无
频率范围	0～30kHz	较窄	0～100kHz	<1MHz
电气隔离	无隔离	隔离	隔离	隔离
适用场合	小电流，控制测量	交流测量，电网监控	控制测量	高压测量，电力系统常用

（续）

项目	测量方法			
	分流器	交流互感器	霍尔传感器	光纤传感器
使用方便性	小信号放大，需隔离处理	使用较简单	使用简单	—
布置方式	串入被测回路	串入被测回路	开孔，导线穿过	—
对各次谐波幅度是否衰减及衰减一致性	无	有，不一致	无	无
对各次谐波有否相移及相移一致性	很小，可以忽略	有，不一致	很小，可以忽略	很小，可以忽略
所需电源	二组	不需要	一组	不需要
辅助电路	恒温电路	无	无	无
体积	大（尤其是测量高压大电流时）	大	小	小
重量	轻	重	轻	轻
安装是否方便	不便	不便	方便	不便
价格	低	低	高	最高
调试难易程度	较难	容易	容易	难
普及程度	普及	普及	较普及	未普及

4.2 霍尔电流传感器原理

4.2.1 霍尔效应

霍尔效应（Hall effect）的本质在于，固体材料中的载流子在外加磁场中运动时，因为受到洛仑兹力的作用而使轨迹发生偏移，并在材料两侧产生电荷积累，形成垂直于电流方向的电场，最终使载流子受到的洛仑兹力与电场斥力相平衡，从而在两侧建立起一个稳定的电势差即霍尔电压。大量的研究揭示，参加材料导电过程的不仅有带负电的电子，还有带正电的空穴。正交电场和电流强度与磁场强度的乘积之比就是霍尔系数 k，平行电场和电流强度之比就是电阻率。

如图 4-2 所示，在半导体薄片两端通以控制电流 I_C，并在薄片的垂直方向施加磁感应强度为 B 的匀强磁场，则在垂直于电流和磁场的方向上产生电势差为 u_H 的霍尔电压，其表达式为

$$u_H = k\frac{BI_C}{d} \tag{4-1}$$

式中，u_H表示霍尔电压；k表示霍尔系数，它的大小与薄片的材料有关；I_C表示控制电流（又称激励电流）；B表示垂直于电流I_C的匀强磁场的感应强度；d表示薄片的厚度。

霍尔系数k可以为

$$k = \frac{1}{nq} \tag{4-2}$$

式中，n表示单位体积内载流子或自由电子的个数；q表示电子电量。

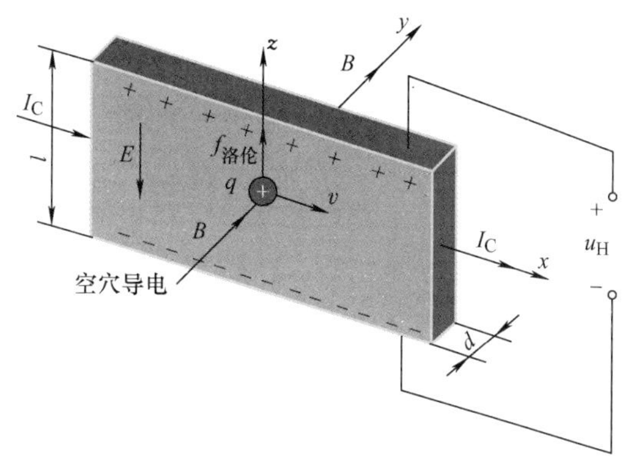

图4-2　霍尔效应示意图

4.2.2　开环霍尔电流传感器

霍尔电流传感器（Hall Current Sensor）和霍尔电压传感器（Hall Voltage Sensor），已成为电力电子装置中应用最多的传感器件，它们是测量电流、电压的新一代工业用电参量传感器。目前最常用的霍尔电流传感器主要有两大类：① 开环式霍尔电流传感器；② 闭环式霍尔电流传感器。

下面将详细讨论它们的工作原理、选型方法和后续电路设计技巧等重要内容。为方便起见，将开环式霍尔电流传感器的原理框图绘制于图4-3中，标准圆环铁心有一个缺口，将霍尔传感器插入缺口中，圆环上绕有被测电流母排（线圈），当电流通过线圈时产生磁场，则霍尔传感器有信号输出。

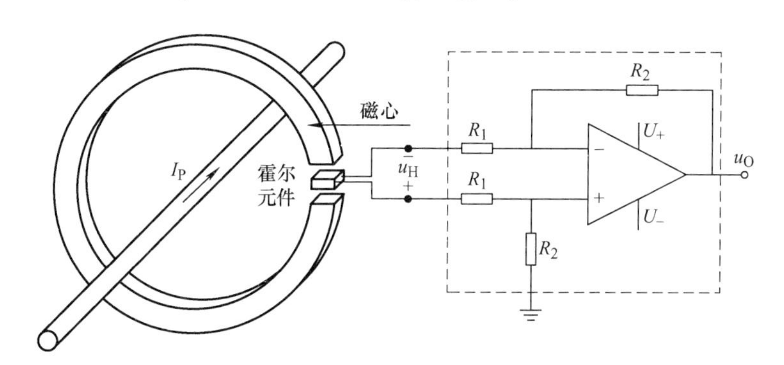

图4-3　开环式霍尔电流传感器的原理框图

根据霍尔效应的原理可知，从霍尔元件的控制电流端通入控制电流I_C，并在霍尔元件平面的法线方向上施加磁场强度为B的磁场，那么在垂直于电流和磁场方向，将产生霍尔电势u_H，即

$$u_H = k\frac{BI_C}{d} \tag{4-3}$$

根据无限长载流直导线在半径为r处的磁感应强度B_0的表达式为

$$B_0 = \frac{\mu_0 I_P}{2\pi r} \tag{4-4}$$

式中，表示 I_P表示被测电流；μ_0表示真空磁导率。

同理，可以推导得到被测电流 I_P在半径为 r 处的磁心中的磁感应强度 B 的表达式为

$$B = \frac{\mu I_P}{2\pi r} \tag{4-5}$$

式中，μ 表示霍尔传感器磁心磁导率。联立表达式(4-3) 和式(4-5)，化简得到被测电流 I_P的表达式为

$$I_P = u_H \frac{d \times 2\pi r}{\mu k I_C} \tag{4-6}$$

由于霍尔传感器的磁心材料特性（如 μ）、磁心尺寸（如半径 r）、控制电流 I_C、霍尔元件的尺寸（如 d）固定不变，且假设霍尔系数 k 也不变，那么可以认为被测电流 I_P只与霍尔电动势 u_H有关，即

$$\begin{cases} I_P = u_H K_H \\ K_H = \dfrac{d \times 2\pi r}{\mu k I_C} \end{cases} \tag{4-7}$$

如果测量获得霍尔电动势 u_H，即可根据表达式(4-7) 计算获得被测电流 I_P。这就是开环式霍尔电流传感器的工作机理。

如图 4-3 所示，当被测电流 I_P（根据习惯，又称为一次电流）流过一根长直导线时，在导线周围将产生一磁场，这一磁场的大小与流过导线的电流成正比，产生的磁场聚集在磁环内，通过测量磁环气隙中霍尔元件输出的霍尔电动势并进行放大输出，该输出电压 u_O能够精确地反映被测电流 I_P。

根据差分放大器的输出电压表达式得知，图 4-3 所示差分放大器的输出电压 u_O的表达式为

$$u_O = u_H \frac{R_2}{R_1} \tag{4-8}$$

联立表达式(4-7) 和式(4-8)，可以推导获得被测电流 I_P表达式为

$$I_P = \frac{u_O}{K_P} \tag{4-9}$$

式中，K_P表示整个测试系统的比例系数，它可以表示为

$$K_P = \frac{\mu R_2 I_C k}{d \times 2\pi r R_1} \tag{4-10}$$

式(4-10) 即为被测电流 I_P的表达式，这就是开环式霍尔电流传感器的基本表达式。

4.2.3　闭环霍尔电流传感器

闭环式霍尔电流传感器，也称补偿式或者磁平衡式霍尔电流传感器，它的原理框图如图4-4所示，在标准圆环铁心有一个缺口，将霍尔传感器插入缺口中，圆环上还绕有二次线圈，当被测电流 I_P 通过线圈时，它便在聚磁环处产生的磁场，可以通过一个二次线圈电流所产生的磁场进行补偿，其补偿电流 I_S 精确地反映被测电流 I_P，从而使霍尔元件处于检测零磁通的工作状态。

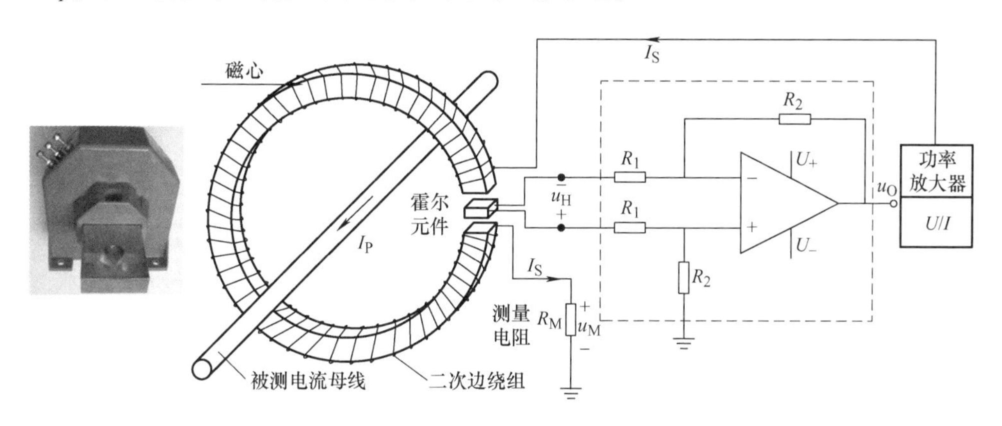

图4-4　闭环式霍尔电流传感器的组成框图

现将闭环式霍尔电流传感器的具体工作过程简述如下：

（1）当主回路有一被测电流 I_P 通过时，在导线上周围产生的磁场被磁环聚集并感应到霍尔元件上，将产生霍尔电动势信号 u_H。

（2）经过电压-电流变换输出用于驱动功率管并使其导通，从而获得一个补偿电流 I_S（习惯上又称为二次电流）。

（3）补偿电流，再通过多匝绕组 N_2（习惯上又称为二次绕组）产生磁场，该磁场与被测电流产生的磁场正好大小相等、方向相反，从而补偿了原来被测电流所产生的磁场，使霍尔元件输出的霍尔电动势信号 u_H 逐渐减小。

（4）当与被测电流 I_P 与匝数 N_1（习惯上又称为一次绕组）相乘所产生的磁场相等时，补偿电流 I_S 不再增加，这时霍尔元件起到指示零磁通的作用，此时可以通过检测补偿电流 I_S 来获得被测电流 I_P 的大小。

（5）一旦被测电流 I_P 发生变化时，零磁通的平衡状态就会遭到破坏，霍尔元件就会有霍尔电动势信号输出，即重复上述过程，直至达到新的平衡。

（6）被测电流的任何变化都会破坏这一平衡，一旦磁场失去平衡状态，霍尔元件就会有霍尔电动势信号输出，经功率放大后，立即就会有相应的补偿电流 I_S 流过二次绕组 N_2 以对失衡的磁场进行补偿。

（7）从磁场失衡到再次平衡，所需的时间理论上不到1μs，这是一个动态平衡的过程。

因此，从宏观上看，补偿电流的安匝数（$I_S N_2$）在任何时间都与初级被测电流的安匝数（$I_P N_1$）相等，即

$$I_P N_1 = I_S N_2 \tag{4-11}$$

式中，N_1和N_2分别表示一次绕组和二次绕组的匝数。

联立式(4-10) 和式(4-11)，可以推导获得补偿电流I_S表达式为

$$I_S = \frac{u_O N_1}{K_P N_2} \tag{4-12}$$

为了方便测试补偿电流I_S的大小，大多采用电流-电压变换电路，即在二次绕组出线端，串联一个测量电阻R_M，因此，补偿电流I_S的表达式为

$$I_S = \frac{u_M}{R_M} \tag{4-13}$$

式中，u_M表示测量电阻R_M的端电压。

联立式(4-9)、式(4-12) 和式(4-13)，可以推导获得被测电流I_P的表达式为

$$I_P = \frac{u_M}{R_M} \frac{N_2}{N_1} \tag{4-14}$$

式(4-14) 即为被测电流I_P的表达式，此为闭环式霍尔电流传感器的基本工作原理。这种基于零磁通原理的闭环式霍尔电流传感器，明显优于开环式霍尔电流传感器，突出表现在前者响应时间快、测量精度高，特别适用于弱小电流的检测。不过，由于闭环式电流传感器必须在磁环上绕成千上万匝的补偿线圈，因而成本增加；其次，补偿电流的消耗也相应增加，加重了电源的负担。

4.2.4 霍尔电流传感器的特点

霍尔电流传感器，不论是开环还是闭环原理，它们具有响应时间快、低温漂、精度较高、体积小、频带宽、抗干扰能力强、过载能力强等优势，具体包括以下7个方面：

（1）非接触式测量传感器。在现场测量时，不需要将霍尔电流传感器与被测量电流母排串接，具有良好的电气隔离特性，待测设备的电气接线不用丝毫改动，即可测得被测电流的数值。在3kV以上的高压系统，霍尔电流传感器能与传统的高压互感器配合，替代传统的电参量变送器，为模/数转换提供方便。

（2）测量范围广。霍尔电流传感器可以测量任意波形的电流，如直流、交流、脉冲、三角波形等，甚至对瞬态峰值电流信号也能忠实地进行反映。

（3）响应速度快。最快的霍尔电流传感器的响应时间不超过1μs，可以满足电力电子装置的现场测控需要。

（4）测量精度高、线性度好。霍尔电流传感器的测量精度优于1%，高精度的传感器可以达到0.1%，它们适合于对任何波形的测量。绝大多数的霍尔电流传感

器的线性度优于0.2%。

（5）工作频带宽。闭环式霍尔电流传感器在0～100kHz频率范围内的信号，均可以测量。

（6）与分流器相比。分流器的弊端是不能电气隔离，且还有插入损耗，电流越大，损耗越大，体积也越大。人们还发现分流器在检测高频大电流时，带有不可避免的电感性，不能真实传递被测电流波形，更不能真实传递非正弦波型。与分流器相比，霍尔电流传感器就没有这些不足之处。

（7）与互感器相比。虽然电流互感器的工作电流等级多，在规定的正弦工作频率下有较高的精度，但它能适合的频带非常窄。此外，工作时互感器存在励磁电流，所以这是电感性器件，使它在响应时间上只能做到数十毫秒。众所周知的电流互感器二次侧一旦开路将产生高压危害，其测量动态范围小、频带窄、易受电磁干扰、精度低、绝缘结构复杂、造价高。

与电流互感器相比，霍尔电流传感器继承了互感器一、二次可靠绝缘的优点，又解决了传递变送器价格昂贵、体积大，还要配仪用互感器等不足。在使用中，霍尔电流传感器输出信号既可直接输入到高阻抗模拟表头或数字面板表中，还可经过二次处理变换为模拟信号或者数字信号，将模拟信号送给自动化装置或者将数字信号送给计算机接口。

总之，传统的检测元件受到规定频率、规定波形、响应滞后等诸多因素的限制，不能适应大功率变流技术的发展，应运而生的新一代霍尔电流传感器，可广泛应用于变频调速装置、逆变装置、UPS、逆变焊机、电解电镀、数控机床、微机监测系统、电网监控系统和需要隔离的电流检测的各个领域中，这将是电力电子技术史上划时代的根本性变革，尤其是随着电力电子装置向高频化、模块化、组件化、智能化方向发展，霍尔电流传感器更是无可争辩地当上霸主地位，它能够精确测量各种电压波形的有效值，设计人员不必再去考虑波形参数的变换计算及失真度等因素，使用起来得心应手。

4.3　霍尔电流传感器信号处理技术

4.3.1　典型参数

实践表明，是否正确理解霍尔电流传感器的关键性参数，对设计结果的正确性影响非常大，终其结果，最终将影响整个测试系统的测试准确度。建议读者找一个类似产品仔细学习和研究，明白各个参数的具体含义、取值范围。

现将霍尔电流传感器的主要特性参数小结如下：

（1）一次与二次额定电流有效值。I_{PN}指电流传感器所能测试的标准额定值，用有效值表示。I_{PN}的大小与传感器型号有关。I_{SN}指电流传感器二次额定电流，一般为10～400mA，当然根据具体型号的不同，该参数可能会有所不同。

（2）零点失调电流。零点失调电流I_0，也叫残余电流或剩余电流，它主要是由霍尔元件或电子电路中运算放大器工作状态不稳造成的。电流传感器在生产时，在25℃，$I_P=0$时的情况下，零点失调电流已调至最小，但传感器在离开生产线时，都会产生一定大小的偏移电流。产品技术文档中提到的精度已考虑了偏移电流增加的影响。

（3）线性度。线性度决定了传感器输出信号（一次电流I_S）与输入信号（二次电流I_P），在测量范围内成正比的程度。

（4）温度漂移电流。零点失调电流I_0的温度漂移电流I_{OT}，是指电流传感器性能表中的温度漂移值。失调电流I_0是在25℃时计算出来的，当霍尔电极周边环境温度变化时，失调电流I_0会产生变化，因此，考虑失调电流I_0在整个测试温度范围内的最大变化是很重要的。

（5）过载。电流传感器的过载能力，是指发生电流过载时，在测量范围之外，一次侧电流仍会增加，而且过载电流的持续时间可能很短，而过载值有可能超过传感器的允许值。在选择传感器时，必须重视的是，当发生电流过载时，传感器虽然测量不出来，但不要对传感器造成损坏。

（6）精度。霍尔效应传感器的精度取决于额定电流I_{PN}。在25℃时，传感器测量精度与原边电流有一定影响，同时评定传感器精度时，还必须考虑零点失调电流I_0、线性度、温度漂移电流I_{OT}的影响。

为了读者阅读和理解，本书以LEM公司的霍尔电流传感器为例进行介绍，现将它们的关键性参数小结于表4-3中。

表4-3　霍尔电流传感器的关键性参数

参数	符号	含义	单位	备注
电气参数	I_{PN}	一次额定电流有效值	A_{RMS}	大小与传感器产品的型号有关
	I_P	一次电流测量范围	A	
	I_{PMAX}	一次电流最大值	A	
	I_{SN}	二次额定电流有效值	mA	一般为20～100mA，大电流型传感器会有所不同
	K_N	转换率，即二次电流与一次电流之比	—	$K_N=I_{SN}/I_{PN}$
	U_C	电源电压	V	一般为±15～±18V
	U_D	有效值电流用于绝缘检测	V	测试条件为50Hz/min

（续）

参数	符号	含义	单位	备注
精度——动态参数	X_G	总精度		测试条件：I_{PN}，环境温度25℃
	ε_L	线性度		测试条件：环境温度25℃
	I_O	零点失调电流	A	测试条件：环境温度25℃
	I_{OM}	磁性失调电流	A	测试条件：$I_{PN}=0$，环境温度25℃
	I_{OT}	零点失调电流I_O的温度漂移电流	A	温度范围：$-10\sim+70$℃
	T_{ra}	反应时间	ns	测试条件：10%I_{PMAX}
	T_r	响应时间	ns	测试条件：90%I_{PMAX}
	di/dt	di/dt跟随精度	A/μs	
	f	频带宽度（-3dB）	kHz	
一般参数	T_A	正常工作温度范围	℃	如$-10\sim+70$℃
	T_S	存储温度范围	℃	如$-25\sim+80$℃
	R_S	二次线圈电阻	—	测试条件：环境温度70℃
	M	传感器质量	kg	

4.3.2 选型方法

选择哪种类型的霍尔传感器是由需求决定的。不过，在选择类型之前，需要进一步明确测试需求，包括性能要求、价格承受能力、使用安装方式等。某些厂商根据客户的不同需求，基于传感器内部工作原理、安装方式、测量信号特征的不同，对产品进行了分类，便于用户选择和使用，用户可据此进行选择。

根据LEM公司的手册，霍尔电流传感器主要有开环（又称直测式）和闭环（零磁通式）两种类型。开环型精度差、价格低，精度典型值为1%；闭环型精度可以到0.1%，但价格也比开环型高出好几倍。

选择霍尔电流传感器时，需要遵从传感器的选型方法和注意事项（详见本书第5章的第5.1节“选型方法”的内容）。在选择传感器时，要了解被测电流的特点，如它的状态、性质、幅值、频带、测量范围、速度、精度，还有就是过载的幅度和出现频率等。考虑到霍尔电流传感器自身的特殊性，还需要重视以下5点：

（1）被测电流额定值。如果被测电流长时间超额，会损坏传感器内部末极的功率放大器管子（指的是闭环式霍尔电流传感器）。一般情况下，2倍的过载电流持续时间不得超过1min。选择量程时，应接近霍尔电流传感器的标准额定值I_{PN}，不要相差太大。如条件所限，手头仅有一个额定值很高的传感器，而欲测量的电流值又低于额定值很多，为了提高测量精度，可以把被测电流母排多绕几圈，使之接近额定值。例如当用额定值100A的传感器去测量10A的电流时，为提高精度可将一次侧导线在传感器的内孔中心绕 10 圈［一般情况，$N_1=1$；在内孔中绕一圈，$N_1=2, 3, \cdots$；连续绕9圈，$N_1=10$，那么，则 $N_1\times10\text{A}=100\text{AN}$，与传感器的额定值相当，从而可提高精度。不过按照这种方法测量时，需要考虑下面的第（3）条的内容］。

（2）被测电流频率特征。被测电流究竟是交流、直流还是脉冲电流，是低压环境还是高压场合等测试要求。

（3）安装方式的选择。常见的安装方式有 PCB 安装型和开孔型两种。PCB 安装型适合小电流采样，开孔型适合大电流采样。特别要注意传感器的穿孔尺寸，它是否能够保证被测电流母排顺利穿过传感器。

（4）注意现场的应用环境。选择霍尔电流传感器时需要注意现场的应用环境，是否有高温、低温、高潮湿、强振动等特殊环境。

（5）需要注意安装空间、走线方式。选择霍尔电流传感器时，需要注意安装空间、被测电流母排的走线结构和进出线方式是否满足。选择霍尔电流传感器，所需考虑的因素和事项很多，实际中不可能也没有必要面面俱到满足所有要求。读者应从系统总体对霍尔电流传感器的目的、要求出发，综合分析主次、权衡利弊、抓住主要方面、突出重要事项，并加以优先考虑。在此基础上，就可以明确选择霍尔电流传感器的具体问题，如量程的大小、过载量、被测电流母排的安装位置、霍尔电流传感器的重量和体积等。

4.3.3　直流电流测试示例

以图 4-5 所示的光伏逆变器为例，讲述利用霍尔电流传感器测试直流电流的参数计算方法。假设图中 DC－DC 变换器输出的直流电流的额定值为 100A。

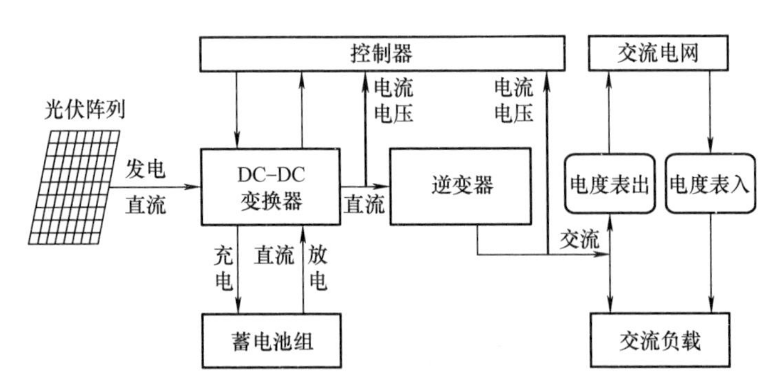

图 4-5　典型光伏逆变器拓扑

现将设计要求小结如下：

1）额定电流：直流 100A。

2）最大电流：直流 150A。

3）测量电压 u_{M}：10V。

4）工作电源：±12V。

分析：选择北京森社电子有限公司出品的闭环霍尔电流传感器 LA－100P，现将它的关键性参数小结于表4-4中。

表4-4　闭环霍尔电流传感器 LA－100P 的典型参数

符号	含义	参数取值	
I_N	额定电流	100A（RMS）	
I_P	测量范围	0～±150A	
R_M	测量电阻	R_M(min)	R_M(max)
电源	(U_C = ±12V、±100A)	0Ω	50Ω
	(U_C = ±12V、±100A)	0Ω	22Ω
	(U_C = ±12V、±100A)	0Ω	110Ω
	(U_C = ±12V、±100A)	10Ω	33Ω
I_M	测量电流（输出电流）	输出额定值50mA，对应原边额定电流 I_N = 100A	
K_N	匝数比	1:2000	
X	精度（T_a = +25℃、±15V）	I_N的±5%	
U_C	电源电压	±(12～15)V（±5%）	
U_i	绝缘电压	一、二次电路间：2.5kV 有效值/50Hz/1min	
I_{off}	失调电流（T_a = +25℃）	当原边电流 I_N = 0 时，最大值：±0.2mA	
T_d	温漂（T_a = －25～+85℃）	典型值：±0.1mA，最大值：±0.3mA	
L	线性度	<0.15%	
T_r	反应时间	<1μs	
电流变化率	di/dt	>200A/μs	
f	频率范围	DC～200kHz	
T_a	工作温度	－25～+85℃	

采用图4-6所示的调理电路，采用高性能、低功耗、轨到轨精密仪表放大器AD8422，对传感器的采样电阻的端电压进行放大，本例图中调理电路采用的是双极性电源，由于测试的是直流电流，也可以采用单极性电源。本例选择仪表放大器AD8422，既可以单电源（3.6～36V）工作，也可以双电源（±1.8～±18V）工作。

在介绍计算方法之前，先介绍一下仪表放大器AD8422的典型特点，简述如下：

（1）低功耗：静态电流：≤330μA（最大值）、轨到轨输出。

（2）低噪声、低失真：

1）1kHz 时最大输入电压噪声为 8nV/Hz。

2）RTI 噪声：≤0.15μV（峰-峰值）（G = 100）。

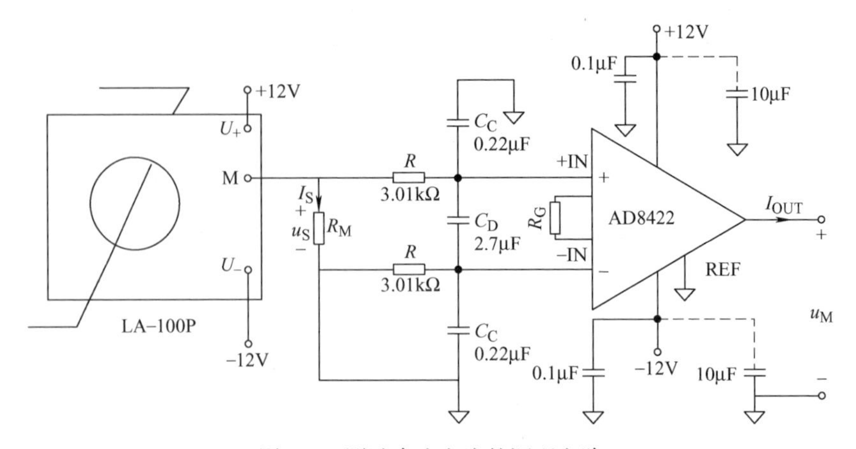

图 4-6　测试直流电流的调理电路

3）2kΩ 负载时的非线性度：$\leqslant 0.5\times10^{-6}$（$G=1$）。

（3）出色的交流特性：

1）10kHz 时的 CMRR≥80dB（最小值，$G=1$）。

2）带宽为 2.2MHz（$G=1$）。

（4）高精度直流性能（如型号为 AD8422BRZ）：

1）CMRR≥150dB（最小值，$G=1000$）。

2）增益误差≤0.04%（最大值，$G=1000$）。

3）输入失调漂移≤0.3μV/℃（最大值）。

4）输入偏置电流≤0.5nA（最大值）。

（5）宽电源范围：

1）单电源供电为 4.6～36V。

2）双电源为 ±2.3～±18V。

（6）输入过电压保护：40V 电源反向保护。

（7）增益范围：1～1000。

现将计算方法简述如下：

（1）假设检测电阻 R_M 的取值为 49.9Ω（≤50Ω），检测电阻 R_M 的精度应比用户要求的检测精度要高一个数量级。额定电流 100A 时，测量电阻 R_M 的端电压 $u_S\approx2.5V$。由于采用 AD8422 将 R_M 的端电压 u_S 放大至 10V，其放大倍数 $G=u_M/u_S=10V/2.5V=4$，则增益电阻 R_G 的取值为

$$R_G=\frac{19.8k\Omega}{G-1}=\frac{19.8k\Omega}{4-1}=6.6k\Omega \tag{4-15}$$

采用金属膜电阻 IEC 标称值的 E192 电阻系列，增益电阻 R_G 的取值为 6.65kΩ。

（2）由于电力电子装置中存在较强的射频干扰信号，它可能会表现为较小的直流失调电压。为此，可以通过在仪表放大器输入端放置低通 RC 网络来滤，

如图4-6所示，其中电容 C_D 影响差摸信号，C_C 影响共模信号。合理选择 R 和 C_C 值，将射频干扰减至最小。假设图4-6所示的测试直流电流的调理电路中，前级滤波电阻为3.01kΩ、截止频率 $f_C=10\text{Hz}$ 左右，且为

$$f_C \approx \frac{1}{4\pi R C_D} = 10\text{Hz} \tag{4-16}$$

式中，C_D 为差摸信号的滤波电容，其表达式为

$$C_D = \frac{1}{4\pi R f_C} = \frac{1}{4\pi \times 3.01\text{k}\Omega \times 10\text{Hz}} \approx 2.6\mu\text{F} \tag{4-17}$$

因此，本例的差摸滤波电容 C_D 取值2.7μF。差模滤波电容 C_D 和共模滤波电容 C_C 相差至少一个数量级以上，因此共模信号的滤波电容 C_C 取值0.22μF。为了提高测试直流电流的调理电路的抗干扰能力，建议使用稳定的直流电压给仪表放大器供电。电源引脚上的噪声会对器件性能产生不利影响。尽可能靠近各电源引脚放置一个0.1μF电容。因为高频时旁路电容引线的长度至关重要，所以建议使用表面贴装电容。旁路接地走线中的寄生电感会对旁路电容的低阻抗产生不利影响。

如图4-6所示，离该器件较远的位置可以用一个10μF电容。若使用较大电容并在较低频率时有效，电流返回路径距离并不重要。大多数情况下，其他局部精密集成电路可以共享该电容。

4.3.4　交流电流测试示例

以图4-7所示的风力发电的DC/DC斩波器为例，讲述利用霍尔电流传感器测试交流电流的参数计算方法。假设图中整流器输入的交电流的额定值为280A。

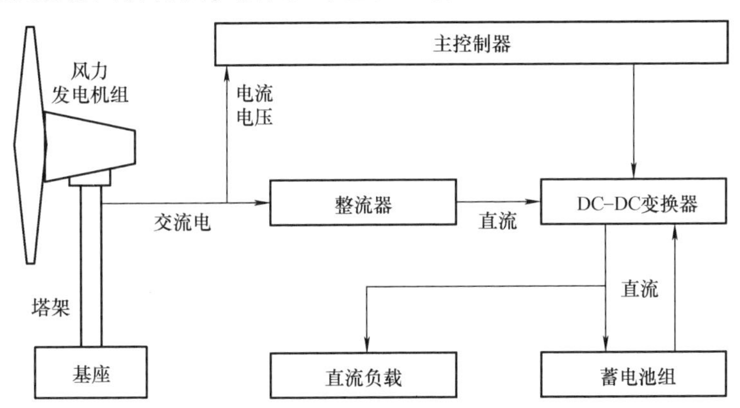

图4-7　风力发电的DC/DC斩波器拓扑

现将设计要求小结如下：

1）额定电流：AC 280A。

2）最大电流：AC 400A。

3）测量电压 u_M：±10V（直流）。

4）传感器工作电源：±12V。

5）调理电路工作电源：±12V。

分析：本例选择北京森社电子有限公司出品的闭环霍尔电流传感器CHB－300SG，现将它的关键性参数小结于表4-5中。

表4-5　闭环霍尔电流传感器CHB－300SG的典型参数

符号	含义	参数取值	
I_N	额定电流（RMS）	300A	
I_P	测量范围（I_{P-P}）	0～±150A	
R_M	测量电阻	R_M（min）	R_M（max）
电源	（U_C＝±12V）	0Ω（在300A或500A时）	30Ω（在300A时）；5Ω（在500A时）
	（U_C＝±18V）	20Ω（在300A或500A时）	50Ω（在300A时）；20Ω（在500A时）
I_M	测量电流（输出电流）	输出额定值150mA，对应一次额定电流300A	
K_N	匝数比	1:2000	
X	精度（T_a＝+25℃）	I_N的±5%	
U_C	电源电压	±12～±18V（±5%）	
U_i	绝缘电压	一次与二次电路间：6kV有效值/50Hz/1min	
I_{off}	失调电流（T_a＝+25℃）	当一次电流I_N＝0时，最大值：±0.3mA	
T_d	温漂（T_a＝－25～+85℃）	I_M的0.01%/℃	
L	线性度	<0.1%	
T_r	反应时间	<1μs	
电流变化率	di/dt	>50A/μs	
f	频率范围	0～100kHz	
T_a	工作温度	－25～+85℃	
T_C	贮存温度	－40～+900℃	
I_C	耗电	28mA＋I_M（测量电流）	
R_S	二次侧内阻（T_a＝+70℃）	35Ω	

参照图4-6所示的调理电路处理，设计交流电流的调理电路，即仍然采用高性能、低功耗、轨到轨精密仪表放大器AD8422，对传感器的采样电阻的端电压进行放大。现将计算方法简述如下：

（1）分析表4-5得知，测量电阻R_M的取值范围0～30Ω，一次额定电流300A（方均根值）时，二次额定电流I_S＝150mA（方均根值），假设测量电阻R_M＝20Ω，则测量电阻R_M的端电压u_S的直流电压为

$$u_S = R_M I_S = 20\Omega \times 150\text{mA} \times \sqrt{2} \approx 4.242\text{V} \tag{4-18}$$

（2）再采用 AD8422 将 R_M的端电压 u_S放大至 ±10V，其放大倍数 G 为

$$G = \frac{u_M}{u_S} = \frac{10\text{V}}{4.242\text{V}} \approx 2.36 \tag{4-19}$$

则增益电阻 R_G的表达式为

$$R_G = \frac{19.8\text{k}\Omega}{G-1} = \frac{19.8\text{k}\Omega}{2.36-1} \approx 14.59\text{k}\Omega \tag{4-20}$$

采用金属膜电阻 IEC 标称值的 E192 电阻系列，增益电阻 R_G的取值为 14.5kΩ。

（3）为了提高调理电路的抗干扰能力，仍然可以采用图 4-6 所示的滤波电路。假设前级滤波电阻为 3.01kΩ、截止频率 f_C为 75Hz 左右，且为

$$f_C \approx \frac{1}{4\pi R C_D} = 75\text{Hz} \tag{4-21}$$

差模信号的 C_D的表达式为

$$C_D = \frac{1}{4\pi R f_C} = \frac{1}{4\pi \times 3.01\text{k}\Omega \times 75\text{Hz}} \approx 0.35\mu\text{F} \tag{4-22}$$

因此，本例的滤波电容 C_D 取值 0.33μF，共模信号的滤波电容 C_C 取值 0.022μF。本例的调理电路如图 4-8 所示。

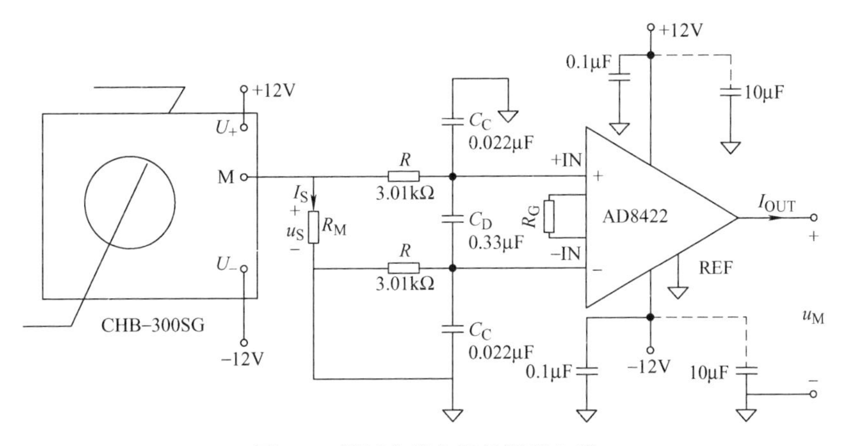

图 4-8 测试交流电流的调理电路

4.4 电流互感器原理及其信号处理技术

4.4.1 基本原理

电流互感器（Current Transformer，CT），是由闭合的铁心和绕组组成。它是依据电磁感应原理将一次侧大电流转换成二次侧小电流来测量的仪器。电流互感器和

变压器很相像，变压器在线路上，主要用来改变线路的电压；而电流互感器接在线路上，主要用来改变线路的电流，所以电流互感器从前也叫做变流器。后来，一般把直流电变成交流电的仪器设备叫做变流器；把改变线路上电流的大小的电器，根据它通过互感器的工作原理，叫做电流互感器，其原理框图示意于图4-9中，它的一次绕组匝数很少，串在需要测量的电流的线路中。

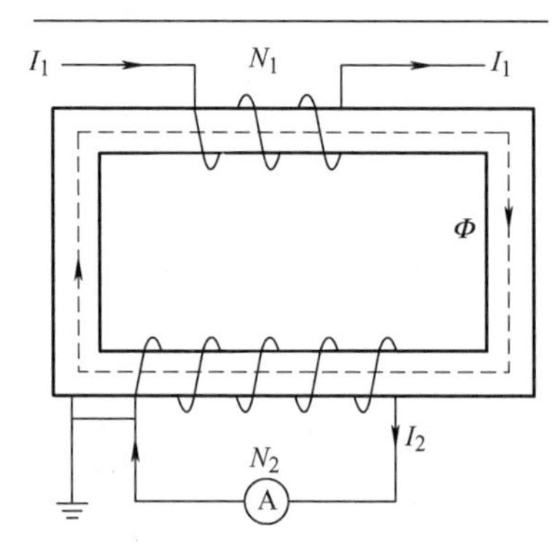

图4-9　电流互感器原理框图

一次电流 I_1 流过一次绕组（匝数为 N_1），建立一次磁动势（I_1N_1），亦被称为一次安匝。一次磁动势分为两部分，其中小一部分用于励磁，在铁心中产生磁通；另一部分用来平衡二次磁动势（I_2N_2），亦被称为二次安匝，其中 N_2 为二次绕组的匝数。励磁电流设为 I_0，励磁磁动势（I_1N_0），亦被称为励磁安匝。平衡二次磁动势的这部分一次磁动势，其大小与二次磁动势相等，但方向相反。磁通势平衡方程式如下：

$$I_1N_1+I_2N_2=I_0N_1 \tag{4-23}$$

在理想情况下，励磁电流为零，即互感器不消耗能量，则有

$$I_1N_1+I_2N_2=I_0N_1\approx 0 \tag{4-24}$$

若用额定值表示，则

$$I_{1N}N_1+I_{2N}N_2\approx 0 \tag{4-25}$$

式中，I_{1N}、I_{2N}分别为一次、二次绕组额定电流。

额定一次电流、额定二次电流之比为电流互感器的额定电流比，即 $K_N=I_{1N}/I_{2N}$。因它经常有线路的全部电流流过，二次侧绕组匝数比较多，串接在测量仪表和保护回路中，电流互感器在工作时，它的二次侧回路始终是闭合的，因此测量仪表和保护回路串联线圈的阻抗很小，电流互感器的工作状态接近短路，即二次侧不可开路。电流互感器是通过把一次侧大电流转换成二次侧小电流来测量。

在电力电子装置中，为便于测量、保护和控制需要转换为比较统一的电流，如变流比为400/5的电流互感器，可以把实际为400A的电流转变为5A的电流。另外线路上的电压一般都比较高，如果直接测量是非常危险的。电流互感器就起到电流变换和电气隔离作用。

按照用途不同，电流互感器大致可分为两类：

（1）测量用电流互感器（或电流互感器的测量绕组）：在正常工作电流范围内，向测量、计量等装置提供被测母线的电流信息。

（2）保护用电流互感器（或电流互感器的保护绕组）：在电网故障状态下，向继电保护等装置提供电网故障电流信息。

4.4.2 应用示例分析

仍然以图4-7所示的风力发电的DC/DC斩波器为例，讲述利用电流互感器测试交流电流的参数计算方法。假设图中整流器输入的电流额定值为AC 280A。

现将设计要求小结如下：

1）额定电流：AC 280A。

2）最大电流：AC 400A。

3）测量电压 u_M：±10V（直流）。

4）调理电路工作电源：±12V。

分析：选择北京森社电子有限公司出品的电流互感器CHG－3000G，它的关键性参数见表4-6。

表4-6 电流互感器CHG－3000G的典型参数

符号	含义	参数取值
I_N	额定电流（RMS）	300A
I_P	测量范围（I_{P-P}）	0～360A
R_M	测量电阻	<50Ω
I_M	输出电流（AC）	输出额定值100mA，对应一次额定电流 I_N =300A
K_N	匝数比	1:3000
X	精度（T_a =25℃）	I_N的±0.5%
U_i	绝缘电压	一、二次电路间有效值：6kV，50Hz/1min
L	线性度	<0.5%
T_r	反应时间	<10μs
f	频率范围	50Hz
T_a	工作温度	－40～85℃
T_f	贮存温度	－50～90℃

如图4-10所示的调理电路，仍然采用高性能、低功耗、轨到轨精密仪表放大器AD8422，对传感器的采样电阻的端电压进行放大。现将计算方法简述如下：

（1）分析表4-6得知，测量电阻 R_M 的取值范围0～50Ω，一次额定电流300A（方均根值）时，二次额定电流 I_S = 100mA（方均根值），假设测量电阻 R_M 为49.9Ω（<50Ω），则测量电阻 R_M 的端电压 u_S 的直流电压为

$$u_S = R_M I_S = 49.9\Omega \times 100\text{mA} \times \sqrt{2} \approx 7.057\text{V} \tag{4-26}$$

（2）再采用AD8422将 R_M 的端电压 u_S 放大至±10V，其放大倍数 G 为

$$G = \frac{u_M}{u_S} = \frac{10\text{V}}{7.057\text{V}} \approx 1.417 \tag{4-27}$$

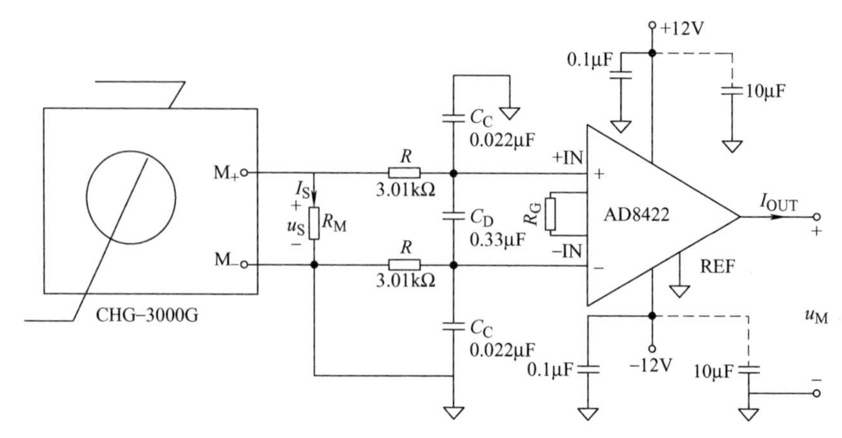

图 4-10 电流互感器的调理电路

则增益电阻 R_G 的表达式为

$$R_G = \frac{19.8\text{k}\Omega}{G-1} = \frac{19.8\text{k}\Omega}{1.417-1} \approx 47.477\text{k}\Omega \tag{4-28}$$

采用金属膜电阻 IEC 标称值的 E192 电阻系列，增益电阻 R_G 的取值为 47.5kΩ。为节约篇幅，本例的滤波参数同前，即差模信号的滤波电容 C_D 取值为 0.33μF，共模信号的滤波电容 C_C 取值为 0.022μF。

第5章　电压传感器与信号处理技术

电压传感器有很多种，从测量原理上分可以有霍尔电压传感器、光电隔离电压传感器、电隔离电压传感器和电压互感器原理（电磁感应原理）等。统计表明，在电力电子装置中，应用最多的还是霍尔电压传感器和交流电压互感器，因此本书将以它们作为重点，讲述其工作原理、选型方法和后续电路设计技巧等重要内容。

5.1　霍尔电压传感器原理

5.1.1　工作原理

霍尔电压传感器作为霍尔线性传感器的典型代表，它也是在霍尔效应原理的基础上，利用集成封装和组装工艺制作而成，主要由霍尔元件、线性放大器和射极跟随器等电路组成。作为一种模拟信号输出的磁传感器，其输出电压与外加磁场强度呈线性关系。该传感器的电压输出会精确跟踪磁通密度的变化。

霍尔电压传感器实际上是一种特殊的一次侧多匝的霍尔闭环电流传感器，即它是一种小电流的电流传感器，通过在一次侧串入采样电阻，将被检测电压转换为小电流然后进行测量，电流太小时要求传感器内部线圈匝数较多，而且精度不高，所以一般都是用10mA左右，当然也可以通过多绕一次侧线圈匝数来解决这个问题，其组成框图如图5-1所示。

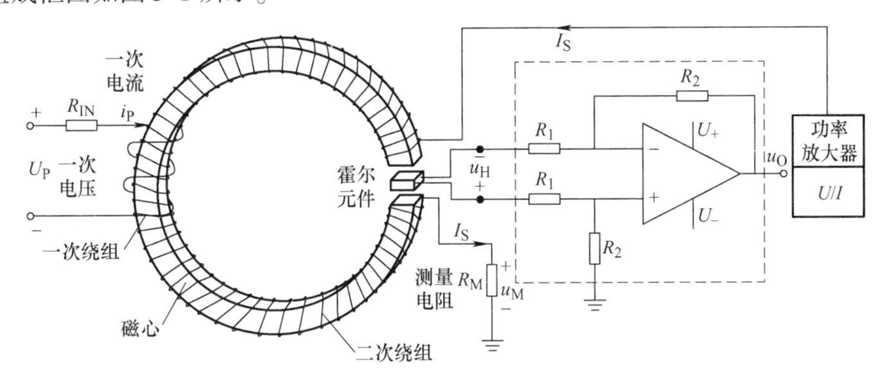

图5-1　霍尔电压传感器的组成框图

分析霍尔电压传感器的组成框图5-1得知，霍尔电压传感器仍然是基于霍尔闭环零磁通原理，所以它可以测量直流电压、交流电压和混合波形的电压。此特点区别于电磁隔离原理的电压互感器，电压互感器只能测量交流电压信号，且以 50Hz 交流电压信号为主。鉴于霍尔电压传感器是基于磁平衡原理，因此，需要在它的一次侧匹配一个内置或外置电阻 R_{IN}（选择霍尔电压传感器时，必须认真阅读其参数手册，确认该电阻是内置还是外置）。该电阻随着测量电压量程增大，需要的阻值和功率也相应增大，甚至需要加散热片。

根据闭环式霍尔电流传感器的工作机理，很容易得到霍尔电压传感器的一次电压（又称为被测电压）U_{P}的表达式为

$$U_{\mathrm{P}}=(R_{N1}+R_{\mathrm{IN}})I_{\mathrm{P}} \tag{5-1}$$

式中，R_{IN}和 R_{N1}分别表示一次匹配电阻和一次绕组的内阻。

而一次电流 I_{P}的表达式为

$$I_{\mathrm{P}}=\frac{I_{\mathrm{S}}N_2}{N_1} \tag{5-2}$$

联立式(5-1）和式(5-2)，化简得到一次电压 U_{P}的表达式为

$$U_{\mathrm{P}}=(R_{N1}+R_{\mathrm{IN}})\frac{I_{\mathrm{S}}N_2}{N_1} \tag{5-3}$$

由此可见，闭环式霍尔电流传感器和霍尔电压传感器原理基本相同。当，霍尔电流传感器测量电流、霍尔电压传感器测量电压时，均表现为二次电流 I_{S}的输出形式。若要获得电压的输出形式，用户需要在检测“M”端与电源地线之间串一只检测电阻 R_{M}，如图 6-1 所示，那么二次电流 I_{S}的表达式为

$$I_{\mathrm{S}}=\frac{u_{\mathrm{M}}}{R_{\mathrm{M}}} \tag{5-4}$$

联立式(5-3）和式(5-4)，化简得到一次电压 U_{P}的表达式为

$$U_{\mathrm{P}}=(R_{N1}+R_{\mathrm{IN}})\frac{u_{\mathrm{M}}}{R_{\mathrm{M}}}\frac{N_2}{N_1} \tag{5-5}$$

式(5-5）即为霍尔电压传感器的输出表达式。由于霍尔电压传感器的一次侧采用多匝绕组，故存在比较大的电感，一般响应速度不高，因为一次绕组的时间常数为

$$\tau_{\mathrm{P}}=\frac{L_{\mathrm{P}}}{R_{\mathrm{IN}}+R_{N1}} \tag{5-6}$$

式中，L_{P}表示一次边绕组的电感。

因此，它限制了霍尔电压传感器的频率范围。

5.1.2 选型方法

在选择霍尔电压传感器时，要了解被测电压的特点，如它的状态、性质、幅值、频带、测量范围、测量速度、测量精度要求、过载的幅度和出现频率等，考虑

到霍尔电压传感器自身的特殊性，还需要重视以下4点：

（1）被测电压的额定有效值。必须根据被测电压的额定有效值，适当选用不同规格的霍尔电压传感器。必须按照参数手册所给的一次匹配电阻范围合理取值，否则，如果一次电流长时间超额，会损坏传感器内部末极的功率放大器管子。选择量程时，应接近霍尔电压传感器的标准额定值 U_{PN}。

（2）注意传感器的安装尺寸。在选择霍尔电压传感器时，需要注意传感器的安装尺寸，它是否有安装和维修空间，爬电距离是否足够。

（3）注意现场的应用环境。在选择霍尔电压传感器时，需要注意现场的应用环境，是否有高温、低温、高潮湿、强振动等特殊环境。

（4）注意传感器的空间。在选择霍尔电压传感器时，需要注意安装空间、被测母线的走线结构和进出线方式是否满足。

当然，与选择霍尔电流传感器一样，在选择霍尔电压传感器时，所需考虑的方面和事项很多，实际中不可能也没有必要面面俱到，满足所有要求。读者应从系统总体对霍尔电压传感器的目的、要求出发。为了方便读者选型，现将霍尔电压传感器的选型方法小结于表5-1中。

表5-1 霍尔电压传感器的选型方法

参数名称		选型原则
电气参数	被测电压种类	直流、交流、脉冲以及混合电压波形
	量程	峰值电压
	输出信号	电流、电压，输出额定或峰值，负载阻抗
	准确度	考虑25℃时的直流漂移和非线性度，以及整个工作温度范围内的准确度，还要考虑串联在一次匹配电阻的影响，如它的误差和温度漂移等
	电源要求	电源幅值和功率，考虑电源波动时对测量的影响，原边测量电路的功耗等
	工作电源等级	原方工作电源等级，隔离电压d等级，抗静电能力、绝缘强度、局部放电等
动态参数	频率范围	带宽、基波频率、谐波频率，尤其要考虑一次电感 L_P 与串联在一次电阻 R_P 之间的比值参数
	$di/(dt)$	传感器能够测量的最大 di/dt 值
	$dv/(dt)$	传感器能够容忍的最大 dv/dt 值
环境参数	温度范围	工作环境的最低温度和最高温度，储存温度
	冲击振动	—
	电磁环境	现场电磁干扰情况，核辐射情况

（续）

参数名称		选型原则
机械参数	传感器二次侧安装与电气要求	传感器采用机械式还是 PCB 板式安装，开孔形状和尺寸，被测电流母线的形状和尺寸，其他安装紧固螺钉等
	传感器二次侧安装与电气要求	采用机械式还是 PCB 式安装，接插件、输出导线的形状和尺寸，其他安装紧固螺钉等
	传感器结构尺寸	最大安装空间，一、二次的紧固措施、接插件及其紧固措施、爬电距离等
	安装紧固措施	PCB、显示面板、装置等的安装紧固

5.1.3 注意事项

统计表明，在工程实践中，由于霍尔电压传感器的使用不当（包括选型不当、安装不当、后续电路设计不当等），导致传感器故障，大概占了三成甚至更多。因此，能否正确使用它，对于准确、可靠地获得测量结果非常重要。现将需要引起重视的 7 个方面小结一下。

1. 过载问题

根据霍尔电压传感器的原理可知，必须严格按产品说明进行设计。有些传感器需要在一次侧串入一个匹配电阻 R_P；有些传感器内置了该电阻。对于霍尔电压传感器，在一般情况下，2 倍过电压的持续时间不得超过 1min，否则可能损坏其内部电路。霍尔电压传感器的最佳精度，是在一次侧额定值条件下得到的，所以当被测电流高于电流传感器的额定值时，应选用相应更大量程的传感器；当被测电压高于电压传感器的额定值时，应重新调整匹配电阻。

2. 绝缘问题

在产品参数手册中，应对耐电压值有明确说明，使用时应严格在耐电压范围内使用。绝缘耐电压为 3kV 的传感器，可以长期正常工作在 1kV 及以下交流系统和 1.5kV 及以下直流系统中，绝缘耐电压为 6kV 的传感器，可以长期正常工作在 2kV 及以下交流系统和 2.5kV 及以下直流系统中，注意不要超电压使用。

3. 安装问题

霍尔电压传感器是基于霍尔效应原理工作，对环境的磁场较为敏感，因此对安装位置、空间、进出母线的布置方式均有严格要求，正确安装它，是提高其测试精度的重要保证，如：

1）远离变压器、电抗器等强磁场设备。

2）在要求得到良好动态特性的装置上，使用霍尔电压传感器时，必须严格区分低压侧和高压侧。

3）在现场安装并连接传感器时，必须注意霍尔电压传感器的被测电压端的接线问题，一般在传感器外壳上会有如“+HT”（表示被测电压输入端）和“-HT”（表示被测电压输出端）之类的字样；或者用“+”和“-”字样所示，因此，需要认真阅读它的参数手册或者使用说明书。

4）对于PCB安装场合的电压传感器，尤其需要注意它的布局设计。

5）传感器信号线与功率强电线（如功率母排、电缆等），避免近距离平行方式走线，距离应大于10cm，相交处最好采取应垂直交叉方式，需要考虑输入与输出信号的流向、对其他弱信号元器件的影响等问题。

6）对处于剧烈震动的工作环境中的霍尔电压传感器，安装时必须采取紧固措施，确保传感器可靠固定，以防损坏传感器。

4. 电源问题

选用恰当的供电电源，是保证传感器正常工作的基本前提，在工作时，霍尔电压传感器的二次侧，一般采用直流电源供电，为霍尔器件、运放、末级功率管等提供电源，并且还有功耗问题。电源电压值过低，传感器内部电路不能正常工作，在将输出电流经过取样电阻转换为电压信号时，不能保证电压的幅度；电源电压过高，则会烧毁运放等器件。有关它们所需电源的容量、极性、电压值和容差范围，均在产品参数手册中有明确规定，必须正确接电源线，严禁将电源极性接反，导致传感器永久性损坏。

工业现场经常采用开关电源（AC-DC）供电，在精确测量中，应该选用电源噪声较小的（如DC-DC、三端稳压芯片等）高性能电源供电，这方面与霍尔电流传感器的要求相同，恕不赘述。

5. 干扰问题

必须注意的是，霍尔电压传感器的抗外接干扰磁场的能力。在布置单相或者三相强电流母线/母排的时候，在空间许可的前提下，相间距离最好超过10cm，并在尽可能的情况下，采取屏蔽措施。

除此之外，还应注意传感器的引脚外的二次接线的防干扰措施。在接霍尔电压传感器二次侧线路时，必须注意传感器外壳上面是否有专门的屏蔽接线端子，如有的话，还要考虑传感器的屏蔽接地问题。

接线端子裸露的导电部分，尽量防止ESD冲击，需要有专业施工经验的技术人员才能对该产品进行接线操作。电源的正负端子、测量端子的输入和输出引脚，必须正确、依序连接，否则可能导致传感器损坏。

6. 测量电阻

对于电流输出型霍尔电压传感器而言，它所需的测量电阻 R_M，通常需要采用精密电阻充当，其取值大小必须满足下面的表达式：

$$R_M \leqslant \frac{U_+ - 4V}{I_{2N}} \tag{5-7}$$

式中，U_+表示霍尔电压传感器的电源电压（V）；I_{2N}表示霍尔电压传感器的二次电流额定值（A）。

测量电阻R_M推荐选用低温漂（不超过20×10^{-6}）的高精度的金属膜电阻，其原因在于它的寄生电感较小。在高频采样场合，应避免采用精密线绕电阻，它的寄生电感较大。测量电阻的功率必须足够，预留 2 倍额定功率为宜。

7. 环境问题

一次电流母线温度不得超过传感器所规定的最高温度，这是 ABS 工程塑料的特性决定的，读者如有特殊要求，可选高温塑料做外壳。

除了关注霍尔电压传感器使用环境的电磁特性问题之外，还需要关注传感器使用环境的温度。另外，还有关注环境的湿度、盐雾等条件，必要时需要采取其他防护措施。

5.2 霍尔电压传感器信号处理技术

5.2.1 测试直流电压的示例分析

在图 5-2 所示的逆变装置拓扑中，讲述利用霍尔电压传感器测试直流电压的参数计算方法。假设图中 AC/DC 整流器输出的直流母线电压的范围为 $900(1\pm10\%)$V，输出交流线电压额定值为 400V（方均根值）。

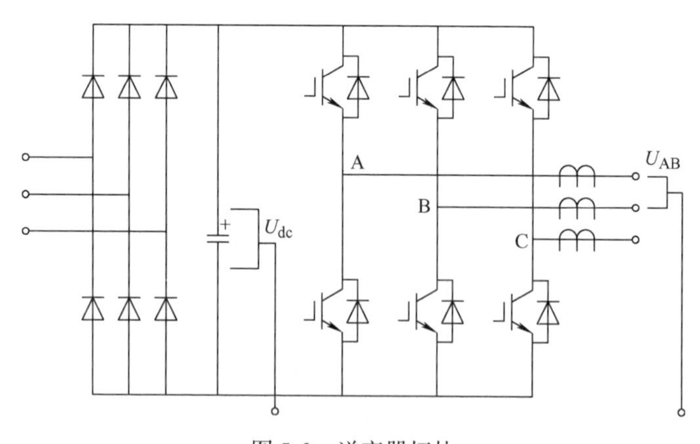

图 5-2 逆变器拓扑

现将设计要求小结如下：

1）额定直流母线电压：$900(1\pm10\%)$V。

2）测量电压u_M：3V。

3）传感器工作电源：±12V。

4）调理电路工作电源：5V。

5）低通滤波器截止频率f_C：10Hz。

分析：选择北京森社电子有限公司出品的闭环霍尔电压传感器 CHV－100，现将它的关键性参数列于表5-2中。

表5-2 闭环霍尔电压传感器 CHV－100 的典型参数

符号	含义	参数取值	
I_N	额定电流（RMS）	10mA	
I_P	测量范围（I_{P-P}）	0 ~ ±20mA	
R_M	测量电阻	R_M（min）	R_M（max）
	U_C =（±12 ~ 15V）	0Ω（在10mA或20mA时）	150Ω（在10mA时）； 50Ω（在20mA时）
I_M	测量电流（输出电流）	输出额定值50mA，对应一次额定电流I_N = 10mA	
K_N	匝数比	10000:2000	
X	精度（T_a = +25℃）	I_N的±0.6%	
U_C	电源电压	±(12 ~ 15)V（±5%）	
U_i	绝缘电压	一次与二次电路间：6kV有效值/50Hz/1min	
I_{off}	失调电流（T_a = +25℃）	当原边电流I_N = 0时，最大值：±0.3mA	
T_d	温漂（T_a = −25 ~ +70℃）	I_M的0.03%/℃	
L	线性度	0.1%	
T_r	反应时间	20 ~ 100μs	
f	频率范围	0 ~ 50kHz	
T_a	工作温度	−25 ~ +70℃	
T_f	贮存温度	−40 ~ +90℃	
I_C	耗电	10mA + I_M（测量电流）	
R_s	二次内阻（T_a = +70℃）	60Ω	
	一次内阻（T_a = +70℃）	1.8kΩ + R_1（一次侧外接电阻）	
W	重量	360g	

采用图5-3所示的调理电路，采用高性能、低功耗、轨到轨精密仪表放大器AD8422，对传感器的采样电阻的端电压进行放大。现将计算方法简述如下：

1. 计算获得串接在一次侧的限流电阻 R_P

根据前面的分析得知，霍尔电压传感器的本质还是霍尔电流传感器，需要将被测电压转换为被测电流，利用一次安匝与二次安匝平衡的原理得到被测电流，进而反算出被测电压。根据闭环霍尔电压传感器 CHV－100 的典型参数得知：当一次额

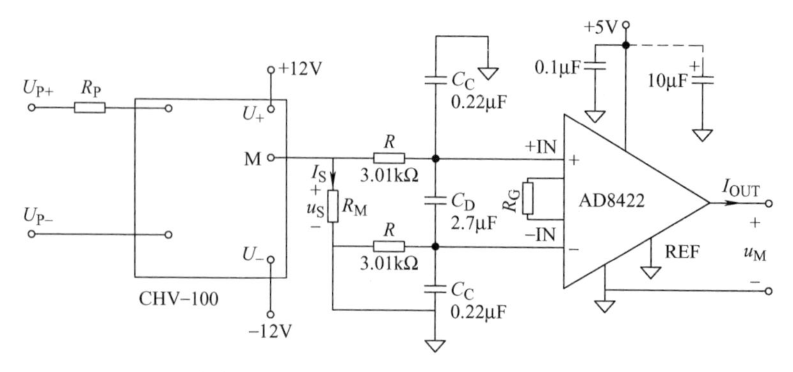

图 5-3　测试直流母线电压的调理电路

定电流为 10mA 时，二次额定电流为 50mA。

本例的直流电压的范围为 900(1 ±10%)V，因此，可以按照 1000V 的额定电压设计。那就意味着 1000V 直流电压换算成 10mA 的一次额定电流，根据安匝平衡原理，得到二次额定电流为 50mA，因此，串接在一次侧的限流电阻 R_P的计算值为

$$R_P = \frac{1000\text{V}}{10\text{mA}} = 100\text{k}\Omega \tag{5-8}$$

限流电阻 R_P的额定功率为

$$P_{R\_P} = (10\text{mA})^2 \times 100\text{k}\Omega = 1\text{W} \tag{5-9}$$

在选择限流电阻 R_P时，既要考虑到它的精度（建议根据具体应用要求，可以选择 0.1% 或者 1% 精度），还要虑及它的功耗（留有阈量，一般选择 2 ~3 倍额定功率），由此可以定制此电阻。

2. 合理选择检测电阻 R_M

根据闭环霍尔电压传感器 CHV－100 的典型参数得知，检测电阻 R_M的范围为

1）10mA 或 20mA 时，最小值为 0Ω。

2）在 10mA 时，最大值为 150Ω；在 20mA 时，最大值为 50Ω。

因此，需要兼顾被测电压的范围与测试信号的信噪比，酌情选择此检测电阻 R_M。本例假设检测电阻 R_M的取值为 40.2Ω（≤50Ω），检测电阻 R_M的精度应比用户要求的检测精度要高一个数量级。

3. 计算调理电路的增益电阻 R_G

当二次额定电流为 50mA 时，测量电阻 R_M的端电压 $u_S \approx 50\text{mA} \times 40.2\Omega$。仍然采用 AD8422 将 R_M的端电压 u_S放大至 10V，其放大倍数 $G = u_M / u_S$，则增益电阻 R_G的表达式为

$$R_G = \frac{19.8\text{k}\Omega}{\dfrac{3}{0.05 \times 40.2} - 1} = 20\text{k}\Omega \tag{5-10}$$

采用金属膜电阻 IEC 标称值的 E192 电阻系列，增益电阻 R_G的取值为 20kΩ。

由于电力电子装置中存在较强的射频干扰信号。本例仍然采用第4章测试直流电流时调理电路的滤波参数，限于篇幅恕不赘述。

5.2.2 测试交流电压的示例分析

如图5-2所示的逆变装置拓扑，讲述利用霍尔电压传感器测试交流电压的参数计算方法。已知图5-2所示的逆变装置的输出交流线电压的额定值为400V（方均根值）。现将设计要求小结如下：

1）额定电压：交流线电压400V（方均根值）。

2）测量电压 u_M：±3V（直流）。

3）传感器工作电源：±12V。

4）调理电路工作电源：±5V。

分析：选择北京森社电子有限公司出品的闭环霍尔电压传感器CHV－25P/500A，现将它的关键性参数小结于表5-3中。

表5-3 闭环霍尔电压传感器CHV－25P/500A的典型参数

符号	含义	参数取值	
U_N	额定电压（RMS）	500V	
U_P	测量范围（U_{P-P}）	0～±750V	
R_M	测量电阻	R_M(min)	R_M(max)
	U_C = ±12～15V	0Ω	350Ω
I_M	测量电流（输出电流）	输出额定值25mA，对应一次额定电压 V_N	
K_N	匝数比	5000:1000	
X	精度（T_a = +25℃）	U_N的±1.0%	
U_C	电源电压	±(12～15)V，(±5%)	
U_i	绝缘电压	一次与二次电路间：2.5kV有效值/50Hz/min	
I_{off}	失调电流（T_a = +25℃）	当一次电流 U_N =0时，最大值：±0.2mA	
T_d	温漂（T_a = −25～+70℃）	I_M的0.05%/℃	
L	线性度	<0.1%	
T_r	反应时间	40μs	
f	频率范围	0～20kHz	
T_a	工作温度	−25～+70℃	
T_f	贮存温度	−40～+90℃	
I_C	耗电	10mA + I_M（测量电流）	
R_s	二次内阻（T_a = +70℃）	110Ω	
	一次内阻（T_a =70℃）	250Ω	
W	质量	50g	

参照图5-4所示的调理电路处理，设计交流电压的调理电路，其前级仍然采用精密仪表放大器AD8422，对传感器的采样电阻的端电压进行放大。现将计算方法简述如下：

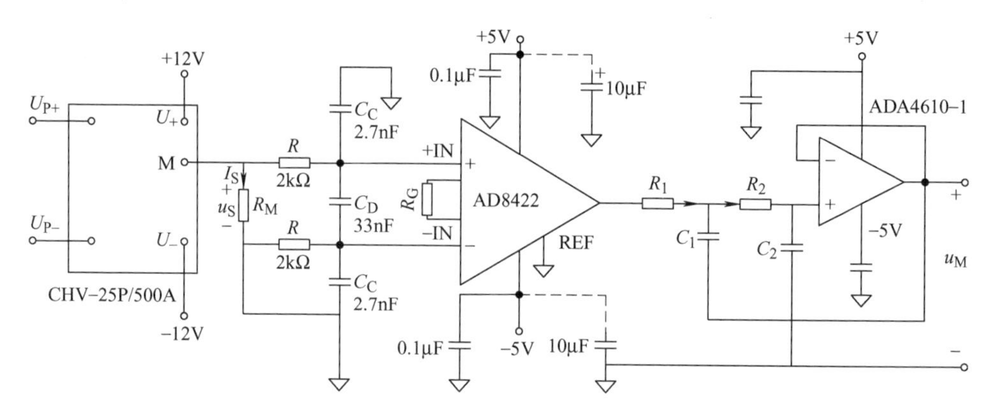

图5-4　测试交流电压的调理电路

（1）分析表5-3得知，测量电阻R_M的取值范围为0～350Ω，一次额定电压为500V（方均根值）时，二次额定电流$I_S=25\text{mArms}$，假设测量电阻$R_M=100\Omega$，则测量电阻R_M的端电压u_S的直流电压为

$$u_S=R_M I_S=24.9\Omega\times 25\text{mA}\times\sqrt{2}\approx 0.88\text{V} \tag{5-11}$$

（2）采用AD8422将R_M的端电压u_S放大至±3V，其放大倍数G为

$$G=\frac{u_M}{u_S}=\frac{3\text{V}}{0.88\text{V}}\approx 3.41 \tag{5-12}$$

则增益电阻R_G的表达式为

$$R_G=\frac{19.8\text{k}\Omega}{\frac{3\text{V}}{0.88\text{V}}-1}\approx 8.22\text{k}\Omega \tag{5-13}$$

采用金属膜电阻IEC标称值的E192电阻系列，增益电阻R_G的取值为8.25kΩ。

（3）由于逆变器大多采用d、q分解提高其响应特性，那么要求输出交流的调理电路具有快速的响应特性，因此，滤波器的截止频率不易取得过低，为了提高调理电路的抗干扰能力，可以采用图5-4所示的两级滤波电路，即第一级由仪表放大器AD8422输入端的滤波电路组成，第二级由二阶压控低通滤波器组成。

假设前级滤波电阻为2kΩ、截止频率f_C为1000Hz左右，为

$$f_C\approx\frac{1}{4\pi RC_D}=1000\text{Hz} \tag{5-14}$$

差模信号的C_D的表达式为

$$C_D=\frac{1}{4\pi Rf_C}=\frac{1}{4\pi\times 2\text{k}\Omega\times 1000\text{Hz}}\approx 0.04\mu\text{F} \tag{5-15}$$

因此，本例的滤波电容 C_D 取值 0.033μF（即 33nF），共模信号的滤波电容 C_C 取值 2.7nF。本例的第二级滤波器调理电路，如图 5-4 所示，它由低噪声、精密、轨到轨输出、JFET 单通道运算放大器 ADA4610－1 组成。

要确定图 5-4 所示的二阶压控低通滤波器电路中的电阻、电容值，需要进行下面的分析步骤：

（1）确定电容 C_1 和 C_2 值：

由于采用的设计思路是两个电容器相等，即 $C_1=C_2=C$。这里给出一个设计技巧，在工程实践中，电容 C_1 和 C_2 值的一般取值方法遵循以下 3 个原则：

1）取接近于 $10/f_c$（μF）的数值。

2）要求电容 C_1 和 C_2 的容量不易超过 1μF。

3）选定电容器 C_1 和 C_2 值为标称值。

电容 C_1 和 C_2 值的选择依据为

$$C_1=C_2=C\approx\frac{10}{f_C}\mu F \tag{5-16}$$

将截止频率 $f_C=1000\text{Hz}$ 代入表达式(5-16）中，计算得到电容器 C_1 和 C_2 值为

$$C_1=C_2=C\approx\frac{10}{f_C}\mu F=\frac{10}{1000}\mu F=0.01\mu F \tag{5-17}$$

选定电容器 C_1 和 C_2 为标称值 0.01μF。

（2）确定电阻 R_1 和 R_2 的值：

本例采用的是跟随器电路，假设两个电阻相等，即 $R_1=R_2$。这里给出一个设计技巧，在工程实践中，电阻 R_1 和 R_2 值的一般取值方法遵循的原则是：不宜超过 MΩ 级，但是也不能太小，毕竟运放输入端有一个不能超过其最大输入电流的约束，即

$$R_{MIN}<R_{MAX}<R_1=R_2<1\text{M}\Omega \tag{5-18}$$

式中，R_{MIN} 表示满足运放输入端不能超过其最大输入电流的约束条件时对应的最小电阻值。

根据低通滤波器的截止频率的表达式

$$f_C=\frac{1}{2\pi R_1 C}=\frac{1}{2\pi R_2 C} \tag{5-19}$$

推导获得电阻 R_1 和 R_2 的取值表达式为

$$R_1=R_2=\frac{1}{2\pi f_C C}=\frac{1}{2\pi\times 1\text{kHz}\times 0.01\mu F}\approx 15.9\text{k}\Omega \tag{5-20}$$

取 E192 电阻系列，因此电阻 R_1 和 R_2 取值为 15.8kΩ。反过来计算截止频率的设计值 f_{C_S} 为

$$f_{C\_S}=\frac{1}{2\pi RC}=\frac{1}{2\pi\times 15.8\text{k}\Omega\times 0.01\mu F}\approx 1008\text{Hz} \tag{5-21}$$

由此可见，非常接近截止频率f_C = 1000Hz 的设计要求，因此合乎要求。本例选择精密运放 ADA4610－1，现将其典型特点简述如下：

（1）低失调电压：

B 级：0.4mV（最大值）。

A 级：1mV（最大值）。

（2）低失调电压漂移：

B 级：4μV/℃（最大值）。

A 级：8μV/℃（最大值）。

（3）低输入偏置电流：5pA（典型值）。

（4）双电源供电：±(4.5～15)V。

（5）低电压噪声：0.45μV（峰－峰值）（0.1～10Hz）；电压噪声密度：7.30nV/Hz（f = 1kHz）。

（6）低总谐波失真（Total Harmonic Distortion，THD）、低噪声：无相位反转，轨到轨输出，单位增益稳定。

5.3 电压互感器原理及其信号处理技术

5.3.1 工作原理

电压互感器（Potential Transformer，PT，或 Voltage Transformer，VT），它和变压器类似，如图 5-5 所示，是用来变换线路上电压的仪器。但是变压器变换电压的目的是为了输送电能，因此容量很大，一般都是以 kVA 或 MVA 为计算单位；而电压互感器变换电压的目的，主要是用来给测量仪表和继电保护装置供电，用来测量线路的电压、功率和电能，或者用来在线路发生故障时保护线路中的贵重设备如功率单元、电机和变压器等，因此，电压互感器的容量很小，一般都只有几伏安、几十伏安，最大也不超过 1kVA。

线路上为什么需要变换电压呢？这是因为根据发电、输电和用电的不同情况线路上的电压高低不同，而且相差悬殊，有的是 220V 和 380V 的低电压，有的是几万伏甚至几十万伏的高电压。要直接测量这些电压，就需要根据线路电压的高低，制作相应的电压表和其他仪表和继电器。这样不仅会给仪表制作带来很大的困难，而且更主要的是，要制作高电压仪表直接在高电压线路上测量电压，那是不可能的，而且也是绝对不允许的。

电压互感器的构造、原理和接线都与电力变压器相同，差别在于电压互感器的容量小，通常只有几十或几百伏安，二次负荷为仪表和继电器的电压线圈，基本上是恒定高阻抗，其工作状态接近电力变压器的空载运行。电压互感器的高压

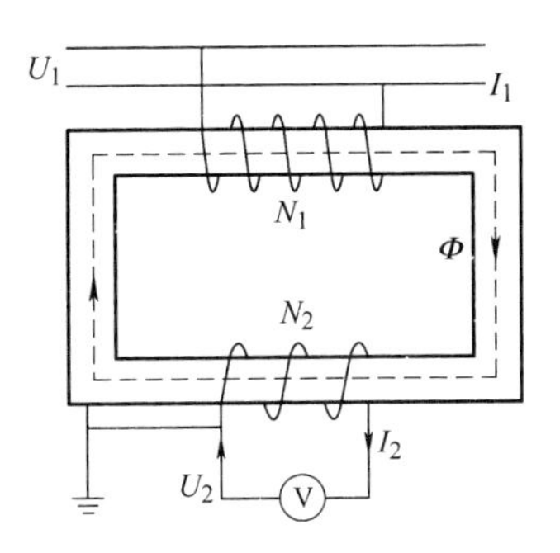

图5-5　电压互感器原理框图

绕组，并联在系统一次电路中，二次电压 U_2 与一次电压 U_1 成比例，反映了一次电压的数值。一次额定电压 U_{1N}，多与电网的额定电压相同，二次额定电压 U_{2N} 一般为 100V、$100/\sqrt{3}$V、100/3V。电压互感器的一、二次绕组额定电压之比，称为电压互感器的额定变比 K_N，即 $K_N=U_{1N}/U_{2N}$，即

$$K_N=\frac{U_{1N}}{U_{2N}}=\frac{N_1}{N_2} \tag{5-22}$$

式中，N_1、N_2 分别为电压互感器的一、二次绕组的匝数。

因此，由式(5-22) 知，若已知二次电压 U_2 的数值，便能计算出一次电压 U_1 的近似值为

$$U_1=K_N U_2 \tag{5-23}$$

因此，在线路上接入电压互感器变换电压，那么就可以把线路上的低压和高压电压，按相应的比例，统一变换为一种或几种低压电压，只要用一种或几种电压规格的仪表和继电器，例如通用的电压为 5V 或 100V 的仪表，就可以通过电压互感器，测量和监视线路上的电压。

由于电压互感器的一次绕组是并联在一次电路中，与电力变压器一样，二次侧不能短路，否则会产生很大的短路电流，烧毁电压互感器。同样，为了防止高、低压绕组绝缘击穿时，高电压窜入二次回路造成危害，必须将电压互感器的二次绕组、铁心及外壳接地。

电压互感器分为以下6类：

（1）按电压等级：低压互感器、高压互感器、超高压互感器。

（2）按用途：测量保护用电压互感器、计量用电压互感器。

（3）按绝缘材料：油浸式电压互感器、干式电压互感器。

（4）按绝缘类型：全封闭电压互感器、半封闭电压互感器。

（5）按变压原理：电磁式电压互感器、电容式电压互感器。

（6）按安装地点：户内式电压互感器、户外式电压互感器。

5.3.2 应用示例分析

如图 5-2 所示的逆变装置拓扑，讲述利用电压互感器测试交流电压的参数计算方法。已知逆变装置的输出交流线电压的额定值为 400V（方均根值）。现将设计要求小结如下：

1）额定电压：交流线电压 400V（方均根值）。

2）测量电压 u_M：±3V（直流）。

3）调理电路工作电源：±5V。

分析：选择北京森社电子有限公司出品的精密电压互感器 CHG－2MA，现将它的关键性参数列于表 5-4 中。

表 5-4 精密电压互感器 CHG－2MA 的典型参数

符号	含义	参数取值
I_N	额定电流（AC）	2mA（RMS）
I_P	测量范围（AC）	4mA
R_M	测量电阻	<200Ω
I_M	输出电流（AC）	输出额定值 2，对应一次额定电流 I_N =2mA
K_N	匝数比	1:1
X	精度（T_a =25℃）	I_N的 ±0.5%
V_i	绝缘电压	一、二次电路间：2.5kV（有效值），50Hz/1min
L	线性度	<0.5%
T_r	反应时间	<10μs
f	频率范围	50（400Hz）
T_a	工作温度	-40 ~ +85℃
T_f	贮存温度	-45 ~ +90℃
R_s	二次内阻（T_a =70℃）	100（引脚 1 ~ 4）
	一次内阻（T_a =70℃）	100（引脚 2 ~ 3）
W	质量	60g

参照第 4 章所示的电流互感器调理电路处理的方法，在设计基于电压互感器测试交流电压的调理电路时，其前级仍然采用精密仪表放大器 AD8422，对传感器的采样电阻的端电压进行放大，如图 5-6 所示。现将计算方法简述如下：

根据前面的分析得知，根据电压互感器 CHG－2MA 的典型参数得知，一次额定电流为 2mA（方均根值）时，二次额定电流为 2mA（方均根值）。本例的交流电压额定值为 400V（方均根值），可以按照 500V（方均根值）的额定电压设计，那就意味着 500V（方均根值）电压换算成 2mA(方均根值）的一次额定电流，根据安匝平衡原理，得到二次额定电流为 2mA(方均根值)，因此，串接在一次限流电阻 R_P的计算值为

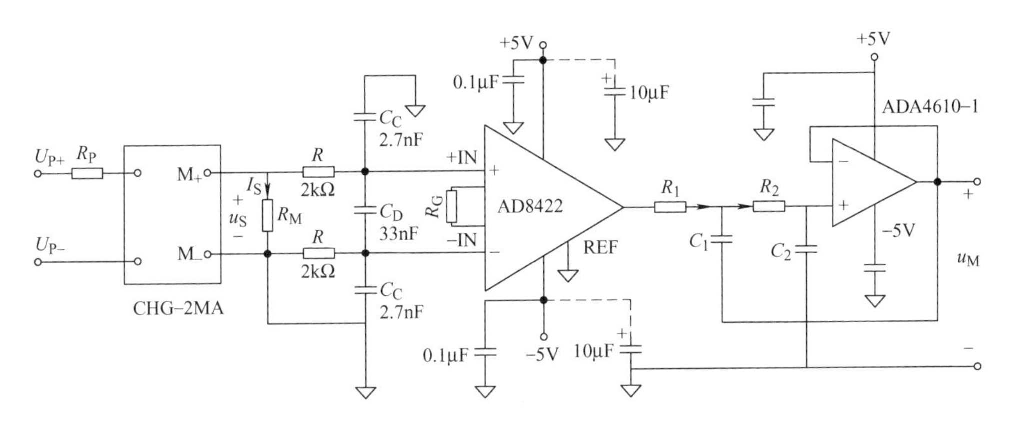

图5-6　测试交流电压的调理电路

$$R_P = \frac{500V}{2mA} = 250k\Omega \tag{5-24}$$

在选择限流电阻 R_P时，既要考虑到它的精度（建议根据具体应用要求，可以选择0.1%或者1%精度，本例选择249kΩ），还要虑及它的功耗（留有阈量，一般选择2～3倍额定功率），由此可以定制此电阻。限流电阻 R_P的额定功率为

$$P_{R\_P} = (2mA)^2 \times 249k\Omega \approx 1W \tag{5-25}$$

（1）合理选择检测电阻 R_M：

根据电压互感器CHG－2MA的典型参数得知，测量电阻 R_M的取值小于200Ω。因此，需要兼顾被测电压的范围与测试信号的信噪比，酌情选择此检测电阻 R_M。本例假设检测电阻 R_M的取值为100Ω（≤200Ω），检测电阻 R_M的精度应比用户要求的检测精度要高一个数量级。

（2）计算调理电路的增益电阻 R_G：

当二次额定电流为2mA时，测量电阻 R_M的端电压为

$$u_S = 2mA \times 100\Omega \times \sqrt{2} \approx 0.283V \tag{5-26}$$

仍然采用AD8422将 R_M的端电压 u_S放大至±3V，其放大倍数 $G = u_M/u_S$，则增益电阻 R_G的表达式为

$$R_G = \frac{19.8k\Omega}{\frac{3}{0.283} - 1} \approx 2.06k\Omega \tag{5-27}$$

采用金属膜电阻IEC标称值的E192电阻系列，增益电阻 R_G的取值为2.05kΩ。由于电力电子装置中存在较强的射频干扰信号。限于篇幅，本例仍然采用本章交流电压调理电路的滤波参数，既兼顾d、q分解的技术需求，又确保调理电路的抗干扰能力，故采用两级滤波电路，即第一级由仪表放大器AD8422输入端的滤波电路组成，第二级由二阶压控低通滤波器组成。

第6章　其他传感器与信号处理技术

在电力电子装置中，除了实时获取装置的电压、电流参数之外，还需采集装置的温度信息，如功率单元、滤波电抗器、滤波电容器、变压器绕组、通电母排（电缆）、冷却介质（如风、冷却水、冷却油等）等的温度测量，都是非常重要的。因此，本章讲述温度测试以及其他典型状态量的测试原理和设计方法，为读者正确设计电力电子装置的检测模块，做些技术性铺垫。

6.1　温度传感器原理及其信号处理技术

6.1.1　测温重要性

基于硅材料的半导体结在高温下本身是不工作的。具体地讲，一般情况下，随着温度的升高，由于热效应自然产生电子空穴对，硅基的本征载流子浓度不断升高，由此半导体结工作的最为重要的掺杂载流子浓度受到抵制，半导体结的性能则不断下降，一般在70℃时开始表现得十分明显，到150～200℃时几乎停止工作，因为此时硅基处于完全导电的状态。这一效应常常被称为半导体器件的温度载流子效应。另外，半导体器件中最为重要的结构是PN结势垒，它是构成如MOSFET、IGBT模块、晶闸管等功率器件的物理基础。

当温度升高到150～200℃之间时，本征载流子浓度升高的程度已使该PN结势垒消失，从而导致半导体性能崩溃，这常常被称为半导体的结温效应。各种电力电子器件均具有导通和阻断两种工作特性，如果此时发生结温效应，那么功率器件就会直通，也就失去了控制作用，发生这种情况对电力电子装置而言是非常可怕的，也就是说，电力电子装置就处于完全失控状态。

研究表明，电力电子器件的损耗可以分为以下4种类型：

1）通态损耗：由导通状态下流过的电流和器件上的电压降所产生的功率损耗。

2）阻断态损耗：由阻断状态下器件承受的电压和流过器件的漏电流产生的功率损耗。

3）开断损耗：由器件开通过程所产生的功率损耗与关断过程所产生的功率损耗之和。

4）控制极损耗：由控制极的电流引起的功率损耗。

因此，在电力电子装置中，几乎所有的电力电子器件，包括主回路的大功率器件、控制回路电源电路、检测电路、驱动保护电路中的小功率器件，它们在工作时都会产生上述4种损耗，只是根据工作模式（长时间稳态运行，还是间歇脉冲式运行）的不同，4种损耗各有侧重而已。电力电子器件因为功率损耗而发热和升温，这是不争的事实。

根据前面复习得知，变频器是应用变频技术与微电子技术，通过改变电机工作电源和频率的方式来控制交流电动机的电力控制装置，它主要由整流、滤波、逆变、制动、驱动、检测、控制等单元组成，图6-1表示变频器装置的典型拓扑。其中信号测量模块需要同时获取直流母线的电压 U_{DC}、电流 I_{DC}、逆变器输出电压 $U_U \sim U_W$（图中没有画出）、电流 $I_U \sim I_W$（图中没有画出 I_U）、温度 T_D、电动机的位置 θ、速度 ω 等信号。

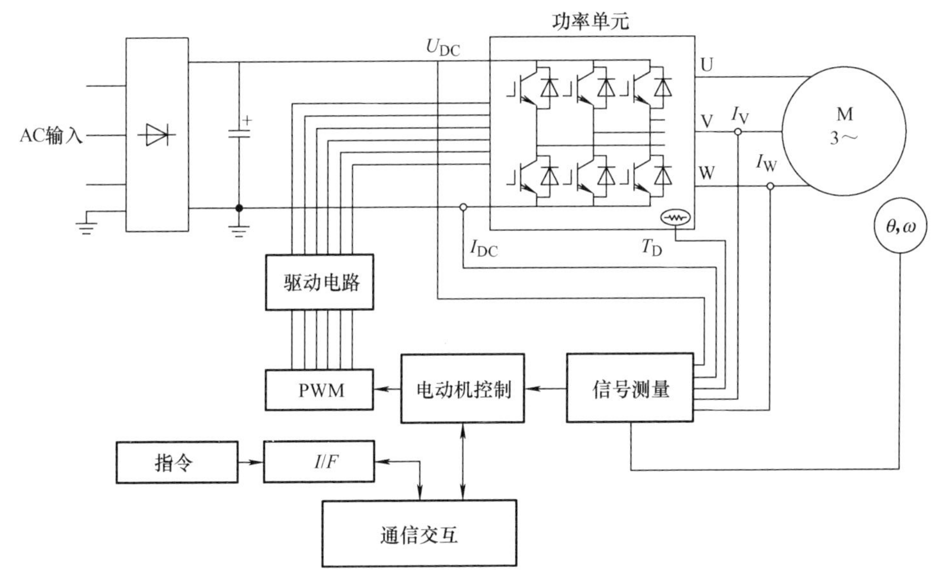

图6-1　变频器装置的典型拓扑

根据电动机实际电源的电压和频率的需要，变频器靠控制单元按照既定策略，控制装置内部如IGBT等功率器件的开断，以便为电动机提供所需要的电源电压，从而达到节能、调速的目的。另外，变频器还有很多的保护功能，如过电流、过电压、过载保护等。

研究表明，在变频器装置内部，逆变器（模块）是发热最多的器部件，据专家测算，它所发的热量约占整个变频装置所有散热量的50%左右；其次是整流器（模块），它所发的热量约占整个变频装置的45%左右；而剩下的5%则是电解电容、充电电阻、均压电阻以及印制板上的发热元件等所发生的热量。

电力电子器件工作时都会发热，将使其自身工作温度升高，而器件温度过高将缩短其使用寿命，甚至烧毁器件，大大降低了装置的可靠性，这也是限制电力电子器件的电流定额和电压定额的主要原因。面对这一难题，通常的解决办法是专设冷却系统，通过直接或者间接实时检测电力电子器件的温度，一旦发现它们过温，控制器就发送控制指令，确保冷却系统及时工作，加速装置冷却，确保电力电子器件在额定温度以下正常工作。但是，这样又会带来新的可靠性问题，因为冷却系统的可靠性将决定电力电子器件的可靠性，而电力电子器件的可靠性将直接决定电力电子装置的可靠性，当然这是没有办法的补救办法。

6.1.2 温度传感器 Pt100 及其应用

在电力电子装置中，温度传感器是温度测量的核心部分，其品种非常繁多。按照传感器材料及电子元件特性，分为四种类型：

1）热电偶。

2）热敏电阻。

3）电阻温度检测器（Resistance Temperature Sensor，RTD）。

4）集成温度传感器。

按测量方式，温度传感器可分为接触式和非接触式两大类：

（1）接触式温度传感器。需要与被测介质保持热接触，使两者进行充分的热交换而达到同一温度，这类传感器主要有热电偶、热敏电阻、RTD 和半导体度传感器（又称为集成温度传感器）等。

（2）非接触式温度传感器。无需与被测介质接触，而是通过被测介质的热辐射或对流传到温度传感器，以达到测温的目的，这类传感器主要是红外测温传感器。这种测温方法的主要特点是，可以测量运行时电力电子装置内部各个功率器件的温度及热容量小物体（如集成电路）的温度分布。

表 6-1 是几种典型温度传感器的特性对比。

表 6-1 几种典型温度传感器的特性对比

传感器类别	热电偶	RTD（如 Pt100）	热敏电阻	半导体温度传感器
测量范围	-184 ~ 300℃	-200 ~ 850℃	0 ~ 100℃	-55 ~ 150℃
准确度	高	高	线性度差	准确度：±1℃ 线性度：±1℃
线性度	中等	高	低	较好
稳定性	差	高	中等	中
是否需要电源	否	是		
是否补偿	是	否		
灵敏度	输出电压幅值较低，灵敏度差	灵敏度适中	高灵敏度	输出为 10mV/K、20mV/K 或 1μA/K
价格	中等	较高	低	低
检测系统成本	较高	中等	中等	低
应用场合	高温测量，工业应用	测量范围广，要求准确度高场合	测量范围窄或单点测温	测量范围窄或多点测温

分析表6-1表明，RTD属于温度传感器的一种，它主要是利用金属电阻会随着温度高低不同而出现相应变化这一物理特性来测量温度的。大部分电阻式温度检测器都以金属制作而成，其中尤以铂金（Pt）制作的电阻式温度检测器最为稳定，它耐酸碱、不会变质、线性度好，因而其应用范围非常广泛。

不失一般性，本书主要以Pt制作的RTD为例进行分析。目前，Pt制作的RTD主要有Pt100、Pt500和Pt1000三种型号，绝大多数均将它们制作成图6-2所示的封装形式。

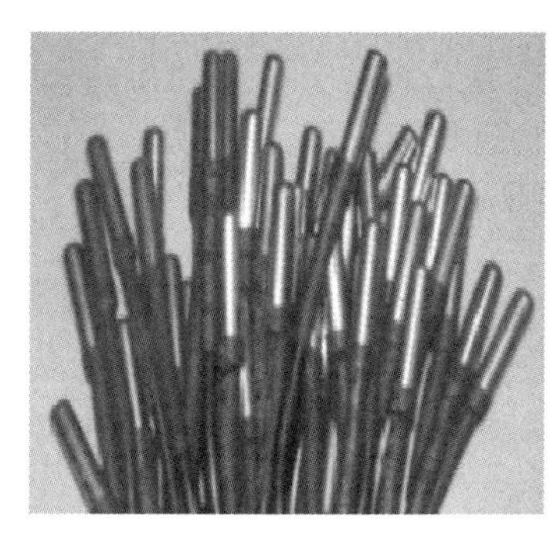
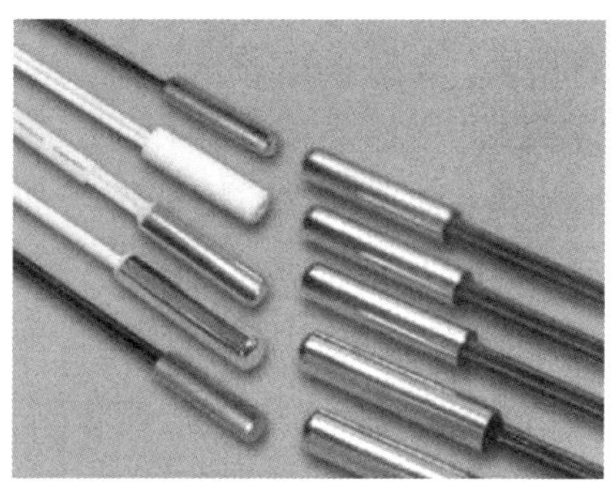

图6-2　温度检测器Pt100、Pt500和Pt1000的封装形式

Pt100中的“100”表示在0℃时铂热电阻的阻值为100Ω，在100℃时它的阻值约为138.5Ω。Pt100铂热电阻是中低温区最常用的一种温度检测器，其主要特点是：

1）测量精度高，性能稳定。

2）机械强度高，耐高温耐压性能好。

3）抗振性能好。

因此，在电力电子装置中，常常选择Pt100作为温度传感器。当Pt100在0℃时，其阻值为100Ω，它的阻值会随着温度上升而成近似匀速的增长。但它们之间的关系并不是简单的正比关系，而更应该趋近于一条抛物线，它的阻值随温度变化而变化的计算公式为

$$\begin{cases} R_t = R_0[1 + At + Bt^2 + C(t-100)t^3] & -200℃ < t < 0℃ \\ R_t = R_0(1 + At + Bt^2) & 0℃ < t < 850℃ \end{cases} \tag{6-1}$$

式中，R_t表示温度为t℃时铂热电阻的电阻值；R_0表示温度为0℃时铂热电阻的电阻值。

式(6-1)中的系数A、B和C为实验测定的，这里给出国际标准的DIN EN60751（IEC751－1983）系数

1）$A = 3.9083 \times 10^{-3}$。

2）$B = -5.775 \times 10^{-7}$。

3）$C = -4.183 \times 10^{-12}$。

常规的接线方法就是两线制，如图6-3a所示，其优点是仅需要使用两根导线，因而容易连接与实现；缺点是引线电阻会参与温度测量，从而引入一些误差，两线制适于引线不长、精度要求较低的测温场合。

两线制的一种改进方法是三线制，如图6-3b所示。虽然它也是采用让电流通过电阻并测量其电压降的方法，但使用第三根引线，则可对引线电阻进行补偿。这需要有第三根线来补偿测量单元，或需要测出第三根线上的温度值，并将其从总的温度测量值上减去，三线制用于工业测量，属于一般精度的测量法。

三线制如果不对引线（电阻）进行补偿的话，还会引起更大的误差，为此，可以采用四线制，如图6-3c所示，它有助于消除这种误差。与其他两种接线方法一样，四线制中也同样是采用让电流通过电阻并测量其电压降的方法，但是从引线的一端引入电流，而在另一端测量电压。所测电压是在Pt100电阻元件上，而不是与源电流在同一点上测量获得，这就意味着将引线电阻完全排除在温度测量路径之外，换句话说，引线电阻不是测量的一部分，因此不会产生误差，属于实验室用高精度测量法。

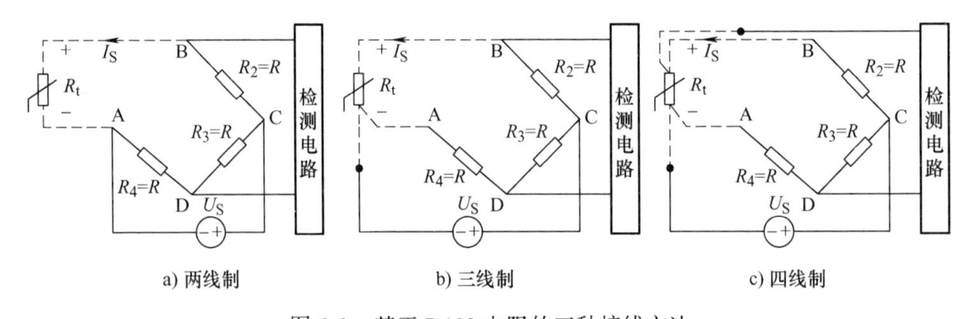

图6-3　基于Pt100电阻的三种接线方法

如图6-1所示，拟测试变频器功率单元的温度，测试要求如下：

1）调理电路电源 U_S：+5V。

2）最高测量电压：3.0V（对应温度150℃）。

3）采用Pt100铂电阻作为温度传感器。

4）调理电路的低通滤波器截止频率 $f_C = 10\text{Hz}$。

分析：图6-4所示的是基于Pt100四线制的测温调理电路，它由3个典型电路组成：

1. 恒流源激励电路

用于激励Pt100温度传感器，获取反应功率单元温度的电压信号。下面简单分析恒流源激励电路的工作原理：

根据运放“虚断”，可以得到下面的表达式：

$$\frac{U_{REF} - U_{1+}}{R} = \frac{U_{1+} - U_{O2}}{R} \tag{6-2}$$

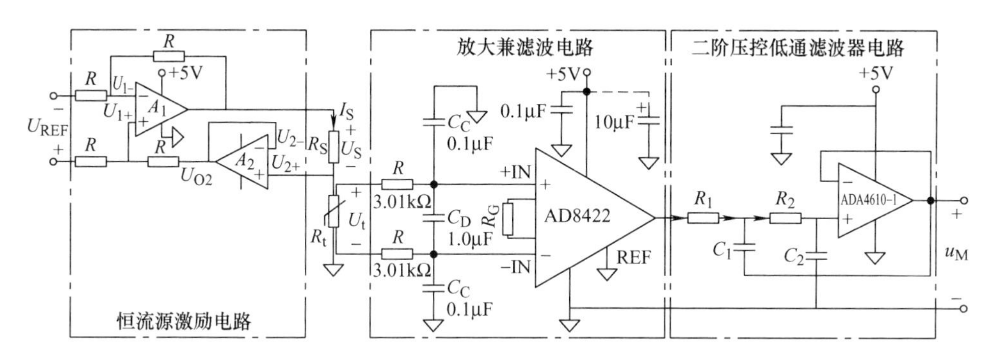

图6-4　基于Pt100四线制的测温调理电路

运放 A_2的输出电压的表达式 U_{O2}为

$$U_{O2}=U_{2-}=U_{2+}=U_t=I_tR_t \tag{6-3}$$

联立式(6-2) 和式(6-3)，可以得到 U_{1+}的表达式为

$$U_{1+}=\frac{U_{\mathrm{REF}}+U_{O2}}{2}=\frac{U_{\mathrm{REF}}+I_tR_t}{2} \tag{6-4}$$

运放 A_1的输出电压的表达式 U_S为

$$U_S=2U_{1+} \tag{6-5}$$

联立式(6-4) 和式(6-5)，可以得到 U_S的表达式为

$$U_S=U_{\mathrm{REF}}+I_tR_t \tag{6-6}$$

根据分压器原理，可以得到 U_S的表达式为

$$U_S=I_t(R_t+R_S) \tag{6-7}$$

联立式(6-6) 和式(6-7)，可以得到 I_t的表达式为

$$I_t=\frac{U_{\mathrm{REF}}}{R_S} \tag{6-8}$$

式(6-8) 即为恒流源激励电路的基本原理。本例选择低噪声、精密、轨到轨输出、JFET 双通道运算放大器 ADA4610－1 组成。假设参考电压 $U_{\mathrm{REF}}=2.5\mathrm{V}$、采样电阻 $R_S=2\mathrm{k\Omega}$，那么，流入 Pt100 的激励电流：$I_t=U_{\mathrm{REF}}/R_S=1.25\mathrm{mA}$。

2. 放大兼滤波器电路

将激励电路获得的反应功率单元温度的电压信号，进行放大和滤波处理。本例前级滤波电阻为 3.01kΩ、截止频率 f_{C1}为 30Hz 左右，即

$$f_{C1}\approx\frac{1}{4\pi RC_D}=30\mathrm{Hz} \tag{6-9}$$

式中，C_D为差模信号的滤波电容，其取值为

$$C_D=\frac{1}{4\pi Rf_{C1}}=\frac{1}{4\pi\times3.01\mathrm{k\Omega}\times30\mathrm{Hz}}\approx0.88\mu\mathrm{F} \tag{6-10}$$

因此，本例的差模滤波电容 C_D取值 1.0μF。差模滤波电容 C_D和共模滤波电容

C_C相差至少一个数量级以上，因此，共模信号的滤波电容 C_C取值 0. 1μF。由于本例功率单元的温度范围为：0 ~ 150℃，Pt100 所对应的电阻为 100 ~ 157. 33Ω。当功率单元在温度为 0 ~ 150℃范围时，Pt100 的输出端电压的范围为：0. 125 ~ 0. 197V，采用 AD8422 将 R_t的端电压 U_t放大至 3V，其放大倍数 G 为

$$G=\frac{3}{0.197}\approx 15.255 \tag{6-11}$$

则增益电阻 R_G的表达式为

$$R_G=\frac{19.8\text{k}\Omega}{G-1}=\frac{19.8\text{k}\Omega}{\frac{3}{0.197}-1}\approx 1.389\text{k}\Omega \tag{6-12}$$

采用金属膜电阻 IEC 标称值的 E192 电阻系列，增益电阻 R_G的取值为 1. 38kΩ。

3. 二阶压控低通滤波器电路

对放大器输出电压再一次进行滤波处理，提高 Pt100 温度传感器调理电路的抗干扰能力。

（1）确定电容 C_1和 C_2的值：

本例截止频率 $f_{C2}=10\text{Hz}$。由于采用的设计思路是两个电容器相等，即 $C_1=C_2=C$，电容 C_1和 C_2的取值依据为

$$C_1=C_2=C\approx\frac{10}{f_{C2}}\mu\text{F} \tag{6-13}$$

将截止频率 $f_{C2}=10\text{Hz}$ 代入式(6-13) 中，计算得到电容器 C_1和 C_2值为

$$C_1=C_2=C\approx\frac{10}{f_{C2}}\mu\text{F}=\frac{10}{10}\mu\text{F}=1\mu\text{F} \tag{6-14}$$

选定电容器 C_1和 C_2为标称值 1μF。

（2）确定电阻 R_1和 R_2的值：

本例采用的是跟随器电路，且假设两个电阻相等，即 $R_1=R_2$。根据低通滤波器的截止频率的表达式：

$$f_{C2}=\frac{1}{2\pi R_1 C}=\frac{1}{2\pi R_2 C} \tag{6-15}$$

推导获得电阻 R_1和 R_2的取值表达式为

$$R_1=R_2=\frac{1}{2\pi f_{C2} C}=\frac{1}{2\pi\times 0.01\text{kHz}\times 1\mu\text{F}}\approx 15.9\text{k}\Omega \tag{6-16}$$

取 E192 电阻系列，则电阻 $R_1=R_2=16\text{k}\Omega$。反过来计算截止频率的设计值 f_{C2_S}为

$$f_{C2\_S}=\frac{1}{2\pi RC}=\frac{1}{2\pi\times 16\text{k}\Omega\times 1\mu\text{F}}\approx 9.95\text{Hz} \tag{6-17}$$

由此可见，非常接近截止频率 $f_C=10\text{Hz}$ 的设计要求，因此合乎要求。

6.1.3 集成传感器AD590及其应用

温度传感器AD590，作为集成传感器的典型代表，是美国AD公司的单片集成两端感温电流源，其输出电流与绝对温度成比例，该器件可充当一个高阻抗、恒流调节器，片内薄膜电阻经过激光调整，可用于校准器件，调节系数为1μA/K，在298.2K（25℃）时输出298.2μA电流。

传感器AD590的电源电压范围为4～30V，可以承受44V正向电压和20V反向电压，如果电源电压不超过20V时，器件即使反接也不会被损坏。传感器AD590的测温范围为−55～150℃，它的输出电阻为710mΩ、转换精度±0.5℃、非线性误差仅为±0.3℃。现将传感器AD590的关键性参数列于表6-2中。

表6-2 传感器AD590的关键性参数

参数	输出信号	测量范围/℃	电源范围/V	温度系数/(μA/K)	转换精度/℃	非线性误差/℃	正向承压/V	反向承压/V	封装
数值	电流	−55～150	4～30	1	±0.5	±0.3	44	20	FLATPACK，TO−52，SOIC−8

传感器AD590的封装形式、管脚和基本应用电路如图6-5所示。

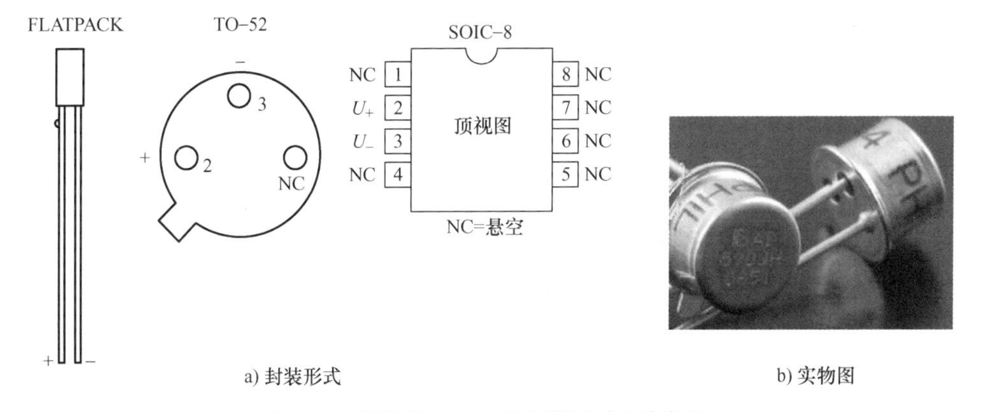

a) 封装形式　　b) 实物图

图6-5 传感器AD590的封装形式和实物图

传感器AD590的基本应用电路如图6-6所示，它由电源U_S、温度传感器、检测电阻和调理电路几个部分组成。其检测电阻R_M的端电压U_M的表达式为

$$U_M = R_M I_t \tag{6-18}$$

式中，I_t表示与温度有关的来自传感器AD590的输出电流，其表达式为

$$I_t = K_t T \tag{6-19}$$

式中，K_t表示温度系数，即$K_t = 1\mu A/K$；T（单位为K）表示国际实用温标温度（又称绝对温度），它与摄氏温标温度之间满足下面的关系式：

$$T=273.2+t \tag{6-20}$$

式中，t 表示摄氏温度值（℃）。

因此，联立表达式(6-18)～式(6-20)，可以得到检测电阻 R_M 的端电压 U_M 的表达式为

$$U_M=R_M(273.2+t)\times1\times10^{-6} \tag{6-21}$$

为了确保检测压 U_M 不被干扰，接由电容 C_3 和电容 C_4 组成的滤波器，且电容 $C_3=4.7\mu F$、电容 $C_4=0.1\mu F$。电源部分也要接由电容 C_1 和 C_2 组成的滤波器，且电容 $C_1=10\mu F$、电容 $C_2=0.1\mu F$。

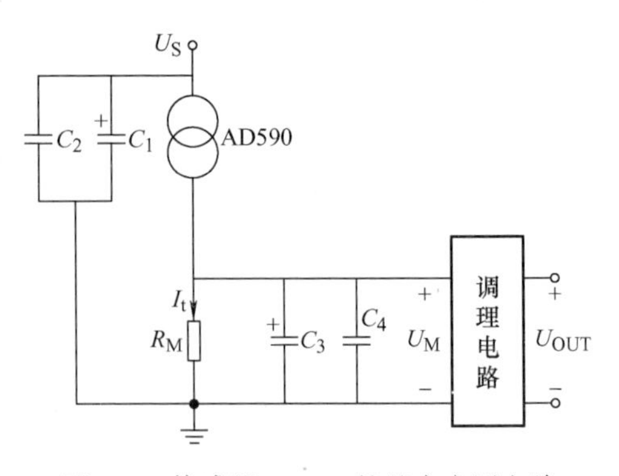

图 6-6　传感器 AD590 的基本应用电路

设计要求：利用传感器 AD590 检测电力电子装置中的冷板温度，冷板不带电，且

1）测温范围：－10～105℃。

2）满量程为 3V（对应最高温度 105℃）。

3）调理电路电源为 5V。

4）调理电路的低通滤波器截止频率 $f_C=10Hz$。

分析：首先假设检测电阻 R_M 取值 1kΩ（E192 电阻系列）。当冷板温度 T_a = 85℃时，测量电阻 R_M 的端电压为

$$U_S=1k\Omega\times(273.2+105)℃\times1\mu A=0.3782V \tag{6-22}$$

仍然采用 AD8422 将 R_M 的端电压 U_S 放大至 3V，其放大倍数 $G=U_M/U_S$，则增益电阻 R_G 的表达式为

$$R_G=\frac{19.8k\Omega}{\frac{3}{0.3782}-1}\approx2.856k\Omega \tag{6-23}$$

采用金属膜电阻 IEC 标称值的 E192 电阻系列，增益电阻 R_G 的取值为 2.84kΩ。其他电路参数如图 6-7 所示。

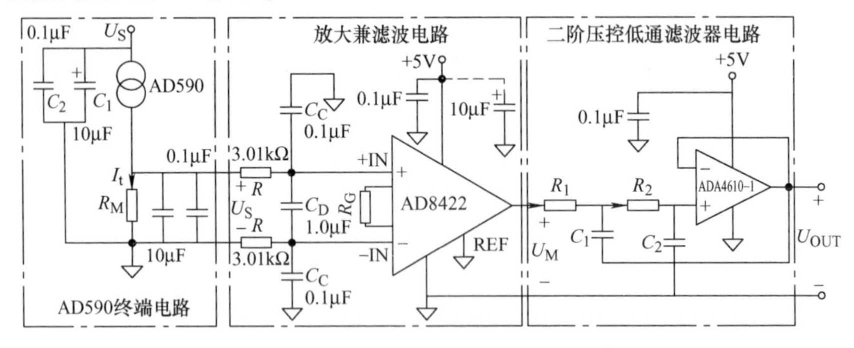

图 6-7　基于 AD590 测温的调理电路

6.2 湿度传感器原理及其信号处理技术

6.2.1 测湿重要性

湿度是表征空气中水蒸气含量多少的物理量，常用绝对湿度、相对湿度、露点等表示。绝对湿度是指一定体积的空气中含有水蒸气的质量，一般其单位为“克/立方米（g/m^3）”。绝对湿度的最大限度是饱和状态下的最高湿度。绝对湿度只有与温度一起才有意义，因为空气中能够含有的湿度的量随温度而变化，在不同的温度中绝对湿度也不同，因为随着高度的变化，空气的密度也会发生变化。但绝对湿度越靠近最高湿度，它随高度的变化就越小。

相对湿度是绝对湿度与最高湿度之间的比，用 RH% 来表示。相对湿度值显示水蒸气的饱和度有多高。相对湿度为 100% 的空气是饱和空气。相对湿度是 50% 的空气含有达到同温度的空气的饱和点的一半的水蒸气。当温度和压力变化时，因饱和水蒸气变化，所以气体中的水蒸气压即使相同，其相对湿度也会发生变化。日常生活中所说的空气湿度，实际上就是指相对湿度而言。温度增加，相对湿度减小；反之，温度降低，相对湿度增加。

研究与实践均表明，湿度大极易造成电力电子装置工作不可靠，且频发故障，严重时造成重大灾难性事故，因为电气设备受潮时，主要表现在以下 4 个方面：

（1）表现在电气元件金属部分的锈蚀，影响装置整体结构强度。

（2）表现在设备的绝缘性能下降、绝缘老化加速。根据目前的介质理论，环境湿度增加使得电介质的电导率、相对介电系数、介质损失角正切值相应增大，击穿场强降低。研究表明，绝缘的破坏过程往往是在热的作用下变脆，受振动后开裂，潮气进入裂缝后，很低的电压也会引起放电，造成绝缘材料击穿。

（3）裸露的金属导体随着湿度的增加，一般来说其氧化腐蚀速度会加快（特别是在其粘附粉尘的情况下），使导体连接处接触电阻增大，造成局部过热。

（4）空气越干燥越易产生静电，相对湿度对表面累积电荷的性能产生直接影响。相对湿度越高，物体储存电荷的时间就越短，表面电荷减小，当相对湿度增加，空气的电导率也随之增加。在空气逐渐干燥时，产生静电的能力变化是确定且明显的。在相对湿度为 10%（很干燥的空气）时，在电力电子装置柜门的开关或者控制器板卡的拆装时，极易产生数千伏的静电荷。

由此可见，对于电力电子装置而言，由于存在对腐蚀和湿度较为敏感的器件，建议将其工作环境的相对湿度控制在 25% ~50% 范围之间为佳。如图 6-8a 所示，它是某整流柜开关阀体含冷却水管的实物图片，它里面布置了晶闸管器件、水冷板（采取水冷方式）；图 6-8b 表示某电力电子功率装置的实物图片，它采用风冷方式。为了确保它们能够可靠、健康运行，必须时刻监测装置内部的湿度状况。

a) 水冷阀体

b) 风冷装置

图 6-8 电力电子功率装置实物图

实践表明，长期处在潮湿环境中的电力电子装置，其使用寿命将会大幅度降低，并引发严重的电气事故，所以必须重视这类装置的防潮工作。最有效的途径就是，实时监测并随时报告装置内部的湿度状况，并由控制器设定必要的安全门限，一旦低于安全门限值，控制器即刻进行除潮操作，如开动抽湿机、起动通风设施或者动用加热除潮装置等。

6.2.2 湿度传感器 HM1500LF 及其应用

目前，湿度传感器可以分为电阻式和电容式两种，产品的基本形式都是在基片涂覆感湿材料形成感湿膜，一旦空气中的水蒸汽吸附于感湿材料后，相关元件的阻抗、介质常数就相应地发生很大的变化，正是基于这种特性而制成湿敏元件。国内市场上出现了不少湿度传感器产品，电容式湿敏元件较为多见，感湿材料种类主要为高分子聚合物、氯化锂和金属氧化物。

传感器 HM1500LF 作为一种典型的电容式湿度传感器，它是基于传感器 HS1101LF 的坚固结构，专为 OEM 应用中开发出来的一种具有可靠、精确、线性、电压输出的模块，该传感器可以经过简单的信号处理之后，即可实现与微控制器直接对接。

如图 6-9a 所示，电压型湿度传感器 HM1500LF，有 3 根引线，即电源地线（图中为 W_1，它一般为白色线）、电源输入线（图中为 W_2，它一般为蓝色线）和测试电压输出线（图中为 W_3，它一般为黄色线），该传感器的实物图片如图 6-9b 所示。将湿度传感器 HM1500LF 的等效电路框图，绘制于图 6-9c 中，它由传感器本体的振荡器电路、参考电压的振荡器电路、输出电压的低通滤波器电路和末级放大器电路几个部分组成。湿度传感器 HM1500LF，是基于独特工艺设计的电容元件，具有以下典型特点：

1）尺寸小。

2）浸水无影响，可靠性高、漂移小，极低的温度依赖性。

3）在标准条件下完全互换且不需要校准。

4）标定 ±2% RH@55% RH。

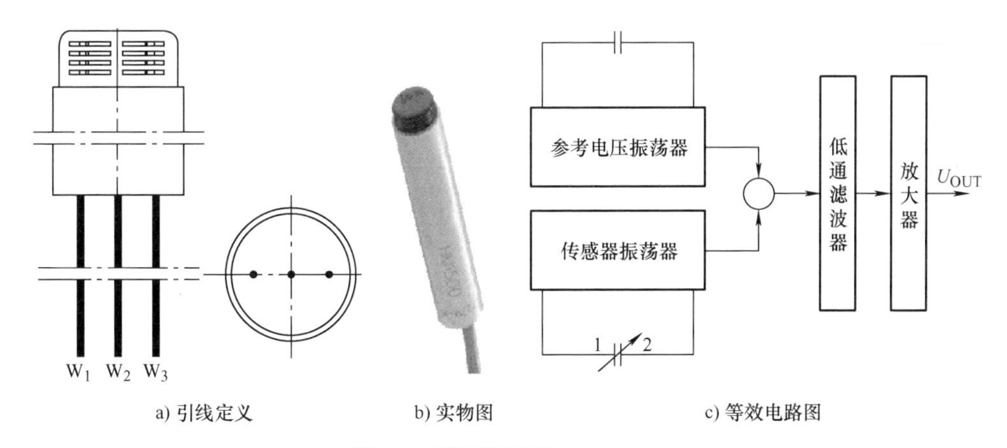

图6-9　湿度传感器 HM1500LF

5）适合3~7V直流供电，在5V直流供电时，在相对湿度0%~100%范围内，其输出端为1~4V的直流电压信号。

6）瞬时稀释后长时间在饱和阶段。

7）专利的固态聚合物结构。

8）快速响应特性。

为便于读者朋友阅读方便起见，现将传感器HM1500LF的极限参数列于表6-3中。

表6-3　传感器 HM1500LF 的极限参数（T_a=25℃）

参数名称	符号	参数取值	单位
工作温度	T_a	-30~60	℃
储存温度	T_{stg}	-0~70	℃
电源电压	U_S	7	V
测量范围	RH	0~100	%RH
焊接温度@260℃	t	10	s

将湿度传感器HM1500LF的关键性参数，小结于表6-4中，其测量频率10kHz、测量时的环境温度为T_a=25℃。

表6-4　传感器 HM1500LF 的关键性参数（T_a=25℃，U_S=5V，R_L>1MΩ）

参数名称	符号	参数取值			单位
		最小值	典型值	最大值	
测量范围	RH	0		100	%RH
电源电压	U_S		5		V
消耗电流	I_S		2.8	4.0	mA
额定输出电压@55%RH	U_{OUT}	2.42	2.48	2.54	V

（续）

参数名称	符号	参数取值			单位
		最小值	典型值	最大值	
相对湿度正确性（10% ~95%）			±3.0	±5.0	%RH
相对湿度平均敏感度	ΔmV/%RH		+26		mV/%RH
温度系数（10~50℃）	T_{CC}		-0.05	-0.1	%RH/℃
电容漏电流（$R_L=33k\Omega$）	I_x			300	μA
150h 的冷凝后恢复时间	t_r		10		s
湿度滞环			±1.5		%RH
漂移			0.5		%RH/年
响应时间（33% ~75%）	τ			10	s
预热时间	t_W		150		ms
输出阻抗	Z_{OUT}		70		Ω
相对湿度分辨率			0.4		%RH

现将利用传感器 HM1500LF 构成测试系统的设计要求小结如下：

1）适应现场电力电子装置的特殊工作环境，强电磁干扰。

2）本地测湿。

3）相对湿度范围 10% ~95%。

4）传感器与调理电路电源：5V。

5）截止频率 $f_C=10Hz$。

在相对湿度介于 10% ~95% 范围内，传感器 HM1500LF 的准确度可以保证。传感器 HM1500LF 的输出电压的一次项（线性）表达式为

$$U_{OUT}=(25.68\times RH+1079)V \tag{6-24}$$

式中，U_{OUT}表示输出电压，单位为 mV；RH 表示相对湿度，单位为%。

传感器 HM1500LF 的输出电压的拟合多项式为

$$U_{OUT}=(9\times10^{-4}\times RH^3-1.3\times10^{-1}\times RH^2+30.815\times RH+1030)V \tag{6-25}$$

传感器 HM1500LF 的输出电压的测试曲线如图 6-10a 所示。

由于传感器 HM1500LF 对温度有一定程度的敏感性，为了提高测试的准确度，可以对测量获得的相对湿度值，按照下面的温度补偿修正（Temperature Coefficient Compensation）表达式进行修正，即

$$RH_R\%=RH_C\%\times[1-(T_a-23)\times2.4\times10^{-3}] \tag{6-26}$$

式中，$RH_R\%$表示经过温度补偿修正获得的相对湿度值，单位为%；$RH_C\%$表示尚未经过温度补偿修正的相对湿度值，就修正前的相对湿度值，单位为%；T_a表示环境温度，单位为℃。

分析传感器 HM1500LF 的输出电压曲线图 6-10a 得知，它并非理想的线性关系，即它具有非线性特性。如果既要考虑温度对传感器 HM1500LF 的影响，又要考

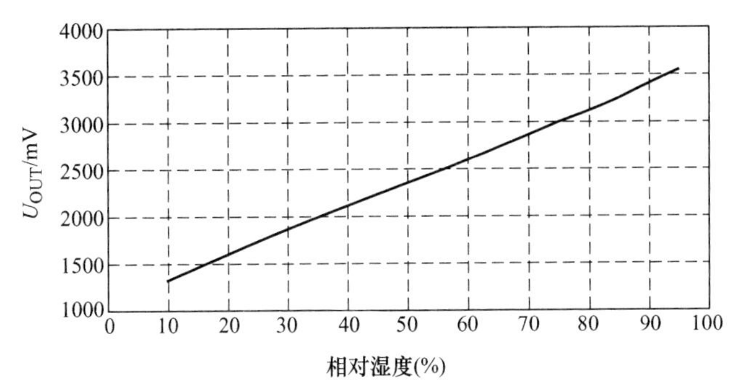

a) 输出电压曲线

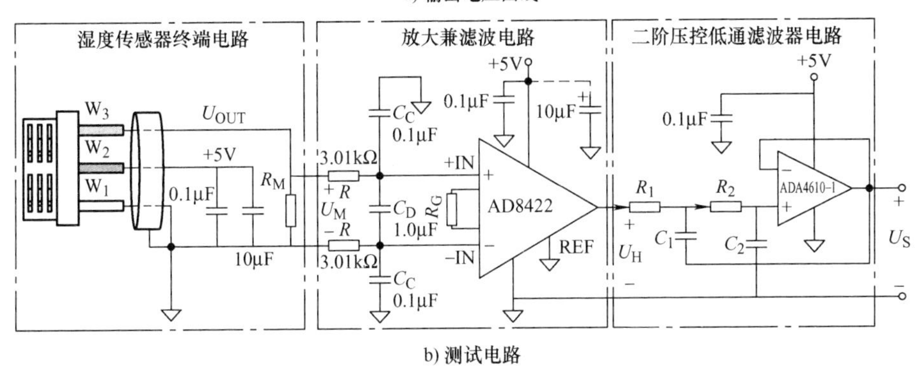

b) 测试电路

图 6-10　传感器 HM1500LF 的调理电路

虑它的非线性特性，为了提高测试的准确度，可以对测量获得的相对湿度值，按照下面的非线性和温度补偿修正（Non Linearity and Temperature Compensation）表达式进行修正，即

$$RH_R\% = \frac{-1.919\times10^{-9}\times U_{OUT}^3 + 1.335\times10^{-5}\times U_{OUT}^2 + 9.607\times10^{-3}\times U_{OUT} - 21.75}{1+(T_a-23)\times2.4\times10^{-3}} \tag{6-27}$$

式中，$RH_R\%$ 表示经过温度补偿修正获得的相对湿度值，单位为%；U_{OUT}表示由式(6-25）获得的反应相对湿度值的电压，单位为 mV。

为增加其抗电磁干扰的能力，本例增加了二阶压控低通滤波器，其增益为 1。基于传感器 HM1500LF 的测试电路如图 6-10b 所示，它包括湿度传感器终端电路、放大兼滤波电路、二阶压控低通滤波电路三个部分。经由传感器输出电压 U_{OUT}获得的测量电压 U_M的表达式为

$$U_M = \frac{U_{OUT}}{R_M + Z_{OUT}} R_M \tag{6-28}$$

式中，Z_{OUT}表示传感器的输出阻抗；U_{OUT}表示传感器的输出电压。

根据传感器 HM1500LF 的参数手册得知，传感器的输出阻抗为 70Ω，由于本例中检测电阻 R_M取值超过 1MΩ，那么测量电压 U_M可以近似地表示为

$$U_{M}=\frac{U_{OUT}}{R_{M}+Z_{O}}=\frac{U_{OUT}}{1M\Omega+70\Omega}\times1M\Omega\approx U_{OUT} \tag{6-29}$$

根据表达式(6-29)得知，测量电压 U_M 可以近似地等于传感器的输出信号。由于本例采用5V供电，因此，不需要再进行放大处理，那么，所选择的仪用运放AD8422的放大增益 $K_G=1$，即本例后续处理电路的放大增益为1，也就是说

$$\frac{U_{H}}{U_{M}}=K_{G}=1 \tag{6-30}$$

式中，U_H 表示仪用运放AD8422的输出电压，本例将增益电阻 R_G 开路不接即可。联立式(6-29)和式(6-30)，可以得到下面的重要表达式：

$$U_{H}=U_{M}\approx U_{OUT} \tag{6-31}$$

由于二阶压控低通滤波器的增益为1，因此，它的输出电压 U_S，即为仪用运放AD8422的输出电压 U_H。

6.3 光电编码器原理及其信号处理技术

6.3.1 编码器原理

编码器是将机械转动的模拟量（位移）转换成以数字代码形式表示的电信号的这类传感器。编码器以其“三高”（高精度、高分辨率和高可靠性）特性，被广泛应用于各种位移的测量，尤其是在电力电子装置中，被用于获取电机位置信息，应用得特别普遍。编码器的种类很多，主要分为脉冲盘式（增量编码器，它大多采用互补形式如A、$\overline{A}$、B、$\overline{B}$和C、$\overline{C}$）和码盘式编码器（绝对编码器，它大多采用格雷码、二进制码和BCD码方式），其中电磁式编码器和光电式编码器是码盘式编码器的两种典型代表，它们属于非接触式编码器，具有非接触、体积小、寿命长和分辨率高的特点。

（1）增量式旋转编码器：用光信号扫描分度盘（分度盘与转动轴相连），通过检测、统计信号的通断数量来计算旋转角度，因此，它输出的是一系列脉冲，需要一个计数系统对脉冲进行加减（正向或反向旋转时）累计计数，一般还需要一个基准数据即零位基准，才能完成角位移测量。用TTL与HTL信号的增量编码器示意于图6-11中所示，TTL信号有零点与取消信号，HTL信号只有零点没有取消信号。用正弦或余弦信号分辨的增量编码器示意于图6-12中所示。

（2）绝对编码器：用光信号扫描分度盘（分度盘与传动轴相连）上的格雷码刻度盘以确定被测物的绝对位置值，然后将检测到的格雷码数据转换为电信号以脉冲的形式输出测量的位移量，它不需要基准数据及计数系统，在任意位置都可给出与位置相对应的固定数字码输出，能方便地与数字系统（如微处理器）连接，如图6-13所示，它表示标准二进制编码器（8421码盘），共4圈码道，内圈为C4，

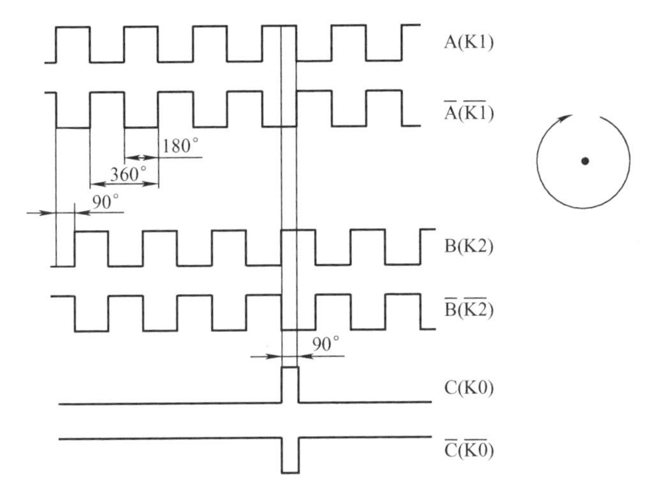

图6-11　用TTL与HTL信号的增量编码器示意图

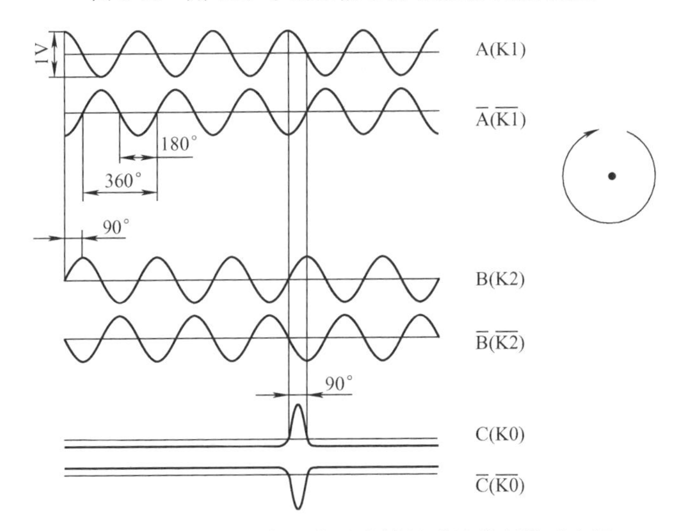

图6-12　用正弦或余弦信号分辨的增量编码器示意图

外圈为C1，因此有$2^4=16$个红白间隔，红色（图中深色部分）不透光代表“0”，白色透光代表“1”。分析图6-13得知，根据码盘的起始和终止位置就可确定转角，与转动的中间过程无关。

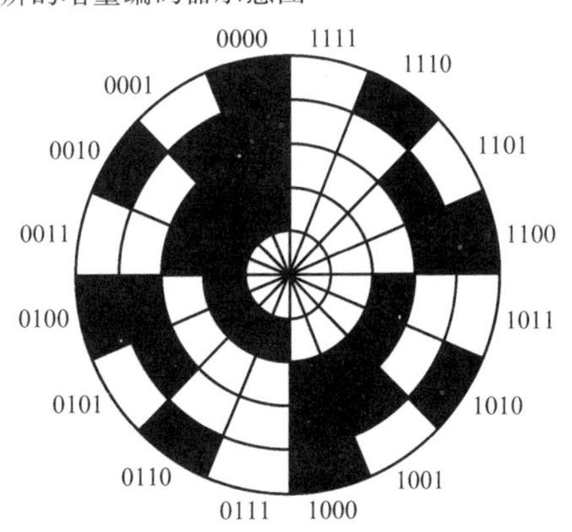

图6-13　标准二进制编码器（8421码盘）

绝对式旋转编码器的特点有：

1）在一个检测周期内，对不同的角度有不同的格雷码编码，因此编码器输出的位置数据是唯一的。

2）因使用机械连接的方式，在掉电时

编码器的位置不会改变，上电后立即可以取得当前位置数据。

3）检测到的数据为格雷码，因此不存在模拟量信号的检测误差。

4）最大24位编码。

三种编码器相比较，光电式编码器的性价比最高，它作为精密位移传感器在自动测量和自动控制技术中得到了广泛的应用。目前我国已有23位光电编码器，为科学研究、军事、航天和工业生产提供了对位移量进行精密检测的手段。

6.3.2　光电编码器应用

光电式编码器，主要由安装在旋转轴上的编码圆盘（码盘）、窄缝以及安装在圆盘两边的光源（含聚光镜）和光敏元件等组成，如图6-14所示。它有不同实物结构，如图6-15所示。

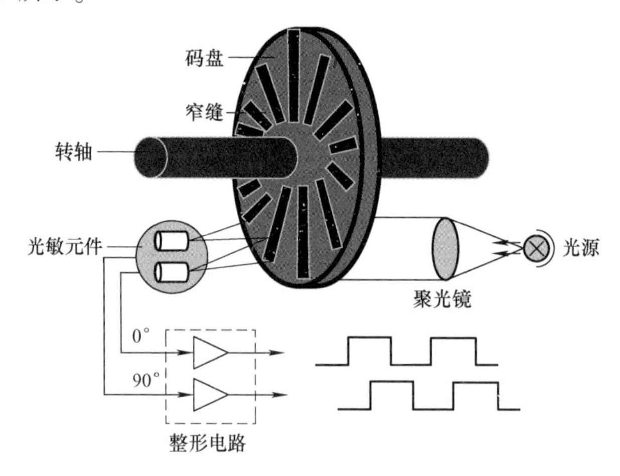

图6-14　光电式编码器的组成示意图

图6-15　光电编码器的不同实物结构

光电编码器在电机控制中，可以用来测量电机转子的磁场位置和机械位置，以及转子的磁场和机械位置的变化速度与变化方向。编码器在电力电子装置中的典型应用框图，如图6-16所示。

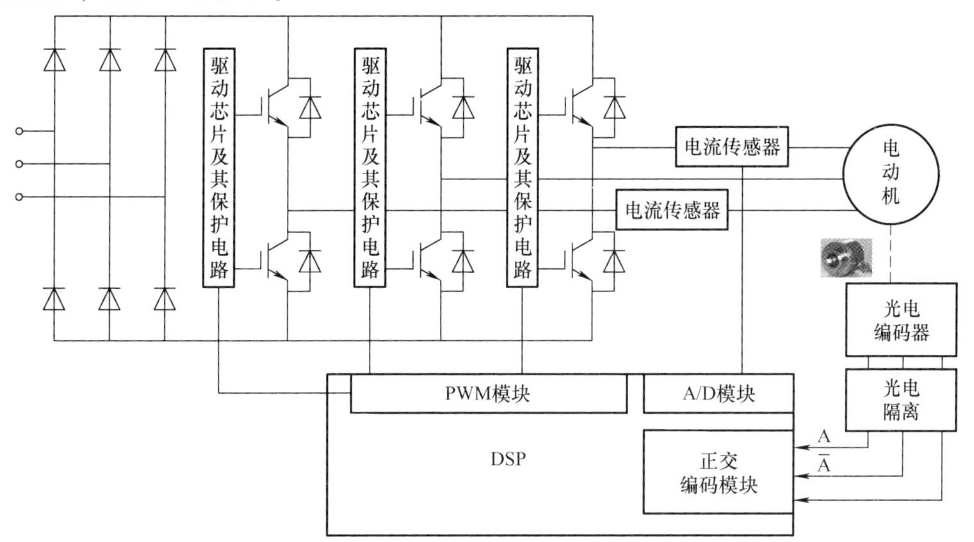

图6-16 光电编码器在电力电子装置中的典型应用框图

在大多数情况下，直接从编码器的光电检测器件获取的信号电平较低，波形也不规则，还不能适应于控制、信号处理和远距离传输的要求。所以，在编码器内还必须将此信号放大、整形，最常用的处理方法就是将来自光电编码器输出信号经由光耦处理之后才能传送到处理器（如DSP、ARM等）中，如图6-17所示。

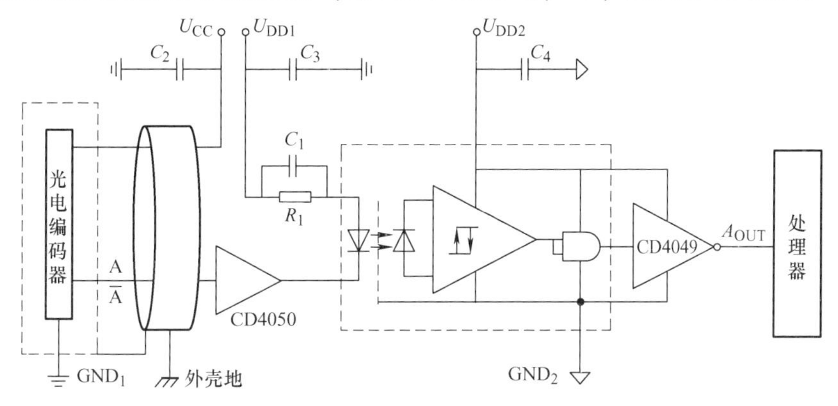

图6-17 处理光电编码器输出信号的典型电路拓扑

图6-17中器件CD4050是六同相缓冲器/转换器，器件CD4049是六反相缓冲器。CD4050具有仅用一电源电压进行逻辑电平转换的特征，用作逻辑电平转换时，输入高电平电压超过电源电压，该器件主要用作COS/MOS到DTL/TTL的转换器，能直接驱动两个DTL/TTL负载。CD4049具有仅用单电源电压进行逻辑电平转换的

特征，用作逻辑电平转换时，输入高电平电压超过电源电压，该器件主要用作COS/MOS到DTL/TTL的转换器，能直接驱动两个DTL/TTL负载。本例选择光耦HCPL-2201，它是一款光电耦合逻辑门器件，内含GaAsP的LED，检测器拥有图腾柱输出和内置施密特触发器的光学接收器输入，提供逻辑兼容波形，免除额外波形的整形电路的需求。HCPL-2201的电气和开关特性可以在-40~85℃的温度范围得到保证，U_{DD2}电源为4.5~20V，具有较低正向工作电流I_F和较宽U_{DD2}电源范围，兼容TTL、LSTTL和CMOS逻辑，带来和其他高速光电耦合器相比更低的功耗，逻辑信号传播延迟为150ns。光耦HCPL-2201的关键性参数见表6-5。

表6-5 光耦HCPL-2201的关键性参数

$I_{F(ON)}$/mA	U_F/V	$I_{C(ON)}$/mA	t_{PLH}/μs	t_{PHL}/μs	CMR-V/μs@U_{CM}		U_{ISO}/U_{RMS}	U_{IORM}/U_{PEAK}
					CMR-V/μs	U_{CM}/V		
5.0≥I_F≥1.6	≤1.95	≤25	≤0.3	≤0.3	≥1000	50	≥5000	1414

光耦HCPL-2201的真值表见表6-6。

表6-6 光耦HCPL-2201的真值表

LED	光耦输出
开通（ON）	高电平，U_{OH}≥2.4V
断开（OFF）	低电平，U_{OL}≤0.5V

假设输入端的TTL/LSTTL输出的低电平近似为0，此时流过发光二极管的电流I_F的表达式为

$$I_F = \frac{U_{DD1} - U_F}{R_1} \tag{6-32}$$

式中，U_F表示发光二极管开通时的管压降。

一般将发光二极管的电流I_F的取值在3~10mA。本例取值为5mA，因此，电阻R_1的约束表达式为

$$R_1 = \frac{U_{DD1} - U_F}{I_F} = \frac{U_{DD1} - U_F}{5\text{mA}} \tag{6-33}$$

电阻R_1一般取值1~2kΩ即可。在选择光电耦合器时，需要引起重视的注意事项如下：

1）传输信号的方式，为数字型（如OC门输出型、图腾柱输出型以及三态门电路输出型等）还是线性器件。

2）必须充分认识到光耦合器为电流驱动型器件，要合理选择电路中所使用的运放或者逻辑芯片，必须保证它们拥有合适的负载能力，以便在正常工作时驱动光耦合器。

3）传输信号的速度要求，如低速光电耦合器（包括光敏晶体管、光电池等输出型）和高速光电耦合器（包括光敏二极管带信号处理电路或者光敏集成电路输出型）等不同类型。

4）PCB布局空间的约束性要求，有单通道、双通道和多通道光耦合器供选择，因此，当采用普通光耦合器件时，要尽量采用多光耦合器件，而不要采用单光耦合器件，因为多个器件集成在一片芯片上，有利于从材料及工艺的角度保证多个器件之间特性的一致性，而正是由于多个光耦合器特性的一致，才保证了它们对控制对象作用的一致性。

5）隔离等级的要求，存在普通隔离光耦合器（如一般光学胶灌封低于5000V，空封低于2000V）和高压隔离光耦合器（可分为10kV、20kV、30kV等）成熟器件。

6）满足工作电源要求，目前大多为低电源电压型光耦合器（一般为5～15V范围），也有大于30V工作电源的高电源电压型光耦合器问世。

第 3 篇

典型通信及其信号处理技术篇

第7章　CAN通信与信号处理技术

对于绝大多数电力电子装置而言，它主要包括一次设备（如功率开关及其驱动、变压器、接触器、熔断器、输入电源和输出负载等）、二次设备（各类传感器、主控板和接口板等）以及顶层设备（液晶显示器、PC和集控中心等）。其中，二次设备（如主控板）凭借传感器实时获取一次设备的健康状态，借助通信网络与顶层设备之间进行信息交互，将它实时上传到顶层设备，并根据顶层设备的目标指令、按照既定策略控制和操动一次设备，形成一个封闭系统，既涵盖功率流，又包括信息流。

因此，本书从第3篇开始，分别介绍通信及其信号处理技术的基本原理，如通信协议、接口电路、电磁兼容等基础知识，为工程师开展装置设计奠定技术基础。

7.1　基本原理

7.1.1　背景概述

如图7-1所示，电力电子装置包含被控层（属于强电环节，如功率开关及其驱动、接触器和负载等）、现场层（属于中间环节，既与强电环节有电气联系，又与弱电环节有关联，承上启下，获取被控层的关键性状态信息）、设备层（属于弱电环节，如模拟板、数控板和主控板）和通信层（属于弱电环节，如显示模块、通信模块和PC等），因此，由通信层与设备层之间借助通信模块完成信息交互，由设备层经由现场层的传感器完成信息拾取，由现场层与被控层之间借助驱动电路完成功率交互。

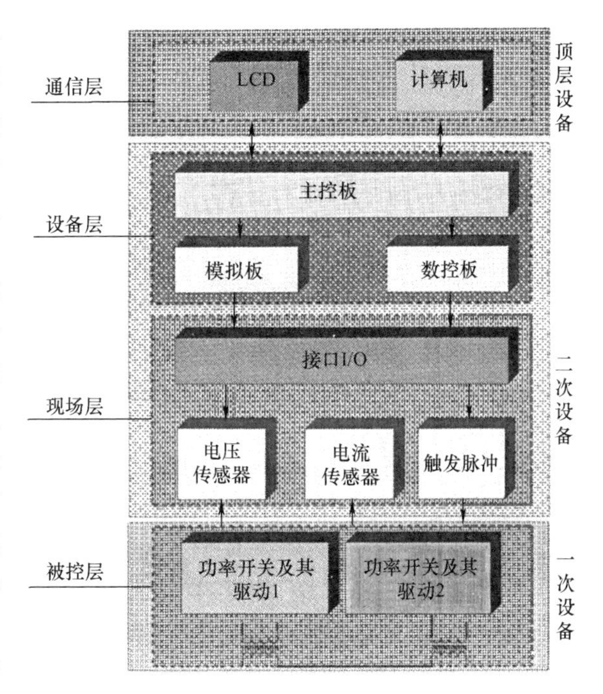

图7-1　电力电子装置的典型架构

下面以逆变器为例，介绍通信技术在电力电子装置中的基本构成和重要作用。随着逆变器应用范围逐渐增多，所带负载越来越重，系统容量也随之增加，单套逆变器容量的增加毕竟受到器件的耐压水平和通流能力的约束。为解决电源容量有限与负载需求不断增加之间的矛盾，目前普遍采用并联技术，即将多套相同逆变装置并联，以提高整个电源系统的容量，增加系统的冗余性和可靠性。实现逆变器并联的关键是逆变器之间的并联均流控制，要求各套逆变器同步输出，即同幅、同频、同相，否则在逆变器间将会产生很大的环流，对并联系统造成不良影响甚至崩溃。

近年来，随着数字信号处理器的广泛应用，极大地推进了逆变器并联均流控制技术的发展。实现逆变器并联均流控制的方法很多，就逆变器间有无控制互连线而言，可分为有互联线和无互联线两大类。有互联线的主要思想是从传统直流电源的并联技术而来，是一种主动负载均分技术。当前使用较多的主要有集中控制、主从控制、分散逻辑控制，其中集中控制和主从控制在任意时刻都依靠一个控制单元；分散逻辑控制是独立控制方式，可实现逆变器自我控制。

图 7-2 表示基于 CAN 互联线的逆变器并联控制框图。它经由通信互联线传送各个逆变器的有功 P 和无功 Q，进行控制所需的信息交互。当多个逆变电源并联时，需要判断 CAN 总线上的同步信号，以便于确保各个逆变器给定电压相位以及频率的一致性，当同步总线上没有正确的信号时，各个模块以抢占的方式向总线上发送信号；当同步总线上有同步信号时，除了发送同步信号的逆变单元，其他的并联单元进入接收模式，在进入同步中断后，把调制信号和载波信号全部清零，正弦表从零开始计数，载波计数的定时器清零并且重新开始计数。

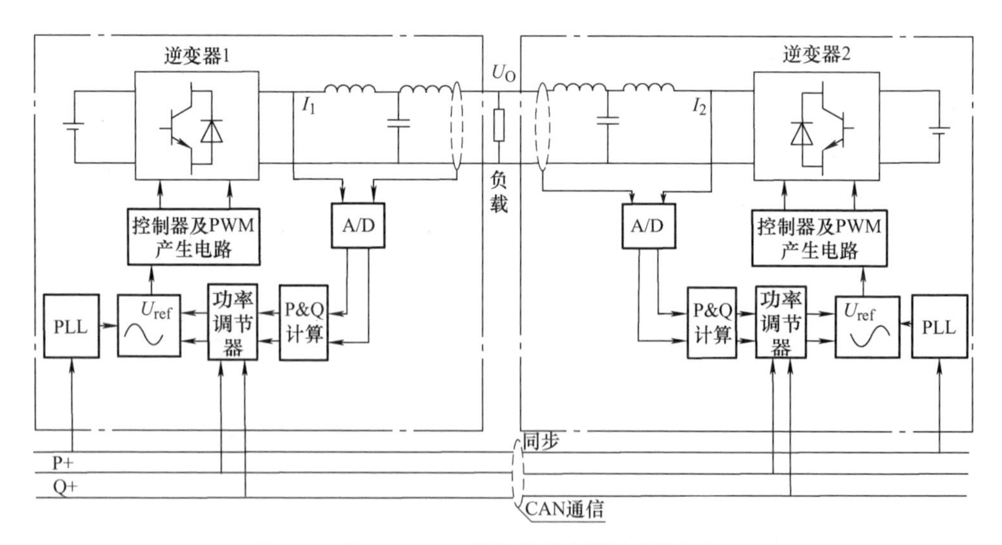

图 7-2　基于 CAN 互联线的逆变器并联控制框图

由于有功功率 P 正比于相位差 ϕ；无功功率 Q 正比于逆变器输出幅值 U_o。因此，通过 CAN 通信，实时调节相位差 ϕ 与逆变器输出幅值 U_o，分别可以控制系统有功功率与无功功率的变化。

尽管使用互联线控制技术已经相对成熟，并且在输出电压幅值调节和逆变器的均流等方面，都取得了不错的效果。但是，逆变器间不可或缺的信号互连线，却始终制约着有互联线逆变器控制技术的发展，并极大地降低了系统的可靠性和扩展性。

相比而言，无互联线逆变器控制的主要思想来源于下垂特性理论。针对逆变器输出的有功功率及无功功率，通过调节逆变器输出电压的幅值及频率，实现逆变器间均流控制，相比有互联线控制，由于无互联线控制中逆变器之间没有互联线，每个逆变器只需检测本自身的输出信息，通过解耦计算就可直接得到控制信号，实现对自身的控制，所以基于下垂法的无互联线控制具有很高的可靠性和灵活性。

7.1.2　CAN 总线概述

1. CAN 总线的基本概念

CAN 是控制器局域网络（Controller Area Network，CAN）的简称，由以研发和生产汽车电子产品著称的德国 BOSCH 公司开发的，并最终成为国际标准（ISO 11898），是国际上应用最广泛的现场总线之一。在北美和西欧，CAN 总线协议已经成为汽车计算机控制系统和嵌入式工业控制局域网的标准总线，并且拥有以 CAN 为底层协议专为大型货车和重工机械车辆设计的 J1939 协议。

CAN 控制器局域网络，属于现场总线的范畴。CAN 网络是一种有效支持分布式控制或实时控制的串行通信网络，它具有很高的网络安全性、通信可靠性和实时性，且简单实用、成本低廉，适用于汽车控制系统，尤其是在环境恶劣、电磁辐射强和振动幅度大的工业环境中，应用更加普遍。因此 CAN 总线在诸多现场总线中独占鳌头，成为汽车总线的代名词。

2. CAN 总线的主要特点

作为目前为止唯一有国际标准的现场总线，CAN 总线具有突出的可靠性、实时性和灵活性，现将其主要特性小结如下：

（1）具有较高的性价比：结构简单，器件容易购置，每个节点的价格较低，而且开发过程中能充分利用现在的单片机开发工具。

（2）多主方式工作：网络上任意一个节点，均可在任意时刻主动向网络上其他节点发送信息而不分主从，通信方式灵活，且无需占地址等节点信息。

（3）网络上的节点信息分成不同的优先级，可满足不同的实时要求，高优先级的数据最多可在 134μs 内得到传输。

（4）采用非破坏性总线仲裁技术：当多个节点同时向总线发送信息时，优先级较低的节点会主动地退出发送，而最高优先级的节点不受影响地继续传输数据，从而大大节省了总线冲突仲裁时间。尤其是在网络负载很重的情况下也不会出现网络瘫痪情况。

(5) 传输数据可靠性高：只需通过报文滤波即可实现点对点、一点对多点及全局广播等几种方式传送接收数据，无需专门的“调度”。

(6) 传输距离远：直接通信距离最远可达10km（速率5kbit/s以下），通信速率最高可达1Mbit/s（此时通信距离最长为40m）。

(7) 节点数多：节点数主要取决于总线驱动电路，目前可达成110个。

(8) 检错效果好：采用短帧的数据结构，传输时间短、受干扰概率低，具有极好的检错效果。

(9) 数据出错率低：每帧信息都有CRC校验及其他检错措施，保证了数据出错率低。

(10) 通信介质种类多：通信介质可为双绞线、同轴电缆或光纤，选择灵活。

(11) 自动关闭输出功能：节点在错误严重的情况下，自动关闭输出功能，确保总线上其他节点的操作不受影响。

7.1.3 CAN总线的电气特点

1. CAN总线的网络拓扑

一般而言，CAN总线网络由若干个具有CAN通信功能的控制单元（又称节点）通过CAN_H和CAN_L两条数据线并联组成，CAN_H和CAN_L两条数据线的两端各并联一个120Ω电阻构成数据保护器，避免数据传输到终端被反射回来而产生反射波，影响数据的传送，如图7-3所示。图7-3中电子控制单元（Electronic Control Unit，ECU）又称“行车电脑”“车载电脑”，即汽车的大脑。从用途上讲则是汽车专用微机控制器，它和普通的电脑一样，由微处理器（Microcontroller Unit，MCU）、存储器（ROM、RAM）、输入/输出（I/O）接口、模数转换器（A/D）以及整形、驱动等大规模集成电路组成。

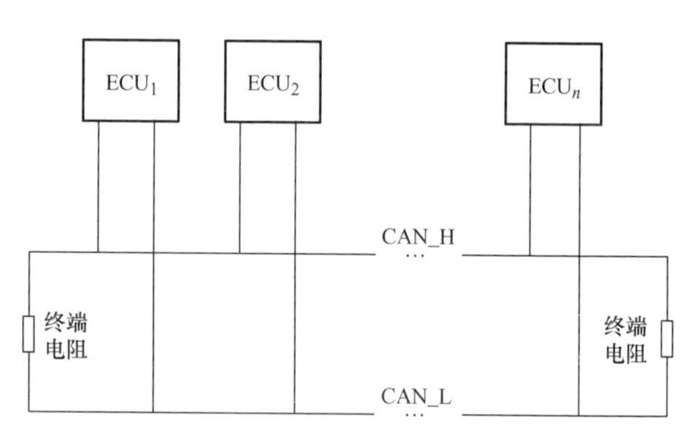

图7-3 CAN网络的拓扑结构

2. CAN总线的电气特点

CAN总线的信号传输采用差分通信信号，差分通信具有较强的抗干扰能力。CAN收发器的差动信号放大器在处理信号时，会用CAN_H数据线的电压减去

CAN_L数据上的电压，这两个数据线的电位差可对应两种不同逻辑状态进行编码。

（1）在静止状态时，这两条导线上作用有相同预先设定值，该值称为静电平。对于CAN驱动数据总线来说，这个值大约为2.5V。静电平也称为隐性状态，因为连接的所有控制单元均可修改它。

（2）在显性状态时，CAN_H线上的电压值会升高一个预定值（对CAN驱动数据总线来说，这个值至少为1V）。而CAN_L线上的电压值会降低一个同样值（对CAN驱动数据总线来说，这个值至少为1V）。于是在CAN驱动数据总线上，CAN_H线就处于激活状态，其电压不低于3.5V（2.5V+1V=3.5V），而CAN_L线上的电压值最多可降至1.5V（2.5V-1V=1.5V）。因此在隐性状态时，CAN_H线与CAN_L线上的电压差为0V，在显性状态时该差值最低为2V，如图7-4所示。如果CAN_H-CAN_L>2，那么比特为0，为显性；如果CAN_H-CAN_L=0，那么比特为1，为隐性。

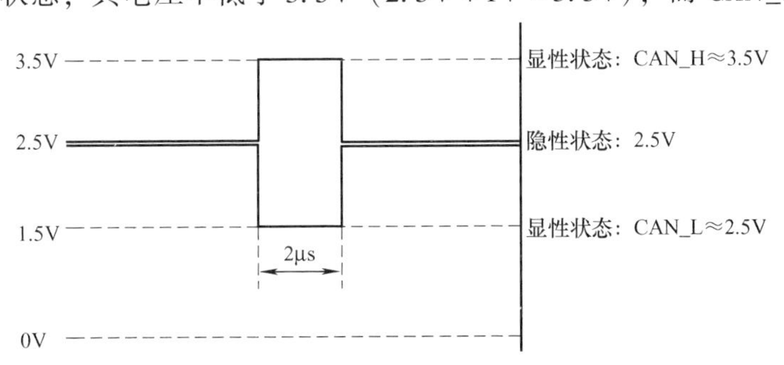

图7-4　CAN数据线的电平特点

CAN总线有两个标准，即ISO11898和ISO11519，两者的差分电平特性有所不同，现小结如下：

（1）有信号时，CAN_H=3.5V，CAN_L=1.5V，即显性。

（2）没有信号时，CAN_H=2.5V，CAN_L=2.5V，即隐性。

两种标准的CAN数据线电平见表7-1。

表7-1　两种标准的CAN数据线的电平（单位：V）

参数	物理层			
	ISO11898		ISO11519-2	
电平	显性	隐性	显性	隐性
CAN_H	3.50	3.00	4.00	1.75
CAN_L	1.50	3.00	1.00	3.25
电位差	2.00	0.00	3.00	-1.50

7.1.4　CAN总线的通信原理

当CAN总线上的一个节点（站）发送数据时，它以报文形式广播给网络中所有节点。对每个节点来说，无论数据是否是发给自己的，都对其进行接收。每组报文开头的11位字符为标识符，定义了报文的优先级，这种报文格式称为面向内容的编址方案。在同一系统中标识符是唯一的，不可能有两个站发送具有相同标识符的报文。当一个站要向其他站发送数据时，该站 CPU 将要发送的数据和自己的标识符传送给本站的 CAN 控制器芯片，并处于准备状态；当它收到总线分配时，转为发送报文状态。CAN 控制器芯片将数据根据协议组织成一定的报文格式发出，这时网上的其他站处于接收状态。每个处于接收状态的站对接收到的报文进行检测，判断这些报文是否是发给自己的，以确定是否接收它。

图 7-5 表示 CAN 总线电平与收发示意图，CAN 总线应具有两种不同电平，接收端呈现（显性、隐性）两种状态。这样不要求 CAN 总线必须是数字逻辑电平，只要是能够呈现两种电平（显性和隐性）的模拟量，满足上述设计原则就可以。

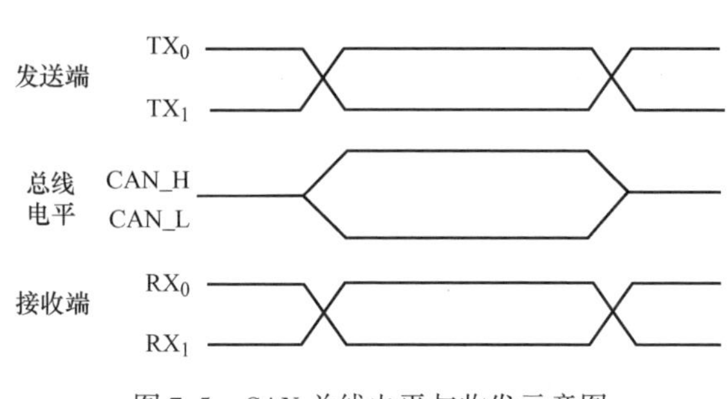

图 7-5　CAN 总线电平与收发示意图

当多个站点同时发送消息时，需要进行总线仲裁，每个控制单元在发送信息时通过发送标识符来识别。所有的控制单元（如 MCU）都是通过各自的 RX 线来跟踪总线上的一举一动并获知总线的状态。每个发射器将 TX 线和 RX 线的状态一位一位地进行比较，采用“线与”机制，“显性”位可以覆盖“隐性”位；只有所有节点都发送“隐性”位，总线才处于“隐性”状态。CAN 总线是这样来进行调整的：在 TX 信号上加有一个“0”的控制单元必须退出总线；用标识符中位于前部的“0”的个数就可调整信息的重要程度，从而就可保证按重要程度的顺序来发送信息。标识符中的号码越小，表示该信息越重要，优先级越高。发送低优先级报文的节点退出仲裁后，在下次总线空闲时重发报文。

三个节点总线仲裁示意方法，如图 7-6 所示。

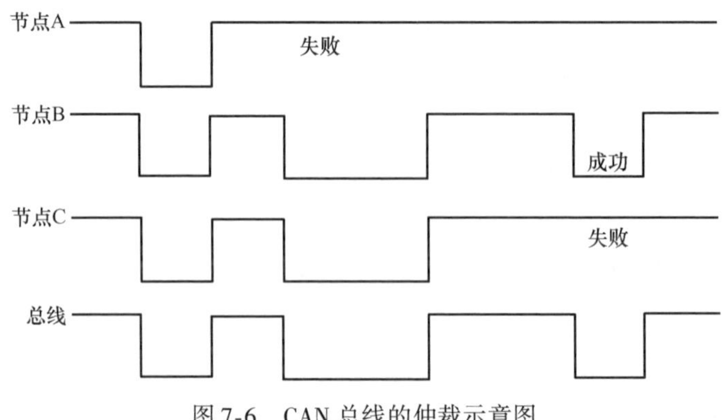

图 7-6　CAN 总线的仲裁示意图

7.2　CAN通信的协议

7.2.1　CAN总线的报文帧结构

CAN总线的报文传输由4个不同帧类型表示和控制：

（1）数据帧：数据帧携带数据从发送器至接收器。数据帧由7个不同的位场组成，即帧起始、仲裁场、控制场、数据场、循环冗余检查（Cyclic Redundancy Check，CRC）场、应答场、帧结尾，数据场的长度可以为0。

（2）远程帧：总线单元发出远程帧，请求发送具有同一识别符的数据帧。远程帧由6个不同的位场组成，即帧起始、仲裁场、控制场、CRC场、应答场、帧末尾。通过发送远程帧，作为某数据接收器的站通过其资源节点对不同的数据传送进行初始化设置。与数据帧相反，远程发送请求位（Remote Transmission Request，RTR）是“隐性”的，它没有数据场，数据长度代码的数值是不受制约的（可以标注为容许范围里0，1，…，8的任何数值）。此数值是相应于数据帧的数据长度代码。

（3）错误帧：任何单元检测到一总线错误就发出错误帧。错误帧由两个不同的场组成，第一个场用作为不同站提供的错误标志（Error Flag）的叠加，第二个场是错误界定符。

（4）过载帧：过载帧用以在先行的和后续的数据帧（或远程帧）之间提供一个附加的延时，过载帧包括两个位场：过载标志和过载界定符。

（5）数据帧（或远程帧）：通过帧间空间与前述的各帧分开。

7.2.2　CAN总线的错误检测方法

CAN总线的错误检测不同于其他总线，CAN协议不能使用应答信息，事实上它可以将发生的任何错误用信号发出。CAN协议可使用五种检查错误的方法，其中前三种为基于报文内容检查。

（1）循环冗余检查（CRC）：循环冗余序列包括发送器的CRC计算结果。接收器计算CRC的方法与发送器相同。如果计算结果与接收到CRC序列的结果不相符，则检测到一个CRC错误。

（2）帧检查：这种方法通过位场检查帧的格式和大小来确定报文的正确性，用于检查格式上的错误。

（3）应答错误：被接收到的帧由接收站通过明确的应答来确认。如果发送站未收到应答，那么表明接收站发现帧中有错误，也就是说，应答（Acknowledgement，ACK）场已损坏或网络中的报文无站接收。

（4）总线检测：CAN中的一个节点可监测自己发出的信号。因此，发送报文的站可以观测总线电平并探测发送位和接收位的差异。

（5）位填充：一帧报文中的每一位都由不归零码表示，可保证位编码的最大效率。然而，如果在一帧报文中有太多相同电平的位，就有可能失去同步。为保证同步，在五个连续相等位后，发送站自动插入一个与之互补的补码位。接收时，这个填充位被自动丢掉。例如，五个连续的低电平位后，CAN 自动插入一个高电平位。CAN 通过这种编码规则检查错误，如果在一帧报文中有 6 个相同位，CAN 就知道发生了错误。

7.2.3 CAN 总线的分层结构

OSI（Open System Interconnection）开放系统互连参考模型将网络协议分为 7 层，由上至下分别为：应用层、表示层、会话层、传输层、网络层、数据链路层和物理层。国际电工技术委员会定义现场总线模型分为三层：应用层、数据链路层和物理层。CAN 的分层定义与 OSI 模型一致，使用了七层模型中的应用层、数据链路层和物理层。CAN 技术规范定义了模型最下面的两层：数据链路层和物理层，如图 7-7 所示。

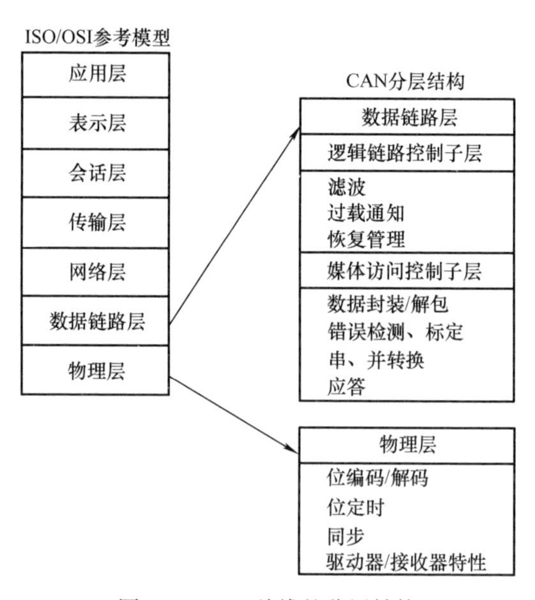

图 7-7 CAN 总线的分层结构

CAN 总线只提供可靠的传输服务，所以节点接收报文时，要通过应用层协议来判断是谁发来的数据、数据代表了什么含义。常见的 CAN 应用层协议有：CANOpen、DeviceNet、J1939、iCAN 等。CAN 应用层协议引擎是运行在主控制器（如 P89V51）上的程序，它按照应用层协议来对 CAN 报文进行定义、完成 CAN 报文的解析与拼装。例如，将帧 ID 用来表示节点地址，当接收到的帧 ID 与自身节点 ID 不通过时，就直接丢弃，否则交给上层处理；发送时，将帧 ID 设置为接收节点的地址。CAN 总线协议现有 CAN1.0、CAN1.2、CAN2.0A 和 CAN2.0B 四个版本。CAN2.0A 以及以下版本使用标准格式信息帧（11 位），CAN2.0B 使用扩展格式信息帧（29 位）。CAN2.0A 及以下版本在接收到扩展帧信息格式时认为出错；CAN2.0B 被动版本接收时忽略 29 位扩展信息帧，不认为出错；CAN2.0B 主动版本能够接收和发送标准格式信息帧和扩展格式信息帧。

7.3　CAN通信的信号处理技术

7.3.1　CAN收发器介绍

由于CAN总线的高速通信速率、高可靠性、连接方便、多主站、通信协议简单和高性能价格比等突出优点，深得许多工业应用部门的青睐，其应用由最初的汽车工业迅速发展至数控机床、农业机械、铁路运输、粮情检测和过程测控等多个领域。

构建CAN网络系统，离不开CAN收发器。在CAN通信中，CAN收发器起到了十分重要的作用。目前市面上CAN收发器型号较多，尤其是NXP公司的CAN收发器几乎在每一个CAN节点上都看得到，最常见的器件如PCA82C250和PCA82C251，它们是协议控制器和物理传输线路之间的接口，如在ISO11898标准中描述的，可以用高达1Mbit/s的位速率在两条有差动电压的总线电缆上传输数据。其中PCA82C250的额定电压是12V，PCA82C251的额定电压是24V，它们在CAN总线系统中使用的功能相同，可以在汽车和普通工业应用上使用；还可以在同一网络中互相通信，而且它们的引脚和功能兼容，也就是说它们可以用在相同的印制电路板上，如图7-8所示。

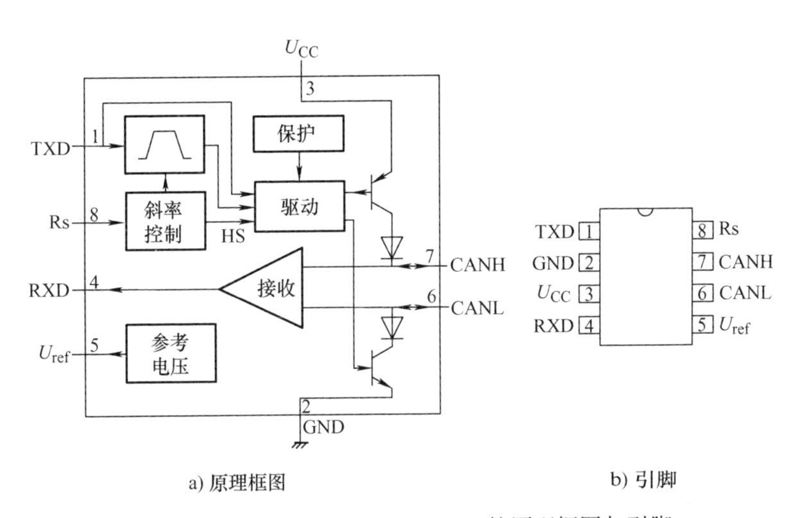

图7-8　PCA82C250和PCA82C251的原理框图与引脚

现将PCA82C250和PCA82C251之间的主要不同点小结于表7-2中。由于PCA82C251有更高的击穿电压，其CANH、CANL电压承受范围由－8～18V改为－40～40V；瞬间高压承受能力也提高到－200～200V；还可以在这个电源电压范围内，驱动低至45Ω的总线负载，所以建议在普通的工业应用中使用这个器件，而且 PCA82C251 在隐性状态下的拉电流更小，在掉电情况下的总线输出特性有一定改善。CAN 收发器 PCA82C250 和 PCA82C251 的典型应用电路如图7-9所示。

表 7-2　PCA82C250 和 PCA82C251 之间的主要不同点（单位：V）

参数	数值	
	PCA82C250	**PCA82C251**
系统额定电源电压	12	24
最大的总线终端 DC 电压（$0 < U_{CC} < 5.5$）	$-8 < U_{CAN\_L,H} < +18$	$-40 < U_{CAN\_L,H} < +40$
最大的瞬间总线终端电压（ISO 7637）	$-150 < U_{TR} < +100$	$-200 < U_{TR} < +200$
扩展扇出应用时最小收发器电源电压（$R_L = 45\Omega$）	$U_{CC} > 4.9$	$U_{CC} > 4.5$

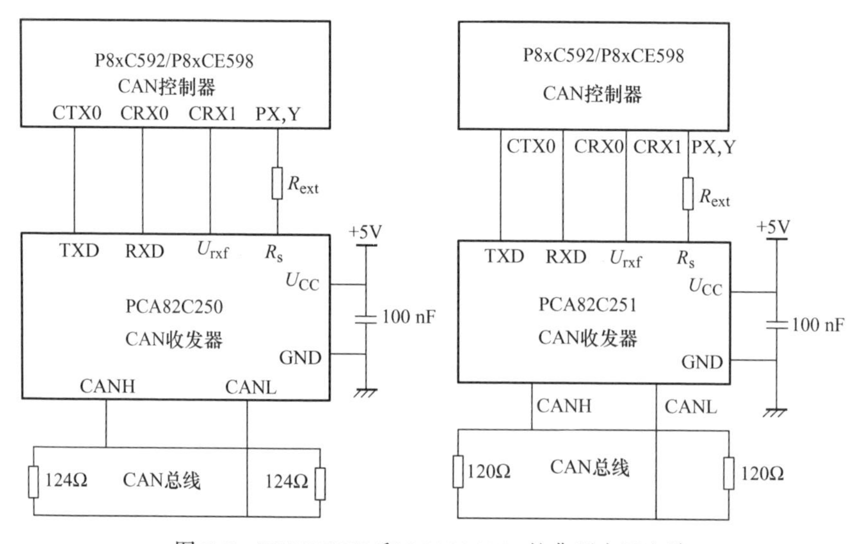

图 7-9　PCA82C250 和 PCA82C251 的典型应用电路

图 7-9 中的电阻 R_{ext} 为斜率控制电阻。如果不需要斜率控制时，电阻 R_{ext} 取值为 0Ω。CAN 控制器通过串行数据输出线 TX 和串行数据输入线 RX 连接到 CAN 收发器上面。CAN 收发器通过有差动发送和接收功能的两个总线终端CAN_H 和 CAN_L 连接到 CAN 总线电缆上。参考电压输出 U_{ref} 的输出电压是额定 U_{CC} 的 0.5 倍，其中 CAN 收发器的额定电源电压是 5V，CAN 控制器输出一个串行的发送数据流到 CAN 收发器的 TXD 引脚，内部的上拉功能将 TXD 输入设置成逻辑高电平，也就是说 CAN 总线输出驱动器默认是被动的。CAN 收发器按照通信速度分为高速 CAN 收发器和容错 CAN 收发器。当然，要求同一网络中，使用相同的 CAN 收发器。

几款高速的 CAN 收发器参数见表 7-3。

表7-3 几款高速CAN收发器参数列表

品牌	型号	接口类型	基本参数
Philips公司	TJA1040	UART	传输速率高达1Mbit/s；SOIC8封装
Microchip公司	MCP2551	UART	传输速率高达1Mbit/s；适合12V和24V系统；8脚PDIP/SOIC封装
周立功ZLG公司	CTM1050	UART	传输速率高达1Mbit/s；DIP8的封装；带隔离2.5kV的高速CAN收发器
	TJA1051T/3	UART	传输速率高达1Mbit/s；SOIC8封装
AD公司	ADM3051	UART	传输速率高达1Mbit/s；SOIC8封装；故障保护电压±24V
	ADM3052	UART	传输速率高达1Mbit/s；SOIC16封装；带隔离5kV的高速CAN收发器；故障保护电压±36V
	ADM3053	UART	传输速率高达1Mbit/s；SOIC20封装；带隔离2.5kV的高速CAN收发器；故障保护电压±36V
	ADM3054	UART	传输速率高达1Mbit/s；SOIC16封装；带隔离5kV的高速CAN收发器；故障保护电压±36V
	ADM3055E	UART	传输速率高达1Mbit/s；SOIC20封装；带隔离5kV的高速CAN收发器；故障保护电压±40V
	LTC2875	UART	传输速率高达4Mbit/s；SOIC8封装；高速CAN收发器；故障保护电压±60V；共模电压-36.0~36.0V

7.3.2 CAN控制器介绍

CAN控制器是CAN局域网控制器的简称，是CAN通信的核心元件，它实现了CAN协议中数据链路层的全部功能，能够自动完成CAN协议的解析。

图7-10表示CAN控制器的原理框图，它包括CAN内核模块、接口管理逻辑、发送缓冲区（CAN帧）、接收缓冲区FIFO（CAN帧）、验收滤波器几个部分。

如图7-10所示，CAN内核模块由位流处理器、错误管理逻辑和位逻辑控制三个部分组成，它控制CAN帧的发送和接收，实现了数据链路的全部协议。发送缓冲区和接收缓冲区能够存储CAN总线网络上的完整信息。验收滤波器是将存储的验证码与CAN报文识别码进行比较，跟验证码匹配的CAN帧才会存储到接收缓冲区。接口管理逻辑，解释MCU指令，寻址CAN控制器中各功能模块的寄存器单元，向主控制器提供中断信息和状态信息。因此，接口管理逻辑负责连接外部主控制器，该控制器可以是微型控制器或任何其他器件。当主控制器初始化发送，接口管理逻辑会使CAN内核模块从发送缓冲器读CAN报文。当收到一个报文时，CAN内核模块将串行位流转换成用于验收滤波器的并行数据，通过这个可编程的滤波

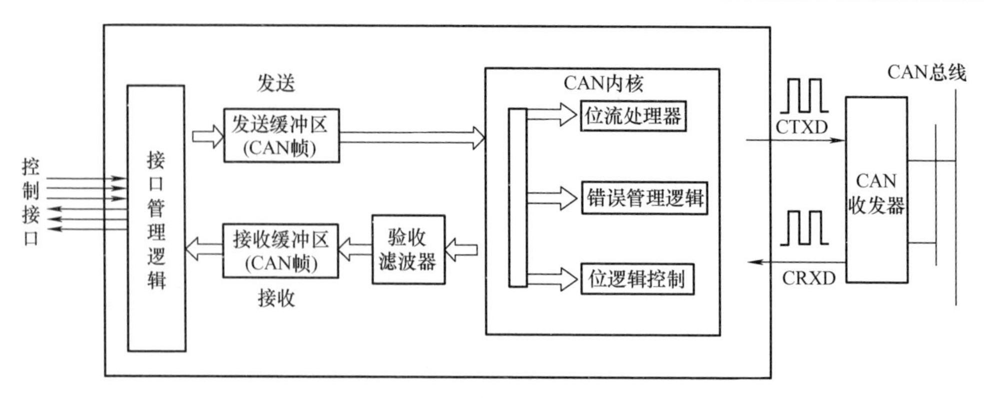

图 7-10　CAN 控制器的原理框图

器，CAN 控制器能确定主控制器要接收哪些报文。

目前 CAN 控制器一般有两种，一种是控制器芯片（如 SJA1000），另一种是集成 CAN 控制器的微控制器 MCU（如 LPC11C00、STM32F 系列等）。以 Philips 的 CAN 控制器 SJA1000 为例进行说明，SJA1000 是一个独立的 CAN 控制器，在汽车和普通的工业上应用。由于它和 PCA82C200 在硬件和软件都兼容，因此它将会替代 PCA82C200。

CAN 控制器 SJA1000 有一系列先进的功能，适合于多种应用，特别在系统优化、诊断和维护等方面。现将它的显著特点小结如下：

（1）支持 CAN2.0，包括标准的和扩展的数据和远程帧。

（2）位速率可程控，并有可程控的时钟输出。

（3）扩展的 64 字节 FIFO 接收缓冲器。

（4）4 个字节的验收滤波器。

（5）时钟频率提高到了 24MHz。

（6）输出驱动器状态可编程。

（7）可擦写的总线错误计数器。

（8）当前错误代码寄存器。

（9）仲裁丢失捕获寄存器。

（10）28 脚 DIP/SO 封装，引脚及电器特性与 82C200 兼容。

基于 CAN 控制器 SJA1000 的 CAN 总线接线方法，如图 7-11 所示，经过 SJA1000 复用的地址/数据总线，访问寄存器和控制读/写选通信号，都在这里处理。

另外，除了 PCA82C200 已有的 BasicCAN 功能，SJA1000 还加入了一个新的 PeliCAN 功能。因此，附加的寄存器和逻辑电路主要在这块里生效。SJA1000 的发送缓冲器能够存储一个完整的报文（扩展的或标准的）。当主控制器初始化发送，接口管理逻辑会使 CAN 内核模块从发送缓冲器读 CAN 报文。当收到一个报文时，CAN 内核模块将串行位流转换成用于验收滤波器的并行数据。通过这个可编程的滤波器 SJA1000 能确定主控制器要接收哪些报文。所有收到的报文由验收滤波器验

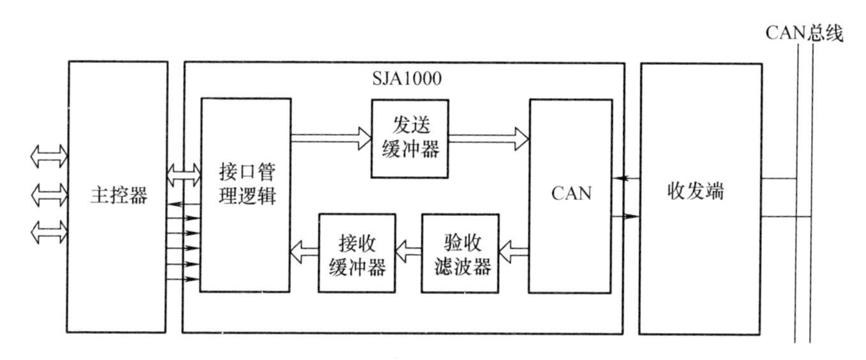

图 7-11　基于 CAN 控制器 SJA1000 的 CAN 总线接线方法

收并存储在接收 FIFO 缓冲区中，储存报文的多少由工作模式决定。而最多能存储 32 个报文，因为数据超载可能性被大大降低，这使用户能更灵活地指定中断服务和中断优先级。为了连接到主控制器，CAN 控制器 SJA1000 提供一个复用的地址/数据总线和附加的读/写控制信号，它可以作为主控制器外围存储器映射的 I/O 器件使用。

图 7-12 表示利用微控制器 80C51 系列、CAN 收发器 PCA82C250/251 与 CAN 控制器 SJA1000 构成的典型 CAN 总线应用网络系统。

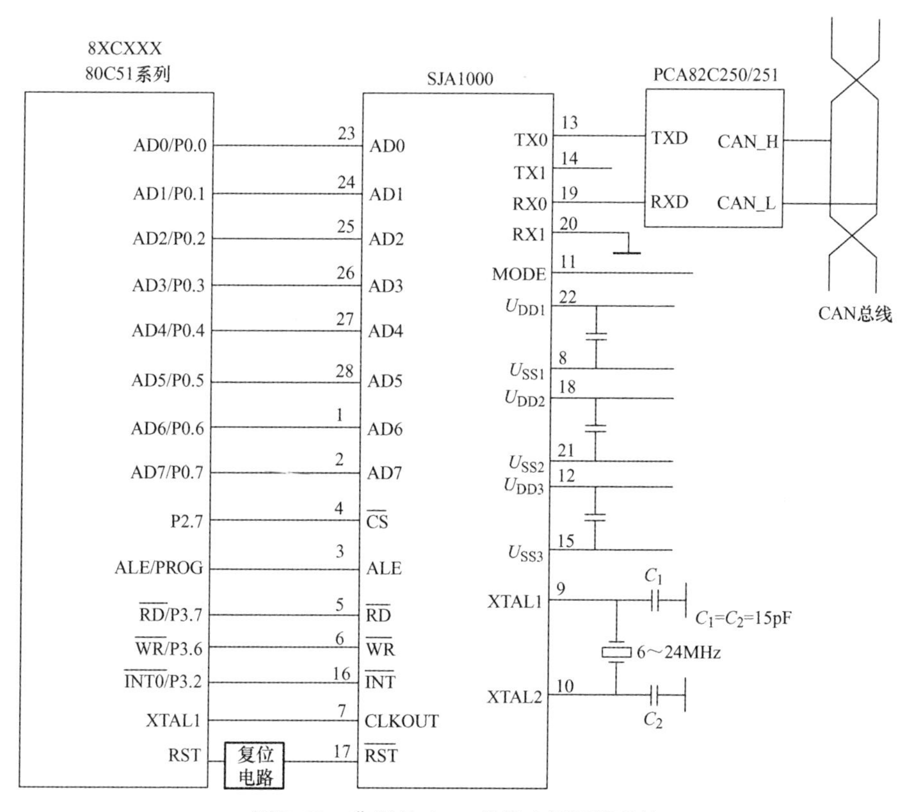

图 7-12　典型的 CAN 总线应用网络系统

图 7-12 中的 CAN 控制器功能，像是一个时钟源复位信号，由外部复位电路产生。在这个例子里，CAN 控制器 SJA1000 的片选由微控制器的 P2.7 口控制，否则这个片选输入必须接到 VSS 端，它也可以通过地址译码器控制，例如当地址/数据总线用于其他外围器件时，就需要采用译码器控制。CAN 控制器 SJA1000 有三对电源引脚，用于 CAN 控制器内部不同的数字和模拟模块，其中 U_{DD1}/U_{SS1}内部逻辑（数字部分）的电源，U_{DD2}/U_{SS2}输入比较器（模拟部分）的电源，U_{DD3}/U_{SS3}输出驱动器（模拟部分）的电源。为了能更好地提高电磁兼容性能，上述电源应该分隔开来，例如为了抑制比较器的噪声，U_{DD2}可以用一个电容来退耦处理。MCU 负责实现对功能电路和 CAN 控制器的控制，如：

1）在节点启动时，初始化 CAN 控制器参数。

2）通过 CAN 控制器读取和发送 CAN 帧。

3）在 CAN 控制器发生中断时，处理 CAN 控制器的中断异常。

4）根据接收到的数据输出控制信号。

总之，CAN 控制器内部硬件，实现了 CAN 总线物理层和数据链路层的所有协议内容，有关 CAN 总线的通信功能均由 CAN 控制器自动管理执行。CAN 控制器对于 CPU 来说，是以确保双方独立工作的存储影像外围设备出现的。因此，CAN 控制器的地址域由控制段和报文缓存器组成，在初始化向下加载期间，控制段可被编程以配置通信参数。CAN 总线上的通信也通过此段由 CAN 控制，被发送的报文必须写入发送缓存器，成功接收后，CPU 可以从接收缓存器读取报文，然后释放它，以备下次使用。对于在片的 CAN 控制器，它与 CPU 之间的接口一般借助于 4 个特殊寄存器：CAN 地址寄存器、数据寄存器、控制寄存器和状态寄存器。对于单独的 CAN 控制器，MCU 可以通过其地址/数据总线对其寄存器直接寻址，就像 MCU 对一般外部 RAM 寻址一样。通过对这些寄存器编程操作，可很方便控制 CAN 控制器完成通信功能。

下面讲述一个具有串行外设接口（Serial Peripheral Interface，SPI）接口的 CAN 控制器 MCP2510。它是 Microchip 公司生产的一种独立的可编程 CAN 控制器芯片，采用 18 脚 PDIP/SOIC、20 脚 TSSOP 封装，如图 7-13 所示，其引脚定义见表 7-4。SPI 接口是一种高速的、全双工、同步的通信总线，并且在芯片的引脚上只占用四根线，即 SDI（数据输入）、SDO（数据输出）、SCK（时钟）和 CS（片选），节约了芯片的引脚，同时为 PCB 的布局上节省空间，提供方便。

MCP2510 支持 CAN 技术规范 V2.0A/B，能够发送或接收标准的和扩展的信息帧，同时具有接收滤波和信息管理的功能。MCP2510 通过 SI 接口与 MCU 进行数据传输，最高数据传输速率可达 5Mbit/s，MCU 可通过 MCP2510 与 CAN 总线上的其他 MCU 单元通信。MCP2510 内含 SPI 接口逻辑、CAN 协议引擎、3 个发送缓冲器、2 个接收缓冲器、6 个验收滤波器等，具有灵活的中断管理能力，同时它可对其优先权进行编程。CAN 协议引擎负责与 CAN 总线的接口，SPI 接口逻辑用于实现同MCU的通信，而寄存、缓冲器组与控制逻辑则用来完成各种方式的设定和操作控制。这些特点使得MCU对CAN总线的操作变得非常简便。

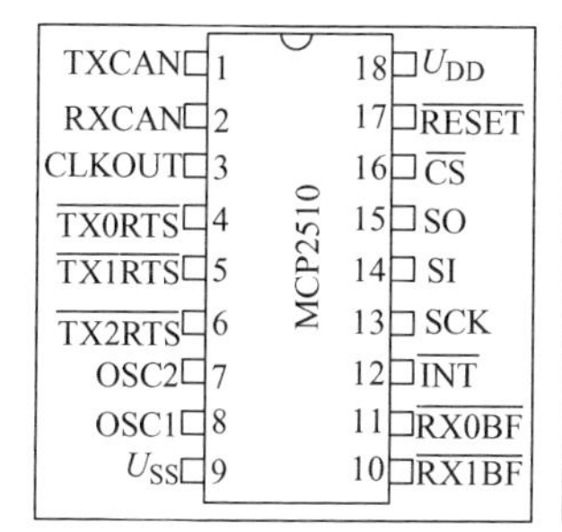

a) 18脚PDIP封装

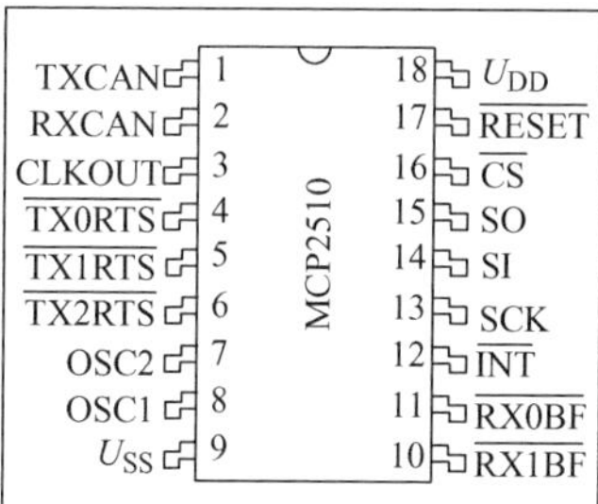

b) 18脚SOIC封装

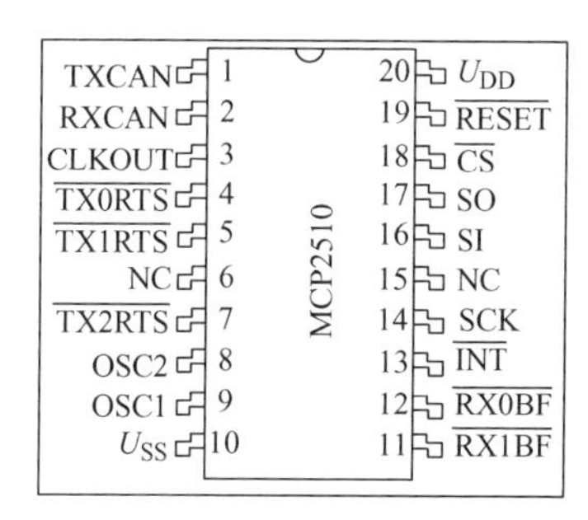

c) 20脚TSSOP封装

图7-13　CAN控制器MCP2510的封装

表7-4　CAN控制器MCP2510的引脚定义

引脚名	DIP/SOIC 封装引脚号	TSSOP 封装引脚号	I/O/P 端口类型	功能描述
TXCAN	1	1	输出	输出端接CAN总线
RXCAN	2	2	输入	接收端接CAN总线
CLKOUT	3	3	输出	带可编程预分频器的时钟输出端
$\overline{\text{TX0RTS}}$	4	4	输入	发送缓冲区TXB0请求发送或通用数字输入－100k
$\overline{\text{TX1RTS}}$	5	5	输入	发送缓冲区TXB1请求发送或通用数字输入－100k
$\overline{\text{TX2RTS}}$	6	7	输入	发送缓冲区TXB2请求发送或通用数字输入－100k
OSC2	7	8	输出	晶振输出端
OSC1	8	9	输入	晶振输入端
U_{SS}	9	10	电源	逻辑和I/O引脚的接地参考端
RX1BF	10	11	输出	接收缓冲器RXB1中断针或通用数字输出端
RX0BF	11	12	输出	接收缓冲器RXB0中断针或通用数字输出端
$\overline{\text{INT}}$	12	13	输出	中断输出端，低电平有效
SCK	13	14	输入	SPI接口的时钟输入端

（续）

引脚名	DIP/SOIC 封装引脚号	TSSOP 封装引脚号	I/O/P 端口类型	功能描述
SI	14	16	输入	SPI 接口的数据输入端
SO	15	17	输出	SPI 接口的数据输出端
$\overline{\text{CS}}$	16	18	输入	SPI 接口的片选输入端
$\overline{\text{RESET}}$	17	19	输入	复位输入端，低电平有效
U_{DD}	18	20	电源	逻辑和 I/O 引脚的正电源端
NC	—	6，15	—	悬空

MCP2510 的组成原理如图 7-14 所示，它采用低功耗 CMOS 工艺技术，其工作电压范围为 3.0～5.5V，有效电流为 5mA，维持电流为 10μA，工作温度范围为 -40～+125℃。

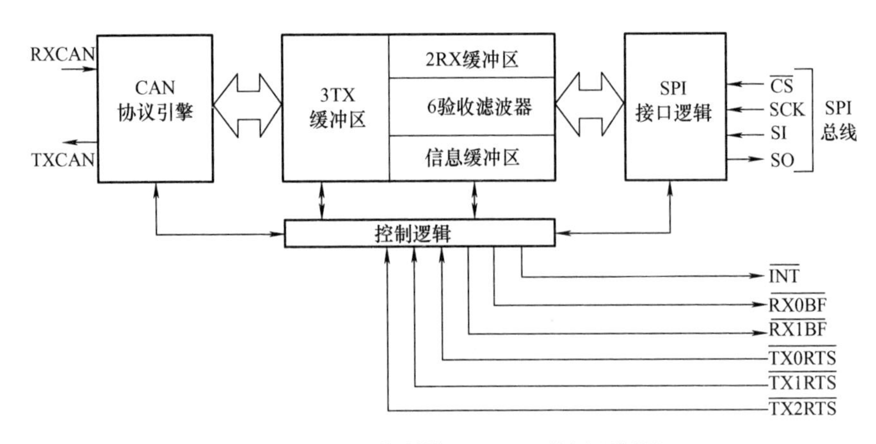

图 7-14　CAN 控制器 MCP2510 的原理框图

7.3.3　CAN 网络的组成方法

一个完整的 CAN 总线网络，应该包含微控制器 MCU、CAN 控制器和 CAN 收发器三部分，如图 7-15 所示。虽然不同节点完成的功能不同，但是硬件和软件的结构基本相同。图 7-15 所示的虚线框表示隔离带，是为了提高系统的抗电磁干扰能力。

如图 7-15 所示，自底向上分为四个部分：CAN 节点电路、CAN 控制器、CAN 应用层协议、CAN 节点应用程序。现将其说明如下：

（1）CAN 收发器负责逻辑电平和物理信号之间的转换，将逻辑信号转换成物理信号（差分电平）或者将物理信号转换成逻辑电平。CAN 收发器和控制器分别对应 CAN 的物理层和数据链路层，完成 CAN 报文的收发。

（2）功能电路，完成特定的功能，如信号采集或控制外设等。

（3）主控制器与应用软件，按照CAN报文格式解析报文，完成相应控制。

（4）CAN硬件驱动是运行在主控制器（如P89V51、STM32F103和STM32F417等）上的程序，它主要完成以下工作。

1）基于寄存器的操作，初始化CAN控制器，发送、接收CAN报文。

2）如果直接使用CAN硬件驱动，当更换控制器时，需要修改上层应用程序，移植性差。在应用层和硬件驱动层加入虚拟驱动层，能够屏蔽不同CAN控制器的差异。

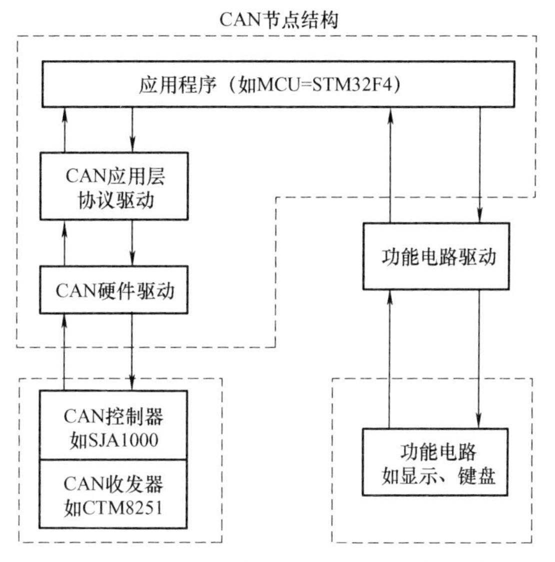

图7-15　CAN网络节点的硬件和软件结构

（5）一个CAN节点除了完成通信功能，还包括一些特定的硬件功能电路，功能电路驱动向下直接控制功能电路，向上为应用层提供控制功能电路函数接口。特定功能包括信号采集、人机显示等。

构建CAN网络节点的方案有两种：

（1）微控制器MCU、CAN控制器和CAN收发器。

（2）MCU（集成有CAN控制器）和CAN收发器，如图7-16所示。其中MCU负责完成CAN控制器的初始化，与CAN控制器的进行数据传递；CAN控制器负责将数据以CAN报文的形式传递，实现CAN协议数据链路层的功能；CAN收发器是CAN控制器与CAN物理总线的接口，为总线提供差动发送功能，也为控制器提供差动接收功能。

图7-17表示基于MCP2510的CAN网络系统，主控系统经由SPI总线与MCP2510相连，节点控制器经由SPI总线与MCP2510相连，CAN总线经由CAN收发器相连。

7.3.4　CAN网络的电磁兼容性设计

由于CAN总线应用环境比较恶劣，CAN连接线上会有很多干扰信号，比如汽车内的点火系统等都会产生较大的干扰。因此，除了完善CAN总线的功能外，还应该有较强的抗干扰能力，需要在硬件上添加滤波器和抗干扰电路。硬件抗干扰主要措施有：滤波、去耦、屏蔽、隔离和接地技术等。

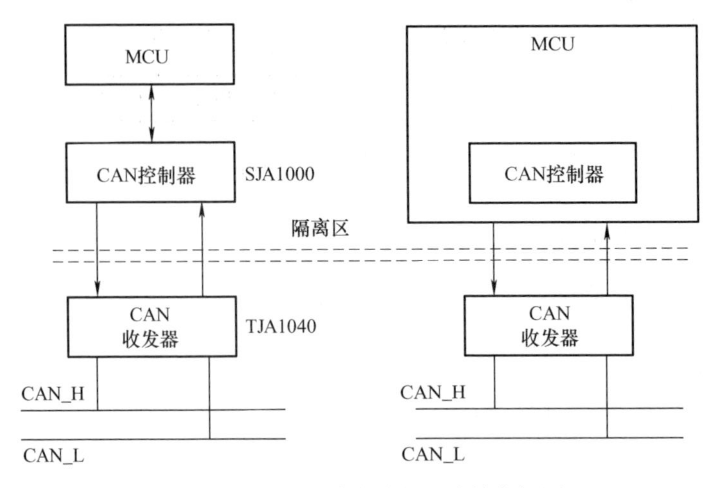

图 7-16　CAN 网络节点的基本结构框图

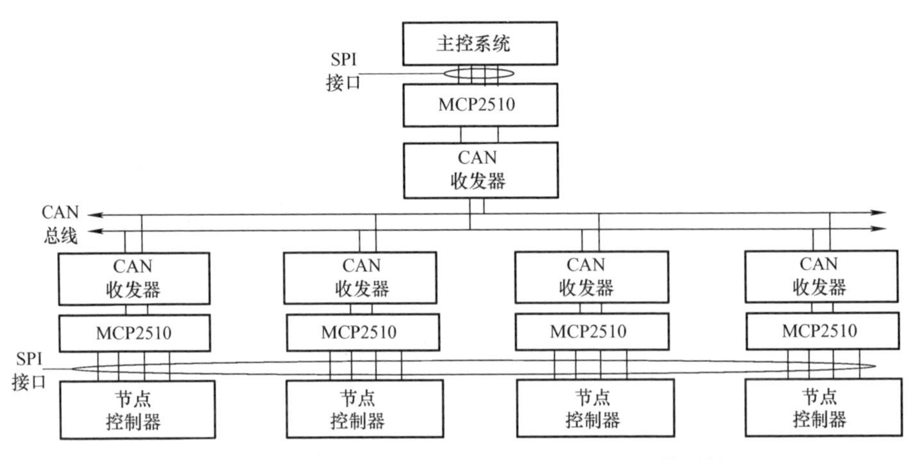

图 7-17　基于 CAN 控制器 MCP2510 的 CAN 网络系统

1. 隔离技术

如前所述，CAN 收发器是实现 CAN 控制器逻辑电平与 CAN 总线上差分电平的互换。实现 CAN 收发器的方案有两种：① 使用 CAN 收发器芯片，当然它需要加电源隔离和电气隔离（如光耦）；② 使用隔离式 CAN 收发模块（集成滤波器和抗干扰电路）。从电磁兼容性方面考虑，推荐使用第二种方案。

隔离式 CAN 通信网络系统的其组成框图如图 7-18 所示，图中虚线框表示隔离带，该 MCU 集成有 CAN 控制器。功能电路对于电力电子装置而言，可以是驱动电路（由 MCU 发送触发脉冲），也可以是传感器的后续处理电路，将被测电流、电压、温度等信号传送到 MCU 进行采集。利用隔离带将功能电路、CAN 总线工作现场实现电气隔离，即

1）将微控制器 MCU 与功能电路进行电气隔离。

2）将 CAN 收发器与现场的 CAN 总线隔离开。

图 7-18 所示的 CAN 收发器，可以选择本身就是隔离式的芯片，如 TJA1040/1050 系列，包括 TJA1051T、TJA1042T、TJA1043T、TJA1044GT 等；还有 CTM1051 系列、CTM8251 系列等。为了提高系统的抗电磁干扰的能力，图 7-15 所示虚线框即为隔离带。

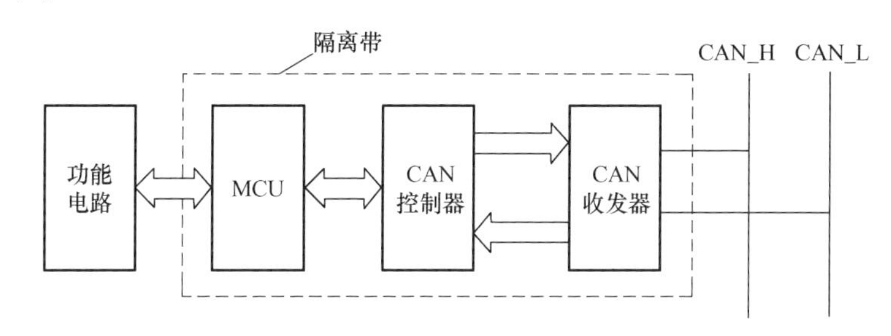

图 7-18 隔离模式 CAN 通信网路的组成框图

几种典型的隔离 CAN 收发器见表 7-5。

表 7-5 几种典型的隔离 CAN 收发器

器件型号	工作电压/V	备注
CTM1050	5	波特率：60kbit/s ~ 1Mbit/s
CTM1051	5	波特率：5kbit/s ~ 1Mbit/s
CTM8250	5	波特率：5kbit/s ~ 1Mbit/s
CTM8251	5	耐压较 CTM8250 高；波特率：5kbit/s ~ 1Mbit/s
CTM8251D	5	双路，波特率：5kbit/s ~ 1Mbit/s
CTM1054	5	—
ADM3052	3.0 ~ 5.5	最高 1Mbit/s，故障保护电压 ±36V，绝缘电压 5kV
ADM3053	5	最高 1Mbit/s，故障保护电压 ±36V，绝缘电压 2.5kV
ADM3054	3.0 ~ 5.5	最高 1Mbit/s，故障保护电压 ±36V，绝缘电压 5kV
LTM2889 - 3	3.0 ~ 3.6	最高 4Mbit/s，故障保护电压 ±60V，绝缘电压 2.5kV
LTM2889 - 5	4.5 ~ 5.5	最高 4Mbit/s，故障保护电压 ±60V，绝缘电压 2.5kV

以 CTM8251D 为例进行使用说明，作为一款带隔离的双通道、通用 CAN 收发器芯片，内部集成了所有必需的 CAN 隔离及 CAN 收、发器件。CTM8251 的主要功能是将 CAN 控制器的逻辑电平转换为 CAN 总线的差分电平，并且具有 DC 功能。该芯片符合 ISO11898 标准，支持标准波特率 5kbit/s ~ 1Mbit/s，可以和其他遵从 ISO11898 标准的 CAN 产品互操作，可应用于两个不同的 CAN 网络之间，典型应用如 CAN 网桥、CAN 中继器等。两路 CAN 通道之间相互独立，而且两路 CAN 通道在电气上也做到了隔离。一般场合下，模块接上电源，端口和 CAN 控制器及 CAN 网络总线连接，无需外加器件便可直接使用。

图 7-19 表示 CTM8251D 的典型应用电路，通过它将 CAN 控制器与现场 CAN

总线连接起来，且它的原方与副方完全电气隔离。CAN 总线的末端必须连接 2 个 120Ω 的电阻，它们对总线阻抗匹配有着重要的作用，不可省略。否则，将大大降低总线数据通信时的可靠性和抗干扰能力，甚至有可能无法正常通信。

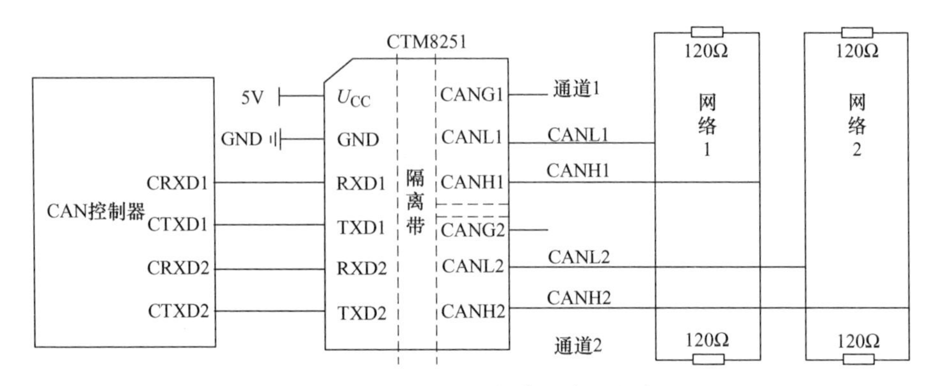

图 7-19 CTM8251D 的典型应用电路

除了前面讲述的采用隔离式 CAN 收发器的方法之外，当然还可以借助光耦隔离电路，解决 CAN 通信系统的电气隔离问题。CAN 控制器与 CAN 收发器之间的信号传输用光电耦合器进行隔离，光耦隔离电路虽然能增强系统的抗干扰能力，但也会增加 CAN 总线有效回路信号的传输延迟时间，导致通信速率或距离减少。因此，如果现场传输距离近、电磁干扰小，可以不采用光耦隔离，以使系统达到最大的通信速率或距离，并且可以简化接口电路。如果现场环境需要光耦隔离，应选用高速光耦隔离器件，以减少 CAN 总线有效回路信号的传输延迟时间，如高速光电耦合器 6N137，传输延迟时间短，典型值仅为 48ns，已接近 TTL 电路传输延迟时间的水平。如图7-20 所示，它采用快速光耦 6N137 将 CAN 控制器 SJ1000 的收发端进行电气隔离处理，再与 CAN 收发器 PCA82C250 或者 PCA82C251 连接。CAN 收发器的发送数据输入端 TXD 与光电耦合器的输出端 OUT 相连，注意 TXD 必须同时接上拉电阻：一方面，该电阻保证光耦中的光敏三极管导通时输出低电平，截止时输出高电平；另一方面，这也是 CAN 总线的技术要求。

2. 电源隔离技术

光耦隔离器件的两侧所用电源 U_{DD} 与 U_{CC} 必须完全隔离，否则，光耦隔离将失去应有的作用，电源的隔离可通过小功率 DC/DC 电源隔离模块来实现。

3. 其他抗干扰技术

为提高接口电路的抗干扰能力，还可考虑以下措施：

1）在 CAN 收发器的 CAN_H、CAN_L 端与地之间并联 2 个 30pF 的小电容，以滤除总线上的高频干扰，防止电磁辐射。

2）在 CAN 收发器的 CAN_H、CAN_L 端与 CAN 总线之间各串联 1 个几欧（如 4.7Ω）的电阻，以限制电流，保护 CAN 收发器免受过电流冲击。

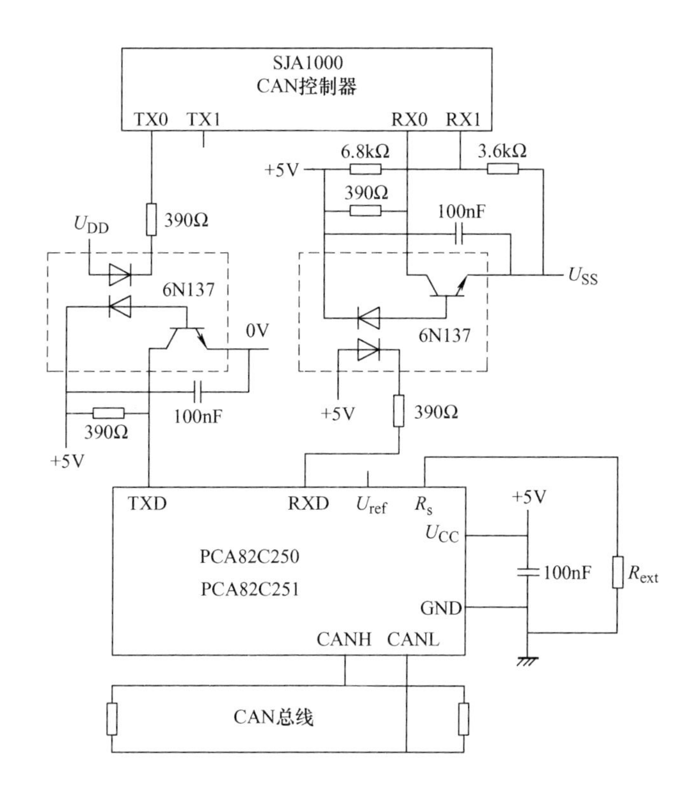

图7-20　基于光耦的隔离式CAN通信电路

3）在CAN收发器、光耦等集成电路的电源端与地之间加入1个100nF的去耦合电容，以降低干扰。

4）应用在恶劣的现场环境时，需要在CAN收发器的输出端口，增加浪涌保护器件，保证它们不被损坏并和总线可靠通信，尤其是容易受到干扰的节点处，如图7-21所示。在CAN收发器输出端口设置的典型保护器件，其推荐值如表7-6所示，需根据实际应用场合酌情选择。并建议R_1与R_2选用PTC，

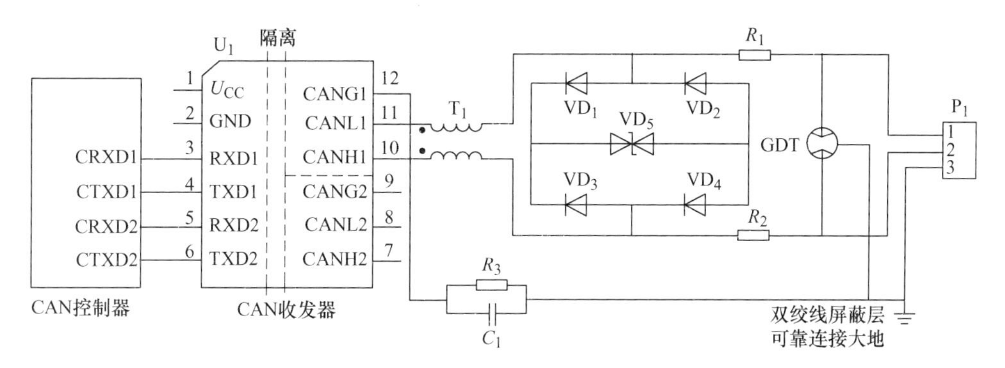

图7-21　CAN收发器输出端口的保护典型电路

VD_1 ~ VD_4 选用快恢复二极管。在使用屏蔽绞线时需要对屏蔽层可靠接地，建议采用单点接地。

表 7-6 CAN 收发器输出端口保护器件列表

标号	型号	标号	型号
R_1，R_2	2.7Ω/2W	VD_5	P6kE15CA
R_3	1MΩ/1206 封装	GDT	B3D090L
C_1	102/2kV	T_1	B82793S0513N201
VD_1 ~ VD_4	1N4007	U_1	CAN 收发器

第8章　串口通信与信号处理技术

在远程通信和计算机科学中，串行通信（Serial Communication）是指在计算机总线或其他数据通道上，每次传输一个位元数据，并连续进行的通信方式。与之对应的是并行通信，它在串行端口上通过一次同时传输若干位元数据的方式进行通信。串行通信用于长距离通信以及大多数计算机网络，在这些应用场合里，电缆和同步化使并行通信实际应用面临困难。凭借着其改善的信号完整性和传播速度，在电力电子装置中，串行通信总线正在变得越来越普遍，甚至在短程距离（装置内部）的应用中，其优越性已经开始超越并行总线，不需要串行化元件（Serializer），并解决了诸如时钟偏移（Clock Skew）、互联密度（Interconnect Density）等缺点。因此，本章介绍串口的基本原理，包含它们的特点、使用方法、信号处理技术等基本内容，为正确设计与选用奠定基础。

8.1　串口通信概述

8.1.1　基本概念

1. 串行与并行

在计算机中，串行与并行是两种典型的传送CPU数据字符的典型方式。各条机器指令按顺序串行执行，即执行完一条指令后，才取出下一条指令来执行。一条机器指令执行过程中各个位操作亦按顺序执行（如先进行指令译码，然后形成有效地址、取操作数、执行运算，最后送运算结果），这种工作方式叫做串行工作方式。并行工作方式是指多位数据同时通过并行线进行传送，大幅度提高数据传送速度。但并行传送的线路长度受到限制，因为长度增加，干扰就会增加，数据也就容易出错。并行处理可同时工作于同一程序的不同方面，主要目的是节省大型和复杂问题的解决时间。

2. 串行通信

串行通信的概念非常简单，串口按位（Bit）发送和接收字节。尽管比按字节（Byte）的并行通信方式的速度要慢些，但是串口可以在使用一根线发送数据的同时用另一根线接收数据。因此，该通信方式简单并且能够实现远距离通信，比如IEEE488定义并行通行状态时，规定设备线总长不得超过20m，并且任意两个设备间的长度不得超过2m；而对于串口而言，长度可达1200m。特别地，串口多用于

ASCII 码字符的传输。串行通信使用 3 根线完成，分别是地线、发送、接收。由于串行通信是异步的，端口能够在一根线上发送数据，同时在另一根线上接收数据，其他线用于握手，但不是必须的。

3. 串行通信典型参数

串行通信最重要的参数是波特率、数据位、停止位和奇偶校验位。对于两个进行通信的端口，这些参数必须匹配。

（1）波特率：这是一个衡量符号传输速率的参数，指的是信号被调制以后在单位时间内的变化，即单位时间内载波参数变化的次数，如每秒钟传送 240 个字符，而每个字符格式包含 10 位（1 个起始位，1 个停止位，8 个数据位），这时的波特率为 240Bd，比特率为 10bit × 240 个/s = 2400bit/s。一般调制速率大于波特率，比如曼彻斯特编码）。通常电话线的波特率为 14400bit/s，28800bit/s 和 36600bit/s。波特率可以远远大于这些值，但是波特率和距离成反比。高波特率常常用于放置的很近的仪器间的通信，典型的例子就是通用接口总线（General Purpose Interface Bus，GPIB）设备的通信。

（2）数据位：这是衡量通信中实际数据位的参数。当计算机发送一个信息包，实际的数据往往不会是 8 位的，标准的值是 6 位、7 位和 8 位。如何设置取决于想传送的信息，比如标准的 ASCII 码是 0 ~ 127（7 位），扩展的 ASCII 码是0 ~ 255（8 位）。如果数据使用简单的文本（标准 ASCII 码），那么每个数据包使用 7 位数据。每个包是指一个字节，包括开始/停止位，数据位和奇偶校验位。由于实际数据位取决于通信协议的选取，术语“包”指任何通信的情况。

（3）停止位：用于表示单个包的最后一位。典型的值为 1 位、1.5 位和 2 位。由于数据是在传输线上定时的，并且每一个设备有其自己的时钟，很可能在通信中两台设备间出现了小小的不同步。因此停止位不仅仅表示传输的结束，而且提供计算机校正时钟同步的机会。适用于停止位的位数越多，不同时钟同步的容忍程度越大，但是数据传输率同时也越慢。

（4）奇偶校验位：在串行通信中一种简单的检错方式，有四种方式：偶、奇、高和低，当然没有校验位也是可以的。对于偶和奇校验的情况，串口会设置校验位（数据位后面的一位），用一个值确保传输的数据有偶数个或者奇数个逻辑高位。例如，如果数据是 011，那么对于偶校验，校验位为 0，保证逻辑高的位数是偶数个。如果是奇校验，校验位为 1，这样就有 3 个逻辑高位。高位和低位并不真正检查数据，简单置位逻辑高或者逻辑低校验。这样使得接收设备能够知道一个位的状态，有机会判断是否有噪声干扰了通信，以及数据传输和接收是否不同步。

串行通信是一种概念，是指一位一位地收发数据（相对于并行通信可一次性收发 N 位），包括普通的串口通信、I2C（Inter-Integrated Circuit）和 SPI 等。串口通信是一种通信手段或方式，相对于以太网方式、红外方式、蓝牙方式、USB 方式（USB广义也算串行通信）等而言，是一种比较低级的通信手段。

总之，串行通信作为外设和计算机间通过数据信号线、地线、控制线等，按位进行传输数据的一种通信方式。由于它使用的数据线少，在远距离通信中可以节约通信成本，但其传输速度比并行传输低。

另外，需要提醒的是，I^2C总线是一种由PHILIPS公司开发的两线式串行总线，用于连接微控制器及其外围设备。I^2C总线产生于20世纪80年代，最初为音频和视频设备开发，如今主要在服务器管理中使用，其中包括单个组件状态的通信。例如管理员可对各个组件如电源和系统风扇进行查询，以管理系统的配置或掌握组件的功能状态，也可随时监控内存、硬盘、网络和系统温度等多个参数，增加了系统的安全性，方便了管理。

8.1.2　串行通信接口标准

串行接口是一种可以将接收的来自CPU的并行数据字符转换为连续的串行数据流并发送出去，同时可将接收的串行数据流转换为并行的数据字符供给CPU的器件。一般完成这种功能的电路，称为串行接口电路。

串口是计算机上一种非常通用的设备通信协议，RS-232、RS-422与RS-485都是串行数据接口标准，最初都是由电子工业协会（EIA）制订并发布的。RS-232在1962年发布，命名为EIA-232-E，作为工业标准，以保证不同厂家产品之间的兼容，大多数计算机（不包括笔记本电脑）包含两个基于RS-232的串口。串口同时也是仪器仪表设备通用的通信协议，很多GPIB兼容的设备也带有RS-232口。同时，串口通信协议也可以用于获取远程采集设备的数据。

RS-422是由RS-232发展而来，它是为弥补RS-232之不足而提出的。为改进RS-232通信距离短、速率低的缺点，RS-422定义了一种平衡通信接口，将传输速率提高到10Mbit/s，传输距离延长到1200m（速率低于100kbit/s时），并允许在一条平衡总线上连接最多10个接收器。RS-422是一种单机发送、多机接收的单向、平衡传输规范，被命名为TIA/EIA-422-A标准。为扩展应用范围，EIA又于1983年在RS-422基础上制定了RS-485标准，增加了多点、双向通信能力，即允许多个发送器连接到同一条总线上，同时增加了发送器的驱动能力和冲突保护特性，扩展了总线共模范围，后命名为TIA/EIA-485-A标准。由于EIA提出的建议标准都是以“RS”作为前缀，所以在通信工业领域，仍然习惯将上述标准以RS作前缀称谓。

RS-232、RS-422与RS-485的性能参数见表8-1。

表 8-1 RS-232、RS-422 与 RS-485 的性能参数

规定		RS-232	RS-422	RS-485
工作方式		单端	差分	差分
节点数		1 收、1 发	1 发、10 收	1 发、32 收
最大传输电缆长度①/英尺		75	1200	1200
最大传输速率/(bit/s)		20k	10M	10M
最大驱动输出电压		+/-25V	-0.25 ~ +6V	-7 ~ +12V
驱动器输出信号电平（负载最小值）	负载	+/-(5~15)V	+/-2.0V	+/-1.5V
驱动器输出信号电平（空载最大值）	空载	+/-25V	+/-6V	+/-6V
驱动器负载阻抗/Ω		3k~7k	100	54
摆率（最大值）/(V/μs)		30	N/A	N/A
接收器输入电压范围		+/-15V	-10~10V	-7~12V
接收器输入门限		+/-3V	+/-200mV	+/-200mV
接收器输入电阻/kΩ		3~7	4（最小）	≥12
驱动器共模电压		—	-3~3V	-1~3V
接收器共模电压			-7~7V	-7~12V

① 是指在最大传输速率的传输距离。

8.2 RS-232 通信与信号处理技术

8.2.1 概述

RS-232（ANSI/EIA-232 标准），其中 RS 是英文“推荐标准”的缩写，232 为标识号，C 表示修改次数。RS-232-C 总线标准设有 25 条信号线，包括一个主通道和一个辅助通道。在多数情况下主要使用主通道，对于一般双工通信，仅需几条信号线就可实现，如一条发送线、一条接收线及一条地线。RS-232-C 标准规定的数据传输速率为每秒 50bit/s、75bit/s、100bit/s、150bit/s、300bit/s、600bit/s、1200bit/s、2400bit/s、4800bit/s、9600bit/s 和 19200bit/s 等几种。RS-232-C 标准规定，驱动器允许有 2500pF 的电容负载，通信距离将受此电容限制，例如采用 150pF/m 的通信电缆时，最大通信距离为 15m；若每米电缆的电容量减小，通信距离可以增加。传输距离短的另一原因是 RS-232 属单端信号传送，存在共地噪声和不能抑制共模干扰等问题，因此一般用于 20m 以内的通信。

RS-232 是 PC 与通信工业中应用最广泛的一种串行接口，作为 IBM-PC 及其兼容机上的串行连接标准。RS-232 被定义为一种低速率串行通信中增加通信距离

的单端标准，采取不平衡传输方式，即所谓单端通信。RS－232 可用于许多用途，比如连接鼠标、打印机或者 Modem，同时也可以接工业仪器仪表。实际应用中 RS－232 用于驱动和连线的改进的传输长度或者速度常常超过标准的值。

8.2.2　引脚定义

现将 RS－232 的 9 针对（DB9）、25 针（DB25）的管脚定义小结于表 8-2 中。典型的 RS－232 信号在正负电平之间摆动，在发送数据时，发送端驱动器输出正电平在 5～15V，负电平在－15～－5V 电平。当无数据传输时，线上为 TTL，从开始传送数据到结束，线上电平从 TTL 电平到 RS－232 电平再返回 TTL 电平。接收器典型的工作电平在 3～12V 与－12～－3V。由于发送电平与接收电平的差仅为 2～3V 左右，所以其共模抑制能力差，再加上双绞线上的分布电容，其传送距离最大为约 15m，最高速率为 20kbit/s。RS－232 是为点对点（即只用一对收、发设备）通信而设计的，其驱动器负载为 3～7kΩ。所以 RS－232 适合本地设备之间的通信。

表 8-2　RS－232 的引脚定义

9 针串口			25 针串口		
引脚号	功能说明	缩写	引脚号	功能说明	缩写
1	数据载波检测	DCD	8	数据载波检测	DCD
2	接收数据	RXD	3	接收数据	RXD
3	发送数据	TXD	2	发送数据	TXD
4	数据终端准备	DTR	20	数据终端准备	DTR
5	信号地	GND	7	信号地	GND
6	数据设备准备好	DSR	6	数据设备准备好	DSR
7	请求发送	RTS	4	请求发送	RTS
8	清除发送	CTS	5	清除发送	CTS
9	振铃指示	DELL	22	振铃指示	DELL

8.2.3　过程特性

现将 RS－232C 串口的三线制通信接线方法说明如下：串口传输数据只要有接收数据引脚和发送引脚就能实现，即同一个串口的接收脚和发送脚直接用线相连，两个串口相连或一个串口和多个串口相连。同一个串口的接收引脚和发送引脚直接用线相连，对 9 针脚串口和 25 针脚串口，均是 2 与 3 直接相连。当然，两个不同串口（不论是同一台计算机的两个串口或分别是不同计算机的串口），也是这样处理的。现将 RS－232C 串口的三线制接线说明绘制于表 8-3 中。

表 8-3 RS232C 串口的三线制接线说明

9 针↔9 针				25 针↔25 针				9 针↔25 针			
接收	2	3	发送	接收	3	2	发送	接收	2	2	发送
发送	3	2	接收	发送	2	3	接收	发送	3	3	接收
地	5	5	地	地	7	7	地	地	5	7	地

需要提醒的是，表 8-3 是对微机标准串行口而言的，还有许多非标准设备，如接收 GPS 数据或电子罗盘数据，只要记住一个原则：接收数据引脚（或线）与发送数据引脚（或线）相连，彼此交叉，信号地对应相接即可。串口的过程特性规定了信号之间的时序关系，以便正确地接收和发送数据。

图 8-1 表示借助 modem 远程通信连线示意图。图 8-2 表示近程通信连线示意图。

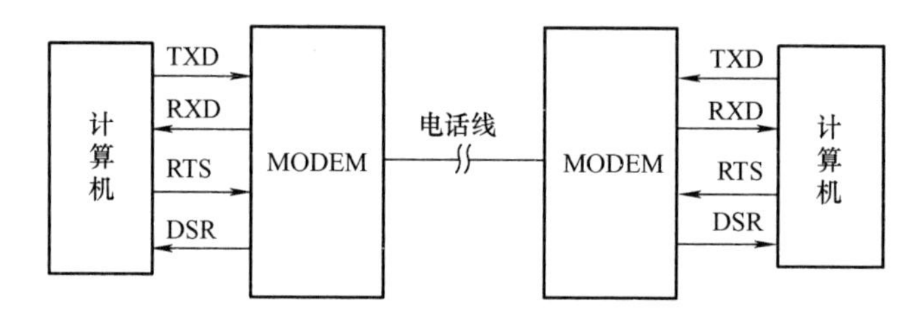

图 8-1 远程通信连线示意图

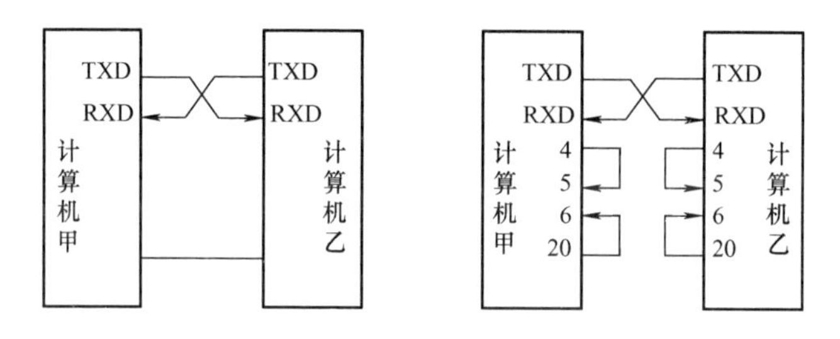

图 8-2 近程通信连线示意图

8.2.4 单工、半双工和全双工的定义

单工就是指 A 只能发信号，而 B 只能接收信号，通信是单向的，就好像灯塔之于航船——灯塔发出光信号而航船只能接收信号，以确保自己行驶在正确的航线上。

半双工就是指 A 能发信号给 B，B 也能发信号给 A，但这两个过程不能同时进行。最典型的例子就好像我们在影视作品中看到的对讲机一样：

007：呼叫总部，请求支援，OVER

总部：收到，增援人员将在 5min 内赶到，OVER

007：要5min这么久?! 要快呀! OVER

总部：……GAME OVER

在这里，每方说完一句话后都要说个OVER，然后切换到接收状态，同时也告之对方，你可以发言了。如果双方同时处于收状态，或同时处于发状态，便不能正常通信了。

全双工比半双工又进了一步。在A给B发信号的同时，B也可以给A发信号。典型的例子就是打电话。

A：我跟你说呀，……

B：你先听我说，情况是这样的，……

A和B在说的同时也能听到对方说的内容，这就是全双工。对于全双工以太网，IEEE制订了802.3x全双工/流控制标准，该标准对全双工方式下的流控制机制做了具体的规定。在各以太网标准（10/100/1000Base）中，除100Base T4之外，均具有全双工能力，但在实际应用中，似乎只有千兆以太网才使用全双工方式。

8.2.5 RS-232收发器

在讲述RS-232收发器之前，先学习一下TTL电平、CMOS电平和RS-232电平特点。

1. TTL电平特点

TTL电平信号被利用得最多，是因为通常数据表示采用二进制规定，+5V等价于逻辑“1”，0电平等价于逻辑“0”，这被称作晶体管-晶体管逻辑电平（Transistor-Transistor Logic，TTL）信号系统，这是计算机处理器控制的设备内部各部分之间通信的标准技术。TTL电平信号对于计算机处理器控制的设备内部的数据传输是很理想的，首先计算机处理器控制的设备内部的数据传输对于电源的要求不高，热损耗也较低；另外TTL电平信号直接与集成电路连接而不需要价格昂贵的线路驱动器以及接收器电路。再者，计算机处理器控制设备内部的数据传输是在高速下进行的，TTL接口的操作恰能满足这个要求。TTL型通信大多数情况下采用并行数据传输方式，而并行数据传输对于超过3m的距离就不适合了。这是由于可靠性和成本两方面的原因，因为在并行接口中存在着偏相和不对称的问题，这些问题对可靠性均有不同程度的影响。

TTL电路由电源U_{DD}供电，只允许在$5(1\pm10\%)$V范围内，扇出数为10个以下的TTL门电路。TTL输出高电平超过2.4V，输出低电平小于0.4V。在室温下，一般输出高电平是3.5V，输出低电平是0.2V，现将最小输入高电平和最大输入低电平的规定说明如下：

1）最小输入高电平≥2.0V。

2）最大输入低电平≤0.8V。

TTL电路是电流控制器件，速度快、传输延迟时间短（5~10ns），但是功耗大。规定：TTL 输出高电平的噪声容限是0.4V。TTL 器件输出低电平要小于0.8V，高电平要大于2.4V，输入低于1.2V 就认为是“0”（低电平），输入高于2.0V 就认为是“1”（高电平）。

TTL 芯片主要有54/74 系列标准 TTL、高速型 TTL（H-TTL）、低功耗型 TTL（L-TTL）肖特基型 TTL（S-TTL）、低功耗肖特基型 TTL（LS-TTL）五个系列。现分别说明如下：

1）标准 TTL 输入高电平最小值为2V，输出高电平最小值为2.4V，典型值为3.4V，输入低电平最大值为0.8V，输出低电平最大值为0.4V，典型值为0.2V。

2）S-TTL 输入高电平最小值为2V，输出高电平的最小值Ⅰ类为2.5V，Ⅱ、Ⅲ类为2.7V，典型值是3.4V，输入低电平最大值为0.8V，输出低电平最大值为0.5V。

3）LS-TTL 输入高电平最小值为2V，输出高电平最小值Ⅰ类为2.5V，Ⅱ、Ⅲ类为2.7V，典型值3.4V，输入低电平最大值Ⅰ类为0.7V，Ⅱ、Ⅲ类为0.8V，输出低电平最大值Ⅰ类为0.4V，Ⅱ、Ⅲ类为0.5V，典型值为0.25V。

2. CMOS 电平特点

COMS 集成电路是互补对称金属氧化物半导体（Complementary Symmetry Metal Oxide Semiconductor）集成电路的英文缩写，电路的许多基本逻辑单元，都是用增强型 PMOS 晶体管和增强型 NMOS 管，按照互补对称形式连接的，静态功耗很小。COMS 电路的供电电压电压波动允许值为±10V。当输出电压高于 $U_{DD}-0.5V$ 时，其中 U_{DD}范围比较广，在5~15V 均能正常工作时，为逻辑“1”（高电平），输出电压低于 $U_{SS}+0.5V$ 时（U_{SS}为数字地）为逻辑“0”（低电平），扇出数为10~20个 COMS 门电路，由此可见 CMOS 芯片带载能力较强。现将 CMOS 的高低电平说明如下：

1）输出低电平（L）$<0.1U_{DD}$；输出高电平（H）$>0.9U_{DD}$。

2）输入低电平入（L）$<0.3U_{DD}$；输入高电平（H）$>0.7U_{DD}$。

由于 CMOS 电源大多采用12V，则输入低于3.6V 时为低电平，噪声容限为1.8V，输入高于3.5V 时为高电平，噪声容限高为1.8V。现将几种典型器件说明如下：

1）74LS 系列是 TTL 器件，输入、输出：TTL。

2）74HC 系列是 CMOS 器件，输入、输出：CMOS。

3）74HCT 系列是 CMOS 器件，输入：TTL；输出：CMOS。

4）CD4000 系列是 CMOS 器件，输入、输出：CMOS。

现将 TTL 与 CMOS 电平使用起来的重要区别小结如下：

(1) 电平的上限和下限定义不一样，CMOS 具有更大的抗噪区域。具体如下：

1）TTL 电路临界值（电源电压为5V）：

$U_{OHmin}=2.4V$，$U_{OLmax}=0.4V$；

$U_{IHmin}=2.0V$，$U_{ILmax}=0.8V$。

2）CMOS 电路临界值（电源电压为 +5V）：

$U_{OHmin}=4.99V$，$U_{OLmax}=0.01V$；

$U_{IHmin}=3.5V$，$U_{ILmax}=1.5V$。

（2）电流驱动能力不一样，TTL 一般提供 25mA 的驱动能力，而 CMOS 一般在 10mA 左右。

（3）需要的电流输入大小也不一样，一般 TTL 需要 2.5mA 左右，CMOS 几乎不需要电流输入。

（4）很多器件都是兼容 TTL 和 CMOS 的，参数手册会有说明。如果不考虑速度和性能，一般器件可以互换，但是需要注意有时候负载效应可能引起电路工作不正常，因为有些 TTL 电路需要下一级的输入阻抗作为负载才能正常工作。

（5）CMOS 电平能驱动 TTL 电平，TTL 电平不能驱动 CMOS 电平，需加上拉电阻。

3. RS－232 电平特点

RS－232 的逻辑电平以公共地为对称，其逻辑“0”电平规定在 3～25V 之间，逻辑“1”电平则在 －25～－3V 之间，因而它不仅要使用正负极性的双电源，而且与传统的 TTL 数字逻辑电平不兼容，两者之间必须使用电平转换。逻辑“1”的电平为 －15～－3V，逻辑“0”的电平为 3～15V，可以看到该电平的定义反相了。

常用的 RS－232 电平转换器件，如驱动器 MC1488 和接收器 MC1489 为代表的集成电路。其中 MC1488 采用 ±12V 电源，以产生 RS－232 标准电平，MC1489 采用单一 5V 电源。在双向数据传输中，这两个器件要同时使用，所以要具备正负两组电源，显然不方便。

4. MAX3232 收发器介绍

MAX3232 与 MAX232 的区别之处在于：

（1）MAX3232 是 MAX232 的改进型，更低功耗。

（2）MAX232，供电电压 5V，耗电 5mA，外接 4 个 1μF 电容。

（3）MAX3232 供电电压 5V 或 3.3V，耗电仅为 0.3mA，外接 4 个 0.1μF 电容。

MAX3232 与 MAX232 的其他特性都一样，价格略有差别，MAX3232 比常规 MAX232 器件贵一点。MAX3232 是 3～5.5V 供电，双通道 RS－232 线路驱动器/接收器，具有 ±15kV 的 ESD 保护功能。该收发器采用专有的低压差发送器输出级，利用双电荷泵在 3.0～5.5V 电源供电时，能够实现真正的 RS－232 性能，仅需 4 个 0.1μF 的外部小尺寸电荷泵电容。MAX3232 确保在 120kbit/s 数据速率下维持 RS－232 输出电平。MAX3232 的引脚、封装和功能分别与工业标准的 MAX242 和 MAX232 兼容。

MAX3232 的输入端与输出端的真值表见表 8-4。

表 8-4　MAX3232 的输入端与输出端的真值表

接收端 RXD		发送端 TXD	
RIN	ROUT	DIN	DOUT
L	H	L	H
H	L	H	L
开路	H	—	

图 8-3 表示 MAX3232 的等效图，图 8-4 表示 MAX3232 的典型电路，图中电容 $C_1 \sim C_3$ 的取值如表 8-5 所示。

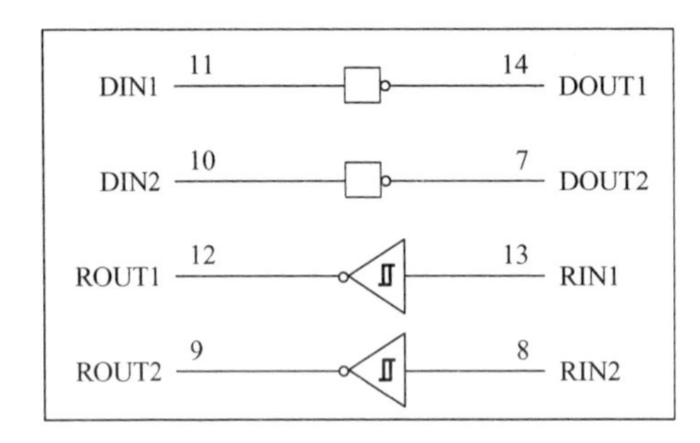

图 8-3　MAX3232 的等效图

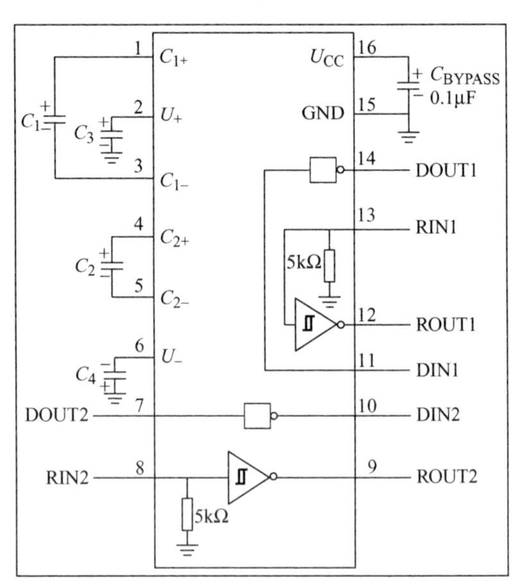

图 8-4　MAX3232 的典型电路

表 8-5　电容 $C_1 \sim C_3$ 的取值

U_{CC}/V	C_1/μF	$C_2 \sim C_4$/μF
3.3 ±0.3	0.1	0.1
5 ±0.5	0.047	0.33
3 ~5.5	0.1	0.47

5. ADM202 收发器介绍

ADM202 是小电荷泵电容（0.1μF）AD 公司的 RS－232 的 120kbit/s 收发器，内置 2 个驱动器和 2 个接收器，片上 DC－DC 转换器、输出摆幅 ±9V（5V 电源）、低功耗 BiCMOS（2.0mA 的电源电流 I_{CC}）、接收器输入电平为 ±30V、符合 EIA－232－E 和 V.28 规范要求。图 8-5 表示 ADM202 典型应用图，其中要求引脚 $T1_{IN}$和 $T2_{IN}$接 400kΩ 的上拉电阻，要求 R_{1IN}和 R_{2IN}接 5kΩ 的下拉电阻。

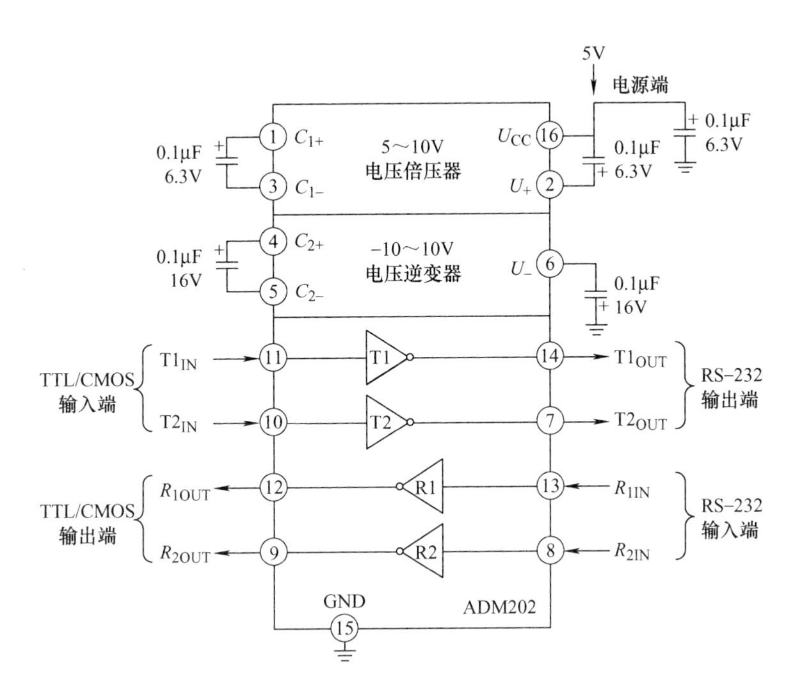

图 8-5　ADM202 典型应用图

现将几种典型的 AD 公司的 RS－232 收发器列于表 8-6 中。

表 8-6　几种典型的非隔离式 RS－232 收发器

型号	发送/接收通道数	最大数据速率/(kbit/s)	ESD/kV	电源/V	最高温度/℃	封装
AD7306	3/2	100		4.75～5.25	85	24PDIP SOIC24
ADM101E	1/1	460	±15	4.5～5.5	85	10MSOP
ADM1181A	2/2	230	±15	4.5～5.5	85	16PDIP SOIC16
ADM1385	2/2	460		3.0～3.6	85	20SSOP
ADM202	2/2	120		4.5～5.5	70	16PDIP SOIC16
ADM202E	2/2	230	±15	4.5～5.5	85	SOIC16 16PDIP 16TSSOP

（续）

型号	发送/接收通道数	最大数据速率/(kbit/s)	ESD/kV	电源/V	最高温度/℃	封装
ADM208	4/4	120		4.5～5.5	85	24PDIP SOIC24 24SSOP
ADM208E	4/4	120	±15	4.5～5.5	85	24PDIP SOIC24 24SSOP 24TSSOP
ADM232A	2/2	200		4.5～5.5	85	18PDIP SOIC18

8.2.6 电磁兼容性设计

前面讲述的 RS－232 收发器都是非隔离式，从工作现场来看，绝大多数情况都需要有电气隔离处理措施，方可提高通信系统的抗电磁干扰能力。为此，下面重点介绍隔离式 RS－232 收发器的使用方法，本书以 AD 公司的 ADM3251E 为例进行讲述。ADM3251E 是隔离式单通道 RS－232 线路的收发器，具有 2.5kV 完全隔离（电源和数据）、集成 ISOPower 的隔离式 DC/DC 转换器、460kbit/s 数据速率、1 个发射器和 1 个接收器、满足 EIA－232E 标准、R_{IN} 和 T_{OUT} 引脚提供 ESD 保护（接触放电：±8kV；气隙放电：±15kV）、0.1μF 电荷泵电容、高共模瞬态抑制（>25kV/μs）、宽工作温度范围 -40～85℃、20 引脚宽体 SOIC 封装。

表 8-7 表示几种典型的隔离式 RS－232 收发器。

图 8-6 表示 ADM3251E 隔离式单通道 RS－232 线路收发器的原理框图，其中要求 R_{IN} 接 5kΩ 下拉电阻。

表 8-7 几种典型的隔离式 RS－232 收发器

型号		隔离电源/kV(rms)	ESD/kV	最大数据速率/(kbit/s)	发送/接收通道数	隔离输出功率/W	电源/V	最高温度/℃	封装
AD公司	ADM3251E	2.5	15	460	1/1		4.5～5.5	85	SOIC
	ADM3252E	2.5	15	460	2/2		3.0～5.5	85	44－BGA
	LTM2882－3	2.5	10	1000	2/2	1（5V）	3.0～3.6	105	32－BGA
	LTM2882－5	2.5	10	1000	2/2	1（5V）	4.5～5.5	105	32－BGA 32－LGA
周立功ZLG	RSM232	2.5			1/1		3.15～5.25	85	DIP8
	RSM232D	2.5					3.15～5.25	85	DIP12

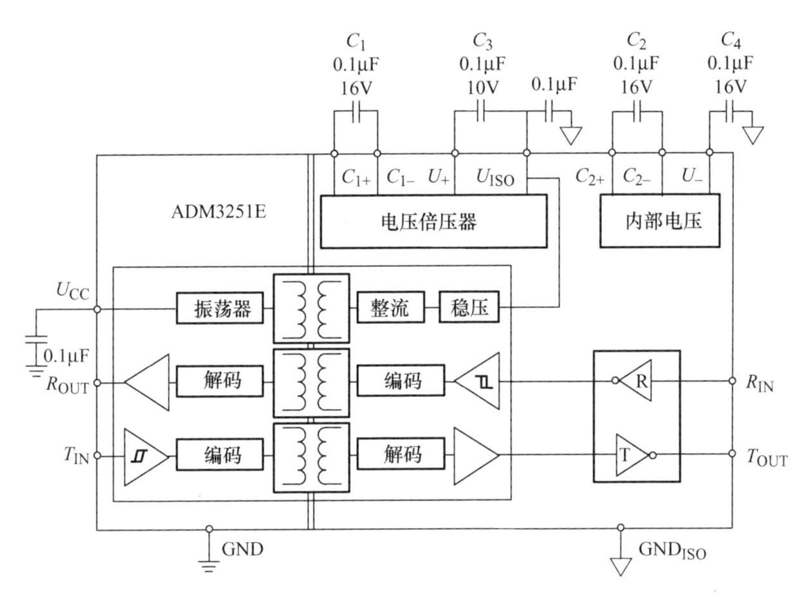

图8-6 ADM3251E的原理框图

图8-7表示ADM3251E的电源两种设计方法：

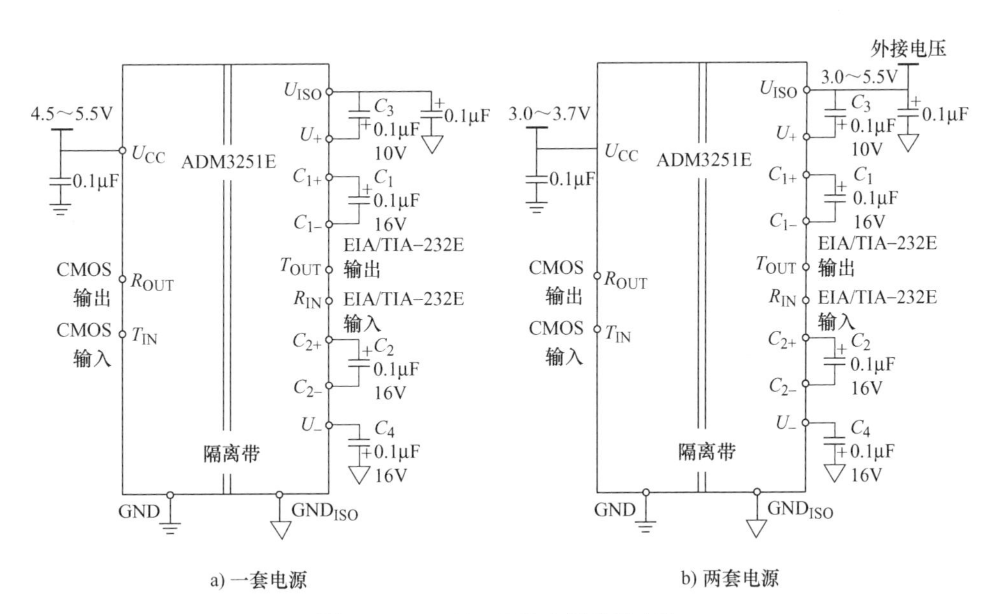

图8-7 ADM3251E的电源设计方法

（1）图8-7a为一套电源，即靠近CMOS的输入端（称其为一次侧）采用4.5～5.5V一套电源，该芯片即可激活内部的DC－DC变换器，生成一套隔离电源供RS－232总线端（称其为二次侧）使用。

（2）图8-7b为两套电源，即原边采用3.0～3.7V一套电源，由于该电源幅值较低，不可能激活内部的 DC－DC 变换器，不能为供二次侧使用，就需要外接电源（3.0～5.5V、电源电流 12mA 左右）为二次侧供电。

在 ADM3251E 禁用内部 DC－DC 转换器的情况下，需要将 3.0～3.7V 之间的电压连接到 U_{CC}引脚，并将 3.0～5.5V 之间的隔离电源应用到 U_{ISO}引脚（参考点为 GND_{ISO}）。带有中心抽头变压器和低压差输出模块（Low Drop Output，LDO）的变压器驱动电路，可用于产生隔离电源，如图 8-8 所示。

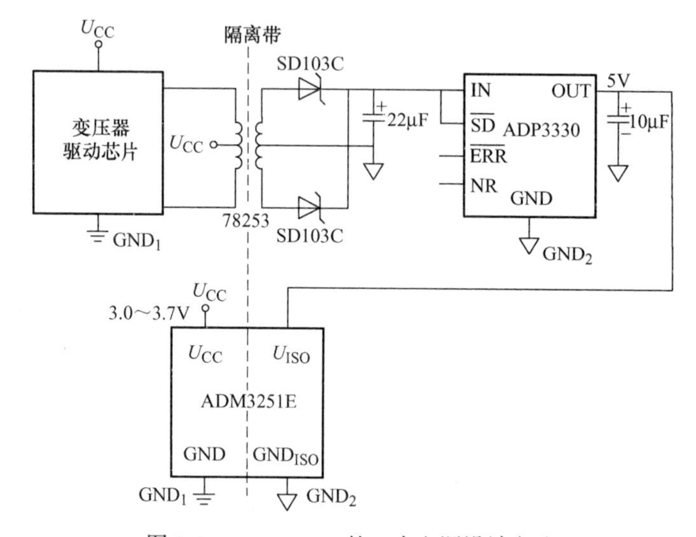

图 8-8　ADM3251E 的二次电源设计方法

图 8-8 所示中央抽头变压器，为 5V 电源提供电气隔离。该变压器的一次绕组由一对彼此相差 180°的方波激励，使用一对肖特基二极管和一个平滑电容器从二次绕组产生整流信号。ADP3330 线性电压调节器为 ADM3251E 的二次电路提供调节电源（U_{ISO}）。虽然 ADM3251E 内部 T_{OUT}、R_{IN}线有 ESD 保护器件，但是在应用于环境比较恶劣的场合时，还是需要采取如下措施：

1）外加 ESD 保护器件、TVS 管、防雷管。

2）屏蔽双绞线或同一网络单点接大地等。

图 8-9 表示其 RS－232 收发器输出端口的典型保护电路图。

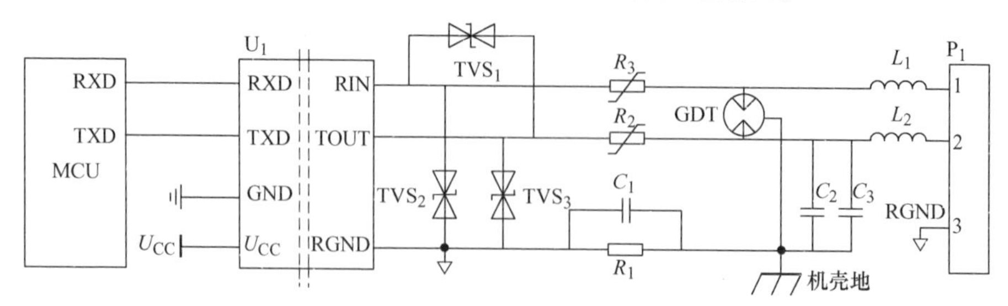

图 8-9　RS－232 收发器输出端口的典型保护电路图

图8-9所示电路的推荐参数见表8-8。

表8-8 RS－232收发器输出端口保护器件列表

标号	型号	标号	型号
C_1	102，2kV，1206	GDT	B3D090L
R_1	1MΩ，1206	TVS_1	SMBJ30CA
R_2，R_3	SMD1206	TVS_2，TVS_3	SMBJ18CA
C_2，C_3	330pF	U_1	隔离式RS－232收发器
L_1，L_2	600Ω/100Hz磁珠	—	

先对表8-8所示参数说明如下：

1）建议R_2与R_3选用PTC。

2）C_1为接口地和数字地之间的跨接电容，典型取值为1000pF，耐压要求达到2kV以上，C_1容值可根据测试情况进行调整。

3）L_1、L_2、C_2、C_3组成滤波电路，L_1、L_2为滤波磁珠，建议取值为600Ω/100Hz，用于抑制电路上的高频干扰；C_2、C_3为滤波电容，用于滤除线上的干扰，电容取值为330pF。

4）R_1、R_2为100Ω的限流电阻，需根据实际应用场合酌情选择。

5）TVS_2、TVS_3管组成防护电路，防止在进行热插拔过程中，产生较大干扰能量和静电干扰对电路进行冲击而导致芯片损坏。选择电路防护TVS器件时，注意TVS启动电压≥15V×1.2＝18V。

6）如果设备为金属外壳，同时电路板可以独立地划分出机壳地，那么金属外壳与机壳地直接电气连接，且电路板RGND地与机壳地通过1000pF电容相连；如果设备为非金属外壳，那么机壳地与电路板地RGND直接电气连接。

8.3 RS－422/485通信与信号处理技术

8.3.1 概述

RS－422是以差动方式发送和接收，不需要数字地线。差动工作是同速率条件下传输距离远的根本原因，这正是它与RS－232的根本区别，因为RS－232是单端输入、输出，双工工作时至少需要数字地线、发送线和接收线三条线（异步传输），还可以加其他控制线完成同步等功能。RS－422通过两对双绞线可以全双工工作，收、发互不影响，同时采用双端线传送信号，具有很强的抗干扰能力。该标准允许驱动器的输出为±2～±6V，接收器可以检测到的输入信号电平可低到200mV。最大传输速率可达10Mbit/s，不过，在此速率下电缆允许长度仅为120mm。当采用较低的速率时，传输距离可以很远，比如采用90000bit/s的传输速率，传输距离可达1200m。由于RS－422串行通信接口的传输距离远、速率高、抗干扰能力强，而且可以带多个负载。与RS－232相比，RS－422抗干扰能力强、传输速率快且传输距离远。

RS－485标准最初由电子工业协会（Electronic Industry Association，EIA）于1983年制订并发布，后由TIA－通信工业协会修订后命名为TIA/EIA－485－A，习惯地称之为RS－485。RS－485由RS－422发展而来，而RS－422是为弥补RS－232之不足而提出的。为改进RS－232通信距离短、速率低的缺点，RS－422定义了一种平衡通信接口，将传输速率提高到10Mbit/s，传输距离延长到1200m（速率低于100kbit/s时），并允许在一条平衡线上连接最多10个接收器。RS－422是一种单机发送、多机接收的单向、平衡传输规范，为扩展应用范围，随后又为其增加了多点、双向通信能力，即允许多个发送器连接到同一条总线上，同时增加了发送器的驱动能力和冲突保护特性，扩展了总线共模范围，这就是后来的EIARS－485标准。

RS－485是一个电气接口规范，它只规定了平衡驱动器和接收器的电特性，而没有规定接插件、传输电缆和通信协议。RS－485标准定义了一个基于单对平衡线的多点、双向（半双工）通信链路，是一种极为经济、并具有相当高噪声抑制、传输速率、传输距离和宽共模范围的通信平台。

RS－485作为一种多点、差分数据传输的电气规范，现已成为业界应用最为广泛的标准通信接口之一。这种通信接口允许在简单的一对双绞线上进行多点、双向通信，它所具有的噪声抑制能力、数据传输速率、电缆长度及可靠性是其他标准无法比拟的。正因为如此，许多不同领域都采用RS－485作为数据传输链路，如电信设备、局域网、蜂窝基站、工业控制、汽车电子、仪器仪表等。这项标准得到广泛接收的另外一个原因是它的通用性，RS－485标准只对接口的电气特性做出规定，而不涉及接插件、电缆或协议，在此基础上用户可以建立自己的高层通信协议。

8.3.2 性能指标及其接口标准

现将串口RS－422与RS－485在平衡传输模式下的性能指标及其标准小结于表8-9中。

表8-9 串口RS－422与RS－485的性能指标

参数	数值	
	EIA/TIA－422	EIA/TIA－485
电缆长度（在90kbit/s下）/m	1200	1200
电缆长度（在10Mbit/s下）/m	15	15
最大数据传输速度/(Mbit/s)	10	10

（续）

参数	数值	
	EIA/TIA－422	EIA/TIA－485
最小差动输出/V	±2	±1.5
最大差动输出/V	±10	±6
接收器敏感度/V	±0.2	±0.2
最小驱动器负载/Ω	100	60
最大驱动器数量	1	32负载单位
最大接收器数量	10	32负载单位

现将串口RS－422与RS－485的主要性能指标如下：

（1）平衡传输。

（2）多点通信。

（3）驱动器输出电压（带载）≥|1.5V|。

（4）接收器输入门限：±200mV，接收器的输入灵敏度为200mV，即$V_+ - V_-$≥0.2V，表示信号“0”；$V_+ - V_- \leqslant -0.2$V，表示信号“1”。

（5）最大传输速率：10Mbit/s。

（6）最大电缆长度：1200m，更远距离的应用中必须使用中继器。

图8-10表示串口RS－422与RS－485的差分平衡输出模式。RS－485驱动器必须有“Enable”控制信号，而RS－422驱动器则一般不需要。在驱动器端，一个TTL逻辑高电平输入使得导线A电压比导线B高；反之，一个TTL逻辑低电平输入使得导线A电压比导线B低，对于驱动器端的有效输出，A与B之间的压差必须至少1.5V。

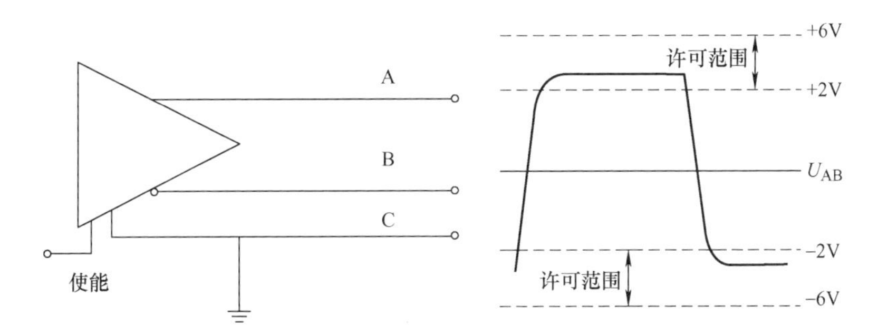

图8-10　串口RS－422与RS－485的差分平衡输出模式示意图

接着需要了解一下串口RS－422与RS－485的引脚定义：

（1）英式标识为TDA(－)、TDB(＋)、RDA(－)、RDB(＋)、GND。

（2）美式标识为Y、Z、A、B、GND。

（3）中式标识为TXD(＋)/A、TXD(－)/B、RXD(－)、RXD(＋)、GND。

串口 RS－485 经常是两线制和四线制，现将它们分别说明如下：

（1）采用串口 RS－485 两线的一般定义为：A，B 或者 Date＋，Date－，即常说的 485(＋)，485(－)。

（2）串口 RS－485 四线的一般定义为：Y，Z，A，B。

DB9 的 RS－232 与 RS－422 以及 RS－485 的引脚定义见表 8-10。

表 8-10　DB9 的 RS－232 与 RS－422 以及 RS－485 的引脚定义

引脚数	RS－232	RS－422	RS－485
1	DCD	TX－	DATA－
2	RX	TX＋	DATA＋
3	TX	RX＋	NC
4	DTR	RX－	NC
5	GND	GND	GND
6	DSR	RTS－	NC
7	RTS	RTS＋	NC
8	CTS	CTS＋	NC
9	DELL	CTS－	NC
外壳	—		

8.3.3　RS－422/485 收发器介绍

1. MAX485 系列

MAX481、MAX483、MAX485、MAX487～MAX491 以及 MAX1487 是用于 RS－485 和 RS－422 通信的低功耗、限摆率的收发器。每个器件中都有一个驱动器和一个接收器。关键特性如下：

1）低功耗最大程度减少散热、降低系统成本。

2）120～500μA 静态电流。

3）0.1μA 关断电流。

4）5V 单电源供电。

5）限摆率驱动器（MAX483/MAX487/MAX488 和 MAX489）。

6）数据率高达 250kbit/s。

7）不受限驱动器，数据率高达 2.5Mbit/s。

8）集成保护提高系统可靠性。

9）短路限流驱动器。

10）集成热关断。

11）接收器失效保护，防止输入开路。

12）保证逻辑高电平。

13）1/4 单位负载（仅限 MAX487/MAX1487），允许同一总线上挂接多达 128 片器件。

14）具有 48kΩ 接收器输入电阻。

图 8-11 表示 MAX481/MAX483/MAX485/MAX487/MAX1487 的引脚配置与典型电路。其中，RO 表示接收器的输出端，当 A－B＞200mV 时，则 RO 输出高电平；反之，当 A－B＜200mV 时，则 RO 输出低电平。$\overline{RE}$表示接收器输出的使能端，当$\overline{RE}$为低电平时，RO 输出有效；反之，当$\overline{RE}$为高电平时，RO 输出为高阻状态。DE 表示驱动器输出的使能端，当 DE 为高电平时，驱动器输出 A 和 B 有效；反之，DE 为低电平时，驱动器输出 A 和 B 为高阻状态。当驱动器输出 A 和 B 有效时，器件被用作线驱动器，在高阻状态时，若$\overline{RE}$为低电平时，则器件被用作线接收器。DI 表示驱动器的输入端，DI 上的低电平强制输出 A 为低电平，而输出 B 为高电平。同理，DI 上的高电平强制 A 为高电平，而输出 B 为低电平。A 表示接收器同相输入端和驱动器的同相输出端。B 表示接收器反相输入端和驱动器的反相输出端。V_{CC}表示芯片的电源（$4.75V \leq V_{CC} \leq 5.25V$）。GND 表示芯片的电源地。$R_t$ 表示 A 和 B 的终点电阻。

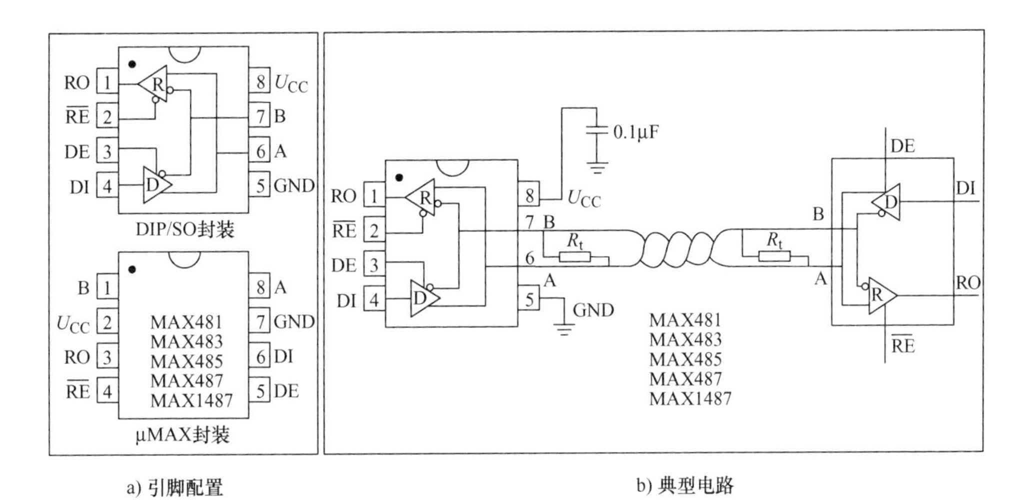

a) 引脚配置　　　b) 典型电路

图 8-11　引脚配置与典型电路

图 8-12 表示基于 MAX481/MAX483/MAX485/MAX487/MAX1487 的典型半双工 RS－485 通信网络系统的组成框图。

2. ADM4168E

ADM4168E 芯片是 AD 公司的具有双通道 RS－422 收发器，适用于点到点和多分支传输线路的高速通信。该器件针对平衡传输线路而设计，符合 TIA/EIA－422－

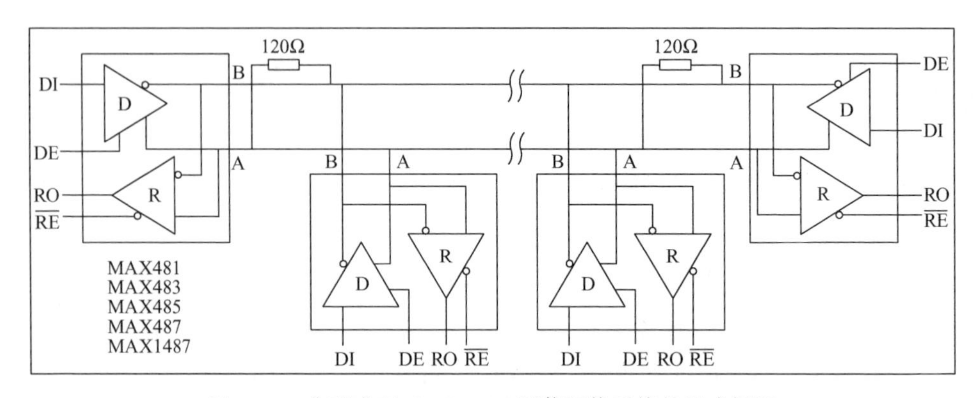

图 8-12　典型半双工 RS－485 通信网络系统的组成框图

B 标准。差分驱动器输出和接收器输入具有静电放电电路，可提供 ±15kV 的 HBM (Human Body Model，是 ESD Protection 保护参数）和 ±8kV 适应于 IEC 61000－4－2（接触和空气放电）等级的保护。ADM4168E 采用 5V 单电源供电、低电源电流（最大值仅为 9mA）。短路保护电路可防止总线竞争或输出短路导致功耗过大。短路保护电路可使故障条件下的最大输出电流限制为 150mA。如果输入未连接（浮地），ADM4168E 接收器具有的故障安全特性将使输出保持逻辑高电平状态。ADM4168E 的额定温度范围为商用和工业温度范围，提供 16 引脚 TSSOP 封装。工作温度范围：－40～85℃。接收器输入阻抗为 30kΩ，接收器共模范围为－7～7V。

图 8-13 表示 ADM4168E 的引脚配置与原理框图。

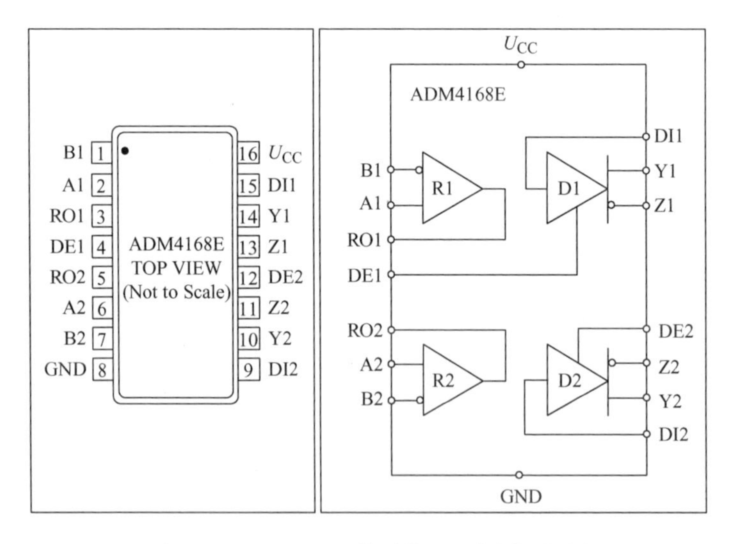

图 8-13　ADM4168E 的引脚配置与原理框图

表 8-11 表示 ADM4168E 的引脚定义及其功能说明。

表 8-11 ADM4168E 的引脚定义及其功能说明

引脚编号	管脚名称	描述
1	B1	收发器 1 的反相接收器输入 B
2	A1	收发器 1 的同相接收器输入 A
3	RO1	收发器 1 的接收器的输出端
4	DE1	收发器 1 的驱动器输出使能端。逻辑高电平使能差分驱动器输出 Y1 和 Z1；逻辑低电平将差分驱动器输出设为高阻抗状态
5	RO2	收发器 2 的接收器输出端
6	A2	收发器 2 的同相接收器输入 A
7	B2	收发器 2 的反相接收器输入 B
8	GND	电源地
9	DI2	收发器 2 的驱动器输入端。当驱动器使能时，DI2 上的逻辑低电平迫使 Y2 变为低电平、Z2 变为高电平，而 DI2 上的逻辑高电平迫使 Y2 变为高电平、Z2 变为低电平
10	Y2	收发器 2 的同相驱动器输出 Y
11	Z2	收发器 2 的反相驱动器输出 Z
12	DE2	收发器 2 的驱动器输出使能端。逻辑高电平使能差分驱动器输出 Y2 和 Z2；逻辑低电平将差分驱动器输出设为高阻抗状态
13	Z1	收发器 1 的反相驱动器输出 Z
14	Y1	收发器 1 的同相驱动器输出 Y
15	DI1	收发器 1 的驱动器输入端。当驱动器使能时，DI1 上的逻辑低电平迫使 Y1 变为低电平、Z1 变为高电平，而 DI1 上的逻辑高电平迫使 Y1 变为高电平、Z1 变为低电平
16	U_{CC}	正电源 5(1 ± 10%) V

表 8-12 表示 ADM4168E 的接收器与发送器的真值表。

表 8-12 ADM4168E 的真值表

发送（每个驱动器）输入端		发送（每个驱动器）输出端		接收（每个驱动器）输入端	接收（每个驱动器）输出端
DE	DI	Z	Y	A - B	RO
高电平	高电平	低电平	高电平	≥ +0.2V	高电平
高电平	低电平	高电平	低电平	≤ -0.2V	低电平
低电平	无关	高阻状态	高阻状态	-0.2V < A - B < +0.2V	不确定
—				输入开路	高电平

3. LTM2881

LTM2881是AD公司的一款完整的电流隔离型全双工RS-485/RS-422的μModule收发器，它无需使用外部元件，单个电源通过一个集成、隔离、低噪声、高效5V输出DC/DC转换器，为接口的两侧供电。具有：

1）20Mbit/s或低EMI 250kbit/s数据速率。

2）高ESD防护能力［±15kV HBM（在收发器接口）］。

3）可承受的高共模瞬变（30kV/μs）。

4）集成可选120Ω终端电阻。

5）分为LTM2881-3（3.3V供电，输出的隔离电源带载能力100mA）和LTM2881-5（5.0V供电，输出的隔离电源带载能力150mA）两种型号。

6）用于提供灵活数字接口的1.62~5.5V逻辑电源引脚。

7）与TIA/EIA-485-A和PROFIBUS规格相兼容。

8）通用型CMOS隔离通道（2500V（方均根值）持续1min）、最高连续工作电压为560V$_{(峰值)}$。

9）小外形的扁平（15mm×11.25mm）表面贴装型BGA和LGA封装。

图8-14表示LTM2881的原理框图。图8-15表示LTM2881的BGA和LGA封装的管脚配置图。

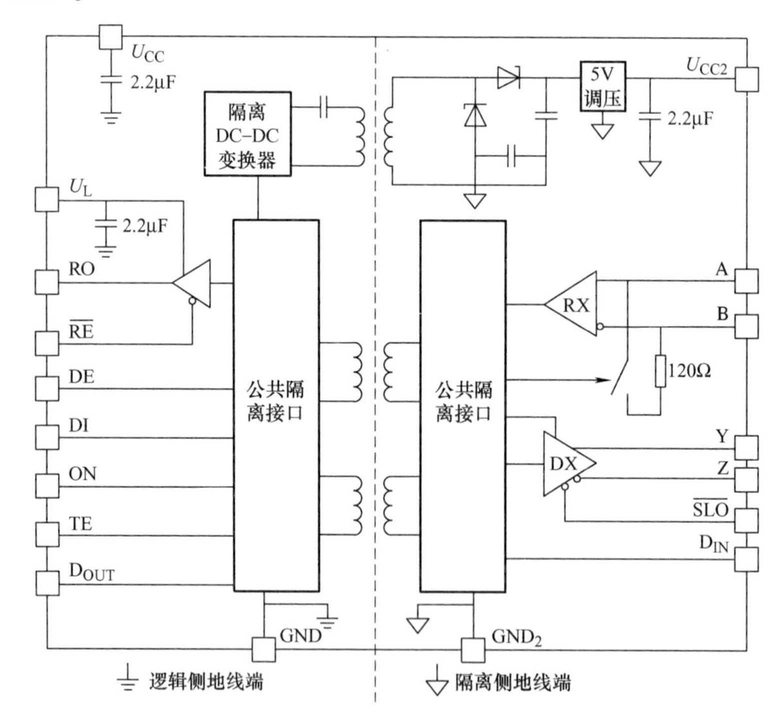

图8-14 LTM2881的原理框图

现将图 8-15 所示的逻辑侧引脚说明如下：

1）D_{OUT}（A1 脚）表示通用逻辑输出端。逻辑输出通过隔离通路连接到 D_{IN}。在隔离通信故障的情况下，D_{OUT}处于高阻抗状态。

2）TE（A2 脚）表示端子开关的使能端，当 TE 为高电平时，使端子开关导通，接电阻器图 8-15 所示的位于针脚 A 和 B 之间的 120Ω。

3）DI（A3 脚）表示驱动器输入端，如果驱动器输出被使能（DE 为高电平），那么 DI 低电平时，迫使驱动器同相（Y）输出低电平，反相（Z）输出高电平；DI 为高电平时，驱动器输出使能，迫使驱动器同相（Y）输出高电平，反相（Z）输出低电平。

4）DE（A4 脚）表示驱动器的使能端，当它为低电平时，驱动器被禁用，Y 和 Z 为高阻状态；当它为高电平时，驱动器使能。

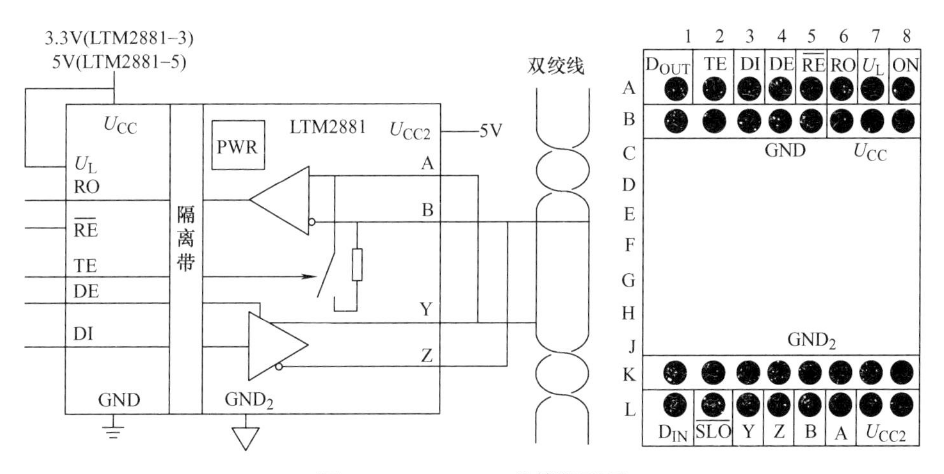

图 8-15 LTM2881 的管脚配置

5）$\overline{RE}$（A5 脚）表示接收器使能端，低电平时使接收器有效；当它为高电平时，接收器输出端 RO 为高阻状态。

6）RO（A6 脚）表示接收器的输出端。当$\overline{RE}$为低电平时，接收器使能有效，假设 $A-B>200mV$ 时，RO 输出高电平；当 $A-B<200mV$ 时，RO 输出低电平；假设接收器的输入端悬空、短路或者没有接有效信号电平时，那么 RO 输出为高电平。在隔离通信出现失败时，RO 输出为高阻状态。

7）U_L（A7 脚）表示逻辑电路的电源端，其供电范围为 1.62～5.5V，在芯片内部它经由 2.2μF 与逻辑地 GND 连接。

8）ON（A8 脚）表示将隔离输出端的电源和通信有效的使能端，当它为高电平时，隔离输出端的电源和通信有效；反之，当它为低电平（保持在复位期间）时，隔离输出端的电源和通信均无效。

9）GND（B1～B5 脚）表示逻辑侧的电源地。

10）U_{CC}（B6～B8脚）表示逻辑侧的电源。对于LTM2881－3而言，其电源范围为3.0～3.6V；对于LTM2881－5而言，其电源范围为4.5～5.5V；且在芯片内部它经由2.2μF与逻辑地GND连接。

现将图8-15所示的隔离侧引脚说明如下：

1）D_{IN}（L1脚）表示通用隔离输入端，它们电位相对于隔离侧的电源U_{CC2}和地GND_2而言。当它为高电平时，则D_{OUT}输出高电平；反之，当它为低电平时，则D_{OUT}输出低电平。

2）$\overline{SLO}$（L2脚）驱动器摆率控制端。相对于GND_2而言，当它为低电平时，强制驱动器降低摆率以减小EMI干扰；反之，当它为高电平时，保证驱动器全速以适应最大数据速率场合。

3）Y（L3脚）表示同相驱动器的输出端，当该驱动器被禁用时，该端呈现高阻状态。

4）Z（L4脚）表示反相驱动器的输出端，当该驱动器被禁用时，该端呈现高阻状态。

5）B（L5脚）表示反相接收器输入端，当TE为低电平或者隔离侧输出电源被禁用且为接收模式时输入阻抗＞96kΩ。

6）A（L6脚）表示同相接收器输入端，当TE为低电平或者隔离侧输出电源被禁用且为接收模式时输入阻抗＞96kΩ。

7）U_{CC2}（L7～L8脚）表示隔离电源端，在芯片内部借助逻辑侧电源U_{CC}通过隔离DC/DC变换器产生5V电源，它经由2.2μF与隔离侧地GND_2连接。

8）GND2（K1～K8脚）表示隔离侧地，它可以与隔离地或者双绞线的屏蔽层相连。

表8-13表示LTM2881的真值表。

表8-13 表示LTM2881的真值表

逻辑输入				模式	A，B	Y，Z	RO	DC/DC变换器	端子开关
ON	RE	TE	DE						
1	0	0	0	接收	RIN	高阻状态	使能	开通	断开
1	0	0	1	收发	RIN	驱动	使能	开通	断开
1	1	0	1	发送	RIN	驱动	高阻状态	开通	断开
1	0	1	0	接收且端子开关开通	RTE	高阻状态	使能	开通	开通
0	X	X	X	关	RIN	高阻状态	高阻状态	断开	断开

图8-16表示LTM2881的隔离系统故障检测接线方法。

图8-17表示LTM2881的RS－485全双工接线方法。

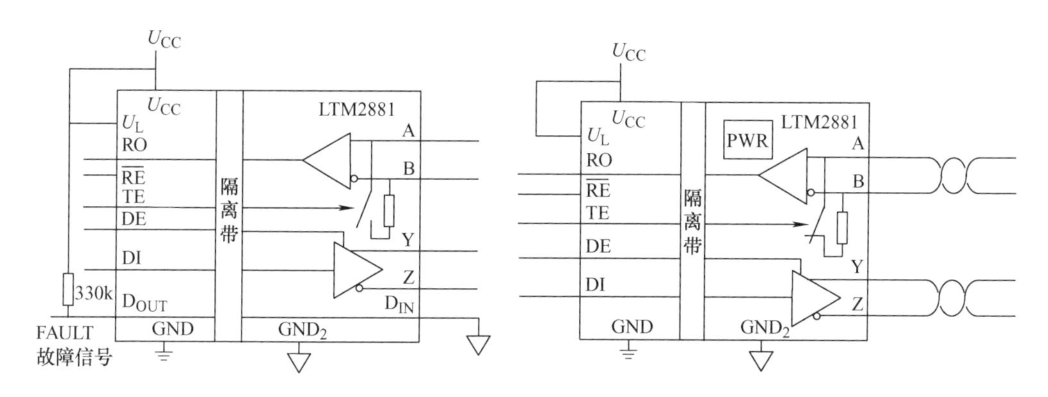

图 8-16　隔离系统故障检测接线方法　　　　图 8-17　RS－485 全双工接线方法

图 8-18 表示 LTM2881 的典型组网系统，其中将图中 A、B、C 三个组网模块的隔离侧的地线连接一起，充当线缆屏蔽层或者组网系统的地线；A、B 模块的 TE 均为高电平，表示它们的端子开关是闭合导通的。

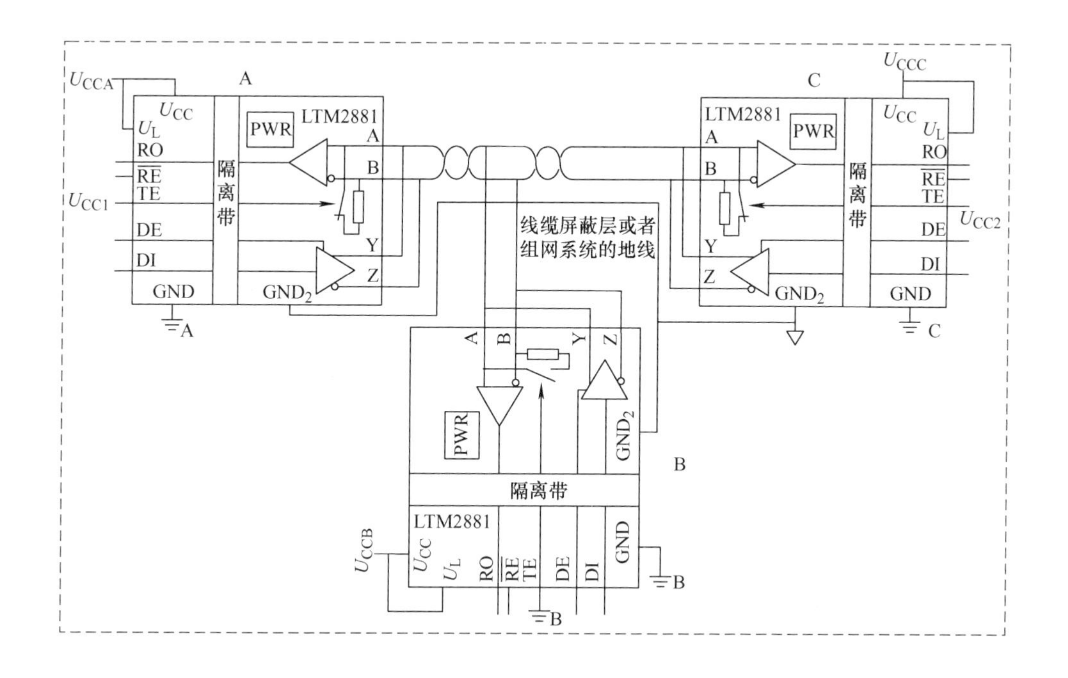

图 8-18　LTM2881 的典型组网系统

为了读者选择方便起见，AD 公司的典型非隔离式 RS－485 收发器小结于表 8-14。AD 公司的典型隔离式 RS－485 收发器小结于表 8-15。

表 8-14 AD公司的典型非隔离式 RS-422/485 收发器

型号	发送/接收通道数	数据速率/(bit/s)		ESD /kV	DCE 或 DTE	电源/V	最高温度/℃	封装
		RS-232/562	RS-422/485					
LTC1321	2/2	120k	10M	±10		4.75~5.25	85	24-SOL，24 PDIP
LTC1322	4/4	120k	10M	±10		4.75~5.25	85	24-SOL，24 PDIP
LTC1323	2/3	120k	2M	±10		4.75~5.25	70	28 SSOP，24 SO_W，16 SO_N
LTC1334	4/4	120k	5M	±10		4.75~5.25	85	28 SSOP，28 PDIP_W，28 SO_W
LTC1335	4/4	120k	10M	±10		4.75~5.25	85	24-SOL，24 PDIP
LTC1343	4/4			±2	DTE 或 DCE	4.75~5.25	85	44 SSOP_W
LTC1344				±2		4.75~5.25	85	24-SSOP
LTC1344A				±2		4.75~5.25	85	24-SSOP
LTC1345	3/3			±10	DTE 或 DCE	4.75~5.25	85	28 PDIP_W，28 SO_W
LTC1346A	3/3			±10	DTE 或 DCE	4.75~5.25	70	24 SO_W
LTC1387	2/2	120k	15/5M	±6		4.75~5.25	85	20-SSOP，20-SO_W
LTC1543	3/3	100k	10M	±2	DTE 或 DCE	4.75~5.25	85	28 SSOP
LTC1544	4/4	100k	10M	±2	DTE 或 DCE	4.75~5.25	85	28 SSOP
LTC1545	5/5	100k	10M	±2	DTE 或 DCE	4.75~5.25	85	36-SSOP
LTC1546	3/3	100k	10M	±2	DTE 或 DCE	4.75~5.25	85	28 SSOP
LTC2844	4/4	100k	10M	±1	DTE 或 DCE	3.0~3.6/4.75~5.25	85	28 SSOP
LTC2845	5/5	100k	10M	±1	DTE 或 DCE	3.0~3.6/4.75~5.25	85	36-SSOP，38-QFN
LTC2846	3/3	100k	10M	±2	DTE 或 DCE	3.0~3.6/4.75~5.25	85	36-SSOP
LTC2847	3/3	100k	10M	±1	DTE 或 DCE	4.75~5.25	85	38-QFN
LTC2870	2/2	500k	20M	±26	DTE 或 DCE	3.0~5.5 U_L: 1.7~U_{cc}	85	28-QFN，28-TSSOP
LTC2871	2/2	500k	20M	±16	DTE 或 DCE	3.0~5.5 U_L: 1.7~U_{cc}	85	38-QFN，38-TSSOP
LTC2872	4/4	500k	20M	±16	DTE 或 DCE	3.0~5.5 U_L: 1.7~U_{cc}	85	38-QFN
LTC2873	1/1	1M/250k	20M	±26	DTE 或 DCE	3.0~5.5	125	24-QFN

表 8-15　AD 公司的典型隔离式 RS-422/485 收发器

型号	隔离电压（方均根值）/kV	全双工	半双工	最大速率/(bit/s)	隔离电源功率	电源/V		最高温度/℃	封装
						逻辑侧	总线侧		
ADM2481	2.5		√	500k		3.0~5.0	4.75~5.25	85	16 SOIC
ADM2482E	2.5	√	√	16M		3.0~5.5	3.0~3.6	85	16 SOIC
ADM2483	2.5		√	500k		2.7~5.5	4.75~5.25	85	16 SOIC
ADM2484E	5	√	√	500k		3.0~5.5	3.0~3.6	85	16 SOIC
ADM2485	2.5		√	16M		2.7~5.5	4.75~5.25	85	16 SOIC
ADM2486	2.5		√	20M		2.7~5.5	4.75~5.25	85	16 SOIC
ADM2487E	2.5	√	√	500k		3.0~5.5	3.0~3.6	85	16 SOIC
ADM2490E	5	√		16M		2.7~5.5	4.75~5.25	105	16 SOIC
ADM2491E	5	√	√	16M		3.0~5.5	4.5~5.5	85	16 SOIC
ADM2582E	2.5	√	√	16M		3.0~5.5		85	20 SOIC
ADM2587E	2.5	√	√	500k		3.0~5.5		85	20 SOIC
ADM2682E	5	√	√	16M		3.0~5.5		85	16 SOIC
ADM2687E	5	√	√	500k		3.0~5.5		85	16 SOIC
ADM2795E	5		√	2.5M		1.7~5.5	3.0~5.5	125	16 SOIC
LTC1535	2.5	√	√	250k		4.5~5.5	4.5~7.5	85	28 SOIC
LTM2881-3	2.5	√	√	20M	1W (5V)	3.0~3.6		105	32-BGA, 32-LGA
LTM2881-5	2.5	√	√	20M	1W (5V)	4.5~5.5		105	32-BGA, 32-LGA
LTM2885	6.5	√	√	20M	1W (5V)	4.5~5.5		105	42-BGA

8.3.4　电磁兼容性设计

1. RS-422 与 RS-485 的接地问题

电子系统接地是很重要的，但常常被忽视，接地处理不当往往会导致电子系统不能稳定工作甚至危及系统安全，RS-422 与 RS-485 传输网络的接地同样也很重要。在简单、电磁干扰极小的通信场合，RS-485 网络仅需要 2 根信号线（A 和 B）即可进行正常的数据传输。因为接地系统不合理，会影响整个网络的稳定性，尤其是在工作环境比较恶劣、传输距离较远地电压存在较大偏差的情况下，对于接地的要求更为严格，否则接口器件的损坏率较高。为此，需要将地线作为传输网络中必不可少的一根导线。

连接 RS－422、RS－485 通信链路时，如果只是简单地用一对双绞线将各个接口的“A”、“B”端连接起来，而忽略了信号地的连接，这种连接方法在许多场合是能正常工作的，但却埋下了很大的隐患。主要有以下 2 个方面的原因：

（1）共模干扰问题。

正如前文已述，RS－422、RS－485 接口均采用差分方式传输信号方式，并不需要相对于某个参照点来检测信号，系统只需检测两线之间的电位差就可以了。但人们往往忽视了收发器有一定的共模电压范围，如 RS－422 共模电压范围为 －7～＋7V，而 RS－485 收发器共模电压范围为 －7～＋12V，只有满足上述条件，整个网络才能正常工作。当网络线路中共模电压超出此范围时就会影响通信的稳定可靠，甚至损坏接口器件。以图 8-19 为例，当发送发送器 A 向接收器 B 发送数据时，发送发送器 A 的输出共模电压为 U_{OS}，由于两个系统具有各自独立的接地系统，存在着地电位差 U_{GPD}。那么，接收器输入端的共模电压 U_{CM} 就会达到：

$$U_{CM} = U_{OS} + U_{GPD} \tag{8-1}$$

RS－422 与 RS－485 标准均规定 $U_{OS} \leqslant 3V$，但 U_{GPD} 可能会有很大幅度（十几伏甚至数十伏），并可能伴有强干扰信号，致使接收器共模输入 U_{CM} 超出正常范围，并在传输线路上产生干扰电流，轻则影响正常通信，重则损坏通信接口电路。

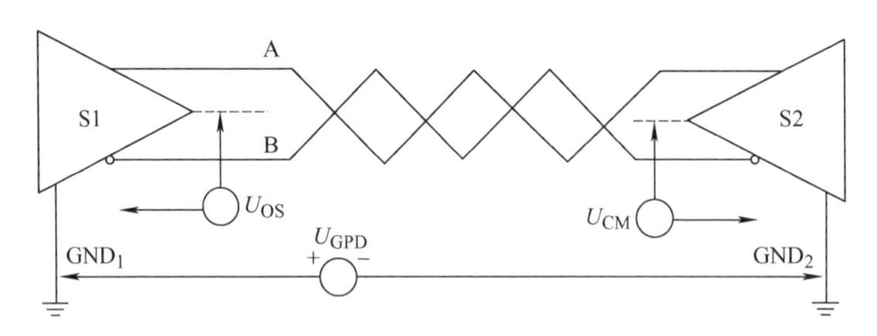

图 8-19　RS－422/485 接线共模电压分析示意图

（2）EMI 问题。

发送器输出信号中的共模部分需要一个返回通路，如没有一个低阻的返回通道（信号地），就会以辐射的形式返回源端，整个总线就会像一个巨大的天线向外辐射电磁波。

由于上述原因，RS－422、RS－485 网络尽管采用差分平衡传输方式，但对整个 RS－422 或 RS－485 网络，必须有一条低阻的信号地。一条低阻的信号地将两个接口的工作地连接起来，使共模干扰电压 U_{GPD} 被短路。这条信号地可以是额外的一条线（非屏蔽双绞线），或者是屏蔽双绞线的屏蔽层。这是最通常的接地方法，值得注意的是，这种做法仅对高阻型共模干扰有效，由于干扰源内阻大，短接后不会形成很大的接地环路电流，对于通信不会有很大影响。当共模干扰源内阻较低时，会在接地线上形成较大的环路电流，影响正常通信。建议采取以下三种措施：

1）如果干扰源内阻不是非常小，可以在接地线上加限流电阻（数Ω到数百Ω，根据实际情况，合理选择），以限制干扰电流。接地电阻的增加可能会使共模电压升高，但只要控制在适当的范围内就不会影响正常通信。

2）采用浮地技术，隔断接地环路。这是较常用也是十分有效的一种方法，当共模干扰内阻很小时，上述方法已不能奏效，此时可以考虑将引入干扰的节点（例如处于恶劣的工作环境的现场设备）浮置起来（也就是系统的电路地与机壳或大地隔离），这样就隔断了接地环路，不会形成很大的环路电流。

3）采用隔离接口。有些情况下，出于安全或其他方面的考虑，电路地必须与机壳或大地相连，不能悬浮，这时可以采用隔离接口来隔断接地回路，但是仍然应该有一条地线将隔离侧的公共端与其他接口的工作地相连。比如利用STM32F417中的普通GPIO口复用串口功能，能够实现多路串口的控制，具有简单方便的特点，即将CPU的U1_RX和U1_TX引脚分别与芯片ADM2587的RxD和TxD相连，另外利用CPU的两个普通GPIO口作为芯片ADM2587的驱动使能信号和接收使能信号控制输出，并在电源侧增加去耦电容来减少噪声干扰。由于工作在全双工模式下，A、B作为接收器和Y、Z作为驱动器分别接出至用户接口。RS-422串行通信的电路，如图8-20所示。在终端并联一个120Ω的电阻（电阻R_3和R_4）匹配线路阻抗，避免信号在总线上产生的回波对通信造成影响。

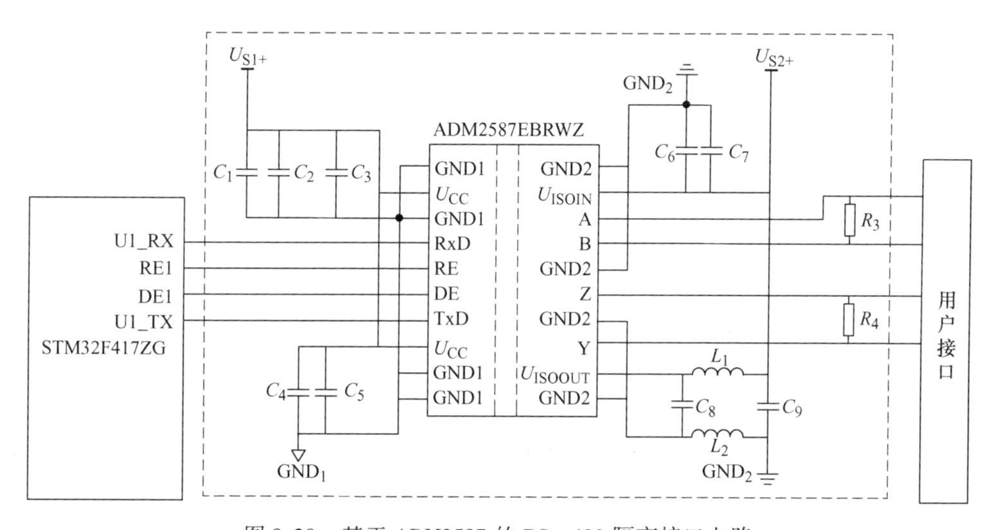

图8-20 基于ADM2587的RS-422隔离接口电路

ADM2582E/ADM2587E为隔离式RS-485/RS-422收发器，可配置为半双工或全双工。ADM2582E数据速率为16Mbit/s，ADM2587E数据速率为500kbit/s。它们采用isoPower™技术集成有隔离式DC/DC转换器，且输入/输出引脚可提供±15kV的ESD保护、符合ANSI/TIA/EIA RS-485-A-98和ISO 8482：1987（E）标准。ADM2582E/ADM2587E的工作电压为5V或3.3V，总线最多支持与256个节

点连接，具有开路和短路故障保护接收器输入，高共模瞬变抗扰度，其值＞25kV/μs。图8-21为ADM2582和ADM2587的原理框图。

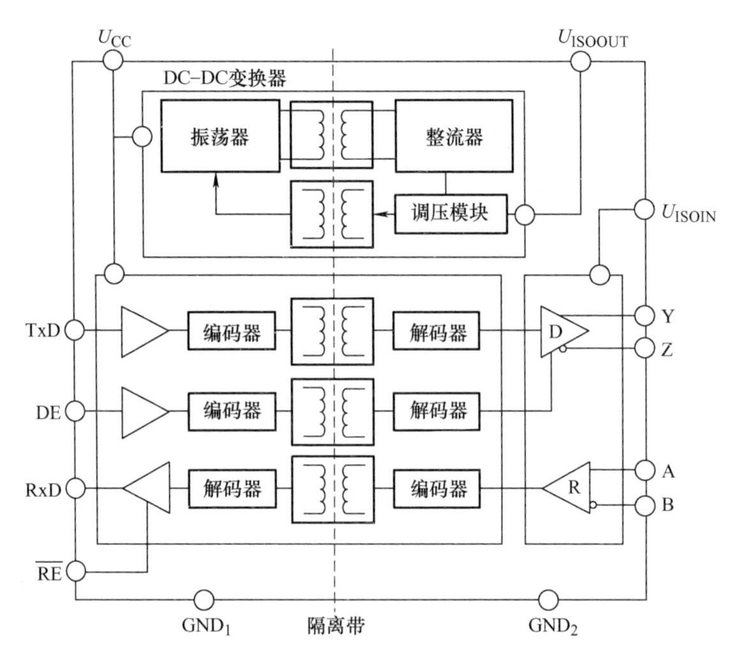

图8-21 ADM2582和ADM2587的原理框图

2. RS－422与RS－485的瞬态保护

前面提到的信号接地措施，只对低频率的共模干扰有保护作用，对于频率很高的瞬态干扰就无能为力了。由于传输线对高频信号而言就是相当于电感，因此对于高频瞬态干扰，接地线实际等同于开路。这样的瞬态干扰虽然持续时间短暂，但可能会有成百上千伏的电压。实际应用环境下还是存在高频瞬态干扰的可能。一般在切换大功率感性负载如电机、变压器、继电器等或闪电过程中都会产生幅度很高的瞬态干扰，如果不加以适当防护就会损坏RS－422或RS－485通信接口器件。对于这种瞬态干扰可以采用隔离或旁路的方法加以防护：

1）隔离保护方法。这种方案实际上将瞬态高压转移到隔离接口中的电隔离层上，由于隔离层的高绝缘电阻，不会产生损害性的浪涌电流，起到保护接口的作用。通常采用高频变压器、光耦等元件实现接口的电气隔离。这种方案的优点是可以承受高电压、持续时间较长的瞬态干扰，实现起来也比较容易，缺点是成本较高。

2）旁路保护方法。这种方案利用瞬态抑制元件（如TVS、MOV、气体放电管等）将危害性的瞬态能量旁路到大地，优点是成本较低，缺点是保护能力有限，只能保护一定能量以内的瞬态干扰，持续时间不能很长，而且需要有一条良好的连接大地的通道，实现起来比较困难。实际应用中是将上述两种方案结合起来灵活加以运用。在这种方法中，隔离接口对大幅度瞬态干扰进行隔离，旁路元件则保护隔离接口不被过高的瞬态电压击穿。

为了安全起见，尽管 RS－422 或 RS－485 模块内部自带 ESD 保护器件，但在实际应用场合经常会比较恶劣（如高压电力、雷击等环境），那么建议用户一定要在模块总线端外加 TVS 管、共模电感、防雷管、屏蔽双绞线或同一网络单点接大地等保护措施。因此，推荐 RS－422 模块的保护电路如图 8-22 所示，其相关保护器件见表 8-16。读者在 RS－422 网络设计或应用时，要根据实际情况来决定是否加 120Ω 终端电阻。使用原则：不管 RS－422 网络处于静态或动态情况，都必须保证 A/B 线差分电压不在 －40～－20mV 之间，否则会出现数据通信错误的现象。

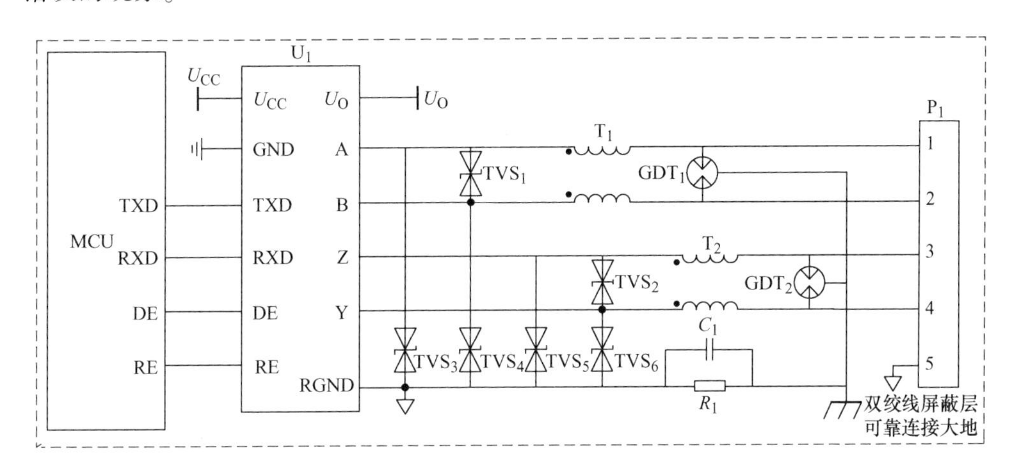

图 8-22　RS－422 输出端口的保护电路

表 8-16　串口 RS－422 输出端口推荐的保护器件列表

标号	型号	标号	型号
C_1	102，2kV，1206	TVS_1，TVS_2	SMBJ12CA
GDT_1，GDT_2	B3D090L	TVS_3，TVS_4，TVS_5，TVS_6	SMBJ6.5CA
R_1	1MΩ，1206	U_1	RS－422 模块
T_1，T_2	B82793S0513N201	—	

推荐 RS－485 模块的保护电路如图 8-23 所示，其相关保护器件见表 8-17。读者在 RS－485 网络设计或应用时，要根据实际情况来决定是否加 120Ω 终端电阻。使用原则：不管 RS－485 网络处于静态或动态情况，都必须保证 A/B 线差分电压不在 －200～－40mV 之间，否则会出现数据通信错误的现象。

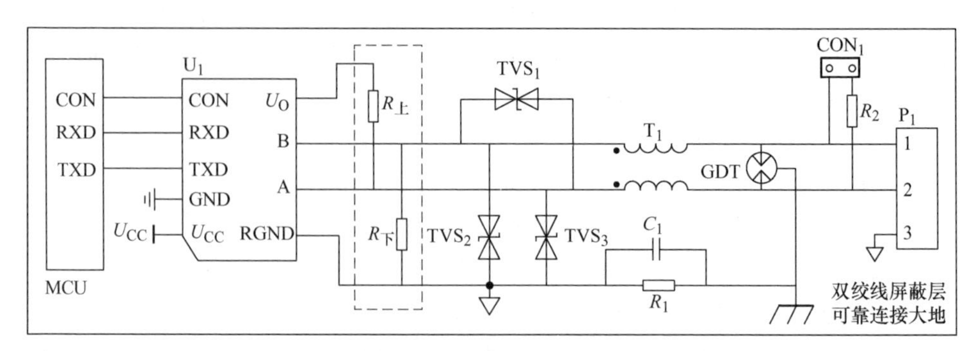

图 8-23　RS-485 输出端口的保护电路

表 8-17　RS-485 输出端口推荐的保护器件列表

标号	型号	标号	型号
C_1	102，2kV，1206	T_1	B82793S0513N201
GDT	B3D090L	TVS_1	SMBJ12CA
R_1	1MΩ，1206	TVS_2，TVS_3	SMBJ6.5CA
R_2	120Ω，1206	U_1	RS-485 模块

第9章　以太网通信与信号处理技术

网络控制系统（Networked Control System），是指控制回路的元件通过通信网络交换资料的控制系统。对于一套电力电子装置而言，基于以太网的网络化控制系统最重要的特征是连结了信息传输网络与电力电子装置，可以在长距离下执行许多任务。而且，以太网控制系统的信息都通过共用的网络传输，省去了不必要的配线，减少了传输系统的复杂度，也降低了设计及构建传输系统的成本。若要增加传感器、控制器或是执行器来调整或是更新系统，也可以用较低的成本达到，而且不会更改系统主架构。以太网网络化控制系统有利于各控制器高效分享各个设备的状态信息，因而可以在大实体空间内整合整体信息，做出明智的决策，它将传感器、控制器和执行机构之间的信息传递经由网络实现，形成一个封闭系统，既涵盖功率流，又包括信息流。所以，介绍以太网通信网路技术的基本原理，包含通信协议、处理电路、编程技巧等，为工程师开展电力电子装置的设计工作做些技术性铺垫。

9.1　基本原理

9.1.1　概述

以太网（Ethernet）不是一种具体的网络，是一种技术规范，它是当今现有局域网采用的最通用的通信协议标准。IEEE 制定的 IEEE 802.3 标准给出了以太网的技术标准。它规定了包括物理层的连线、电信号和介质访问层协议的内容。以太网是当前应用最普遍的局域网（Local Area Network，LAN）技术，其他三项主要的局域网技术 ARCNET、令牌环网（Token Ring）和光纤分布式数据接口（Fiber Distributed Data Interface，FDDI）。以太网在很大程度上取代了其他三项局域网标准。

局域网是在一个局部的地理范围内（如一个学校、工厂和机关内），一般是方圆几千米以内，将各种计算机、外部设备和数据库等互相连接起来组成的计算机通信网。它可以通过数据通信网或专用数据电路，与远方的局域网、数据库或处理中心相连接，构成一个较大范围的信息处理系统。局域网可以实现文件管理、应用软件共享、打印机共享、扫描仪共享、工作组内的日程安排、电子邮件和传真通信服务等功能。局域网严格意义上是封闭型的，它可以由办公室内几台甚至上千上万台计算机组成。决定局域网的主要技术要素为：网络拓扑，传输介质与介质访问控制方法。

FDDI 是于20世纪80年代中期发展起来一项局域网技术，它提供的高速数据通信能力要高于当时的以太网（10Mbit/s）和令牌网（4 或 16Mbit/s）的能力。FDDI 标准由 ANSI X3T9.5 标准委员会制订，为繁忙网络上的高容量输入输出提供了一种访问方法。FDDI 技术同 IBM 的令牌环网技术相似，并具有局域网和令牌环网所缺乏的管理、控制和可靠性措施，FDDI 支持长达 2km 的多模光纤。FDDI 网络的主要缺点是价格同前面所介绍的“快速以太网”相比贵许多，且因为它只支持光缆和 5 类电缆，所以使用环境受到限制、从以太网升级更是面临大量移植问题。

ARCNET 是 1977 年由 Datapoint 公司开发的一种安装广泛的局域网技术，它采用令牌总线（Token-bus）方案来管理局域网上工作站和其他设备之间的共享线路，其中，局域网服务器总是在一条总线上连续循环的发送一个空信息帧。ARCNET 可采用同轴电缆或光缆线，同时，ARCNET 也是现在的工业控制中的通信方法之一。

在传统的共享以太网中，所有的节点共享传输介质，如何保证传输介质有序、高效地为许多节点提供传输服务，就是以太网的介质访问控制协议要解决的问题。最开始时，以太网只有 10Mbit/s 的吞吐量，它所使用的是带冲突检测的载波监听多路访问（Carrier Sense Multiple Access with Collision Detection，CSMA/CD）技术，即载波监听多点接入/碰撞检测技术。通常把这种最早期的 10Mbit/s 以太网称之为标准以太网。以太网主要有两种传输介质，那就是双绞线和同轴电缆。

所有的以太网都遵循 IEEE 802.3 标准，下面列出是 IEEE 802.3 的一些以太网络标准，在这些标准中前面的数字表示传输速度，单位是“Mbit/s”，最后的一个数字表示单段网线长度（基准单位是 100m），Base 表示“基带”的意思，Broad 代表“带宽”。

（1）10Base5：使用粗同轴电缆，最大网段长度为 500m，基带传输方法。

（2）10Base2：使用细同轴电缆，最大网段长度为 185m，基带传输方法。

（3）10BaseT：使用双绞线电缆，最大网段长度为 100m。

（4）1Base5：使用双绞线电缆，最大网段长度为 500m，传输速度为 1Mbit/s。

（5）10Broad36：使用同轴电缆（RG－59/UCATV），最大网段长度为 3600m，是一种宽带传输方式。

（6）10BaseF：使用光纤传输介质，传输速率为 10Mbit/s。

9.1.2 快速以太网

随着网络技术的飞速发展，传统标准的以太网技术已难以满足日益增长的网络数据流量速度需求。在 1993 年 10 月以前，对于要求 10Mbit/s 以上数据流量的局域网应用，只有光纤分布式数据接口（FDDI）可供选择，但它是一种价格非常昂贵的、基于 100Mbit/s 光缆的局域网。1993 年 10 月，GrandJunction 公司推出了世界上第一台快速以太网集线器 Fastch10/100 和网络接口卡 FastNIC100，快速以太网技术正式得以应用。随后 Intel、SynOptics、3COM、BayNetworks 等公司亦相继推出自己的快速以太网装置。与此同时，IEEE802 工程组亦对 100Mbit/s 以太网的各种标准，如 100BASE－TX、100BASE－T4、MII、中继器、全双工等标准进行了研究。1995 年 3 月 IEEE 宣布了 IEEE802.3u 的 100BASE－T 快速以太网标准（Fast Ethernet），就这样开始了快速以太网的时代。

IEEE 802.3u（100BASE－T）是 100Mbit/s 以太网的标准。100BASE－T 技术中可采用 3 类传输介质，即 100BASE－T 4、100BASE－TX 和 100BASE－FX。其中 100BASE－TX 和 100BASE－FX 采用 4B/5B 编码方式，100BASE－T4 采用 8B/6T 编码方式。

快速以太网与原来在 100Mbit/s 带宽下工作的 FDDI 相比具有许多的优点，最主要体现在快速以太网技术可以有效的保障用户在布线基础实施上的投资，它支持 3～5 类双绞线以及光纤的连接，能有效地利用现有的设施。快速以太网的不足其实也是以太网技术的不足，那就是快速以太网仍是基于 CSMA/CD 技术，当网络负载较重时，会造成效率的降低，当然这可以使用交换技术来弥补。

9.1.3　千兆以太网

千兆以太网技术作为最新的高速以太网技术，给用户带来了提高核心网络的有效解决方案，这种解决方案的最大优点是继承了传统以太网络技术价格便宜的优点。千兆网络技术仍然是以太网络技术，它采用了与 10Mbit/s 以太网相同的帧格式、帧结构、网络协议、全/半双工工作方式、流控模式以及布线系统。由于该技术不改变传统以太网的桌面应用、操作系统，因此可与 10Mbit/s 或 100Mbit/s 的以太网很好地配合工作。升级到千兆以太网不必改变网络应用程序、网管部件和网络操作系统，能够最大程度地投资保护，因此该技术的市场前景十分看好。千兆以太网技术有 IEEE802.3z 和 IEEE802.3ab 两个标准，其中标准 IEEE802.3z 制定了光纤和短程铜线连接方案的标准，目前已完成了标准制定工作。标准 IEEE802.3ab 制定了五类双绞线上较长距离连接方案的标准。

（1）1000BASE－T：1Gbit/s 介质超五类双绞线或 6 类双绞线。

（2）1000BASE－SX：1Gbit/s 多模光纤（长度≤500m）。

（3）1000BASE－LX：1Gbit/s 多模光纤（长度≤2km）。

（4）1000BASE－LX10：1Gbit/s 单模光纤（长度≤10km），属于长距离方案。

（5）1000BASE－LHX：1Gbit/s 单模光纤（长度介于 10～40km 之间），属于长距离方案。

（6）1000BASE－ZX：1Gbit/s 单模光纤（长度介于 40～70km 之间），属于长距离方案。

（7）1000BASE－CX：铜缆上达到 1Gbit/s 的短距离（长度≤25m）方案，早于 1000BASE－T，已废弃。

9.1.4 以太网的工作过程

以太网采用 CSMA/CD 机制，节点都可以看到在网络中发送的所有信息，因此，以太网是一种广播网络。当以太网中的一台主机要传输数据时，它将按如下步骤进行：

(1) 帧听信道上是否有信号在传输，如果有的话，表明信道处于忙状态，就继续帧听，直到信道空闲为止。

(2) 若没有帧听到任何信号，就传输数据。

(3) 传输的时候继续帧听，如发现冲突则执行退避算法，随机等待一段时间后，重新执行步骤 1（当冲突发生时，涉及冲突的计算机会发送一个拥塞序列，以警告所有的节点）。

(4) 若未发现冲突则发送成功，计算机会返回到帧听信道状态。

注意：每台计算机一次只允许发送一个包，所有计算机在试图再一次发送数据之前，必须在最近一次发送后等待 9.6μs（以 10Mbit/s 运行）。

9.1.5 以太网技术的优势

以太网由于其应用的广泛性和技术的先进性，已逐渐垄断了商用计算机的通信领域和过程控制领域中上层的信息管理与通信，并且有进一步直接应用到工业现场的趋势。与目前的现场总线相比，以太网具有以下优点：

(1) 应用广泛。以太网是目前应用最为广泛的计算机网络技术，受到广泛的技术支持。几乎所有的编程语言都支持以太网的应用开发，如 Java、Visual C ++ 、Visual Basic 等。这些编程语言由于使用广泛，并受到软件开发商的高度重视，具有很好的发展前景。因此，如果采用以太网作为现场总线，可以保证多种开发工具、开发环境供选择。

(2) 成本低廉。由于以太网的应用最为广泛，因此受到硬件开发与生产厂商的高度重视与广泛支持，有多种硬件产品供用户选择. 而且由于应用广泛，硬件价格也相对低廉。目前以太网网卡的价格只有如 Profibus 之类的现场总线的 1/10，并且而且随着集成电路技术的发展，其价格还会进一步下降。

(3) 通信速率高。目前以太网的通信速率为 10M、100M 的快速以太网已开始广泛应用，1000M 以太网技术逐渐成熟，10G 以太网正在研究. 其速率比目前的现场总线快得多。以太网可以满足对带宽的更高要求。

(4) 软硬件资源丰富。由于以太网已应用多年，人们对以太网的设计、应用等方面有很多的经验，对其技术也十分熟悉。大量的软件资源和设计经验可以显著降低系统的开发和培训费用，从而可以显著降低系统的整体成本，并大大加快系统的开发和推广速度。

(5) 可持续发展潜力大。由于以太网的广泛应用，使它的发展一直受到广泛的重视和大量的技术投入。并且，在这信息瞬息万变的时代，企业的生存与发展在很大程度上依赖于一个快速而有效的通信管理网络，信息技术与通信技术的发展将更加迅速，也更加成熟，由此保证了以太网技术不断地持续向前发展。

因此，如果工业控制领域采用以太网作为现场设备之间的通信网络平台，可以避免现场总线技术脱离于计算机网络技术的发展主流之外，从而使现场总线技术和一般网络技术互相促进、共同发展，并保证技术上的可持续发展，在技术升级方面无需单独的研究投入，关于这一点，是任何现有现场总线技术所无法比拟的。同时机器人技术、智能技术的发展都要求通信网络有更高的带宽、更好的性能，通信协议有更高的灵活性，这些要求以太网都能很好地满足。对于电力电子装置而言，如多台逆变器并联、并网系统，就可以借助以太网构建各个逆变器控制器的局域网，以便进行包括电压幅值、相位、频率等关键信息的交互。

9.1.6　以太网通信基本原理

以太网作为一种允许多个网络设备（计算机、打印机、服务器、终端等）互相通信的网络技术，按照以太网标准 IEEE802.3，它在 OSI 七层网络模型中提供第 1、2 层的功能，即物理层和数据链路层。以太网包含了三个基本元素：

（1）物理媒介：以铜线或光纤在网络终端间传递信号（光纤、双绞线、同轴缆）。

（2）帧结构：比特码的标准格式，用于在网络上传递用户数据。

（3）媒体接入控制（Media Access Control，MAC）：定义数据包怎样在介质上进行传输。在共享同一个带宽的链路中，对连接介质的访问是“先来先服务”的。物理寻址在此处被定义，逻辑拓扑（信号通过物理拓扑的路径）也在此处被定义。线路控制、出错通知（不纠正）、帧的传递顺序和可选择的流量控制也在这一子层实现。

为了正确理解 MAC 地址的含义，可以打个比方：将计算机比作一个家，计算机之间的通信比作主人之间通过邮局寄信。每家有一台固定电话，则电话号码就相当于 IP 地址，他家的具体地址“××门牌号”就相当于 MAC 地址。邮局有 IP 和 MAC 的对应表，并且时时更新。由于 IP 和 MAC 一一对应，MAC 地址固定在网卡上，一般不可以更改，但 IP 是可以换的。如果你要寄信，在信封上写上 IP 就行，交给邮局，邮局负责送信。邮局通过 IP 得到大概位置，再通过 MAC 找到具体哪一家。那么邮局扮演的是什么角色呢？就是地址解析协议（Address Resolution Protocol，ARP）这个角色，负责将 IP 地址映射到 MAC 地址上来。每一网络终端内都有的一组规则，MAC 用以规范网络媒体的接入方式，MAC 地址是烧录在网卡里的。MAC 地址是由 48 位长（6 字节）、十六进制的数字组成。0～23 位是由厂家自己分配的。24～47 位叫做组织唯一标志符（Organizationally Unique），也就是说，在网络底层的物理传输过程中，是通过物理地址来识别主机的，它一般也是全球唯一的。

以太网的帧结构如图9-1所示。以太网的帧是数据链路层的封装，网络层的数据包被加上帧头和帧尾，成为可以被数据链路层识别的数据帧（成帧）。虽然帧头和帧尾所用的字节数是固定不变的，但依被封装的数据包大小的不同，以太网的长度也在变化，其范围是64～1518B（不算8B的前导字）。

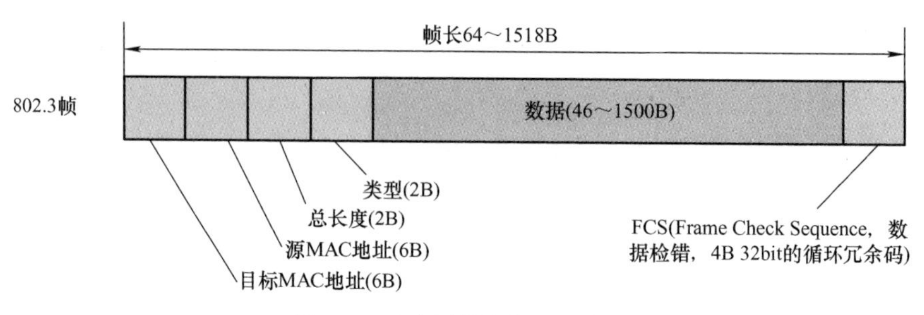

图9-1　以太网帧结构的示意图

9.1.7　主要协议介绍

互联网协议（Internet Protocol Suite）是一个网络通信模型，以及整个网络传输协议家族，为互联网的基础通信架构。它常被通称为TCP/IP协议族（TCP/IP Protocol Suite，TCP/IP Protocols），简称TCP/IP。因为该协议家族的两个核心协议：TCP（Transmission Control Protocol，传输控制协议）和IP（Internet Protocol，网际协议），为该家族中最早通过的标准。由于在网络通信协议普遍采用分层的结构，当多个层次的协议共同工作时，类似计算机科学中的堆栈，因此又被称为TCP/IP协议栈（Protocol Stack）。这些协议最早发源于美国国防部（United States Department of Defense，DoD）的ARPA网项目，因此也被称作DoD模型，这个协议族由互联网工程任务组负责维护。

1. TCP/IP的含义

TCP/IP提供点对点的链接机制，将数据应该如何封装、定址、传输、路由以及在目的地如何接收，都加以标准化。它将软件通信过程抽象化为四个抽象层，采取协议堆栈的方式，分别实现出不同通信协议。TCP/IP协议并不完全符合OSI的七层参考模型。传统的开放式系统互连参考模型，是一种通信协议的7层抽象的参考模型，其中每一层执行某一特定任务，该模型的目的是使各种硬件在相同的层次上相互通信。这7层是：物理层、数据链路层、网络层、传输层、会话层、表示层和应用层。而TCP/IP通信协议采用了4层的层级结构，每一层都呼叫它的下一层所提供的网络来完成自己的需求。这4层分别为

（1）应用层：应用程序间沟通的层，如简单电子邮件传输（Simple Mail Transfer Protocol，SMTP）、文件传输协议（File Transfer Protocol，FTP）、网络远程访问协议（Network Remote Access Protocol）等。

（2）传输层：在此层中，它提供了节点间的数据传送，应用程序之间的通信服务，主要功能是数据格式化、数据确认和丢失重传等。如传输控制协议（TCP）、用户数据报协议（User Datagram Protocol，UDP）等，TCP和UDP给数据包加入传输数据并把它传输到下一层中，这一层负责传送数据，并且确定数据已被送达并接收。

（3）互连网络层：负责提供基本的数据封包传送功能，让每一块数据包都能够到达目的主机（但不检查是否被正确接收），如网际协议（IP）。

（4）网络接口层（主机-网络层）：接收IP数据报并进行传输，从网络上接收物理帧，抽取IP数据报转交给下一层，对实际的网络媒体的管理，定义如何使用实际网络来传送数据。

2. UDP的含义

UDP是面向无连接的通信协议，UDP数据包括目的端口号和源端口号信息，由于通信不需要连接，所以可以实现广播发送。UDP通信时不需要接收方确认，属于不可靠的传输，可能会出现丢包现象，实际应用中要求程序员编程验证。UDP与TCP位于同一层，但它不管数据包的顺序、错误或重发。因此，UDP不被应用于那些使用虚电路的面向连接的服务，而主要用于那些面向查询、应答的服务，例如NFS。相对于FTP或Telnet，这些服务需要交换的信息量较小。使用UDP的服务包括NTP（Network Time Protocol，网络时间协议）和DNS（Domain Name Server，也使用TCP）。欺骗UDP包比欺骗TCP包更容易，因为UDP没有建立初始化连接（也可以称为握手）（因为在两个系统间没有虚电路），也就是说，与UDP相关的服务面临着更大的危险。

现将TCP与UDP对比情况见表9-1。

表9-1 TCP与UDP对比情况

比较项目	TCP	UDP
连接的确立	是	否
数据的再次发送	是	否
数据序列编号管理	是	否
防止受信缓存溢出（Flow Control）	是	否
优点	1）可靠性有保证的通信 2）可实现与线路容量相一致的高效率通信	1）可进行multi-cast通信 2）软件处理很简单
缺点	1）软件很大、在存储器小的设备上很难安装 2）不能进行multi-cast通信	可靠性差
应用	1）通常的文件传送 2）mail发送 3）WEB数据的浏览	1）动画的播放 2）VoIP的语音数据

9.2 RJ45 以太网通信与信号处理技术

9.2.1 概述

RJ45 型网线插头又称水晶头，如图 9-2 所示，共有八芯做成，广泛应用于局域网和 ADSL 宽带上网用户的网络设备间网线（称作五类线或双绞线）的连接。在具体应用时，RJ45 型插头和网线有两种连接方法（线序），分别称作 T568A 线序（见图 9-3a）和 T568B 线序（如图 9-3b 所示）。需要提醒的是，通常使用的都是 T568B 标准（见图 9-3b）。其中 T568A 线序为绿白、绿、橙白、蓝、蓝白、橙、棕白、棕（对应引脚 1 ~ 8）；T568B 线序为橙白、橙、绿白、蓝、蓝白、绿、棕白、棕（对应引脚 1 ~ 8）。

图 9-2　RJ45 接头结构

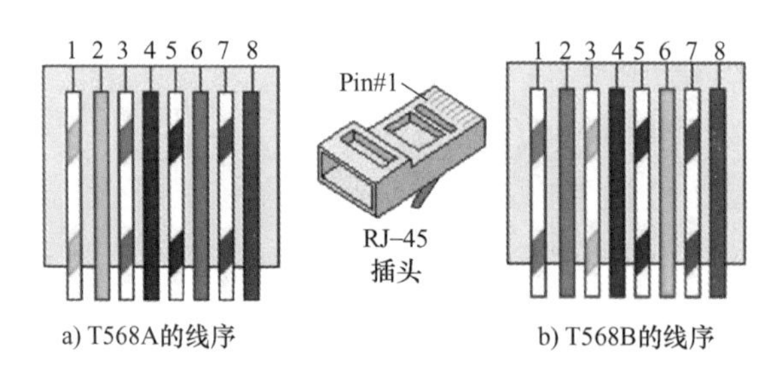

图 9-3　RJ45 头的线序

9.2.2 RJ45 型网卡接口

10M/100M 以太网所采用的 RJ45 接口，常见的 RJ45 接口有两类：

（1）用于电脑主板以太网网卡、路由器以太网接口等的 DTE（数据终端设备）类型：DTE 设备称为“主动通信设备”，DCE 设备称为“被动通信设备”。图 9-4 为 RJ45 接口 DTE 类型引脚定义。

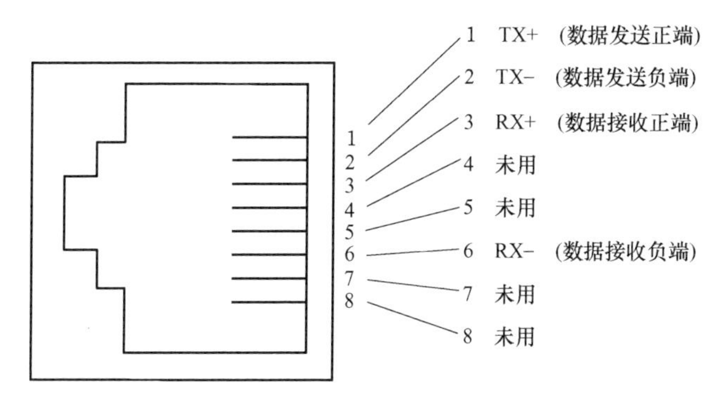

图 9-4　RJ45 接口 DTE 类型引脚定义

（2）用于交换机等的 DCE 类型：DCE 设备称为“被动通信设备”。图 9-5 为 RJ45 接口 DCE 类型引脚定义。

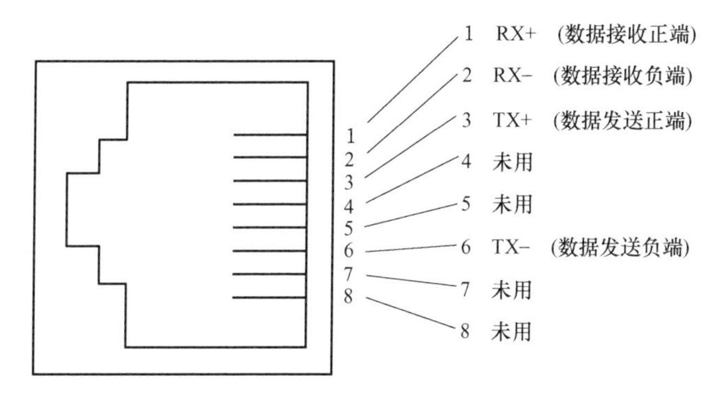

图 9-5　RJ45 接口 DCE 类型引脚定义

当两个类型一样的设备使用 RJ45 接口连接通信时，必须使用交叉线连接，如两头都是 DTE 设备，或两头都是 DCE 设备之间通信；当两个类型不一样的设备使用 RJ45 接口连接通信时，必须使用直连线连接，如一头是 DTE 设备，另一头是 DCE 设备之间通信。

网线的两端均按 T568B 线序接线，以下设备之间通信要用直连线互连：

（1）电脑←→ADSL 调制解调器。

（2）ADSL 调制解调器←→ADSL 路由器的 WAN 口。

（3）电脑←→ADSL 路由器的 LAN 口。

（4）电脑←→集线器或交换机。

网线的一端按 T568B 线序接线，另一端按 T568A 线序接线，以下设备之间通信要用交叉线互连：

（1）电脑←→电脑，即对等网连接。

（2）集线器←→集线器。

（3）交换机⟷交换机。

9.2.3 以太网接口与信号处理技术

从硬件的角度来看，以太网接口电路主要由 MAC 控制器和物理层接口（Physical Layer，PHY）两大部分构成。嵌入式网络应用的两种方案：

（1）处理器 + 以太网接口芯片的方案，以太网接口芯片如 RTL8019、RTL8029、RTL8039、CS8900 和 DM9000 等。

（2）自带 MAC 控制器的处理器 + 物理层接口芯片的方案，如 DP83848、BCM5221、ICS1893、W5500 和 ENC28J60 等。

目前较为成熟的 MCU 接入以太网方案是 W5500 和 ENC28J60，它们都是被常常使用到的芯片，这两种方案也可以说是硬件协议栈和软件协议栈的典型代表，都经得住市场考验。除了在传统单片机的以太网接入中被广泛使用，也能看到他们在开源硬件的以太网扩展以及物联网应用等方面发挥的重要作用。作为最新的以太网芯片，W5500 与 ENC28J60 的基本参数对比见表 9-2。

表 9-2 W5500 与 ENC28J60 的基本参数对比

	W5500	ENC28J60
生产厂家	WIZnet	Microchip
出厂年份	2013 年	2006 年
TCP/IP 协议实现方式	内置基于 TOE 技术的硬件协议栈实现	无
PHY	100M/10M 自适应	10M
MAC	有	有
接口	SPI（支持最高 80MHz）	SPI（支持最高 10MHz）
RAM	32KB	8KB
Socket	8 个，独立通信互不影响	可分配多个 （Socket 增多会影响 MCU 效率）
工作电压	3.3V	3.45V
工作电流	100M，BASE - T：132mA 10M，BAST - T：79mA	10M，BAST - T：250mA
功耗	100M，BASE - T:435.6mW 10M，BAST - T:260.7mW	10M，BAST - T：862.5mW
时钟	25MHz	25MHz
App 例程库	官方库，规范、可移植性强	第三方库，可移植性差
开发周期	周期短	周期长
温度范围	工业级：-40 ~ 85℃	工业级：-40 ~ 85℃ 商业级：0 ~ 70℃
芯片封装	LQFP48	SPDIP/SSOP/SOIC/QFN28

1. W5500 芯片介绍

W5500，是 WIZnet 公司的一款全硬件 TCP/IP 以太网控制器，为嵌入式系统提供了更加简易的互联网连接方案。W5500 集成了 TCP/IP 协议栈，支持 TCP、UDP、IPv4、ICMP，ARP，IGMP 以及 PPPoE 协议，内嵌 32KB 片上缓存以供以太网包处理。W5500 支持 10M/100M 以太网数据链路层（MAC）及物理层（PHY），方便用户使用单芯片即可完成网络连接。

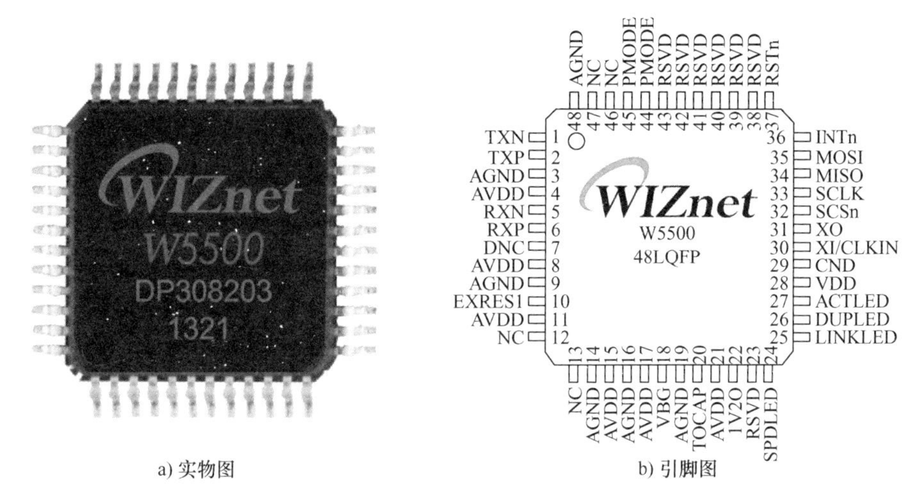

a) 实物图　　　b) 引脚图

图 9-6　W5500 实物与引脚图

图 9-6a 表示 W5500 的实物图，图 9-6b 表示它的引脚，图 9-7 表示 W5500 的引脚配置图。其中，TXP/TXN 表示差分信号输出对；RXP/RXN 表示差分信号接收信号对；EXRES1 表示外部参考电阻（External Reference Resistor），该引脚需要连接一个精度为 1% 的 12.4kΩ 外部参考电阻，为内部模拟电路提供偏压；VBG 表示带隙输出电压（Band Gap Output Voltage），该引脚在 25℃ 环境中测量为 1.2V，必须悬空；TOCAP 表示外部参考电容（External Reference Capacitor），该引脚必须连接一个 4.7μF 电容，而且至该电容的走线要尽量的短一些，从而保证内部信号的稳定；1V2O 表示 1.2V 输出稳压（1.2V Regulator Output Voltage），该引脚必须连接一个 10nF 电容，这是内部稳压器的输出电压；SPDLED 表示网络速度指示灯（Speed LED），显示当前连接的网络速度状态，低电平表示 100Mbit/s，高电平表示 10Mbit/s；LINKLED 表示网络连接指示灯（Link LED），显示当前连接状态，低电平表示连接建立，高电平表示未连接；DUPLED 表示全/半双工指示灯（Duplex LED），显示当前连接的双工状态，低电平表示全双工状态，高电平表示半双工状态；ACTLED 表示活动状态指示灯（Active LED），显示数据收/发活动时，物理介质子层载波侦听活动情况，低电平表示有物理介质子层的载波侦听信号，高电平表示无物理介质子层的载波侦听信号；XI/CLKIN 表示外部时钟输入晶振（Crystal input / External Clock input)，外部 25MHz 晶振输入，这个引脚也可以连接单向 TTL 晶振，3.3V 时钟须采用外部时钟输入，如果采用该方式，XO 引脚需要悬空；XO 表示外部时钟输入晶振输出（Crystal Output），外部 25MHz 晶振输出，值得注意的是，若通过 XI/CLKIN 驱动使用外部时钟，该引脚悬空；SCSn 表示片选（Chip Select for SPI bus），选用 W5500 的 SPI 接口，该引脚低电平有效，低电平表示选用，高电平表示不选用；MISO 表示 SPI 主机输入从机（W5500）输出；MOSI 表示 SPI 主机输出从机（W5500）输入；INTn 表示中断输出（Interrupt Output），低电平有效，低电平表示 W5500 的中断生效，高电平表示无中断；PMODE0 ~ PMODE2，表示 PHY 工作模式选择引脚，这个引脚决定了网络工作模式，如表 9-3 所示。AGND 表示模拟地，VDD 表示数字 3.3V 电源，GND 表示数字地，AVDD 表示模拟 3.3V 电源。

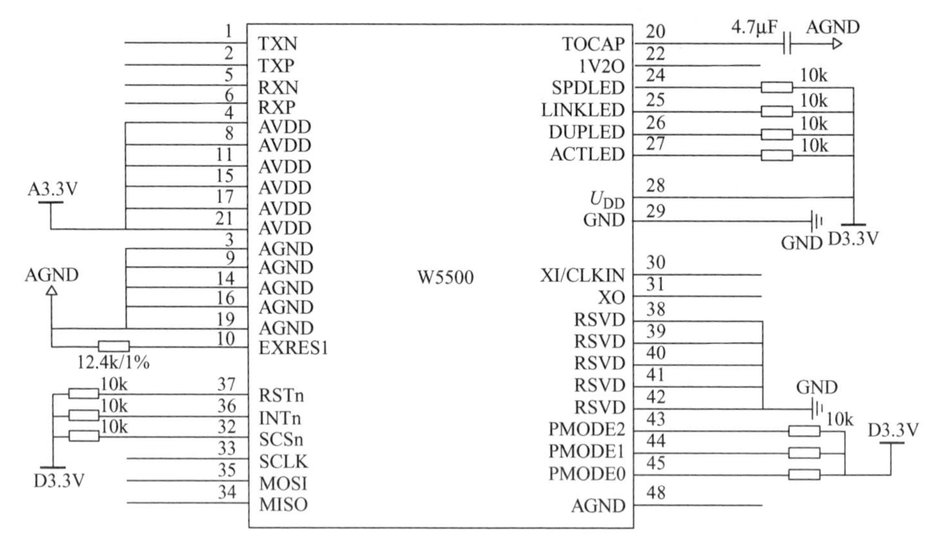

图 9-7 W5500 的引脚配置图

表 9-3 PHY 的工作模式

PMODE2	PMODE1	PMODE0	模式
0	0	0	10BT 半双工，关闭自动协商
0	0	1	10BT 全双工，关闭自动协商
0	1	0	100BT 半双工，关闭自动协商
0	1	1	100BT 全双工，关闭自动协商
1	0	0	100BT 半双工，启用自动协商
1	0	1	未启用
1	1	0	未启用
1	1	1	所有功能，启动自动协商

图 9-8 表示 W5500 原理框图。W5500 提供了外设串行接口（Serial Peripheral Interface，SPI）的 SCSn、SCLK、MISO、MOSI 四根线，从而能够更加容易与外设

MCU整合。而且，W5500使用了新的高效SPI协议支持80MHz速率，从而能够更好地实现高速网络通信。为了减少系统能耗，W5500提供了网络唤醒模式（Wake On LAN，WOL）及掉电模式供客户选择使用。

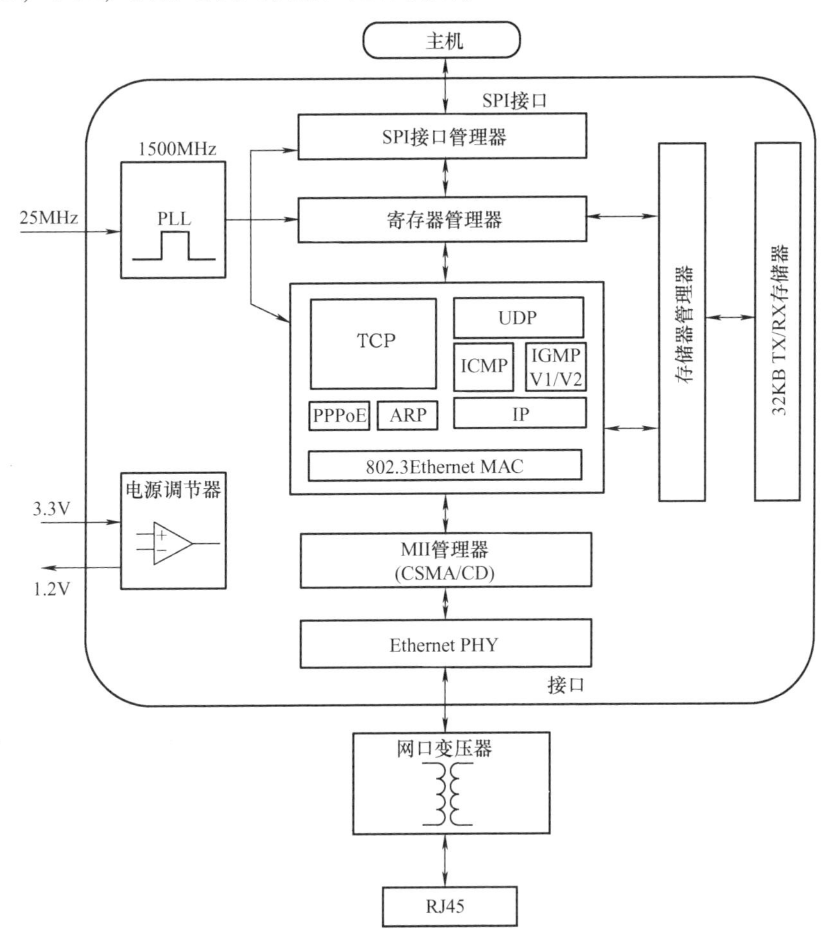

图9-8　W5500的等效原理框图

2. W5500网络电路设计

基于双路W5500控制器的以太网电路原理框图如图9-9所示。该设计硬件采用了2个网络控制芯片W5500和STM32F417。利用STM32F417中的3个SPI中的任何2个SPI与外围以太网控制器芯片W5500进行信息交互。在正常工作时CPU承担数据传输的任务，两个W5500同时接收总线上的数据，并将其中一条通道设置为工作网口，承担主线路的数据传输，当有工作通道发生故障时切换至备份网口完成数据传输。将STM32F417和W5500控制器的优点集成一体，充分提高通信系统的便捷性和可靠性。为了避免对以太网通信的干扰，使其传输距离更远，需要在TX与RX处外接网口变压器，该变压器可以实现信号的电平耦合，将芯片端与外部隔离开来，减少芯片端受到的外部干扰，保证芯片能够稳定可靠的运行。

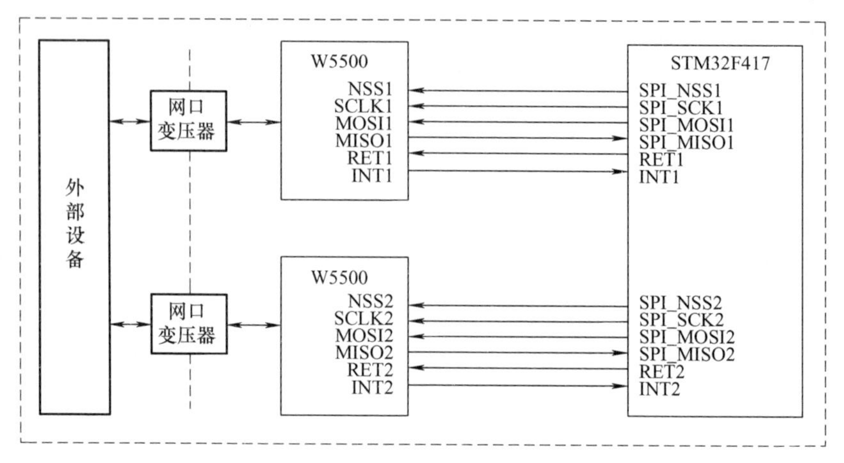

图 9-9　基于双路 W5500 控制器的以太网电路原理框图

9.3　以太网的电磁兼容性设计

9.3.1　网口变压器介绍

RJ45 作为最广泛的以太网通信接口，以太网口的电磁兼容性能关系到通信设备的稳定运行。网口变压器用在 RJ45 端口主要作用是满足 IEEE 802.3 中电气隔离的要求，不失真地传输以太网信号，抑制 EMI 干扰。为了抑制 RJ45 接口通过电缆带出的共模干扰，建议设计过程中将常规网口变压器改为接口带有共模抑制作用的网口变压器，其原理如图 9-10 所示，图中 H1102 为网口变压器，满足 IEEE 802.3 标准，适应于 10/100BASE－T 以太网接口。

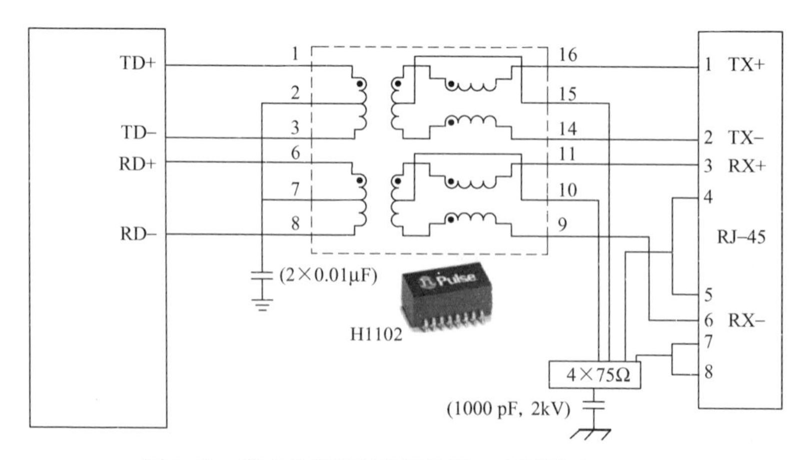

图 9-10　带有共模抑制作用的网口变压器（H1102）

网口变压器虽然带有隔离作用，但是由于变压器初次级线圈之间存在着几个pF的分布电容，为了提升变压器的隔离作用，建议在变压器的二次电路上增加对地滤波电容，如电路9-10图上的2脚和7脚所接电容，其取值为0.01μF。在变压器驱动电源的电路上，酌情增加*LC*型滤波，抑制电源系统带来的干扰，电感*L*可以采用磁珠，典型值为600Ω/100MHz，电容取值0.01～0.1μF。在百兆以太网的设计中，如果在不影响通信质量的情况下，可以适当减低网络驱动电压电平，对于EMC干扰抑制会有一定的帮助；也可以在变压器次级的发送端和接收端差分线上串加10Ω的电阻来抑制干扰。

9.3.2　SPI隔离技术

除了上述的设置网口变压器的方法之外，第二个方法就是增设SPI接口的隔离技术。W5500控制器与CPU的双级隔离原理框图，如图9-11所示。该硬件设计采用了W5500，利用SPI串口与CPU（本例为STM32F417）进行通信连接的特性，使用全双工模式使交换机能够同时接受和发送数据。在SPI通信中，CPU作为主机、W5500作为从机，其时钟最高可达80MHz，这里采用双级隔离电路，以降低对以太网通信的干扰。第一级隔离是通过数字隔离器ADuM3150将CPU与W5500控制器隔离开来；第二级隔离是通过网口变压器将W5500与RJ45接口隔离开来。

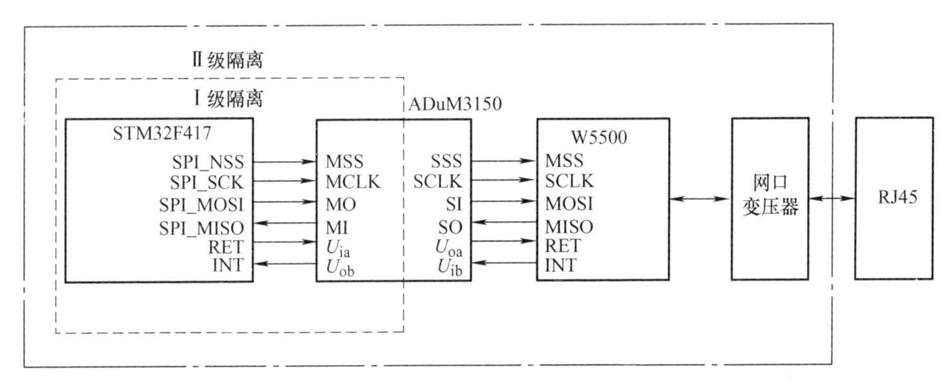

图9-11　W5500控制器与CPU的双级隔离原理框图

通过数字隔离器ADuM3150，本例将来自ARM的SPI信号进行Ⅰ级隔离，该隔离器ADuM31501是一款6通道SPIsolator™数字隔离器。AD公司针对隔离式SPI（串行外设接口）进行了优化，基于iCoupler®芯片级变压器技术，在SCSn、SCLK、MISO、MOSI的SPI总线信号中，具有低传播延迟特性，可支持最高17MHz的SPI时钟速率。这些通道在工作时具有14ns传播延迟和1ns抖动，以针对SPI优化时序。

图9-12表示数字隔离器ADuM3150的原理框图。ADuM3150隔离器还额外提供2个独立的低数据速率隔离通道，每个方向1个通道。器件以250kbit/s数据速

率对慢速通道中的数据进行采样和串行化，并伴有2.5s抖动。ADuM3150还支持输出一个延时时钟在器件主机侧的。该输出可与主机上的额外时钟端口搭配，以支持40MHz的时钟性能。隔离器ADuM3150的逻辑接口，不需要外部接口电路，建议为输入和输出电源 U_{DD1} 和 U_{DD2} 引脚提供电源旁路，建议电容取值为10μF和0.1μF，如图9-12所示。为了抑制噪声并降低纹波，至少需要并联两个电容，其中较小的电容靠近器件。如图9-12所示，引脚1（U_{DD1}）和引脚2（GND_1）之间的电容，建议取值为0.1μF和0.01μF；引脚20（U_{DD2}）和引脚19（GND_2）之间的电容，建议取值为10μF和0.1μF；电容两端到输入电源引脚的走线总长应该小于20mm。

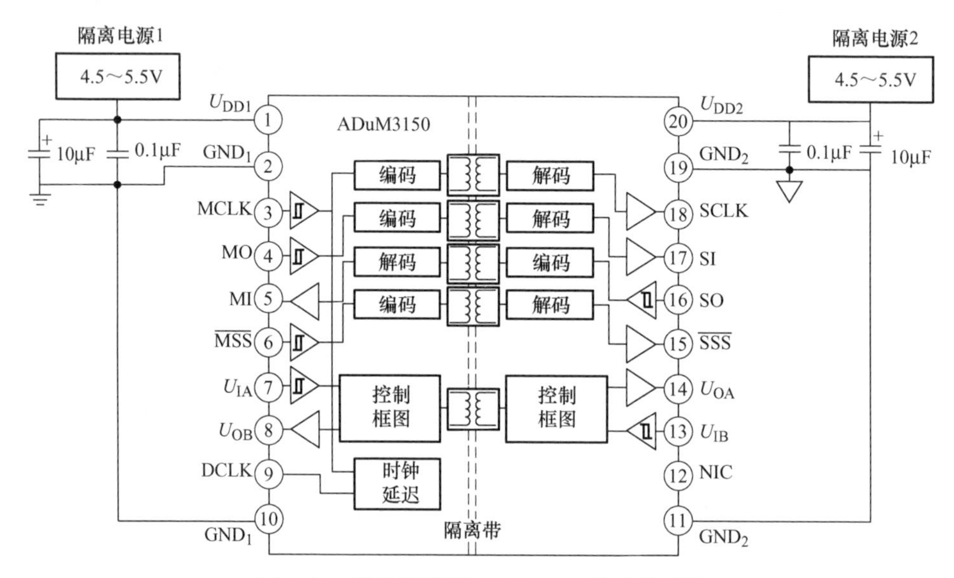

图9-12　数字隔离器ADuM3150的原理框图

表9-4表示隔离器ADuM3150的引脚名称及其功能说明。

表9-4　隔离器ADuM3150的引脚名称及其功能说明

引脚编号	引脚名称	方向	功能说明
1	U_{DD1}	电源1	主机侧的输入电源。需要一个从 U_{DD1} 到 GND_1 再到局部接地的旁路电容
2，10	GND_1	地1	主机侧的地1。隔离器主机侧的接地基准点
3	MCLK	时钟	来自主机控制器的SPI时钟
4	MO	输入	来自主机MOSI线路的SPI数据
5	MI	输出	从从机到主机MISO线路的SPI数据
6	$\overline{MSS}$	输入	来自主机的从机选择。此信号使用低电平有效逻辑。从下一个时钟或数据边沿开始，从机选择引脚可能需要长达10ns的建立时间，具体取决于速度等级

（续）

引脚编号	引脚名称	方向	功能说明
7	U_{IA}	输入	低速数据输入 A
8	U_{OB}	输出	低速数据输出 B
9	DCLK	输出	延迟时钟输出。此引脚提供 MCLK 的延迟副本
11，19	GND_2	地 2	从机侧的地 2。隔离器从机侧的接地基准点
12	NIC	无	无内部连接。此引脚内部不连接，且在 ADuM3150 中无功能
13	U_{IB}	输入	低速数据输入 B
14	U_{OA}	输出	低速数据输出 A
15	$\overline{SSS}$	输出	输入从机的从机选择。此信号使用低电平有效逻辑
16	SO	输入	从从机到主机 MISO 线路的 SPI 数据
17	SI	输出	从主机到从机 MOSI 线路的 SPI 数据
18	SCLK	输出	来自主机控制器的 SPI 时钟
20	U_{DD2}	电源 2	从机侧的输入电源。需要一个从 U_{DD2} 到 GND_2 再到局部接地的旁路电容

表 9-5 表示隔离器 ADuM3150 关断默认状态的正逻辑真值表。

表 9-5　隔离器 ADuM3150 的关断默认状态的正逻辑真值表

U_{DD1} 状态	U_{DD2} 状态	主机侧输出	从机侧输出	$\overline{SSS}$	备注
未上电	上电	（高阻）	（高阻）	（高阻）	未上电一侧的输出为高阻态且在地的一个二极管压降范围内
上电	未上电	（高阻）	（高阻）	（高阻）	未上电一侧的输出为高阻态且在地的一个二极管压降范围内

表 9-6 表示隔离器 ADuM3150 与 SPI 信号路径名称对应的引脚名称。

表 9-6　隔离器 ADuM3150 中 SPI 信号路径名称对应的引脚名称

SPI 信号路径	主机侧 1	数据方向	从机侧 2
CLK	MCLK	→	SCLK
MOSI	MO	→	SI
MISO	MI	←	SO
SS	$\overline{MSS}$	→	$\overline{SSS}$

表 9-6 总结了隔离器 ADuM3150 中 SPI 信号路径和引脚名称之间的关系，以及数据传输方向。数据路径与 SPI 模式无关。CLK 和 MOSI，作为 SPI 数据路径针对传播延迟和通道间匹配进行了优化。MISO 作为 SPI 数据路径针对传播延迟进行了优化，该器件不与时钟通道同步，因此相对于数据线的时钟极性或时序都不会受到

限制。$\overline{SSS}$（从机选择信号）通常是低电平有效信号，它在 SPI 和 SPI 类总线中具有很多不同的功能，这些功能中的很多都是边沿触发；因此，无论在 A 级还是 B 级中，$\overline{SSS}$路径都集成毛刺滤波器。毛刺滤波器可防止短脉冲传播至输出端，或者防止产生其他误差。在 B 级中，$\overline{MSS}$信号要求在第一个有效时钟边沿之前具有 10ns 建立时间，以弥补毛刺滤波器增加的传播时间。类似产品如 ADuM3151、ADuM3152和 ADuM3153，多通道 SPI 隔离器，隔离电压也为 3.75kV（rms）。现将 AD 公司典型 SPI 数字隔离器小结于表 9-7 中。

表 9-7　AD 公司典型 SPI 数字隔离器

型号	最大数据速率/(Mbit/s)	最大延迟时间/ns	端口数量		绝缘电压(方均根值)/kV	电源/V	温度范围/℃
			一次侧	二次侧			
ADuM4154	34	14	4	3	5	3~5.5	-40~125
ADuM4153	34	14	3	4	5	3~5.5	-40~125
ADuM4152	34	14	4	3	5	3~5.5	-40~125
ADuM4151	34	14	5	2	5	3~5.5	-40~125
ADuM4150	40	14	3	3	5	3~5.5	-40~125
ADuM3154	34	14	4	3	3.75	3~5.5	-40~125
ADuM3153	34	14	3	4	3.75	3~5.5	-40~125
ADuM3152	34	14	4	3	3.75	3~5.5	-40~125
ADuM3151	34	14	5	2	3.75	3~5.5	-40~125
ADuM3150	40	14	3	3	3.75	3~5.5	-40~125
ADuM5401	25	60	3	1	2.5	3~5.5	-40~105

9.3.3　浪涌防护技术

以太网接口已越来越广泛地应用于电力电子装置的通信设备中。随着通信速率的提高，集成芯片对静电放电（ESD）、电缆放电（CDE）事件、浪涌等干扰变得敏感易损坏，如不加以防护，设备的可靠性将受到影响。因此应对各种干扰的形成原因及其特点进行分析，并通过对保护器件的对比选择，以设计出合理的以太网接口保护电路，提高设备的可靠性。

设计网口信号的防雷电路应注意以下 6 点：

（1）防雷电路的输出残压值必须比被防护电路自身能够耐受的过电压峰值低，并有一定裕量。

（2）防雷电路应有足够的冲击通流能力和响应速度。

（3）信号防雷电路应满足相应接口信号传输速率及带宽的需求，且接口与被保护设备兼容。

（4）信号防雷电路要考虑阻抗匹配的问题。

（5）信号防雷电路的插损应满足通信系统的要求。

（6）对于信号回路的峰值电压防护电路不应动作，通常在信号回路中，防护电路的动作电压是信号回路的峰值电压的1.3~1.6倍。

网口的防雷可以采用两种思路：

（1）要给雷电电流以泄放通路，把高压在变压器之前泄放掉，尽可能减少对变压器影响，同时注意减少共模过电压转为差模过电压的可能性。

（2）利用变压器的绝缘耐压，通过良好的器件选型与PCB设计将高压隔离在变压器的初级，从而实现对接口的隔离保护。

图9-13表示室外走线网口防雷电路，图中TVS建议选择较低节电容的器件。图中G_1和G_2是三极气体放电管，型号是3R097CXA，它可以同时起到两信号线间的差模保护和两线对地的共模保护效果，即共模防护通过气体放电管实现，差模防护通过气体放电管和TVS管组成的二级防护电路实现。三极气体放电管的中间一极接保护地PE，要保证设备的工作地GND和保护地PE通过PCB走线在母板或通过电缆在结构体上汇合（不能通过0Ω电阻或电容），这样才能减小GND和PE的电位差，使防雷电路发挥保护作用。中间的退耦选用2.2Ω/2W电阻，使前后级防护电路能够相互配合，电阻值在保证信号传输的前提下尽可能往大选取，防雷性能会更好，但电阻值不能小于2.2Ω。后级防护用的TVS管，因为网口传输速率高，在网口防雷电路中应用的组合式TVS管，需要具有更低的节电容，这里推荐的器件型号为SLVU2.8－4（SOCAY阵列二极管），经常应用于百兆以太网的端口防护，其原因在于：

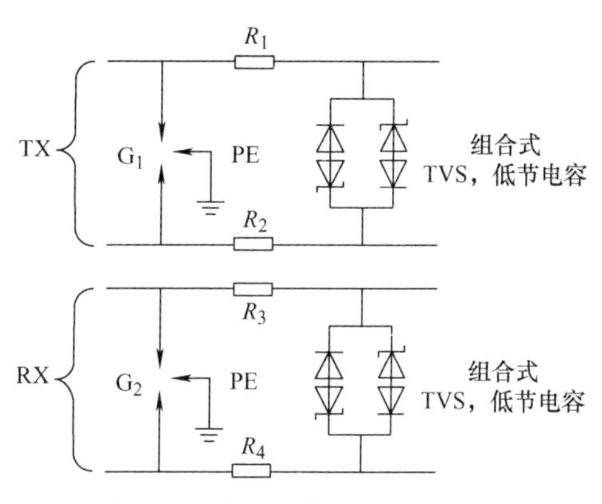

图9-13　室外走线网口防雷电路

（1）能够进行两对平衡线的差模保护，即一个网口收、发只用一个器件。

（2）节电容很低最大为8pF。

（3）具有一定的通流容量，最大承受24A（8/20μs）冲击电流，能够满足500V的浪涌测试要求。

（4）钳位动作电压低（为3V），在冲击电流作用下残压最大不超过15V，能够保证网口的安全。

（5）器件封装为SO－8封装，占用PCB面积很小；遵循标准要求，一次性通过测试与认证，并且以太网口防雷性能达到业界领先，共模测试最少可以达到6kV。

图 9-14 表示室内走线网口防雷电路。需要提醒的是，电路设计需要注意 RJ45 接头到三极气体放电管的 PCB 走线加粗到 40mil，走线布在 TOP 层或 BOTTOM 层。若单层不能布这么粗的线，可采取两层或三层走线的方式来满足走线的宽度。退耦电阻到变压器的 PCB 走线，建议采用 15mil 线宽。该防雷电路的插入损耗小于 0. 3dB，对 100M 以太网口的传输信号质量影响比较小。

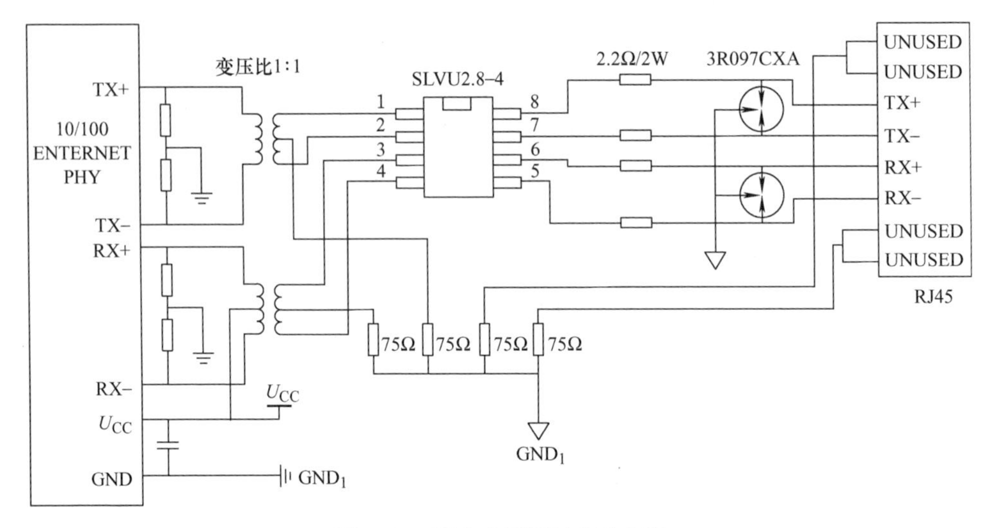

图 9-14　室内走线网口防雷电路

参 考 文 献

[1] 王兆安，刘进军. 电力电子技术 [M]. 5 版. 北京：机械工业出版社，2009.
[2] 王云亮. 电力电子技术 [M]. 2 版. 北京：电子工业出版社，2009.
[3] 洪乃刚. 电力电子技术基础 [M]. 2 版. 北京：清华大学出版社，2015.
[4] 黄家善，王延才. 电力电子技术 [M]. 北京：机械工业出版社，2010.
[5] 黄冬梅. 电力电子技术 [M]. 北京：机械工业出版社，2018.
[6] 程汉湘，周永旺. 电力电子技术 [M]. 3 版. 北京：科学出版社，2017.
[7] 桂丽. 电力电子技术 [M]. 北京：中国铁道出版社，2011.
[8] 樊尚春. 传感器技术及应用 [M]. 3 版. 北京：北京航空航天大学出版社，2016.
[9] 苑会娟. 传感器原理及应用 [M]. 北京：机械工业出版社，2017.
[10] 秦志强，谭立新，刘遥生. 现代传感器技术及应用 [M]. 北京：电子工业出版社，2010.
[11] 范茂军. 物联网与传感器技术 [M]. 北京：机械工业出版社，2012.
[12] 王震，张小全，李湃. 物联网与传感器技术 [M]. 北京：清华大学出版社，2013.
[13] 沈燕卿. 传感器技术 [M]. 北京：中国电力出版社，2013.
[14] 关大陆，刘丽华. 传感器技术 [M]. 北京：清华大学出版社，2017.
[15] 陈显平，张平，杨道国，等. 传感器技术 [M]. 北京：北京航空航天大学出版社，2015.

电力电子新技术系列图书
目录

矩阵式变换器技术及其应用　孙　凯、周大宁、梅　杨　编著
逆变焊机原理与设计　张光先　等编著
高压直流输电原理与运行　韩民晓、文　俊、徐永海　编著
宽禁带半导体电力电子器件及其应用　陈治明、李守智　编著
交流电动机直接转矩控制　周扬忠、胡育文　编著
开关电源的实用仿真与测试技术　陈亚爱　编著
新能源汽车与电力电子技术　康龙云　编著
脉冲功率器件及其应用　余岳辉、梁　琳、彭亚斌、邓林峰　编著
电力电子技术在汽车中的应用　王旭东、余腾伟　编著
开关稳压电源的设计与应用　裴云庆、杨　旭、王兆安　编著
太阳能光伏并网发电及其逆变控制　张兴、曹仁贤、张崇巍　编著
高频开关型逆变器及其并联并网技术　孙孝峰、顾和荣、王立乔、邬伟扬　编著
电力半导体器件原理与应用　袁立强、赵争鸣、宋高升、王正元　编著
机车动车交流传动技术　郭世明　编著
PWM 整流器及其控制　张　兴、张崇巍　编著
电压源换流器在电力系统中的应用　同向前、伍文俊、任碧莹　编著
高压直流输电原理与运行（第 2 版）　韩民晓、文　俊、徐永海　编著
现代整流器技术——有源功率因数校正技术　徐德鸿、李　睿、刘昌金、林　平　编著
高性能级联型多电平变换器原理及应用　周京华、陈亚爱　编著
新能源并网发电系统的低电压故障穿越　耿　华、刘　淳、张　兴、杨　耕　编著
异步电机无速度传感器高性能控制技术　张永昌、张　虎、李正熙　编著
电力电子新器件及其制造技术　王彩琳　编著
船舶电力推进系统　汤天浩、韩朝珍　主编
电压型 PWM 整流器的非线性控制（第 2 版）　王久和　著
高压 IGBT 模块应用技术　龚熙国、龚熙战　编著
无功补偿理论及其应用　程汉湘　编著
双馈风力发电系统的建模、仿真和控制　凌　禹　著
太阳能光伏并网发电及其逆变控制（第 2 版）　张　兴、曹仁贤　等编著
LED 照明驱动电源模块化设计技术　刘廷章、赵剑飞、汪　飞　等编著
统一电能质量调节器及其无源控制　王久和、孙　凯、张巧杰　编著
绝缘栅双极型晶体管（IGBT）设计与工艺　赵善麒、高　勇、王彩琳　等编著